LE CORPS À CŒUR

3, rue Porte-de-Buc - B.P. 652
78006 VERSAILLES CEDEX

ISBN 2 85049 627 8

Pascal IDE

LE CORPS À CŒUR

Essai sur le corps humain

Collection *ENJEUX*

Éditions Saint-Paul, Versailles

1996

ÉDITIONS SAINT-PAUL

Collection *ENJEUX*

L'outil et l'homme au travail dans l'industrie
Jean d'ALANÇON, 1994, 320 p.

Est-il possible de pardonner?
Pascal IDE, 1994, 2e édition, 216 p.

★

DU MÊME AUTEUR

Travailler avec méthode, c'est réussir
Guide " Totus ", Paris, Le Sarment-Fayard, 1989; trad. en italien, espagnol, portugais.

Construire sa personnalité
Paris, Le Sarment-Fayard, 1991; trad. en italien, portugais.

L'art de penser
Paris, Médialogue, 1992; trad. en roumain.

Guide de l'éducation
Écrit en collaboration; Paris, Droguet-Ardant, 1992.

Connaître ses blessures
Paris, Éd. de l'Emmanuel, 1993.

Introduction à la métaphysique. I. Vers les sommets
Cahiers de l'École Cathédrale, Paris, Mame, 1994.

Être et mystère,
La philosophie de Hans Urs von Balthasar, Namur, Culture et Vérité, 1995.

PRÉFACE

C'est un des points de convergence les plus appréciables entre le christianisme, religion de l'incarnation, et la philosophie du XXe siècle en ses courants majeurs que l'affirmation du prix du corps, à travers notamment la reconnaissance de la dimension personnelle et de la vocation interpersonnelle de celui-ci. Il importe d'autant plus de mettre cette rencontre en valeur que beaucoup de données laisseraient croire le contraire, en raison soit des clichés, plus ou moins fondés, issus du passé chrétien, soit des manifestations les plus superficielles de notre culture. Car ces dernières traduisent une singulière ambivalence à l'égard du corps. D'un côté le voici survalorisé, idolâtré, objet de mille soins ; de l'autre le voici dénié, instrumentalisé, neutralisé. L'idéalisme, source du dualisme qui conduit au mépris du corps, revient par d'autres voies, en particulier celle de la technique ou, plutôt, de la suprématie de l'esprit technique, auquel la science elle-même semble subordonnée. Le modèle du corps-machine, autrement dit du corps-objet, demeure très prégnant. La réduction matérialiste semble s'imposer comme la seule démarche intellectuelle valide, ce qui tend à reléguer au rang de fables ou de pensées seulement édifiantes l'affirmation de l'esprit et, *a fortiori,* celle de la dimension spirituelle du corps. La philosophie elle-même, malgré le dépassement des dualismes anciens, risque d'en cautionner d'autres, opposant par exemple la culture ou la liberté à la nature et en se présentant comme la théorisation d'un monde artificiel, coupé de tous ses ancrages sensibles, de tout enracinement dans le monde de la vie. Peut-on se contenter d'un sens de la liberté étranger à celui de la vie, s'opposant même à celle-ci ? Comment être à la fois libre et vivant ?

Claude Bruaire posait cette question il y a quelques années. Il est bon qu'elle soit reprise aujourd'hui en termes transdisciplinaires et que soient mises en relation les données scientifiques, les concepts philosophiques et les affirmations théologiques. Pascal Ide a eu à la fois le souci et l'audace d'une telle confrontation. Il en a aussi la culture. Médecin, il s'appuie largement sur les sciences du vivant pour mettre en évidence les différents degrés d'intelligibilité des corps, s'étonner devant le mystère des formes de la vie et surtout poser la question : *« En quoi consiste l'originalité du corps humain » ?* Ce dernier est à la fois tellement proche du corps animal, si comparable à lui et tellement différent, lieu d'une telle nouveauté... La réponse de Pascal Ide à sa question est que l'originalité du corps humain se manifeste essentiellement en ce que celui-ci est *capable de don*. C'est avec bonheur que j'ai rencontré cette réponse, car j'en suis venu, moi aussi, à considérer la notion de don comme tout à fait centrale. Elle l'est chez plusieurs penseurs dont nous héritons en commun : Claude Bruaire, Denis Vasse, Jean-Claude Sagne, sans oublier Emmanuel Lévinas et Jean Paul II. Oui, la vie est don ; elle consiste à donner et cela est d'autant plus vrai qu'elle est comprise spirituellement, c'est-à-dire comme l'acte d'un sujet et d'un sujet libre, la liberté consistant précisément à être donné à soi-même, ce qui rend possible le don à autrui.

Cette originalité est mise en lumière à partir d'analyses très suggestives des phénomènes corporels. Postures, gestes, station verticale, voix, respiration y sont perçus comme porteurs de sens, et d'un sens relationnel. L'accueil, autre face du don, comme dimension constitutive du corps. Pascal Ide sait très bien esquisser une phénoménologie d'actes ou expériences comme la danse, le chant, le toucher, le sourire, la fatigue. Avec un sens pédagogique certain, il sait appliquer son discours à des domaines très concrets : le sport, les arts martiaux, le bon usage des cosmétiques... De même, à la fin de l'ouvrage, ne craint-il pas d'affronter des questions délicates mais qui hantent l'esprit de nombre de nos contemporains, comme la réincarnation ou les phénomènes paranormaux.

Car il ne s'agit pas seulement de décrire le corps vivant. Il s'agit aussi de s'interroger sur sa destinée, ou plutôt sur sa vocation, qui est glorieuse. On pourrait dire que la préoccupation de Pascal Ide, que je partage tout à fait, selon d'autres voies, est d'assurer une double articulation : entre phénoménologie et métaphysique d'une part ; entre éthique et anthropologie d'autre part. Une phénoménologie sans perspective métaphysique est décevante ; une éthique sans anthropologie est fluctuante. Pour cette double tâche, sur son versant philosophique Pascal Ide se réfère délibérément à une tradition philosophique qu'il fera pour beaucoup sortir de la méconnaissance et qui peut porter beaucoup de fruits en ce domaine, la tradition Aristotélicienne. Sur le versant théologique, l'approche plus méditative, moins systématisée, semble fournir des éléments pour une réflexion plutôt que formaliser ou conceptualiser celle-ci. Du corps créé au corps ressuscité, en passant par l'incarnation et le corps livré, l'idée de don y demeure centrale. La perspective est surtout spirituelle, ce terme étant précisément à entendre en son sens chrétien, c'est-à-dire selon l'idée que « plus une personne est authentiquement spirituelle, plus elle est incarnée ».

Puisse un tel livre aider ses lecteurs à dépasser les formes toujours renaissantes du dualisme, à admirer la merveille que constitue « le plus vivant des corps vivants » et à mieux percevoir le réalisme profond tant de la foi que de l'espérance chrétiennes. Afin de pouvoir dire en toute vérité cette humble et forte parole de Claire d'Assise (citée dans l'ouvrage) : « Merci, mon Dieu, parce que tu m'as créée ».

Xavier LACROIX

PROLOGUE

« Oui, mon corps est moi-même, et j'en veux prendre soin.
Guenille si l'on veut, ma guenille m'est chère[1]. »

« Avant d'être raison, l'humanité est une autre corporéité[2]. »

« ... notre culture », dit Jean Baudrillard, est « devenue celle du corps[3] ». Pourtant, notre attitude est contrastée. D'un côté, le corps humain est « chouchouté ». Jamais autant qu'aujourd'hui, il n'a été mieux interrogé, exploré, soigné, choyé, travaillé, transformé. Pour la première fois au monde, le 26 février 1996, l'équipe du professeur Alain Carpentier, à Broussais, a réussi à opérer à cœur ouvert, grâce à la vidéo-chirurgie, un homme de trente ans, atteint de grave lésion valvulaire : la « partie intracardiaque » de l'intervention n'a duré que deux heures et demi et l'incision ne faisait que 4 centimètres ! Le malade quittait la réanimation quatorze heures après la fin de l'opération et le service douze jours après[4]. Les Français n'ont jamais autant dépensé d'argent et d'énergie pour leur santé et leur bien-être physique. Le souci de soi est aujourd'hui souci corporel de soi.

D'un autre côté, ce corps chéri est aussi mal supporté, mal vécu, mal aimé. À l'arrivée des vacances, les magazines proposent aux femmes, mais aussi aux hommes, des remèdes plus ou moins réalistes pour lutter contre la cellulite, accompagnés de modèles dont le look frise l'anorexie.

Le paradoxe du corps insigne, qui est aussi un corps indigne, étonne : la **première partie** de cet ouvrage tentera d'en rendre compte. Ce corps qui rit et ce corps qui grogne est avant tout un corps qui se donne à voir. Ne peut-on tenter de se mettre à son écoute ? Faisant appel aux ressources combinées de la biologie, des sciences humaines et de la philosophie, la **seconde partie** de cet ouvrage incite à la découverte éblouie de notre corps. L'homme actuel consacre beaucoup de temps à la découverte de soi. Mais celle-ci s'identifie souvent à la compréhension, certes passionnante, de son caractère, de ses mécanismes psychiques, de ses relations à autrui et s'arrête aux frontières du corps, dont la connaissance est pourtant fascinante

1. MOLIÈRE, *Les femmes savantes*, II, 7.
2. Maurice MERLEAU-PONTY, *La Nature.* Notes. Cours du Collège de France, Établi par Dominique Séglard, « Traces écrites », Paris, Seuil, 1995, p. 269.
3. *De la séduction*, coll. « Folio-essais », Paris, Denoël, Éd. Galilée, 1979, p. 21.
4. Jean-Yves NAU, *Le Monde,* vendredi 29 mars 1996, p. 11.

et capitale. La **troisième partie** de cet ouvrage s'efforce de déchiffrer, non plus le livre du cosmos, mais le livre qu'est la Bible. Celle-ci est traitée à part, pour prévenir toute confusion entre l'approche rationnelle et celle de la foi. Il sera, notamment, fait appel à une œuvre vaste et riche, encore trop peu connue et très originale, de Jean-Paul II. La **quatrième partie**, enfin, en tire quelques conséquences pratiques et quotidiennes. Comment vivre son corps, et non pas *avec* son corps ou *dans* son corps ? Le corps humain a un secret à nous confier. Cependant, celui-ci n'est pas donné à voir, mais à être.

Pourquoi un nouvel ouvrage sur le corps ? Son **originalité** me semble au moins double. La première relève de la perspective adoptée. *Le corps à cœur* conjugue en effet quatre types d'approches qui sont le plus souvent dissociées : les sciences biologiques, les sciences humaines, la philosophie et le regard de foi. La multiplication des points de vue est un hommage rendu à la richesse de notre savoir actuel. Elle est, plus encore, un témoignage indirect de la profondeur et du mystère du corps humain. L'autre originalité touche à la question qui animera constamment ces lignes : le corps présente-t-il une spécificité ? En quoi consiste-t-elle ? Il y a en effet trois manières de répondre à cette question. On peut l'effacer, en considérant que le corps humain n'est qu'un corps animal, peut-être plus évolué. On peut aussi la déplacer, en affirmant que la spécificité du corps humain réside ailleurs, que ce soit l'âme ou l'esprit en langage classique, la liberté ou la parole en termes actuels. On peut enfin affronter la question : nous avons opté pour la troisième démarche. Je crois que **le corps humain présente,** en lui-même, une **spécificité irréductible.** Mais précisons-le d'emblée, on ne peut parler du « propre du corps humain » que si l'on voit en quoi il communie avec le règne animal et les autres êtres de la nature. L'homme n'émerge du cosmos que parce que d'abord, il s'y enracine.

Il faut enfin que je dise un mot de ce qui pourrait sembler à certains un impardonnable oubli : la **sexualité**. Cette impasse ne signifie pas que la question paraisse accidentelle à l'auteur. Au contraire, elle lui semble essentielle, et en soi, et dans la conjoncture actuelle. La sexualité est la toute première caractéristique du corps humain. Mais l'évoquer demandait un ouvrage à part entière. La sexualité a une histoire et une logique propres qui sont, partiellement, différentes de celles du corps humain, ici élaborées. Or, trop peu parler d'un sujet grave et délicat, c'est mal en parler[5].

5. La variété des sujets abordés demandera une variété de tons. Le premier chapitre de la première partie, par exemple, adoptera parfois un style volontiers journalistique ; d'autres chapitres seront plus descriptifs ; certains, enfin, philosophiques, seront plus ardus à la lecture.

PREMIÈRE PARTIE

Comprendre le corps aujourd'hui

Le corps, entre record et décor

CHAPITRE 1

La société du corps

« Au temps de Molière, qui a peint magistralement des personnages dont les sentiments étaient loin d'être superficiels – l'avare, l'hypocrite... – la sensibilité des gens était assez étonnante. Tout n'était pas rose mais on vivait intensément, presque... physiquement : la « vie physique » a son importance. Les idées, oui, c'est fabuleux, c'est beau, c'est grandiose, mais on ne peut pas sortir de son corps. Alors, l'absurdité vient sans doute de ce que l'esprit a de plus en plus de prétentions – à juste titre souvent – et qu'il a un peu tendance à traîner le corps comme un poids... Mais un corps humain, c'est admirable ! Surtout s'il est porté par une femme[1] ! »

« Ni le corps et ni l'esprit ne peuvent être joyeux séparément[2]. »

On ne peut que s'émerveiller de l'intérêt, de la connaissance et de la maîtrise que notre époque a acquis à l'égard de l'organisme humain, depuis quelques décennies.

1. Mieux connaître le corps

Pénétrer dans le corps

Jamais l'intimité du corps humain n'a été aussi connue qu'aujourd'hui. Un exemple résumera de nombreuses démonstrations[3]. Médecins et non-spécialistes ont maintenant à leur disposition un CD-Rom unique au monde, intitulé *L'homme visible.* En 1993, un Texan, Joseph Paul Jernigan, était condamné à la peine capitale pour meurtre. Cet homme d'un mètre quatre-vingt-sept, qui allait mourir à trente-neuf ans, en pleine santé, avait décidé de faire don de son corps à la science. Sa dépouille fut congelée, puis

1. Raymond DEVOS, in Jacques CHANCEL, *Radioscopie*, Paris, Robert Laffont, J'ai lu, vol. 2, 1970, p. 18.
2. Roger GARAUDY, « Le bonheur », in *Parole d'homme*, Paris, Robert Laffont, 1975, p. 77.
3. Je tire mes informations d'un article d'Annie COUDRAY, du 26 mai 1995. De manière générale, en ce premier chapitre, je privilégierai les illustrations aux énumérations et aux démonstrations.

découpée au laser en 1878 tranches d'un millimètre d'épaisseur. Les spécialistes du Centre des sciences humaines du Colorado visionnèrent ensuite chaque coupe sous tous les angles, selon trois techniques : la radio à rayons X, le scanner pour les tomographies, et l'IRM. Puis ils numérisèrent les images de chaque coupe, soit 8000 clichés, totalisant 42 gigaoctets en brut, comprimés à 500 mégaoctets pour être utilisables. Piloté par un logiciel nommé Navigateur, le CD-ROM a permis d'entreprendre une véritable odyssée à l'intérieur de l'organisme humain, de sélectionner, comparer, grossir à volonté tel détail. Cette numérisation complète d'un corps humain est d'abord un très puissant outil pédagogique pour les professions de santé. C'est aussi une chance pour le diagnostic médical, la thérapeutique et, à terme, une étape vers la modélisation du corps humain, propre à autoriser des expériences virtuelles de toute espèce.

Le choix d'un condamné à mort peut paraître lugubre, voire déplacé. En fait, la réalisation de ce travail, appuyée sur des examens nombreux et précis, demandait un corps parfaitement sain et intègre, en pleine force de l'âge. Seule une personne dont la mort est programmée peut répondre à de tels critères. Les féministes risquant de réagir, un corps de femme a subi le même traitement. Mais cette fois, la technique s'améliorant presque quotidiennement, les coupes seront trois fois moins épaisses…

Mieux encore, les fulgurants progrès de l'imagerie virtuelle (l'imagerie de synthèse) font penser qu'il sera possible, d'ici quelques années, d'opérer une visite guidée de tout l'intérieur de son propre corps, de manière non invasive, c'est-à-dire sans effraction sanglante de tissu. Il suffira d'un *body* scanner de quelques minutes, dont l'image sera ensuite numérisée. Nous aborderons dans la seconde partie de cet ouvrage les conséquences peut-être révolutionnaires d'une telle technique[4].

Communiquer par le corps

La communication est à la mode[5]. Quelles en sont les voies ? Pour bon nombre de personnes et même de sciences, la communication reste marquée par la théorie mise au point par C. E. Shannon en 1948. En voici le schéma général :

Source – > émetteur – > codage – > message (émis)/canal (bruit) – > message (reçu) – > décodage- > récepteur – > destinataire

Ce schéma a connu une grande fortune. Son immense mérite vient de ce qu'il permet d'expliquer tous les types de communication, non seulement

4. Évoquons aussi les multiples CD-ROM proposant une connaissance précise du corps humain.

5. « Communication, terme irritant : c'est un invraisemblable fourre-tout. » (Yves WINKIN, *La nouvelle communication*, coll. « Points », Paris, Seuil, 1981, p. 13).

entre les êtres, mais entre personnes et machines, mais aussi entre les machines, entre les animaux, etc. De plus, il est possible de le formaliser. On peut calculer la dégradation de l'information et la conjurer, notamment en la digitalisant.

Assez vite, on a découvert que cette théorie présentait sinon des erreurs, du moins d'incontestables limites. Ce fut le mérite de l'École de la Nouvelle Communication, fondée à Palo Alto (Californie) par Gregory Bateson, que de les avoir dénoncées. Ces limites portent sur la modalité de ce schéma de la communication (celle-ci est souvent multilinéaire, en poupée gigogne), sur son contenu (les hommes ne communiquent pas uniquement en s'envoyant des messages du type du télégramme), et sur son terrain d'application : en effet, ce schéma ne vaut pas pour le monde de l'art et n'intègre pas le non-dit, l'inconscient, l'affectif, en un mot le non-verbal.

Ainsi est née une théorie de la communication prenant en compte la totalité de l'homme mise en jeu dans la relation : la parole, le sens des mots, mais aussi le ton, la prononciation, le contexte, la position du corps, ses gestes, ses mimiques, la distance, les regards, etc. Isoler un élément de l'ensemble, c'est se priver d'une quantité de sources importantes et, parfois, déformer le message. Grâce à l'école de Palo Alto, le corps a retrouvé son emploi de communicateur, « refoulé » par les théories classiques.

« Chérie, ça m'est égal que tu ailles mal du moment que tu vas bien ! »

La théorie du *double bind* ou « double lien » contradictoire, inventée par Gregory Bateson[6] est l'une des multiples et plus célèbres illustrations du rôle du corps dans la communication entre personnes. Un mari dit à sa femme déprimée pour la réconforter : « Chérie, ça m'est égal que tes problèmes ne soient pas résolus, du moment que tu vas bien ! » La femme sent alors monter en elle une forte colère dont elle se sent coupable, puisque son mari lui a parlé si gentiment. Elle n'arrive pas à répondre quoi que ce soit. Pourquoi ?

Il existe en fait non pas un, mais plusieurs niveaux de communication. Au premier niveau, l'on trouve la communication verbale ; au second, la communication non verbale sur la première, corporelle en l'occurrence ; au troisième niveau, la communication sur la congruence des deux premiers niveaux. Il n'existe aucun moyen de sortir d'un double lien sans passer par le troisième niveau, car c'est là qu'a été noué le lien. L'impossibilité de métacommuniquer au troisième niveau transforme en *double bind*, ce qui

6. Cf. D. D. JACKSON, Jay HALEY et J. WEAKLAND, « Towards a theory of schizophrenia », in *Behavioral Scientist,* 1, 1956, p. 251-264. Il fut traduit dans Gregory BATESON, *Vers une écologie de l'esprit*, trad. Ferial Drosso, Laurencine Lot et Eugène Simion, Paris, Seuil, 1977, 2 tomes. Pour ce paragraphe, nous nous inspirons de Dominique MEGGLÉ, *Les thérapies brèves*, « Psychologie dynamique », Paris, Retz, 1990, p. 146-151, ici pp. 147 et 148.

n'était encore que contradiction entre les deux précédents registres de communication.

On voit donc que ce double lien relève d'une double logique, apparemment rationnelle (c'est le niveau I) et réellement affective (c'est le niveau II). Il n'y a qu'un seul remède pour sortir du *double bind* : communiquer sur la communication. Dans le cas de ce couple, explique Dominique Megglé, j'ai écrit la phrase au tableau. « Que les problèmes ne soient pas résolus » n'est pas du même niveau que « aller bien » : c'est un sentiment, un état d'âme. Si, au plan rationnel, les problèmes ne sont pas résolus, au niveau affectif, la personne ne pourra qu'aller mal. En réintégrant un ordre logique, la phrase devient : « Chérie, ça m'est égal que tu ailles mal, du moment que tu vas bien ». Ajoutez une intonation apparemment affectueuse, et vous comprendrez comment l'on peut devenir fou dans une relation empreinte de « doubles liens ». Il faut donc passer à un troisième niveau, qui fasse la part des choses entre les deux logiques : ce niveau est rationnel, puisqu'il passe par l'expression langagière, mais il intègre le non-dit affectif.

Ce repérage du *double bind*, indispensable à des relations humaines saines, met donc en jeu deux niveaux de communication : l'un corporel, affectif, inconscient et spontané ; l'autre, verbal, rationnel, conscient, maîtrisé. Il est donc né d'une redécouverte du corps[7].

Une heureuse nouvelle

Tout comme les sciences, « dures » (les sciences biologiques) ou « molles » (les sciences humaines), les philosophes contemporains ont manifesté un intérêt accru pour le corps. C'est Nietzsche qui a lancé le mot d'ordre, voici plus d'un siècle, de ce que l'on pourrait appeler un manifeste antiplatonicien :

> « J'ai un mot à dire à ceux qui méprisent le corps. Je ne leur demande pas de changer d'avis ni de doctrine, mais de se défaire de leur propre corps – ce qui les rendra muets. [sic] "Je suis corps et âme" – ainsi parle l'enfant. Et pourquoi ne parlerait-on pas comme les enfants ? Mais l'homme éveillé à la conscience et à la connaissance dit : "Je suis tout entier corps, et rien d'autre ; l'âme est un mot qui désigne une partie du corps[8]". »

7. Notons qu'il existe aussi de nombreux *double bind* seulement verbaux. La profonde originalité de la démarche de Bateson lui a permis d'attirer des personnalités de valeur et de renom, venant d'horizons variés. Ainsi s'est constituée ce qu'il est convenu d'appeler l'école de Palo Alto, regroupant aussi bien Paul Watzlawick, Albert Scheflen qu'Edward Hall ou Erwing Goffman. De ces découvertes de psychologie comportementaliste, sont nées différentes pratiques et méthodes dont le but est de mieux communiquer et qui, toutes, plus ou moins, font appel au corps. Certaines sont célèbres : la méthode Gordon, la sémantique générale d'Alfred Korzybski, la PNL, etc.

8. *Ainsi parlait Zarathoustra*, trad. Geneviève Bianquis, Paris, Aubier, 1962, I, p. 93.

Quelques décennies plus tard, dans une diatribe dont la démesure trahit peut-être quelque culpabilité rétroactive, le philosophe français Gilles Deleuze, disciple de Nietzsche, fustige à son tour des siècles de mépris ou de refoulement :

> « Donnez-moi donc un corps, c'est la formule du renversement philosophique. Le corps n'est plus l'obstacle qui sépare la pensée d'elle-même, ce qu'elle doit surmonter pour arriver à penser. C'est au contraire ce dans quoi elle plonge ou doit plonger, pour atteindre à l'impensé, c'est-à-dire à la vie. Non pas que le corps pense, mais, obstiné, têtu, il force à penser ce qui se dérobe à la pensée, la vie. On ne fera plus comparaître la vie devant les catégories de la pensée, on jettera la pensée dans les catégories de la vie. Les catégories de la vie, ce sont précisément les attitudes du corps, ses postures. "Nous ne savons même pas ce que peut un corps" : dans son sommeil, dans son ivresse, dans ses efforts et ses résistances. Penser, c'est apprendre ce que peut un corps non-pensant, sa capacité, ses attitudes ou postures[9]. »

2. Mieux vivre le corps

Un autre vécu

La recherche théorique actuelle s'intéresse davantage au corps. Dans la vie quotidienne, le corps a également pris une importance considérable. Jamais le sport et la gymnastique n'ont été aussi florissants. Le succès actuel des arts martiaux n'est pas lié en premier lieu à l'appel de l'Orient, mais au désir de mieux intégrer le corps dans la vie quotidienne. Voici comment un maître japonais raconte l'expérience qui décida d'une pratique intensive des arts martiaux :

> « Un jour, en allant au lycée, dans la lumière du printemps, je marchais avec la tache noire de mon ombre sur le chemin de terre qui surplombe les champs de riz. J'ai essayé de marcher réellement, d'être présent dans chaque pas, mais en vain. Cette sensation de ne pas être, cette tentative inaccomplie d'exister véritablement m'ont orienté vers une recherche de l'existence de soi par les arts martiaux[10]. »

On ne compte plus les salles de sport dans nos villes. De même, l'hygiène et la diététique sont devenus un souci, sinon même une obsession. Le Français n'est pas assez matérialiste pour faire l'amalgame entre le bonheur et la santé, ou du moins oser le dire. Il demeure que la santé est, pour la quasi-totalité des gens, la première condition du bonheur. « Tant qu'on a la santé » est la condition *sine qua non* de la félicité. « Le souci de soi, typique

9. Gilles DELEUZE, *Cinéma II. L'Image-Temps*, Paris, Minuit, 1985, p. 246.
10. Kenji TOKITSU, *La voie du karaté*, Paris, Seuil, 1979, p. 7.

de la société d'aujourd'hui, est d'abord souci de santé[11] », donc souci de son corps. La santé publique est un concept récemment apparu, au XVIIIe siècle, et notre société n'a jamais été autant médicalisée[12]. Or, on demande la guérison non pas d'abord à des médicaments, mais à la quête d'une unité psychocorporelle perdue. Vivre son corps comme une machine, ou vivre seulement dans sa tête, et finalement souffrir de somatophobie retentit sur l'organisme.

Dans les années soixante, sont nées des psychothérapies à médiation corporelle[13]. Très diverses, elles vont de la Gestalt-Therapie à la relaxation selon Schultz, en passant par le biofeedback, les massages, les mouvements néo-reichiens et la bio-énergie, l'expression corporelle, le Rebirth et le rolfing, les thérapies par la danse, etc.

Une éthique hédoniste

De même que les connaissances scientifiques prenant le corps pour objet se doublent d'un regain d'intérêt pour l'organisme humain, de même ces multiples pratiques du corps se prolongent en une nouvelle éthique du plaisir.

Un exemple parmi d'autres est *L'art de jouir* proposé par Michel Onfray. Le sous-titre est sans ambiguïté : *Pour un matérialisme hédoniste.* L'auteur s'oppose à la lignée des contempteurs du corps et veut proposer, dans l'esprit de son homonyme, l'hédoniste cynique Julien Onfray de la Mettrie, un nouvel Art de jouir où l'on cesse de suspecter le corps pour lui rendre la place qu'il mérite puisqu'il est toute la réalité :

> « Enfin libéré des tutelles religieuses, spirituelles, idéalistes et théologiques, le corps peut se montrer dans la pleine lumière de l'immanence, la matière n'est plus une idée, mais une réalité, la seule réalité : le matérialisme hédoniste trouve en cette exigence ses conditions de possibilité. Le monisme seul permet une authentique philosophie du corps qui soit esthétique et poétique enthousiastes[14]. »

Pour Michel Onfray, l'esthétique supplante – enfin ! – l'éthique. Comme Nietzsche l'avait noté en son temps, il faut passer d'Apollon, le dieu solaire,

11. Claudine HERZLICH, « De la médecine triomphante à l'ère des doutes », in *Supplément La Recherche, La santé et ses métamorphoses,* n° 281, novembre 1995, p. 32-34, ici p. 32. Bibliographie abondante sur la santé aujourd'hui. Cf. Claudine HERZLICH, J. PIERRET, *Malades d'hier, malades d'aujourd'hui, de la mort collective au devoir de guérison*, Paris, Payot, rééd., 1991.

12. Cf. O. FAURE, *Histoire sociale de la médecine XVIIIe-XXe siècle*, Paris, Anthropos-Economica, 1994.

13. Cf. Marc-Alain DESCAMPS, *Corps et psyché.* Histoire des psychothérapies par le corps, « Hommes et perspectives », Paris, Epi/Hommes et Perspectives, 1992. Abondante bibliographie.

14. Michel ONFRAY, *L'art de jouir.* Pour un matérialisme hédoniste, « Le Livre de poche » n° 4198, Biblio essais, Paris, Grasset, 1991, p. 190.

à Dionysos, le dieu nocturne. Mais il a acquis le droit de célébrer le corps car il a traversé les gouffres, et fut dépecé, déchiré vif puis transformé en breuvage : « il vécut ainsi, pendant un temps, à l'intérieur des liquides qui circulent dans les vivants et s'en écoulent : sperme, liquide amniotique, sueur, sang; finalement, il a été de nouveau solidifié en un corps, mais, frappé de folie, il marche en titubant, partout il apporte la fécondité, et pour cela on l'aime [...]. Dionysos est le dieu titubant d'une métaphysique du corps[15]. »

3. Mieux faire le corps

Nous parlons de « faire le corps », comme on parle de « faire un enfant » ou « faire l'amour ». Ces expressions sont significatives : elles expriment l'importance actuelle de la technique. Précisément, c'est à la même époque (début des années soixante-dix) et dans le même lieu, l'Eldorado américain qui est aussi celui de tout le monde occidental, je veux dire – encore ! – en Californie, que se produiront deux décisives mutations technologiques : dans ce qui deviendra la Sillicon Valley, on élabore la première puce qui est le composant élémentaire de l'ordinateur; c'est là aussi qu'on réussit le premier clonage sur du génome humain.

Or, l'informatique est à la biomédecine ce que l'intelligence rationnelle est à la liberté d'aimer : ce sont les deux capacités propres à l'homme. Jusqu'ici, ces deux citadelles étaient demeurées imprenables. La technique n'a donc jamais été si proche du corps de l'homme, et elle ne pourra s'en approcher davantage.

Prenons du recul. Cette « fabrication du corps » a pris une importance particulière du fait des relations de plus en plus étroites existant entre le corps humain et la machine. On pourrait, sans trop caricaturer, distinguer trois temps dans l'histoire de ces relations[16].

En premier lieu, la machine fut une **aide**, un instrument pour le corps humain : d'abord, sous la forme humble de l'outil, qui est un prolongement du corps, puis sous la forme élaborée et détachée du corps, ce que l'on appelle proprement la machine.

En second lieu, la machine est devenue le **modèle** à partir duquel on a compris le corps humain. Cela fut d'abord vrai de telle ou telle partie de l'organisme : comment ne pas comparer une articulation à un système mécanique ? Puis, le modèle s'est étendu à tout l'organisme, précisément au tronc

15. Cité par Rudiger SAFRANSKI, *Schopenhauer et les Années folles de la philosophie*, trad. Hans Hilderband et Pierre Heber-Sufrin, Paris, P.U.F., 1990, p. 174.

16. Le philosophe discernera sans peine derrière les catégories d'aide, de modèle et d'objectif les trois causes efficiente, exemplaire et finale.

et aux membres, notamment avec les théories de Descartes et de La Mettrie sur lesquelles nous reviendrons plus loin. Enfin, les récents travaux en sciences cognitives ont pris d'assaut la dernière citadelle où se réfugiait la spécificité humaine : le cerveau. L'intelligence artificielle, en particulier les réseaux neuronaux, miment le fonctionnement encéphalique. Certains laboratoires travaillent sur des modules de mémoire implantables visant à pallier les déficiences cérébrales. On verra peut-être un jour une publicité d'une filiale commerciale Internet nous proposer ceci :

> « Perte de mémoire? Voici notre module auxiliaire de 100 gigabytes! Vous ne souhaitez pas de cartes plug-in? Pas de problème! Nous téléchargeons les encyclopédies de votre choix sur simple appel au numéro suivant. N'oubliez pas de brancher votre bio-interface, il y en a pour trente secondes en mode comprimé[17]. »

En dernier lieu, aujourd'hui, la machine n'est plus seulement l'exemplaire, mais **l'objectif** du corps humain. Rêvons un instant que vous êtes l'objet d'une intervention chirurgicale, bénéfique et parfaitement indolore.

> « Vous venez d'entrer en salle d'opération. Le robot chirurgien vous attend. À côté de vous se trouve un ordinateur auquel il ne manque qu'un programme d'application pour devenir un équivalent humain. Votre crâne est anesthésié, mais pas votre cerveau. Vous êtes pleinement conscient. Le robot chirurgien ouvre votre boîte crânienne et place une main sur la surface de votre cerveau. Cette main étrange est hérissée de rouages microscopiques, et un câble la relie à l'ordinateur mobile qui se trouve à vos côtés. Les instruments de la main fouillent les premiers millimètres de la surface du cerveau. Une carte chimique tridimensionnelle est construite à partir de mesures à haute définition effectuées par résonance magnétique, tandis que des batteries d'antennes magnétiques et électriques enregistrent les signaux qui sont rapidement démêlés pour révéler, instant par instant, les impulsions qui parcourent les neurones. Ces mesures permettent au chirurgien, grâce à une compréhension précise de l'architecture neuronale humaine, d'écrire un programme modélisant le comportement de la souche superficielle des tissus cérébraux examinés. Le programme est chargé dans la mémoire de l'ordinateur, puis activé. Les mesures prises par la main lui fournissent une copie des signaux que reçoit le tissu biologique. Vous contrôlez avec le chirurgien l'exactitude de la simulation en comparant les signaux qu'elle émet avec les originaux correspondants. Ils défilent à toute vitesse, mais tout écart est signalé sur l'écran de contrôle. Le chirurgien procède au réglage en fin de la simulation jusqu'à ce que la correspondance soit proche de la perfection. [...] »

Quel est le résultat?

> « La main du chirurgien s'enfonce d'une fraction de millimètre dans votre cerveau, en ajustant instantanément ses mesures et ses signaux en

17. Joël de Rosnay, *L'homme symbiotique*. Regards sur le troisième millénaire, Paris, Seuil, 1995, p. 132.

> fonction de sa nouvelle position. Le processus est répété pour la couche suivante, et bientôt l'ordinateur contient une deuxième simulation, qui communique avec la première et avec le restant des tissus cérébraux originaux. Couche après couche, le cerveau est recopié, puis déblayé. Finalement, votre crâne est vide et la main du chirurgien repose sur votre tronc cérébral. Bien que vous n'ayez pas perdu conscience, ni même interrompu le flux de vos pensées, votre esprit a été retiré de votre cerveau et transféré dans une machine. En une dernière et troublante étape, le chirurgien retire sa main. Votre corps soudain abandonné est parcouru de spasmes et meurt. Durant un moment, c'est le silence et la nuit. Puis, de nouveau, vous pouvez ouvrir les yeux. Votre perspective a changé. Le simulateur a été déconnecté du câble conduisant à la main du chirurgien et rebranché sur un corps flambant neuf, du style, de la couleur et du matériau que vous avez choisis. Votre métamorphose est achevée[18]. »

Science fiction ? L'auteur n'hésite pas à affirmer d'entrée de jeu, que « les robots doués d'une intelligence humaine seront courants d'ici une cinquantaine d'années[19]. »

Ce n'est pas le lieu d'évaluer ces prophéties, ni du point de vue technique, ni du point de vue éthique. Constatons seulement qu'au terme de l'évolution, les finalités se sont inversées : de servante du corps humain, la machine en devient la dominatrice. L'emprise croissante de la machine menace d'être aliénante. Ce renversement inquiétant nous introduit au chapitre suivant : si notre société est la société du corps, de quel corps parle-t-on ?

---

18. Hans MORAVEC, *Une vie après la vie*, trad. Rémy Lambrechts, Paris, Odile Jacob, 1992, pp. 134 et 135. L'auteur note que, pour des personnes délicates, il y a des manières plus *soft* d'opérer le transfert d'un esprit humain, par exemple par scanner haute résolution.

19. *Ibid.*, p. 13.

Chapitre 2

Corps qui rit et corps qui grogne

« Je suis fatigué jusqu'à l'indifférence de ceux qui médisent de la chair. Ou bien ils la fouettent et l'épuisent comme une bête de somme et, après lui avoir demandé ce qu'elle ne peut pas donner, ils gémissent sur son néant ; ou bien ils l'enchaînent comme une bête féroce qui guetterait l'esprit pour le dévorer, sans voir que le vrai combat est à l'intérieur même de cet esprit. Tout cela n'est que projection sur la chair de l'impureté de l'âme, transfert de responsabilité du coupable sur l'innocent et, pour tout dire, recherche d'un bouc émissaire[1]. »

1. Le corps aimé

Le précédent chapitre a montré que notre société est massivement marquée par trois attitudes relatives au corps : savoir, vouloir, pouvoir le corps[2]. En fait, la représentation qu'elle donne du corps est beaucoup plus contrastée et positive qu'il n'y paraît. Encore faut-il voir en quoi consiste ce paradoxe.

Nous venons de le voir, jamais le corps humain n'a été aussi choyé qu'aujourd'hui. Un signe, parmi beaucoup, et qui ne manque pas d'étonner : pendant la période de crise économique, les ménages ont fait l'arbitrage de leurs dépenses aux dépens des aliments. Cette dernière décennie, le secteur cosmétique est, globalement, le seul secteur à ne pas être tombé en chute libre, mais à avoir simplement stagné.

Ce corps humain est aimé, parce qu'il donne du plaisir, plus encore, parce qu'il est la source de la plus grande jouissance, le plaisir érotique.

---

1. Gustave Thibon, *Notre regard qui manque à la lumière*, Paris, Fayard, 1970, p. 142.
2. Cette tripartition recouvre la répartition que faisait le philosophe Aristote du savoir humain en spéculatif, éthique (agir) et technique (faire).

2. Le corps vu

La première manière d'aimer le corps est de le regarder. On le voit avant de l'approcher. Notre monde valorise beaucoup le visuel. L'expression de Berkeley : « Être, c'est être perçu (vu) ou percevoir (voir)[3] » y prend un sens très renouvelé. Walter Benjamin le constate pour la photographie :

> « Que l'on vienne de la gauche ou de la droite, il faudra bien qu'on s'habitue à être regardé, d'où que l'on vienne. Et de son côté on regardera les autres[4]. »

L'urbanisation a décidé pour une part de notre représentation du corps, et l'individualiste qui croit avoir disjoint corps individuel et corps social ne fait que multiplier l'influence de celui-ci par l'inconscience à laquelle il consent. Surtout, lorsqu'on sait quelle fut l'explosion urbaine des années d'après-guerre.

> Or, les « rapports des hommes dans les grandes villes, si on les compare à ceux des petites villes, sont caractérisés *par une prépondérance marquée de l'activité de la vue sur celle de l'ouïe.* Et cela non seulement parce que, dans les petites villes, les rencontres faites dans la rue sont la plupart du temps des connaissances avec lesquelles on échange un mot et dont l'aspect nous reproduit toute la personnalité – non pas uniquement la personnalité apparente – mais avant tout à cause des moyens de communication publics. »

En effet,

> « avant le développement qu'ont pris les omnibus, les chemins de fer, les tramways, au XIXe siècle, les gens n'avaient pas l'occasion de pouvoir ou de devoir se regarder réciproquement pendant des minutes ou des heures de suite sans se parler[5]. »

Par le développement des affiches, nos villes deviennent de véritables musées imaginaires qui doublent nos villes laborieuses et utilitaires : chaque trajet devient un labyrinthe d'images, où les codes vitaux se superposent au langage mural artificiel. Mais il s'agit là d'éros-fiction : « ce qui est donné à l'œil est enlevé à la main. On voit d'autant plus qu'on prend moins[6]. » Cela changera-t-il vraiment avec les palpeurs sensoriels et la réalité virtuelle ?

Ce que l'on a pu baptiser la « néo-télévision » est, plus encore, une apologie du « m'as-tu vu ? » On l'a souvent noté : celle-ci transforme le specta-

3. *Esse est percipi aut percipere*, disait le philosophe anglais.

4. « Petite histoire de la photographie », in *Poésie et révolution*, trad., Paris, Denoël, 1955, pp. 29 et 30.

5. Georg SIMMEL, « Essai sur la sociologie des sens », in *Sociologie et épistémologie*, Paris, P.U.F., 1981, p. 230. C'est moi qui souligne.

6. Michel de CERTEAU, *La culture au pluriel,* Paris, Christian Bourgois Editeur, 1980, réédité dans la coll. « Points Essais » n° 267, Paris, Seuil, 1993, p. 34. Certeau analyse l'état actuel du corps dans notre culture aux p. 33-44.

teur, homme ou femme, en voyeur. De plus en plus de foyers, en vue d'éviter les conflits, sont équipés d'un petit écran par personne, par chambre d'enfant, laissé seul au plaisir scopique. Ainsi se façonne un imaginaire collectif complètement centré sur l'autre, emprisonné dans le regard du spectateur.

Or, le corps humain est au premier rang dans ce monde transformé en galaxie Marconi, selon le mot célèbre de Marshall MacLuhan. Le corps vu se présente d'abord comme un corps beau, esthétique. En effet, comme le disait le philosophe Aristote, « est beau ce qui **donne plaisir** à voir ». Le corps vu est donc un corps qui donne du plaisir à voir, et « plaisir » se dit *eros* en grec. Aussi, corps esthétique rime souvent avec plaisir érotique. La séduction devient *sexduction*. Pourquoi la vie ne serait-elle pas une fête continuelle des sens ? Là encore, nos villes sont parlantes. Le corps humain y donne parfois l'impression d'assister à un défilé Chanel, à la différence près qu'un mannequin défile seulement quatre fois par an. D'ailleurs, la première propriété corporelle que les affiches mettent en avant, comme la mode, n'est-elle pas le pouvoir érotique ?

Publicité et médias se sont emparés de ce pouvoir il y a plus d'un demi-siècle. En 1940, Du Pont de Nemours inventait le nylon, et presque aussitôt, le bas nylon. Cette année-là, il vendit soixante-quatre millions de paires de bas. En Europe, à cause de la guerre, la pénurie régnait et les bas proposés dans le commerce étaient peu attirants, car ils étaient épais, beiges. Aussi les femmes se teignaient-elles les jambes, coutures comprises ! Dans les années cinquante, apparaît le bas ultrafin. La décennie suivante, la minijupe vient révolutionner les habitudes vestimentaires. Bas et minijupe se combinent pour valoriser d'une manière exceptionnelle la rencontre complice de deux corps : la jambe féminine et le regard masculin.

3. Le corps idéalisé

Le corps humain est un corps vu qui est lui-même un corps érotisé. Mais quel corps montre-t-on ? Les 6 700 spots publicitaires diffusés chaque année sur le petit écran sont en grande partie consacrés au corps. Parmi eux, une vingtaine tout au plus mettent en scène Monsieur ou Madame-tout-le monde. Autrement dit, le corps que l'on montre n'est pas le corps réel, mais un corps qui fait rêver, donc un corps idéalisé. Acheter un flacon de Chanel n° 5, c'est d'abord épouser un rêve. Nous le redirons : la marque est un mythe qui fait fantasmer. Et comme l'adolescence est un monde où prime l'imaginaire, elle est la proie par excellence du marketing – que l'on songe au pouvoir hypnotique d'Agnès B. chez les *teen-agers*...

En effet, le règne de l'idéal est le règne du modèle. Or, « le modèle est devenu d'autant plus draconien qu'il est omniprésent, obsédant, remarque

Gérard Badou, ancien directeur de rédaction du *Quotidien du Médecin* : affiché sur les panneaux publicitaires, dans les magazines, sur les écrans de télévision, il s'impose aux regards, s'empare des esprits et finit par envahir notre inconscient[7]. » S'écarter de la norme, ce n'est pas affirmer son originalité, mais son anormalité. Quels sont les canons impitoyables du corps humain ?

« L'homme – ou la femme – doit être impérativement jeune, de grande taille, mince, le teint légèrement hâlé[8]. » Pour la femme, il faut ajouter : blonde aux yeux clairs, bleus si possible. Lorsque Courrèges lança la mode révolutionnaire des robes très courtes, les mini-jupes, en 1965, il poussa le cri flatteur : « Toutes les femmes ont vingt ans[9] ! »

Côté masculin, l'image ne supporte qu'un Autre musclé, bronzé, mince, sans un poil, inodore. Le corps masculin dont on rêve aujourd'hui doit aussi être dénué de tout défaut. Il y a une évolution entre le héros du style de James Bond dans les années soixante, qui demeure vulnérable (le Sean Connery des films de Guy Hamilton) aux Jean-Claude van Damme et autres Schwartzenegger, investis d'une toute-puissance indestructible. Le Bond du début a de l'humour, de la distance par rapport à soi, il sait qu'il doit son salut à d'autres que lui et au coup de pouce de la chance. Le nouveau héros est aussi invincible qu'autonome. Et si on le rêve, comment ne pourrait-il exister ? Un fanatique des films de Stallone a été très déçu lorsqu'il a appris que son héros favori avait décommandé un voyage en France en 1988, au moment des attentats qui avaient terrorisé Paris. Comment celui qui, seul, remplace une armée peut-il trembler face à une poignée d'invisibles terroristes ? Serait-il possible que Sylvester Stallone ne fût pas Johnny Rambo ?

Cette idéalisation du corps se retrouve aussi dans le désir inconditionnel de santé. L'utopie prend alors la figure de l'intégrité : « Tout dire à la télévision ? demande Martine Allain-Regnault, qui prépare les émissions *Savoir plus santé*, avec François de Closets. C'est aujourd'hui possible. Tout montrer, rien n'est moins sûr ! [...] Le public n'accepte que ce qui redonne au corps *son intégrité* [10]. » À la télévision, on peut affirmer qu'un vaccin est utile, mais non pas montrer l'aiguille pénétrer la peau ; on peut recoudre, mais non pas inciser. Il y a un refus de la violation de continuité qui n'est pas sans rappeler le Moyen Âge, où l'on mettait à part les professions rompant l'intégrité

7. Gérard BADOU, *Le Corps défendu.* Quand la médecine dépasse les bornes, « La science et le vivant », Paris, Jean-Claude Lattès, 1994, p. 123. Dans le chapitre V (« Le corps choyé. Narcissiques, jusqu'à l'obsession. », p. 121-145), l'auteur montre qu'une science et une technique toutes puissantes qui, sous prétexte de protéger et de soigner ou d'améliorer le corps, nous en dépossèdent et entravent son identité. Nous lui empruntons quelques exemples et références.

8. *Ibid.*

9. Cf. Michel WINOCK, *Chronique des années 60*, Paris, Seuil, 1987.

10. Sophie BERTHIER et Sabine BARBÉ, « Leur travail, c'est la santé », *Télérama* n° 1368, 31 mai 1995, p. 85. Cf. le Dossier p. 84-88.

de l'organisme. Peut-être est-ce là une crainte plus fondée qu'il n'y paraît. Et ce corps parfait est particulièrement exigé en certains lieux, comme la plage :

> « Bref, voici un corps, sinon parfait, du moins perfectionné, qui voit l'épilé à côté du frais, du jeune, du souple, du lisse, du bronzé ou de l'uni, enrichir un paradigme de qualités qui font le corps étanche, immaculé, homogène et inattaquable, comme soustrait aux contingences de l'excrétion biologique, aux traces du vieillissement, aux indices de l'usure, interne ou externe : un corps arraché au temps, à la décomposition, au végétatif vulgaire, rêve autarcique, signe pur de lui-même[11]. »

4. Le corps falsifié

Le corps humain est un corps rêvé. Mais celui-ci n'est pas le corps réel. Au début des années soixante, les épouses des premiers cosmonautes furent très surprises, en contemplant les photographies que les reportages donnaient d'elles, en particulier le magazine *Life*. Elles eurent de la peine à se reconnaître, tant elles étaient idéalisées, rendues impeccables pour correspondre au modèle nécessairement parfait que toute femme américaine au foyer était en droit d'attendre de la part de femmes de héros.

> « Tous les boutons, suçons, grains de millet, points noirs et autres comédons, les dartres, les sillons de l'acné, les volcans de furoncles, les pustules dues aux orgies de chocolat, les plaques d'urticaire, les protubérances des appareils dentaires et autres imperfections avaient été gommées par le photographe et [...] l'on donnait l'impression de sortir des mains du chirurgien esthétique[12]. »

Pour faire rêver, le cinéma doit reconstruire le corps de ses stars en fonction de ce rêve, donc falsifier. On sait peu encore qu'existent des *body* doublures : le spectateur a fantasmé sur d'autres jambes que celles de Julia Roberts dans *Pretty Woman*. Frustrant, non ? Parce que la mode fantasme, elle doit cultiver l'apparence. Il suffit d'une contre-plongée pour allonger les jambes du modèle. On disait du salon de couture de Charles James, le plus célèbre couturier américain avec Gilbert Adrian Greenburgh, qu'elle était une « salle de torture ».

> « Parfois, lorsqu'il présentait à une cliente la robe qu'elle lui avait commandée, celle-ci, après s'être extasiée devant la beauté de sa robe, s'inquiétait de la façon dont elle était censée y entrer. James oubliait souvent, paraît-il, qu'une femme était supposée entrer, à un moment ou à un autre, à l'intérieur de ses créations. Il lui fallait alors recourir à une paire

11. Jean-Didier URBAIN, *Sur la plage.* Mœurs et coutumes balnéaires (XIXe-XXe siècles), « Petite bibliothèque Payot » n° 271, Paris, Payot, 1996, pp. 302 et 303.
12. Tom WOLFE, *L'étoffe des héros*, Paris, Gallimard, 1982, p. 191.

> de ciseaux pour ménager l'ouverture nécessaire dans son modèle. D'où la présence, souvent incongrue de fermetures à glissière sur les plus magnifiques de ses robes[13]. »

Prenons l'exemple de la cosmétique[14]. On redécouvre un geste oublié, la pose de faux cils, ce qui rend le regard étoffé, intense, « sans que l'on soupçonne l'artifice ». Pour 140 F, vous avez une paire de lentilles jetables Fresklook de Wesley Jessen, que vous mettez un soir, avec la teinte de votre choix : noisette, bleu, vert clair et violet. N'oubliez pas les correcteurs qui estompent les cernes qui vieillissent et attristent le visage, comme l'Effacernes Longue Tenue de Lancôme, ou Touche Subtile de Jeanne Gatineau. Aujourd'hui, grâce à des huiles de silicone ultra-fines, la peau retrouve artificiellement bonne mine, velouté, satiné, et cela, sans poudre, pour toute la journée. « Pour gagner quasiment dix années en... dix minutes », Hinda Herc, responsable du maquillage chez Galénic et Nelson Sepulveda, chez Nina Ricci, conseillent d'abord de garder l'éclat, symbole de la jeunesse, grâce à une bonne crème de jour. Ensuite, plus on avance en âge, plus on doit alléger et donc proscrire le fond de teint trop mat, et choisir un ton légèrement plus clair que sa carnation (attention : basez-vous sur la couleur du cou et non du poignet, à la lumière naturelle !). Et remontez toujours les pentes en posant le blush haut sur les pommettes. Si vous avez un petit défaut dans le dessin des lèvres ou une forme qui ne vous satisfait pas totalement, « optez pour le maquillage permanent ». Le temps lui-même est vaincu. De quoi s'agit-il ? D'un tatouage superficiel réalisé avec des stylets jetables qui ourlent mieux les lèvres et permettent au rouge de ne plus filer. Les acides de fruit, en favorisant l'exfoliation, lissent et donnent de l'éclat aux lèvres qui, ainsi deviennent pulpeuses.

Bref, l'ennemi n° 1 est l'âge, le fripé, le ridé. En revanche, le but n° 1 est de paraître autre que ce que l'on est. Le champ sémantique est révélateur : « tout pour tricher », « le maquillage qui rajeunit », « un outil de séduction inestimable »...

5. Le corps médiatisé

Le corps humain est falsifié. Du moins appartient-il à notre imaginaire. Mais au fait, cet imaginaire est-il celui que nous rêvons, ou celui que l'on rêve pour nous ? « On », c'est-à-dire les médias, de la publicité au cinéma ?

---

13. Mary VAUDOYER, *Le livre de la haute couture*, Photographies d'Emmanuel de LEPERVANCHE, s. l., V. & O., 1990, p. 236.

14. Cf. Noëlle CHÂTELET, *Trompe-l'œil. Voyage au pays de la chirurgie esthétique*, Paris, Belfond, 1993. Les exemples qui suivent sont, pour une bonne part, inspirés du « Dossier spécial Beauté », de *Madame Figaro*, 19 nov. 1994, p. 84-118.

Un corps en crise d'identité :

« Aujourd'hui, la télévision se met au niveau de la majorité des patients. Reportage éclair sur le sida en fin de JT, témoignages de malades greffés dans *Bas les masques*, cure de vitamines prescrite par *Envoyé spécial*, allées et venues de *La marche du siècle* entre handicapés et prématurés : les sujets médicaux prolifèrent à tous les coins de chaînes. En outre, trois magazines télévisés donnent rendez-vous avec la santé : *37,5° le soir* sur TF1, *Savoir plus santé* sur France 2 et *Qui vive* sur Arte, sans parler d'une grand-messe comme le Téléthon, ou de Sidaction. Bref, le service public a compris que le spectateur aimait qu'on lui parle de sa santé, mais aussi que cela faisait grimper l'audimat [15]. »

Nous le disions plus haut, les régimes diététiques ne satisfont plus. On fait une cure de thalassothérapie, on multiplie les liposuccions. Les artifices du maquillage ne suffisent plus; on recourt à la biochimie des hormones et au bistouri du chirurgien esthétique. On raconte qu'aux États-Unis, une femme s'est fait opérer plus de vingt fois pour ressembler à la poupée Barbie. Certaines vedettes du show biz, telles Cher, n'en sont pas loin...

Les personnes se surpassent donc pour ressembler non pas à ce qu'elles désirent, mais à un modèle standard. Comme le note Descamps, « le corps humain n'est dénaturé que pour être mieux socialisé. Le biologique est alors une métaphore de la réalité socio-politique[16]. » Aussi, le corps que notre classe sociale a rêvé pour nous n'est-il pas nôtre, mais celui, symbolique, de notre culture. Conséquence obligatoire, mon corps n'est plus mon corps, mais un corps d'emprunt. Le diagnostic porté par le psychologue Jean-Claude Sagne à propos de la sexualité vaut pour le corps en général.

« La crise des modèles de la sexualité dans notre société est avant tout le symptôme d'une crise de l'identité sociale, cette identité que tout homme demande à son groupe d'appartenance. Plus il y a doute dans l'investissement du narcissisme collectif envers la société et la culture, et plus il y a revendication inquiète du plaisir. L'illusion de résoudre un problème d'identité par la satisfaction génitale est fort subtile et tenace. Au lieu de nous centrer sur le statut de la sexualité dans un groupe ou dans la société, il est donc plus urgent de prendre en compte la fabrication d'une nouvelle identité sociale qui ne peut jaillir que d'un désir collectif de vivre et de bâtir ensemble[17]. »

15. Sophie BERTHIER et Sabine BARBÉ, « Leur travail, c'est la santé », art. cité, p. 84.

16. Marc-Alain DESCAMPS, *Ce corps haï et adoré. Psycho-histoire des idées sur le corps* : sa haine et sa réhabilitation, Paris, Tchou, 1988, p. 11. Cet ouvrage plus historique (aux présupposés pronaturistes) s'inscrit dans une série de six ouvrages relatifs à la psychologie du corps.

17. Jean-Claude SAGNE, « La mutation des modèles de l'échange dans une société en changement », *Revue d'éthique et de théologie morale, Le Supplément*, n° 111, p. 487.

Un corps en quête d'identité : le culte du top model.

On ne peut vivre sans savoir qui l'on est. Or, la psychologie nous a appris que l'on constitue son moi par identification. À qui donc va-t-on demander son identité corporelle ? Au surmoi publicitaire et au top model. Jocelyne Milfort conclut ainsi un article sur « Le corps dans la publicité » :

> « Par le biais de l'image du corps, asservie par la publicité à des fins mercantiles, les mass média tissent subtilement dans l'inconscient collectif, une sorte de nouveau Surmoi, structure rigide marquée du sceau de la marchandise, source de souffrance[18]. »

Le mannequin prend son essor après la Libération, lorsque s'impose le nouveau look lancé par Christian Dior. Les *cover-girls* qui posent en couverture de magazines commencent à faire rêver le grand public. Cependant, les premières vraies stars n'apparaîtront que pendant les années Beatles : à l'anglaise Jean Schrimpton, surnommée la Crevette, qui symbolise la femme idéale et se retire en pleine gloire de la mode en 1969, à vingt-six ans, succède l'air boudeur et mystérieux de Twiggy, premier mannequin unisexe : femme-enfant fragile, elle incarne les déchirements d'une société en crise. Dans les années soixante-dix, Lauren Hutton, avec ses « dents du bonheur » figure l'aventurière sportive de l'Amérique battante, alors qu'Inès de la Fressange restaure l'image de la Parisienne, raffinée, spirituelle et un peu garçonne. Se succèdent ensuite les Cindy, Claudia, Linda, Naomi et l'allemande Nadja Auermann, qui a pour particularité d'avoir les plus longues jambes du monde occidental des tops : 1,15 m[19] !

« La mode a toujours été le reflet d'une société[20]. » Or, la top model est plus célèbre aujourd'hui que Marilyn ou que Garbo dans leur temps, et cette mutation n'est pas seulement liée à un accès élargi aux médias. Sur le culte du top model, les avis sont partagés. Certains s'obstinent à ne voir en elles que des portemanteaux, d'autres veulent les « stariser » : « Ce sont les nouvelles stars, elles sont mythiques, estime Karl Lagerfeld. L'important est que le public rêve d'elles. » En revanche, Philippe Bouvard avoue : « Trop grandes, trop belles, les top models ne me font pas rêver[21]. » On retrouve ici,

---

18. Jocelyne MILFORT, « Le corps dans la publicité », in COLLECTIF sous la direction de Willy PASINI et Antonio ANDREOLI, *Eros et changement*. Le corps en psychothérapie, « Bibliothèque scientifique », Paris, Payot, 1981 [Repris avec des changements (nombreux ajouts et ablations) dans un ouvrage qui prend le sous-titre *Le corps en psychothérapie,* même coll., 1993], p. 37-48, ici p. 48.

19. Cf. « Les tops. Des divas sur la sellette », in *Gala* n° 90, 2 mars 1995, pp. 30 et 31.

20. Dominique BRABEC et Martine SILBER, *La mode 89/90*, Paris, La Manufacture (24, place des Vosges 75003), 1989, p. 13.

21. Laurence BEURDELEY, « L'œil en coulisse », in *L'Officiel* (Magazine de mode et de couture de Paris), n° 794, mars 1995, p. 188.

comme ailleurs, ainsi qu'on le verra plus tard, la dialectique de l'artifice qui fait rêver et du naturel qui est incarné. Jean-Paul Gaultier a par exemple fait défiler sur son podium des filles choisies dans la rue[22].

Mais le fait demeure : la top model remplace la star de jadis[23]. C'est d'ailleurs pour cela qu'elle est tentée par le cinéma, de Cindy Crawford dans Fair Game à Claudia Schiffer dans *Richie Rich*[24]. Plus encore, on l'interviewe très sérieusement – et pas seulement la cultivée Carla Bruni – pour connaître son avis sur les pluies acides ou la montée des intégrismes. Pourquoi ? La réponse est simple : **le corps de la top-model est parfait,** alors que celui de la vedette de cinéma ne l'est pas. Ainsi que l'explique Estelle Halliday, « les tops ont supplanté les stars de cinéma parce que celles-ci ne faisaient pas assez rêver[25]. » C'est ce que suggère ce court dialogue entendu dans un ascenseur : « Quel fut ton cadeau cette année, demande-t-on à un homme ? – Juste un, mais qui m'a fait intensément plaisir : on m'a offert un calendrier de Claudia Schiffer… »

6. Le corps monétisé

Le corps humain est la proie des médias. Mais eux-mêmes sont soumis à une autre attraction : l'argent. Aussi le corps humain est-il un corps monétisé[25b]. Cela est particulièrement vrai en France qui représente 40 % du marché mondial des cosmétiques : après l'alimentaire et l'automobile, ceux-ci occupent le troisième ou le quatrième rang du point de vue de la masse financière. Les sommes dépensées pour la publicité des cosmétiques sont astronomiques : les moins de soixante secondes du dernier spot, « gothique », pour *L'Air du temps,* le parfum bientôt cinquantenaire de Nina Ricci, a coûté douze millions de francs (sans faire appel à une star) ! J'ou-

22. Les *tops models* masculins font aussi de plus en plus parler d'eux. Que l'on songe à Christian Williams faisant la campagne pour Drakkar Noir de Guy Laroche.

23. À la suite d'un grand-sondage Paris Match-B.v.a. sur les rêves des Français et des Françaises à propos des personnes « les plus sexy du monde », les résultats montrent, côté féminin : 1. Claudia Schiffer, 2. Cindy Crawford, et seulement 3. Kim Basinger. Commentaire de Paris-Match : « Il y avait les stars, mythiques, inaccessibles… Il y a désormais les *top models.* » (*Paris Match*, n° 2362, 1er septembre 1994, p. 46-53) De plus, l'Amérique fait toujours rêver, puisque, côté masculin (où les top models ne sont encore guère connus), les sept premiers sont des américains (en plus, c'est un presque septuagénaire, Paul Newman en tête, suivi d'un bientôt sexagénaire, Robert Redford, en second ! Qui a parlé de quête du père ?).

24. « Entre les actrices qui jouent les mannequins et les *top models* qui font du cinéma, on n'y comprend rien ! » (Olivia de LAMBERTERIE, « Melting Top à Hollywood », in *Elle* n° 2567, du 13 au 19 mars 1995, p. 111-115, ici p. 112)

25. Interview dans *Paris-Match* du 21 mars 1996, p. 70.

25b. Cf. Jean BAUDRILLARD, « Le plus bel objet de consommation : le corps », in *La Société de consommation,* Paris, Gallimard, 1970, p. 199-238.

bliais : chaque seconde, on achète un flacon de ce parfum, l'un des trois français les plus vendus au monde. Ici, plus qu'ailleurs, tout se joue sur la marque : à même composition chimique, le rouge à lèvres Guerlain et le rouge à lèvres Prisunic sont parfois dans un rapport de prix de dix à un – et ce n'est certainement pas le support qui explique la différence. La marque, qui se caractérise par le raffinement du décor, non par une qualité supérieure du produit, apporte ce que la logique du marketing appelle un « bénéfice psychologique », et surtout rapporte beaucoup. C'est en 1929, en pleine crise, que Jean Patou lançait aux États-Unis le parfum Joy, grâce au slogan : « Le parfum le plus cher du monde », fragance qui eut aussitôt le succès qu'on lui connaît. Surtout, le marketing parle du corps dans un langage financier : « gestion optimale de son capital forme, de son capital jeunesse ». La santé est devenue un patrimoine qu'il est de notre responsabilité de gérer : il nous appartient de prévenir l'apparition des rides, comme il nous appartient de faire fructifier un portefeuille boursier.

Le corps-marchandise

Plus encore, le corps devient marchandise. Cette pratique occidentale se démasque lorsqu'elle s'exporte dans les pays en voie de développement : elle dévoile alors crûment sa logique sordide[26]. Le *business* du corps est l'un des mieux portants aujourd'hui. Sans doute pas pour tous : « J'ai fait un régime pendant deux semaines, explique Josiane Balasko. Vous savez ce que j'ai perdu ? Quinze jours... » D'autres, en revanche, y ont beaucoup gagné. Les intérêts en jeu sont gigantesques, même si l'efficacité des techniques est discutable. Si les salles et les clubs de fitness réussissent difficilement à transformer la graisse en muscle, ils arrivent parfaitement à métamorphoser l'énergie du désespoir qui anime l'obèse « en un chiffre annuel de trois milliards de francs[27] ! » Avant de dépenser leur excédent calorique, hommes et femmes y dépensent leur argent, dans des cures thermales[28] ; or, celles-ci constituent un marché en pleine expansion dont le chiffre d'affaires atteint des centaines de milliards de francs. Le marché des produits masculins, quant à lui, en pèse trois.

Prenons l'exemple à la mode du *lifting.* La Française a le choix entre deux techniques : l'américaine et la française. Le premier type de *lifting,* que l'on

26. Par exemple, en Inde, la transfusion étant rémunérée, certains peuvent, pour faire vivre leur famille, vendre leur sang jusqu'à l'anémie la plus complète.

27. Gérard BADOU, *Le Corps défendu, op. cit.*, p. 134.

28. Cf. l'ouvrage très critique des médecins Philippe SCHILLINGER et Gilles BARDELAY, *La Cure thermale*, Paris, Éd. Frison-Roche, 1990. « La thalasso, c'est carrément l'arnaque », s'exclame un médecin (*Gazette officielle du thermalisme*, n° 31, juillet-août 1993). Les auteurs ne croient pas pouvoir attribuer l'indéniable effet bénéfique de ces cures au pouvoir curatif de l'eau ; les causes sont plutôt d'ordre psychologique (cf. « Thermalisme : cures à gogo », in *L'Express*, du 29 juin 1990).

pourrait qualifier de texan, car son inventeur est originaire de Dallas, est aussi audacieux techniquement que spectaculaire : il effectue un « repositionnement » de tout le visage, replace les structures musculaires et graisseuses, et règle le délicat problème des sillons nasogéniens. Mais encore faut-il supporter que l'on vous dise : « Qu'est-ce que vous avez changé ! » En général, les Françaises préfèrent une technique plus européanisée, plus discrète et plus prudente. Plusieurs *liftings* sont alors possibles, soit global, le *lifting* « cervico-facial » qui a pour but de redresser l'ovale du visage, soit plus régional, touchant le haut du visage. Et on bénéficie alors d'une technique révolutionnaire en plein développement, l'*endolift* ou *lifting* sous endoscopie. Dans tous les cas, l'intervention sera adaptée à la morphologie, à l'âge et à la psychologie de la patiente. Sans oublier que l'intervention n'est pas anodine, ni au plan médical, ni au plan esthétique, ni au plan financier : un *lifting* cervico-facial coûte entre 25 et 35 000 francs, et un *lifting* frontal, 5 000 francs de moins[29].

Le corps de l'homme devient donc une réserve disponible, dénué de toute signification et valeur intrinsèque autre que pécunière – et érotique :

> « On aurait pu penser, écrivait-on déjà il y a vingt ans, qu'au moins le corps, dernier bastion de l'individualité concrète des êtres, avec ses circuits mystérieux, ses organes cachés, sa vie secrète, resterait soustrait au cannibalisme marchand. » Or « les reins, le cœur, les poumons, et bientôt le foie deviennent marchandises. Les organes essentiels de l'homme sont aujourd'hui achetés, vendus, transplantés, stockés, commercialisés. Des catalogues illustrés d'organes à vendre circulent dans l'univers hospitalier américain. Des banques et des bourses d'organes fonctionnent à plein rendement[30]. »

Le jean, un « comprimé » d'histoire

« Une variation du vêtement s'accompagne fatalement d'une variation du Monde et réciproquement », dit Roland Barthes[31]. « Dis-moi comment tu t'habilles, je te dirai qui tu es »... ou qui tu rêves d'être. Plus encore, l'évolution des modes anatomiques est en relation avec les modes vestimentaires[31b]. Ce qui est vrai du vêtement en général vaut du blue jean en particulier : son évolution est à l'image de celle de l'image du corps, et en est, pour une part, son vecteur. Le jean fut d'abord moulant, à l'époque de James Dean et d'Elvis Presley. De signification érotique, il valorisait la sexualité du corps, son galbe, soulignait les parties génitales. Or, paradoxalement, au

29. Cf. Josette ROUSSELET-BLANC, « Les nouveaux liftings », in *Figaro-Madame,* 26 nov. 1994, pp. 118 à 121.

30. Jean ZIEGLER, *Les vivants et la mort,* Paris, Seuil, 1975, p. 33.

31. Roland BARTHES, *Le système de la mode,* Paris, Seuil, 1967, p. 31.

31b. Cf. N. PARROT, *Mannequins,* Paris, Walter, 1981.

moment de la libération sexuelle, ce procédé brime les formes corporelles, notamment le bas du corps : « Le corps, explique le psychanalyste Tony Anatrella, était comprimé dans ce vêtement qui serrait étroitement les parties génitales, les cuisses et les jambes[31c]. » Alors, dans la logique de ce refus, le jean est devenu unisexe, gommant la différence homme-femme. Aujourd'hui enfin, « le jean et le tee-shirt se portent déchirés, symboles d'un corps meurtri et mutilé », témoin du corps éclaté qui a perdu tout principe unificateur et toute espérance dans la paix que donnerait une vision unifiée. Sans oublier l'aspect financier : plus le jean est troué, lacéré, éloigné de l'intégrité de son modèle primitif, plus il est cher. Et qui n'a pas un jean chez lui ? Le jean vérifie donc une part de l'évolution décrite dans ce chapitre : du corps vu au corps financé. Mais celle-ci n'est pas achevée.

7. Le corps dématérialisé

Le corps vu est le corps standardisé que, sous la pression de l'argent, fantasment pour nous les médias. Mais quel modèle proposent-ils ? Un corps qui, de plus en plus, se dématérialise. N'est-il pas significatif de ce processus de dématérialisation que la mathématique ensembliste (dont Galois a jeté les prémisses) parle de « corps[32] » ? Or, quoi de moins incarné qu'une entité mathématique ?

Un corps décorporé

Pour Gilles Lipovetski, notre époque est celle du degré zéro du social, de l'individualisme total, dont la face psychologique est le règne de Narcisse. Or, ce narcissisme entraîne un nouveau regard sur le corps : on passe du corps-objet, matériel, à un corps-sujet, non matériel, survalorisé.

L'individualisme galopant résorbe le corps dans un imaginaire sans résistance.

En effet, « de même que l'appréhension de l'altérité d'autrui disparaît au bénéfice de la règle de l'identité entre les êtres, de même le corps a perdu son statut d'altérité, de res extensa, de matérialité muette, au profit de son

---

31c. Interview par Michel LECLERCQ, in *Paris Match*, n° 2157, 27 sept. 1990, p. 30. Cf. surtout les développements de l'auteur dans *Le sexe oublié*, Paris, Flammarion, 1990, p. 69 s. De manière générale, je renvoie à l'excellente (et ravageuse) description du chap. 1 intitulée : « Le corps éliminé ». Pour Anatrella, la cause de cette attitude à l'égard du corps rejoint le diagnostic porté par ses autres ouvrages : l'immaturité prolongée qu'il qualifie d'*adolescentrique* (on lui doit d'ailleurs ce néologisme évocateur).

32. Cf. par exemple Jean-Claude CARREGA, *Théorie des corps. La règle et le compas*, Paris, Hermann, 1989.

identification avec l'être-sujet, avec la personne. » Bref, « comme toutes les grandes dichotomies, celle du corps et de l'esprit s'est estompée[33]. »

Le corps en question est à l'image de la dématérialisation, de plus en plus présente dans notre société : la musique techno et les images de synthèse, les médecines douces qui diluent le produit au point de le rendre non seulement inoffensif mais inexistant, les mondes virtuels, l'abolition des distances par le réseau Internet, les composants ultimes de la réalité qui acquièrent la densité d'une équation mathématique[34], l'intérêt pour la parapsychologie, le spiritisme... : autant d'affirmations implicites du « ras-le-bol » qu'a la matière de vivre sous le seul chiffre de l'opacité, de la limite, de la pesanteur.

La virtualisation du corps humain est proportionnelle à sa représentation. Or, nous avons vu qu'aujourd'hui, le corps est en représentation permanente. En particulier, plus la femme est représentée, moins elle est vécue. Et elle finit par se perdre : « La pire aliénation, c'est d'être renvoyé continuellement à soi-même et à l'image de soi-même [...]. La chirurgie esthétique, celle du visage et du corps, n'est que le symptôme d'une chirurgie plus radicale : celle du destin[35]. »

Cette désincarnation se situe aussi dans la droite ligne du corps machinal, numérisé, comme norme et référence ultime. Hans Moravec, le pape de la robotique américaine, affirme que celle-ci va enfin libérer « la pensée humaine [...] de l'esclavage d'un corps mortel[36]. » Hubert Dreyfus, l'un des meilleurs spécialistes de l'intelligence artificielle, avait déjà noté en son temps que le grand perdant, dans le débat autour de l'intelligence artificielle, n'était pas d'abord l'intelligence humaine, mais le corps[37]. De même, le culte de l'informatique ne privilégie-t-il pas une image angélique de l'homme? « L'informatique exalte l'acte créateur, et plus particulièrement cette forme de création qui ne fait pas appel au corps, mais à l'esprit. La création sans corps est aussi une autre valeur de l'informatique[38]. » Quel peut être le deve-

33. Gilles LIPOVETSKI, *L'ère du vide.* Essais sur l'individualisme contemporain, Paris, Gallimard, 1983, pp. 68 et 69. Cf. Chr. LASCH, *Le complexe de Narcisse*, trad., Paris, Robert Laffont, 1980. Cf. aussi Richard SENNETT, *Les Tyrannies de l'intimité*, trad. Antoine Berman et Rebecca Folkman, Paris, Seuil, 1979.

34. Cf. par exemple le dernier ouvrage du spécialiste de physique fondamentale et particulaire Olivier COSTA de BEAUREGARD, *Le corps subtil du réel éclaté* (Saint-Etienne, Aubin Editeur, 1995).

35. Jean BAUDRILLARD, « La chirurgie esthétique de l'altérité », *Libération*, 15 juillet 1993.

36. *Une vie après la vie*, *op. cit.*, p. 11. Car le corps « n'est que de la gelée » (p. 142).

37. « Ce qui distingue l'être humain de la machine la plus astucieusement conçue, ce n'est pas la possession d'une âme universelle, immatérielle, détachée de l'univers concret, mais bien le fait d'avoir un corps, matériel, situé, et qui fait partie intégrante de l'univers concret. » (Hubert DREYFUS, *L'intelligence artificielle.* Mythes et limites, trad., Paris, Flammarion, 1984, p. 302-303) Même opinion chez un autre spécialiste (John R. SEARLE, *Du cerveau au savoir*, Conférences Reith 1984 à la BBC, coll. « Savoir », Paris, Hermann, 1985, p. 54)

38. Philippe BRETON, *La tribu informatique*, Paris, Métailié, 1990, p. 52.

nir du corps dans une société qui valorise de plus en plus l'image par la multiplication des médias audiovisuels et où progresse la télématique « dont on peut légitimement supposer qu'elle modifiera, à terme, les rapports entre les individus simplement parce qu'un certain nombre de contacts entre les acteurs sociaux [...] passeront par l'intermédiaire d'un clavier sans les informations primordiales que livrent les apparences[39] », autrement dit le corps?

Enfin, la matière, le corps sont disqualifiés au nom même de leur imperfection foncière, face à une liberté ou un rêve qui sont sans limite. Philippe Starck, *designer* français mondialement connu, clame sa foi en un monde qui va se dématérialisant : « Demain, le corps et l'appétit sexuel vont disparaître ! Je crois à la fin de la matière! » Pourquoi? La véritable raison est liée à la tentation prométhéenne autant que régressive de toute-puissance.

> Le corps « est une chose imparfaite. On maîtrise tout, sauf lui. À l'époque d'un futur qui se veut doux, lisse et luminescent, le corps est archaïque. On le travaille déjà sur tout ce qui est intermédiaire entre la matière et la peau. L'avenir sera dans le transport d'énergie, de fluide, de concept[40]. »

Un corps divinisé?

Du corps décorporé au corps divinisé, il n'y a qu'un pas que les nouvelles techniques du virtuel sont tentées de franchir. Celles-ci transgressent toutes les anciennes limites du corps, physiques, spaciotemporelles, pour lui donner l'infinité. Le cyberspace ne désigne pas tant de nouveaux supports d'information qu'un nouveau mode de culture, d'accès à l'information : cela va de l'hypertexte à la réalité virtuelle, des multimédias interactifs à la réalité augmentée (c'est-à-dire l'accroissement de l'environnement habituel par des capteurs, des modules communiquants), des collecticiels (instrument d'aide à la coopération) aux programmes neuro-mimétiques. Or, les propriétés du cyberspace – actualité pure toujours en éveil, infinité (de la croissance sans fin), absolue maîtrise de l'ordre et de la nouveauté, spiritualité (sur le mode du virtuel), incorruptibilité et immortalité, instantanéité d'accès et ubiquité – n'évoquent-elles pas les attributs même de Dieu[41]?

Au fond, les nouvelles techniques du virtuel ne feraient que poursuivre et concrétiser le programme de sécularisation mis en place au XVIIe siècle, lors de l'apparition de la science moderne : les attributs divins d'omniprésence,

39. Michèle PAGÈS-DELON, *Le corps et ses apparences*. L'envers du look, coll. « Logiques sociales », Paris, L'Harmattan, 1989, p. 172.

40. Propos rapportés par Barbara SCHWARM, « La néo-chasteté », in *L'Officiel* (Magazine de mode et de couture de Paris), n° 793, fév. 1995, pp. 158 et 159.

41. Dans une page étonnante, un des meilleurs spécialistes de la question, Pierre LÉVY, reprend la distinction aristotélicienne des quatre causes pour, implicitement, identifier Dieu à l'Intelligence collective (*L'intelligence collective*. Pour une anthropologie du cyberspace, « Sciences et société », Paris, La Découverte, 1994, pp. 116 et 117).

de toute-puissance, de providence et d'omniscience créatrice qui, débarrassés de la théologie et appliqués à l'univers et au physicien, ont présidé à la naissance de la physique[42], ne sont-ils pas les pouvoirs que, peu à peu, l'homme espère s'attribuer grâce à la cyberculture ? « À son tour donc l'IH [intelligence humaine] prend l'IA [intelligence artificielle] pour miroir : c'est la spirale vertigineuse de la quête d'identité. [...] Si toutefois l'homme a besoin d'un miroir, qu'il regarde à la Croix où l'homme crucifié par l'homme se reflète indéfiniment au cours de l'histoire : là réside la logique du miroir[43]. »

À cette tentation de toute-puissance technique, il faudrait ajouter une autre influence, plus subtile, d'ordre éthique[44].

8. Le corps néantisé

Du corps dématérialisé au corps néantisé, il n'y a qu'un pas. Donné à l'état de brouillon informe, le corps humain est laissé aux soins de l'architecte humain qui le travaille pour lui donner la forme de son désir, c'est-à-dire du désir de la société, des détenteurs de l'argent, c'est-à-dire un corps irréel. « En quasi-flottaison, commente Catherine Schwaab, le corps-mirage se substitue au corps-image. [...] Au royaume de l'extase, de toute façon, tout n'est que félicité, béatitude, nuage[45]... »

Ce qui vaut au plan sociologique vaut plus fondamentalement au plan psychologique : l'effacement du corps dans la société est d'abord la rançon de son effacement individuel. À trop fantasmer le corps, celui-ci n'a plus de place ni de raison d'être. Il dérange.

---

42. Cf. la récente étude d'Amos FUNKENSTEIN, Théologie et imagination scientifique du Moyen Âge au XVIIe siècle, trad. de Jean-Pierre Rotschild, Paris, P.U.F., 1995. Cf. aussi, à propos de l'infinité, le célèbre travail d'Alexandre KOYRÉ, *Du monde clos à l'univers infini*, trad. Raïssa Tarr, « TEL », Paris, Gallimard, 1973, pp. 335-337.

43. Clairette KARAKASH, « Miroir ou altérité », in *The Science and Theology of Information*. Proceedings of the Third European Conference on Science and Theology [Genève, 29 mars au 1er avril 1990], Genève, Labor et Fides, 1992, pp. 232 et 233. À noter que, dans la lignée réformée notamment d'un Karl Barth, cette approche minimise la positivité de la créature et la place de la nature rationnelle face à la grâce salvifique.

44. L'actuel vécu du corps tend à inverser les catégories classique de péché en vertu, ce qui est s'octroyer un pouvoir divin (du moins dans une logique occamiste où Dieu peut tout). Je ne parle pas seulement de la gourmandise que, la publicité, la logique mercantile de la consommation (cf. le « péché de gourmandise de force 10 » de la dernière publicité pour les pâtes Panzani) a converti en acte méritoire (cf. par exemple le dossier « Avec gourmandise », dans *Croire aujourd'hui*, Revue bimestrielle, Paris, Assas Éditions, 1er fév. 1996, p. 12 à 17). Mais les actuelles caractéristiques du corps vu et médiatisé (qui aime se donner en spectacle), érotisé et monétisé, ont repris en positif les trois grandes concupiscences qui sont le résumé de tout péché (I Jn 2,16 ; cf. Gn 3,6).

45. *L'événement du Jeudi*, 11 au 17 nov. 1993, n° 471, p. 50.

Un corps effacé

Le corps actuel est devenu un corps virtuel. Un artiste plasticien, Philippe Comar, l'explique :

> « Pour avoir été triés sur le volet, mis en scène apprêtés, maquillés, leurs photographies retouchées, les mannequins publicitaires, les stars et les pin-ups ne sont à tout prendre que des virtualités du corps. Idéalisée à outrance, l'image fétiche ne traduit plus aucune réalité tangible. La consécration de ces chimères collectives va de pair avec une dépréciation, voire une négation de l'image individuelle. Jamais sans doute les médias n'ont sollicité aussi cruellement l'homme de la rue en le confrontant à des modèles qui, par leur obsédante répétition et leur illusoire perfection, sont, dans tous les sens du terme, inaccessibles. Aux antiques sacrifices humains, les médias substituent pour l'homme d'aujourd'hui le sacrifice de l'image de son propre corps[46]. »

Le *nirvana* de la sveltesse est une illusion : nous savons maintenant que le poids d'un individu est, pour une part, préinscrit génétiquement. Maltraité, le corps n'est pas écouté. La publicité nous désigne un corps qu'il faut impérativement nettoyer, rajeunir, parfumer, muscler. Lorsqu'une publicité pour eau minérale nous conseille d'éliminer, la question se pose : que faut-il éliminer? Ne serait-ce pas le corps, en définitive? Certes, il importe de prendre soin de sa santé, d'avoir une hygiène de vie. Mais au-delà, ce corps constamment mortifié n'est-il pas gênant?

D'ailleurs, notre société occidentale ne lui est pas hospitalière. Reprenons le cas, typique, de la grande ville. Elle invite à une mise en jeu des gestes corporels sous le chiffre du refoulement, de l'évitement et de l'effacement. Ne pas toucher l'autre fait partie du rituel, sauf dans certaines circonstances bien particulières, de même que ne pas faire de bruits incongrus ou émettre d'odeurs inconvenantes. Inversement, dès qu'une personne se manifeste par des soupirs intempestifs, des gestes un peu trop voyants, les regards la discréditent. D'où la tentation pour le mannequin de n'être plus qu'un souvenir désincarné dont le but est de faire rêver le lecteur qui l'effeuille tout en feuilletant le catalogue. Certes, le corps est constamment mis en jeu, car nous n'entrons en relation avec autrui que par le corps, mais le corps parle ici sur le mode de la distance et de l'anesthésie. Aussi, note le sociologue David Le Breton, « l'homme occidental, au fil de sa vie quotidienne dit implicitement sa volonté de ne pas ressentir son corps, de l'oublier autant que possible[47]. »

Les pratiques de jogging, de trekking et autres week-ends passés à faire du rafting, la découverte des massages chinois, les sessions de bio-énergie, res-

---

46. *Les images du corps*, coll. « Découvertes », Paris, Gallimard, 1993, pp. 124 et 125.

47. *Anthropologie du corps et modernité*, coll. « Sociologie d'aujourd'hui », Paris, P.U.F., 1992, p. 127. Désormais cité *Anthropologie*.

tent non seulement transitoires mais superficielles, car elles opèrent sur fond d'effacement ritualisé du corps : dès que l'on replonge dans la vie quotidienne, le corps est à nouveau mis en suspension. Plus encore, E. Perrin a noté que les thérapies à médiation corporelle ne pouvaient défaire les refus sur lesquels s'est construite notre société : « Il suffit qu'un seul refuse la règle implicite : « Je te prête mon corps si tu me prêtes le tien » et « Tous les corps sont bons à enrichir mon expérience » pour qu'elle se brise. En effet, « c'est la recherche intérieure, individuelle qui prime aussi bien au stade des consignes qu'à celui des exercices collectifs[48]. » Et de remarquer le caractère intellectuel et finalement très dualiste de ce genre de pratique : « J'ai souvent eu l'impression d'être conduite à la découverte de mes sensations à la manière des visites guidées des musées[49]. »

Même le sport n'est pas une affirmation ou une valorisation du corps. Écoutons un psychanalyste :

> « L'activité sportive est souvent utilisée pour lutter contre les tendances dépressives, mais elle ne les résout pas. Il est vrai, on peut se sentir en forme après un effort sportif : c'est simplement parce que l'activité musculaire favorise la sécrétion d'endomorphines très stimulantes pour l'organisme mais ce n'est pas à cause d'un réel bien-être psychique. »

En effet, le sport induit une relation narcissique au corps et maintient l'adolescent dans cette relation; aussi n'a-t-il pas « le pouvoir de modifier l'économie infantile dans laquelle s'installent des personnalités juvéniles[50]. » Significative est, d'ailleurs, la désolidarisation de certains nouveaux sports de leur origine culturelle : qui sait que le saut en élastique est un rite d'initiation d'une tribu des îles du Pacifique?

Un corps mort

Le corps humain est effacé jusqu'à disparaître et mourir. Dans un essai documenté, Patrick Baudry, sociologue, montre que le modèle actuellement régnant est celui d'un corps extrême. Le corps extrême est celui qui est poussé aux limites de l'extrême, autrement dit, un corps **suicidaire** : le risque de mort, réel ou fantasmatique, est intégré. Cette violence corporelle est déjà présente chez les athlètes. L'auteur rapporte qu'on avait demandé à des athlètes américains s'ils accepteraient de prendre un produit dopant qui leur assurerait une médaille olympique dans l'année, tout en diminuant considérablement leur espérance de vie jusqu'à leur faire courir le risque de mourir l'année suivante : 50 à 80% d'entre eux ont répondu affirmativement[51].

48. Eliane PERRIN, *Les cultes du corps,* Lausanne, Favre, 1985, p. 162.
49. *Ibid.*, p. 159.
50. Tony ANATRELLA, *Le sexe oublié, op. cit.*, p. 56-57; cf. p. 56-65.
51. Patrick BAUDRY, *Le Corps extrême.* Approche sociologique des conduites à risque, Paris, L'Harmattan, 1991, p. 111.

Mais cette logique suicidaire n'est plus réservée à la haute compétition; elle est en passe de devenir le choix de la société. Nullement minoritaire, au contraire, elle est au cœur tant de l'activité sportive et professionnelle, que de la publicité ou de l'érotisme que l'auteur qualifie de « thanatique ». On pourrait multiplier les exemples spectaculaires. Après un usage démesuré, excessif des idéologies, de la nature, de la drogue et du sexe, l'abus devient aussi le modèle d'utilisation du corps.

> « Les stages "hors limites" servent à former les 'bons cadres" d'entreprise, qui se doivent aujourd'hui d'incorporer la logique de la "boîte", d'adhérer jusque physiquement à son ordre. De telles expériences servent à se "sentir mieux" : à devenir plus efficace dans son travail, plus performant "globalement" ou encore à se soigner d'une dépendance toxicomaniaque. En somme, il ne s'agit pas de protestation, c'est du médical. Il ne s'agit pas de conduite excentrique, mais de thérapeutique. La logique de l'extrême n'est pas faite pour celui qui veut "jouer au malin" [...] : elle promet la "maîtrise de soi[52]". »

Or, le modèle suicidaire du corps naît très exactement de son effacement. En effet, le suicide est un refus de la finitude du corps. De même, ces performances insensées s'inscrivent dans la logique du hors limite : « De tels records « insensés » ont en fait un sens : celui de traiter de l'humain comme d'un matériau flexible[53]. » Ils ouvrent sur des défis incessants qui traitent le corps « comme un matériel », ce que signifient l'hypertrophie de la technique, les costumes sophistiqués, qui sont comme des prothèses ou des carapaces machiniques[54].

9. Le corps haï

Donc, le corps humain n'existe plus. Sommes-nous arrivés au point d'aboutissement? Pas encore. Pire que le néant, la haine. Il est plus facile d'oublier son corps que de l'aimer. Cette haine prend deux formes : la haine infligée, voulue et la haine reçue, subie.

Miss France, miss Souffrance

Jamais les techniques du corps n'ont été aussi florissantes, les top models aussi adulés, les corps affichés aussi érotiques. Et pourtant, les journaux se plaignent régulièrement de cette tyrannie imposée à nos propres corps qui

52. *Ibid.*, pp. 114 et 115.
53. *Ibid.*, p. 231.
54. Ainsi, *« à l'extrême* se pose la question de l'origine et de la finitude, de la relation à l'autre et donc ce qui tient, non point l'existence individuelle, mais la vie commune dans son rapport à la mort ». (*Ibid.*, p. 232).

s'essoufflent à vouloir ressembler à d'inaccessibles modèles. Parfois la souffrance infligée au corps est inapparente : le cheveu est-il fait pour le shampoing quotidien dont le marketing a fait une norme – quasiment irréfutable – notamment dans le monde féminin adolescent ? Mais cette douleur est souvent perceptible. Naomi Wolf va jusqu'à comparer la dictature de la mode exigeant que les jeunes filles restent minces avec les camps de la mort réservés par les nazis aux Juifs[55]. Un tel langage n'exprime-t-il pas, dans son excès-même[56], la torture que la liberté inflige à notre corps ? Combien ont déambulé sur les Champs-Élysées, et contemplé, amusés, plus rarement scandalisés, les ventres bedonnants, les cuisses jambonnées, les seins dodus des statues de Botero ? L'un de leurs mérites est d'exorciser nos phobies corporelles. L'admiration des foules pour ces créatures plantureuses traduit en creux ce droit à la différence, ce désir pour l'obèse, mais aussi pour tous les autres, à exister.

Pourquoi cette souffrance ? Notre corps réel résiste aux normes qu'impose le corps rêvé. L'adéquation aux normes du corps idéal est source d'infinies souffrances. Voici les conditions posées par Geneviève de Fontenay, présidente du Comité Miss France, pour l'élection de ses créatures :

> « La Miss doit faire rêver [...]. En conséquence, on lui demande d'avoir entre dix-huit et vingt-quatre ans, de ne pas être mariée, de ne pas mener une vie scandaleuse et bien sûr, de ne pas avoir d'enfant. Elle peut avoir une vie privée, mais qui doit rester discrète. Si la Miss n'était pas fraîche, souriante, bien élevée, disponible en toutes circonstances, elle ne ferait plus rêver grand monde. Tout manquement à ces règles (grossesses, déséquilibre psychologique, drogue, etc.) constitue un cas de destitution[57]. »

A *minima*, ce sont les mêmes critères que ceux qui fonctionnent actuellement pour les tops models. Paradoxalement, l'ascèse que nie l'éthique libertine revient en grande force pour mieux faire jouir. Il en est de même de la quête de la santé. La médecine a été surinvestie d'une aura de toute-puissance. Comment la discipline qui a éradiqué la tuberculose de nos pays ne serait-elle pas porteuse de toutes les promesses ? Or, cette conception quasi-messianique de la technique a son répondant et sa surmotivation psychologique dans notre désir enfantin de contrôle absolu du corps : « J'en fais ce que je veux », « je me nourris comme je veux ». Mais la déception est toujours proportionnelle à l'idéalisation. La roche tarpéienne des corps précipités jouxte le Capitole des corps glorifiés. C'est la raison pour laquelle la médecine ne pouvant *nécessairement* tenir toutes ses promesses, notre époque induit, dans le même temps que l'adulation du corps, son mépris, son rejet violent, jusqu'à l'autolyse.

55. Cf. *The Beauty Myth*, Londres, Vintage, 1990, p. 208.
56. À noter que l'auteur congédie cette rhétorique victimaire dans son dernier ouvrage, *Fire with fire*, New York, Random House, 1993.
57. *Femme actuelle* n° 544, du 27 fév. au 5 mars 1995, p. 18.

La différence, objet de différend

Tournons-nous maintenant vers la face passive, subie de la haine du corps. Elle prend la forme générale du refus de la différence. Toute déviance vis-à-vis de l'objectif commun est non seulement refusée, mais culpabilisée par la collectivité. Notre dignité d'être est totalement subordonnée à un défaut qui, de surcroît, n'est guère remédiable. Lu de près, cet article de presse est atterrant :

> « Les pellicules poudrent ceux qui se résignent à les porter d'une sorte de poussière de médiocrité. Ceux qui en sont victimes ne peuvent prétendre à une image de marque percutante. Ce n'est pas tellement la disgrâce physique en elle-même qui est en cause, mais plutôt l'attitude défaitiste de celui qui se résout à la supporter sans chercher à y porter remède[58]. »

Toute différence entre les corps est passée au lit de Procuste. On se rappelle peut-être le chant des révolutionnaires dansant la Carmagnole : « Il faut raccourcir les géants. Et rendre les petits plus grands. Tous à la même hauteur. Voilà le vrai bonheur[59]. » En témoigne l'expérience selon laquelle, à compétences égales, les « chasseurs de tête » jettent leur dévolu sur les candidats les plus grands :

> « Une étude a été consacrée à la vie professionnelle de 17 000 hommes. Ceux qui mesuraient plus de 1,80 m réussissaient beaucoup mieux – gagnaient plus d'argent, obtenaient de l'avancement plus vite, s'élevaient à des postes plus prestigieux[60]. »

Il en est de même dans le choix des candidates : les plus jolies sont invariablement sélectionnées. Diane Ackerman en fournit quelques preuves expérimentales.

> « En 1968, pour une étude menée dans le système pénitentiaire de New York, on divisa en trois groupes les détenus balafrés, difformes ou affligés d'autres tares. Le premier groupe eut droit à des opérations de chirurgie esthétique ; le second à des conseils et à une thérapie intensive, tandis que l'on ne s'occupait pas du troisième. Une année plus tard, quand les chercheurs pointèrent les résultats, ils virent que ceux qui avaient subi des opérations de chirurgie esthétique s'étaient mieux adaptés et risquaient moins de retourner en prison. Au cours d'expériences réalisées par des entreprises, lorsque des photos différentes accompagnaient le même curriculum vitae, c'était la personne la plus séduisante que l'on sélectionnait.

58. Article de presse cité par Jean-Pierre DUPUY et Serge KARSENTY dans *L'invasion pharmaceutique*, « Points », Paris, Seuil, 1989.

59. Catherine MONDIET-COLLE et Michel COLLE, *Le mythe de Procuste*, Paris, Seuil, 1989. Cf. Vladimir VOLKOFF, *Le complexe de Procuste*, Paris, Julliard-L'Age d'Homme, 1981.

60. Diane ACKERMAN, *Le livre des sens*, Paris, Grasset, 1991, p. 328. L'auteur émet l'hypothèse psychologique suivante : « Peut-être les hommes grands stimulent-ils les souvenirs d'enfance où l'on regarde l'autorité d'en bas » (*Ibid.*).

> Les bébés les plus jolis sont mieux traités que ceux qui manquent de charme, non seulement par les étrangers, mais par leurs parents eux-mêmes. »

On s'en doutait, mais des expériences systématiques nous l'assurent : « si choquant que soient les résultats de ces expériences et d'autres similaires, ils confirment "qu'un" visage de femme a toujours représenté un atout[61] ». En revanche et en conséquence, la personne qui a un handicap n'a pas une place réelle dans notre société[62]. Le visage défiguré est un motif d'évaluation négative de la personne. Il y a comme un délit non seulement de « sale gueule », mais de « gueule anormale ». Certes, le discours social garantit à la personne souffrant d'un handicap la dignité que l'homme partage avec les autres membres de la communauté. Mais, dans les faits, elle est marginalisée.

Cela est même vrai d'une différence que notre monde considère de plus en plus non pas seulement comme un handicap, mais comme une tare : l'obésité. Aujourd'hui, l'obèse est *persona non grata*. En août 1993, Air Inter a prétendu faire payer le prix de deux places à une passagère en raison de son poids de 130 kilos. La dame a répondu qu'il y avait « atteinte à la dignité humaine », moyennant quoi elle a dû rentrer chez elle par le train. Il y avait en tout cas, et au minimum, refus de l'autre, du différent. Il est aisé d'élargir cet exemple au mépris du laid, du vieux, du fripé, du boutonneux, du malodorant, etc. L'attitude de la compagnie d'aviation impose un modèle unique de corps.

Toute altération de la forme du corps, du visage, toute maladresse trop repérable dans la démarche ou le geste (par exemple chez la personne atteinte d'une maladie de Parkinson) imposent un rétrécissement de la reconnaissance sociale et de la latitude d'action. La mise à l'écart qu'entraîne la défiguration prend parfois la forme, subtile mais d'une extrême violence, du regard gêné, angoissé ou réprobateur qui s'attarde sur – ou évite, lorsqu'il regarde trop rapidement – une démarche traînante ou une tache lie de vin…

L'altération devient stigmate et la différence objet de différend, parce qu'elles viennent troubler la sécurité, l'ordre ontologique conçu sur le mode de l'uniformité.

> « On demande à l'individu stigmatisé de nier le poids de son fardeau et de ne jamais laisser croire qu'à le porter, il ait pu devenir différent de nous, explique le sociologue Erving Goffman. En même temps, on exige qu'il se tienne à une distance telle que nous puissions entretenir sans peine l'image que nous nous faisons de lui. En d'autres termes, on lui conseille de s'accepter et de nous accepter, en remerciements naturels d'une tolérance première que nous ne lui avons jamais tout à fait accor-

61. *Ibid.*
62. Cf. David LE BRETON, « La défiguration : un handicap d'apparence », in *Des Visages. Essai d'anthropologie*, coll. « Traversées », Paris, éd. A.-M. Métailié, 1992, chap. 9.

dée. Ainsi, une acceptation fantôme est à la base d'une normalité fantôme[63]. »

En conséquence, lorsqu'on ne fait pas souffrir son propre corps, c'est l'autre que l'on martyrise. La psychologie nous a longuement entretenu sur la boucle sans fin qui relie sadisme et masochisme, agressivité et culpabilité.

Conclusion

Telle eau de toilette arbore le nom de *Démon*. Tel parfum s'appelle *Eden*. Le corps humain est à l'image de cette ambivalence publicitaire. Partis d'un corps adulé, nous arrivons, à notre grand étonnement, à un corps haï, à partir d'une cascade d'équations : corps aimé = corps érotisé = corps fantasmé = corps idéalisé = corps plébiscité par les médias = corps falsifié = corps commercialisé = corps technicisé = corps dématérialisé = corps néantisé = corps haï. « La culture nous livre paradoxalement une double image du corps, remarque Luc Pareydt : *divinisé et culpabilisé*[64]. »

Bref, le corps humain est *défendu*, au double sens du terme : comme on le dit du fruit de la Genèse, mais aussi de quelqu'un qui se protège. Notre monde adule et courtise cette fragile merveille qu'est le corps humain. Sachons lui rendre grâce d'avoir osé s'approcher de cet être délicatement incarné, d'avoir levé le masque. Mais la peur qu'il inspire est à la hauteur de l'admiration qu'on lui voue. Que penser de ce corps ambivalent? Un instantané de notre époque ne suffit pas à répondre à la question. L'apparente contradiction invite, non pas à quêter je ne sais quel non-dit ou arrière-monde, mais à faire mémoire, d'autant que, comme nous prévient le philosophe Paul Ricœur, « l'absence de mémoire est caractéristique de la rationalité purement instrumentale[65] » : le présent est le fruit du passé, mais aussi une invention que rien ne pouvait totalement prévoir.

63. *Stigmate : les usages sociaux et des handicaps*, Paris, Minuit, 1975, p. 145. Cf. l'excellent ouvrage de Philippe CASPAR, *Le peuple des silencieux*. Une histoire du handicap et de la déficience mentale, « Psychopédagogie », Paris, Fleurus, 1994. Sur le même thème, dans une perspective notamment sociologique, cf. Henri-Jacques STRICKER, *Corps infirmes et sociétés*, Paris, Aubier, 1982.

64. « La peur de la séduction. Les chrétiens et le témoignage », *Cahiers pour croire aujourd'hui*, supplément au n° 131, Paris, Ed. Assas, nov. 1993, p. 69.

65. *La critique et la conviction*, Entretien avec François AZOUVI et Marc de LAUNAY, Paris, Calmann-Lévy, 1995, p. 151.

Chapitre 3

Premier pôle : le corps insignifiant

« Il semble que le cours des temps modernes soit placé sous le signe de la disjonction de la chair et de l'esprit[1]. »

« L'Homme-machine. – Je l'ai rencontré. Une tristesse étrange émanait de lui, un pâle ennui désertique. Il portait sur son visage le reflet de la mort, mais d'une mort sans mystère. – Dis-moi ton secret, lui ai-je crié, toi qui ressembles à l'incarnation de l'irréparable. Un crissement infernal a traversé sa voix morte. « Le secret qui me dévore, c'est précisément de n'avoir plus de secret[2] ! »

« Le corps est le corps / il est seul / et n'a pas besoin d'organe / le corps n'est jamais un organisme / les organismes sont les ennemis du corps[2]. »

Le paradoxe décourageant qui conclut les deux premiers chapitres invite à passer de l'imaginaire à la mémoire. La représentation du corps humain émerge d'une histoire complexe où celui-ci n'est qu'un des protagonistes, tant il est impossible de le considérer indépendamment des autres éléments constitutifs de notre humanité et de notre environnement. Cette histoire commence à la Renaissance, mais se comprend sur fond d'histoire grecque et médiévale[3].

1. Jacques Maritain, *Distinguer pour unir ou Les degrés du savoir*, « L'ordinaire », Paris, DDB, 1963, p. 30.

2. Gustave Thibon, *Retour au réel. Nouveaux diagnostics*, Lyon, H. Lardanchet, 1943, p. 257. Épigraphe suivante d'Antonin Artaud, *84* 1948, n° 5-6.

3. Nous parlerons de la conception chrétienne du corps en troisième partie et du corps chez saint Thomas en seconde partie. Cf. l'admirable résumé d'Étienne Gilson, « L'anthropologie chrétienne », in *L'esprit de la philosophie médiévale*, « Études de philosophie médiévale » XXXIII, Paris, Vrin, 1944, chap. 18, p. 175-193.

1. Le corps chez les Anciens

On parle souvent du dualisme grec. Ce jugement est sommaire. Il ignore à quel point diffèrent les conceptions platonicienne, aristotélicienne et stoïcienne du corps. À vrai dire, « la philosophie grecque a développé les doctrines et les solutions les plus extrêmes » qu'on peut systématiser en trois groupes :

– le spiritualisme qui fait prédominer l'âme, conçue « en dehors du corps qui l'altère mais qu'elle a reçu comme punition (Platon simplifié[4]) » ;

– le « matérialisme qui octroie la primauté exclusive au corps » : Épicure, par exemple, plaide « pour une unité-identité telle qu'elle réduit l'âme au corps » ;

– l'harmonie qui célèbre « la symbiose, l'union de l'âme et du corps, celle de la forme et de la matière (Aristote[5]) ».

Nous n'entrerons pas dans le détail de ces philosophies. Nous constaterons seulement que les Grecs sont déjà eux-mêmes travaillés par une secrète tension qui peut conduire à la contradiction et à la désespérance. C'est dans l'Antiquité grecque que s'épanouit le culte du corps, avec ses rigoureux canons de beauté. On sait quel amour on a porté au corps athlétique de l'éphèbe et comme les vainqueurs d'olympiades ou de batailles étaient célébrés. En outre, « la moralité grecque inclut les soins du corps. [...] Ce que nous nommons hygiène est une chose essentiellement grecque[6]. » Le corps a même pu être divinisé : « Lorsque tu manges, lorsque tu fais de la gymnastique, lorsque tu disputes, ne sais-tu pas que tu nourris un dieu, que tu exerces un dieu, que tu portes en toi un dieu ? Malheureux, tu l'ignores[7] ! »

---

4. En réalité, Platon est ambivalennt. Le dualisme, patent chez ses maîtres Pythagoriciens ne l'est plus tant chez le fondateur de l'Académie. Certes, le corps est « colle et clou de l'âme » (*Phédon*, 82e et 83d), « prison de l'âme » (*Phédon*, 62b et *Cratyle*, 400c), « cage de l'âme » (*Phédon*, 82e) ou « tombeau de l'âme » (*Gorgias*, 493a). Mais il faut tenir compte d'une éventuelle évolution de la pensée platonicienne vers une mise en valeur plus positive du corps. Surtout, l'interprétation ontologique est-elle légitime ? « En toute âme humaine l'intensité du plaisir ou de la peine à tel ou tel propos s'accompagne de la croyance que l'objet précisément de cette émotion c'est tout ce qu'il y a de plus clair et de plus vrai, alors qu'il n'en est point ainsi. » (*Phédon*, 83 e) Que le corps soit une geôle, et l'âme sa prisonnière, tient moins à une malice intrinsèque du corps qu'au vertige du désir présent dans l'âme : la dualité est existentielle, vécue et non pas ontologique, abstraite. Cf. C. J. de VOGEL, « Was Plato a Dualist ? », in *Rethinking Plato and Platonism*, Leiden, 1986, p. 159-212.

5. François DAGOGNET, *Le corps multiple et un,* coll. « Les empêcheurs de tourner en rond, 92350 Le Plessis-Robinson, Edité par les Laboratoires Delagrange, 1992, p. 52. Ouvrage bien documenté, mais conceptuellement mal unifié.

6. A.-J. FESTUGIÈRE, *Contemplation et vie contemplative selon Platon*, Paris, Vrin, 1950, p. 31.

7. *Dissertations*, II, 8, 12 et 14.

En contrepoint, le Grec a méprisé le corps. Le dualisme est évident chez les Pythagoriciens ou, contrairement à l'opinion courante, chez un Épicure qui cherche le bonheur dans une *ataraxie,* une tranquillité idéale qu'aucun trouble, aucune souffrance ne vient rider, bref un hors corps. Cela est encore plus évident pour le stoïcien : quoiqu'Épictète ait souci de sa propreté corporelle, il note que « c'est un signe de bassesse que de s'attarder aux soins du corps[8]. »

Indéniablement, certaines idées grecques ont pu favoriser le dualisme qui influença le Moyen Âge et jusqu'à l'augustinien Descartes lui-même. Mais il faut refuser la vision simpliste d'un prétendu idéalisme grec obsédé par le dualisme et, ce qui en est la conséquence, le mépris du corps.

Quoi qu'il en soit, pour le Grec, qu'il s'agisse de Platon, d'Aristote ou d'un stoïcien, le corps humain fait toujours partie du cosmos. L'éthique n'est jamais déconnectée de la physique. Il n'en sera plus de même à la Renaissance. « La nature – qui n'est aujourd'hui qu'une servante, pas même : un instrument – était pour eux [les Grecs] une mère[9]. »

2. Un nouveau regard sur la nature

La déchirure inaugurée par Galilée...

La rupture intellectuelle décisive dans notre conception du corps, estime le médecin et philosophe Alexis Carrel[10], prend sa source à la Renaissance. « La technologie a construit l'homme, non pas suivant l'esprit de la science, mais suivant des conceptions métaphysiques erronées. » Lesquelles ? « Le quantitatif fut séparé du qualitatif. Le quantitatif, exprimé en langage mathématique, nous apporta la science. Le qualitatif fut négligé. » Cette distinction remonte à Galilée qui parle de qualités primaires et secondaires pour décider du caractère inessentiel des qualités sensibles :

> « Je suis bien contraint selon la nécessité, aussitôt que je conçois une matière ou substance corporelle, à concevoir en même temps qu'elle est délimitée et douée de telle ou telle figure, qu'elle est, par rapport à d'autres, grande ou petite, qu'elle est en tel ou tel lieu, qu'elle se meut ou est immobile... Et par nul effort de l'imagination, je ne puis la sépa-

8. ÉPICTÈTE, *Manuel*, 41.
9. Gustave THIBON, *Vous serez comme des dieux*, Paris, Fayard, 1985, IV, 1, p. 126.
10. *L'homme cet inconnu*, Paris, Plon, 1935, pp. 338 et 339. J'ai choisi ce texte plus simple, mais la grande référence demeure l'ouvrage où Edmund HUSSERL oppose « monde scientifique » et « monde de la vie » (cf. IIe partie, chap. 2). Cf. aussi les lucides travaux d'Alexandre KOYRÉ, notamment dans *Études d'histoire de la pensée scientifique*, « TEL », Paris, Gallimard, 1973.

> rer de ces conditions ; mais qu'elle doive être blanche ou rouge, amère ou douce, sonore ou muette, d'odeur agréable ou désagréable, je ne puis forcer l'esprit à devoir l'appréhender comme nécessairement accompagnée par de telles conditions. »
>
> Ainsi, dans le Livre de l'Univers, il y a « des triangles, des cercles et autres figures géométriques sans lesquels moyens il est humainement impossible d'en comprendre une parole[11]. »

« Le XVIIe siècle, écrit le biologiste François Jacob, se retrouve dans un univers dont le centre de gravité est basculé. Un univers où astres et pierres obéissent aux lois de la mécanique qu'exprime le calcul[12]. » La distinction de la qualité et de la quantité a été systématisée par les philosophes John Locke et René Descartes. Elle est scientifiquement féconde et légitime : on ne peut fonder la physique sur la qualité (« ce fer est chaud »), mais sur la quantité (« la température de ce morceau de fer est de 300 °C »). Mais, appliquée à la philosophie, cette différence est létale. Plus subtil et plus efficace que l'évincement pur et simple d'un spirituel qui, chassé par la porte, ne manquerait pas de pénétrer à nouveau par la fenêtre, le divorce auquel on procède rend le spirituel définitivement étranger au matériel. De plus, si la science est science de la quantité, tout ce qui relève du qualitatif – éthique, philosophie, art, religion – se trouve relégué dans la zone obscure de l'opinion, du « chacun sa vérité », de l'incertitude[13]. La mathématique devenant l'unique clef de lecture de la nature, pour les mécanistes, le corps, à l'instar de l'univers du vécu et du senti, se trouve frappé de suspicion et de disgrâce[14]. Nous en reparlerons en seconde partie.

Une parabole et plus encore, la première réalisation de ce processus est l'apparition de la perspective dans l'art. Aujourd'hui, la perspective linéaire, la rencontre des parallèles à l'infini paraissent aller de soi. Pourtant, l'acquisition de ces outils mathématiques a pris du temps. Dans une enluminure du Moyen Âge, le château fort apparaît volontiers plus petit que tel personnage et la différence de taille ne doit rien à une ignorance de l'architecture ou de l'anatomie. C'est donc que l'artiste ne se soucie pas de mettre en relation les grandeurs apparentes, et encore moins de donner une

---

11. *Il Saggiatore*, in *Le Opere di Galileo Galilei*, Florence, Ed. A Favaro, 20 vol., 1929-1939, vol. 6, p. 232, trad. Ch. CHAUVIRÉ, *L'essayeur de Galilée,* Paris, Les Belles Lettres, 1980, p. 141.

12. *La logique du vivant.* Une histoire de l'hérédité, Paris, Gallimard, 1970, p. 41.

13. Le remède proposé par Carrel ne nous intéresse pas ici. Il s'accompagne d'un prométhéisme gnostique (cf. *L'homme cet inconnu, op. cit.*, p. 393) qui, aujourd'hui, fait sourire. On en connaît aussi les irrecevables retombées eugénistes.

14. Ce qui ne signifie pas que certains n'aient pas tenté de faire des ponts, à commencer par Nicolas de CUES dans son éloge de la mesure, en 1450 (cf. *Idiota*, in *Œuvres choisies*, éditées par Maurice de GANDILLAC, Paris, Aubier, 1942, p. 214 s.).

profondeur à la scène représentée. Ici, le principe de distribution de l'espace est non seulement qualitatif ou social, mais ontologique : un seigneur est, par nature, plus grand qu'un maçon, et un clerc qu'un laïc, car ils constituent des principes d'ordre supérieur.

C'est à Florence, au début du XVe siècle, que des peintres et des architectes théorisent la perspective. Précisément, vers 1425, en peignant sa Trinité sur un mur de l'église Santa Maria Novella, à Florence, Masaccio utilise un point de fuite unique, au milieu de la ligne d'horizon, situé, conformément aux canons idéaux, au niveau des yeux d'un observateur se tenant debout. Le premier, il fait appel à la perspective linéaire de manière consciente. Or, celle-ci ne se résume pas à une conquête bienvenue, elle correspond à une véritable révolution cosmologique [15], anthropologique [16], et même métaphysique, à un changement de vision du monde : « Il est essentiel de voir que, derrière les raisonnements mathématiques, il y avait quelque chose de plus spontané et de plus intuitif : une nouvelle manière de regarder le monde, de « sentir » son organisation, d'imaginer ses structures [17]. » Précisément, un espace qualitatif et hétérogène, métaphysiquement organisé laisse la place à un espace quantitatif et homogène. Ce que Husserl ou Carrel disent de la science et de la philosophie, s'est d'abord vérifié dans l'art et la technique : la quantité a peu à peu conquis sa primauté sur la qualité [18].

... achevée par Descartes

Il revient à Descartes (1596-1650) d'avoir pensé la rupture inaugurée par la Renaissance. Quelles que soient les nuances que les spécialistes puissent apporter à cette affirmation, le philosophe français a pris congé du cosmocentrisme grec et du théocentrisme médiéval [19] pour laisser place à

15. Cf. Erwin PANOFSKY, *La perspective comme forme symbolique*, trad., Paris, Minuit, 1975, p. 157.

16. Pierre FRANCASTEL remarque que « la nature même de l'espace humain » est transformée (*Études de sociologie de l'art*, Paris, Gonthiers-Denoël, 1970, p. 143).

17. Pierre THUILLIER, « Espace et perspective au Quattrocento », in *D'Archimède à Einstein.* Les faces cachées de l'invention scientifique, « Le temps des sciences », Paris, Fayard, 1988, pp. 67 à 98, ici p. 70.

18. Il serait erroné de croire que la vision mathématique du monde induite par les sciences soit moins construite que la vision médiévale (cf. *Ibid.*, p. 94) Significatif à cet égard est la place que la bande dessinée humoristique retrouve spontanément un monde ontologiquement hiérarchisé. Il serait par exemple inimaginable que non seulement Astérix soit plus grand que César, mais qu'il soit de même taille.

19. Qu'on se souvienne de l'affirmation de Descartes affirmant tout à la fois : « Je révérais notre théologie » ; « les vérités révélées » étant « au-dessus de notre intelligence », les examiner demande « d'avoir quelque assistance du ciel, et d'être plus qu'homme. » (*Discours de la méthode*, 1re partie, in *Œuvres et lettres,* Éd. André BRIDOUX, « Bibliothèque de la Pléiade », Paris, Gallimard, 1950, p. 130).

l'anthropocentrisme typique de la modernité, comme on le verra plus loin. « Ainsi, m'entretenant seulement avec moi-même, et considérant mon intérieur, je tâcherai de me rendre peu à peu plus connu et plus familier à moi-même. » La première certitude du système cartésien n'est plus extérieure à l'homme, mais est l'homme lui-même ou plutôt sa pensée : « Je suis une chose qui pense[20]. »

Dès lors, si l'homme est premier, ce qui prévaudra est la perspective non plus contemplative, mais pratique de maîtrise de la nature[21] :

> « Sitôt que j'ai eu acquis quelques notions générales touchant la physique, et que, commençant à les éprouver en diverses difficultés particulières, j'ai remarqué jusqu'où elles peuvent conduire et combien elles diffèrent des principes dont on s'est servi jusqu'à présent, j'ai cru que je ne pouvais les tenir cachées sans pécher grandement contre la loi qui nous oblige à procurer autant qu'il est en nous le bien général de tous les hommes. »

Or, l'éthique s'intéresse au « bien général de tous les hommes ». C'est donc que la science est considérée par Descartes dans sa finalité pratique, en l'occurrence éthique, et non pas d'abord spéculative. Le philosophe français l'affirme explicitement : les notions générales touchant la physique

> « m'ont fait voir qu'il est possible de parvenir à des connaissances qui soient fort utiles à la vie ; et qu'au lieu de cette philosophie *spéculative* qu'on enseigne dans les écoles, on peut en trouver une *pratique,* par laquelle connaissant la force et les actions du feu, de l'eau, de l'air, des astres, des cieux et de tous les autres corps qui nous environnent, aussi distinctement que nous connaissons les divers métiers de nos artisans, nous les pourrions employer en même façon à tous les usages auxquels ils sont propres et ainsi *nous rendre comme maîtres* et *possesseurs de la nature*[22]. »

La perspective de Descartes est profondément originale. Chez Aristote et au Moyen Âge, la science et la philosophie précèdent la technique. Image de Dieu, l'homme n'était alors que « lieutenant de Dieu sur la terre », selon l'heureuse expression de Jürgen Moltmann[23] ou « le fermier de Dieu », selon le mot de Jean Bottero[24]. Certes, la nouveauté cartésienne n'est pas absolue.

---

20. *Méditations métaphysiques*, 3e, *op. cit.*, p. 284.

21. Sur le retournement opéré par Descartes, cf. le passionnant article d'Eric WEIL, « De la nature », in *Philosophie et réalité.* Derniers essais et conférences, « Bibliothèque des archives de philosophie » n° 37, Paris, Vrin, 1982, p. 343 à 364 : « Nous posons des questions à la nature, nous la soumettons à la torture – et elle répond. Ni le physicien, ni nous autres, nous ne nous en étonnons : nous avons tort. » (p. 348) De même Hans Jonas montre qu'après avoir été objet d'intelligence et de connaissance, le monde est devenu objet de volonté (de puissance).

22. *Discours de la méthode*, 6e partie, *op. cit.*, p. 168. C'est moi qui souligne.

23. *Dieu dans la création.* Traité écologique de la création, trad. Morand Kleiber, « Cogitatio fidei » 146, Paris, Le Cerf, 1988, p. 244.

24. *Naissance de Dieu.* La Bible et l'historien, Paris, Gallimard, 1986, p. 189.

Descartes reprend l'inspiration présente chez Léonard de Vinci et les ingénieurs de la Renaissance. Mais il pense ce qui, jusqu'ici était seulement mis en pratique; plus encore, il fonde philosophiquement et de ce fait actualise une intuition encore floue que l'on pourrait résumer par le mot de Francis Bacon : savoir, c'est pouvoir.

3. Un nouveau regard sur le corps

Nous venons de le voir, le monde moderne est centré sur l'individu humain. Les Grecs mettaient le corps humain en relation avec la nature, le Moyen Âge chrétien avec Dieu. Il reste à la Renaissance de le mettre en relation avec la troisième figure structurant toute vision du monde, à savoir l'homme.

Le corps-cadavre selon Vésale

En janvier 1632, eut lieu, grâce au docteur Tulp, premier anatomiste de la corporation des chirurgiens d'Amsterdam, une leçon publique d'anatomie sur le cadavre d'un homme qui venait d'être exécuté. Cette leçon devait immortaliser le droit à la dissection, qui venait enfin d'être accordé. On demanda donc de la représenter à un jeune peintre au nom encore obscur, Rembrandt. « La Leçon d'anatomie du docteur Tulp[25] » valut à son auteur une notoriété immédiate, comparable à ce qu'elle représentait.

Avant la Renaissance, on connaissait le corps animal, notamment à la suite des fines et vastes observations anatomiques et physiologiques laissées par Aristote dans ses traités d'histoire naturelle. En revanche, le corps humain n'était connu qu'indirectement, par analogie et extrapolation, à partir des cadavres animaux, comme le montrent par exemple les traités de Galien. Il y a, à cette attitude, plusieurs raisons. Au Moyen Âge, le corps humain est sacré; on ne saurait toucher au cadavre, puisque celui-ci est destiné à la résurrection de la chair[26]. De plus, le chrétien médiéval a un sens profond de l'unité corps-âme : le corps n'est pas moins humain que l'âme; la troisième partie montrera combien la religion du Christ est par excellence la religion du corps. En outre, à cette époque, une commune opprobre regroupe chirurgien, barbier, boucher et bourreau[27]; or, ces différentes professions,

25. Huile sur toile, exposée à Mauritshuis, à La Haye.
26. Le principe est juste et ce respect légitime, mais la conséquence est excessive.
27. Jacques LE GOFF, *Pour un autre Moyen Âge*, Paris, Gallimard, 1977, p. 93.

communément mésestimées, ont en commun d'enfreindre les limites du corps. Ne serait-ce pas qu'elles sont une menace potentielle pour le corps de la société ? Enfin, la théologie chrétienne se méfie d'un désir de connaissance, d'une *libido sciendi,* comme dit saint Augustin, qui dénuderait le corps humain par simple curiosité : c'est elle qui fit chuter Ève[28].

Aussi l'œuvre de Vésale et la banalisation de l'anatomie sont-elles le signe d'une « mutation anthropologique saisissante[29] ». En effet, la médecine n'a accédé au statut de discipline scientifique que le jour où elle a commencé à étudier les cadavres, donc avec Vésale[30]. Notre regard actuel sur l'homme emprunte aux représentations de l'homme anatomisé. En ouvrant le corps humain, les anatomistes « frayaient peut-être la voie à d'autres découvreurs, en fissurant avec les frontières du corps, celles du monde terrestre et du macrocosme[31]. »

Cette nouvelle vision du corps présente notamment quatre caractéristiques qui marquent toujours la vision actuelle de la médecine. 1. Le paradigme du corps devient le **cadavre.** Désormais, estime le philosophe Vincent Bourguet, « le corps humain vivant, en régime scientifique, est ontologiquement un cadavre, c'est-à-dire un objet séparé de l'humanité singulière. » Pour Vésale, le corps humain devient abstrait au sens propre du terme, il se détache de l'âme et des relations aux autres subjectivités. Le corps n'est plus constitutif de la personne ; il rejoint dès lors le monde des corps bruts, tant dans son être que dans sa désignation, puisque le français n'a pas de mot spécifique pour désigner le corps de l'homme[32]. Cette représentation ne quittera plus l'art médical :

> « Pour la médecine, le corps de référence, c'est le cadavre. Autrement dit, le *cadavre* est la limite idéale du corps dans son rapport au système de la

28. Cf. Gn 3,6. De manière générale, les références bibliques sont empruntées, dans leur texte et leurs abréviations, à la Bible de Jérusalem (Paris, Le Cerf, 1973).

29. David LE BRETON, *Anthropologie, op. cit.,* p. 49. Cf. aussi du même, « Dualisme et Renaissance. Aux sources d'une représentation moderne du corps », in *Diogène* n° 142, avril-juin 1988, p. 52s. Dans ses différents livres, l'auteur montre que, dès le XVIe siècle, le travail sur le corps n'a jamais été éthiquement et anthropologiquement neutre. L'entreprise anatomique oscille entre la légitime curiosité scientifique et l'outrage à l'unicité du défunt, ravalé au rang de simple « matériel anatomique » et au deuil de ses proches.

30. Cf. Philippe ARIÈS, *L'homme devant la mort*, Paris, Seuil, 1977, p. 357 s.

31. Marie-Christine POUCHELLE, *Corps et chirurgie à l'apogée du Moyen Âge*, Paris, Flammarion, 1983, p. 137.

32. Vincent BOURGUET, « Sur le corps humain », in *Cahiers Résurrection*, sur *La médecine*, n° 34, 1991, pp. 53-62, ici pp. 55 et 56.

> médecine. C'est lui que produit et reproduit la médecine dans son exercice accompli, sous le signe de la préservation de la vie[33]. »

L'homme est un sac d'organes et le traitement un ensemble de prescriptions. 2. Par ailleurs, l'étude des cadavres dispose l'esprit à déconnecter de l'âme humaine ce corps qu'on dilacère : du corps-cadavre au corps-chose, le fossé n'est pas si grand. Cette représentation est le lit du **dualisme** âme-corps et le tombeau de la réconciliation entamée par le Moyen Âge.

3. De plus, selon une visée typique de la soif de savoir de l'époque, Vésale veut, intentionnellement, **la disparition du sens du mystère** du corps humain :

> « À Padoue, dans l'école la plus célèbre de l'univers, [...] j'ai consacré mes soins diligents aux recherches sur la structure de l'homme et, rejetant les méthodes ridicules en usage dans les autres Universités, je me suis occupé de l'anatomie et je l'ai enseignée de façon à ce que rien de ce que nous ont transmis les anciens ne restât dans l'ombre[34]. »

On en a comme un écho dans le *Sermon sur la mort* de Jacques-Bénigne Bossuet :

> « La société de l'âme et du corps fait que le corps nous paraît quelque chose de plus qu'il n'est, et l'âme, quelque chose de moins ». Mais « nous n'avons qu'à considérer ce que la mort nous ravit, et ce qu'elle laisse en son entier; quelle partie de l'être tombe sous ses coups, et quelle autre se conserve dans cette ruine : alors, nous aurons compris ce que c'est que l'homme[35]. »

4. Enfin, **le savoir devient mainmise.** Emblématique est, de ce point de vue, l'eau-forte du frontispice de son ouvrage *De humani corporis fabrica*[36]. L'une des gravures représente Vésale en train de disséquer le cadavre d'une femme qui a le ventre ouvert et s'apprêtant à inciser l'utérus (la matrice). Notez déjà que c'est Vésale qui est le *magister* et non pas la nature. C'est lui qui soumet le réel à l'observation expérimentale[37]. Le regard n'est pas introduit dans un mystère, mais dans une pratique dont le but est de satisfaire une curiosité et d'assurer une mainmise. De même que la perspective analyse l'espace, sépare les corps et désacralise la nature, de même le regard de Vésale désacralise le corps et instaure un nouveau savoir. Plus généralement, la nouvelle rationalité est celle des mathématiques qui propose des signes ano-

33. Jean BAUDRILLARD, *L'échange symbolique et la mort*, Paris, Gallimard, 1976, p. 177.

34. André VÉSALE, *La fabrique du corps humain*, Paris, Actes Sud-INSERM, 1987, p. 35. Le livre ne contient malheureusement que le texte de la préface de Vésale à son ouvrage.

35. *Sermon sur la mort et autres sermons*, Paris, Garnier-Flammarion, 1970, p. 132. Le modèle de Bossuet est donc le corps mort et l'homme identifié à son âme.

36. Bâle, J. Oporinus, 1543.

37. Cf. Georges CANGUILHEM, « L'Homme de Vésale dans le monde de Copernic : 1543 », in *Études d'Histoire et de Philosophie des sciences*, Paris, Vrin, 1970.

nymes, utilisables, compréhensibles par tous. De plus, sur le tableau, les étudiants, les moines, les gentilshommes rats de bibliothèques se serrent, se pressent autour de Vésale, espérant déchiffrer l'énigme de la vie.

> Or, « ce ventre ne présente que des organes, et de la matrice ouverte ne sortira... que la *Fabrica* elle-même (d'où ce frontispice), c'est-à-dire le savoir médical. Le cadavre [...] gît là comme un signe dégonflé, son ventre vidé : il a accouché – par césarienne – d'une science. [...] Sur l'évidement du corps s'édifie le savoir[38]. »

On ne saurait mieux dire la transmutation qui vient de s'effectuer : il y a transfert du sens d'un corps devenu insignifiant à un esprit seul détenteur et donateur d'intelligibilité. Le corps en est la victime.

Il suffira d'ajouter à ces influences conjuguées la mainmise de la technique, pour que le corps humain soit dépouillé de toute signification. Le virage épistémologique opéré à la Renaissance est donc considérable : nous avons désormais affaire à une autre représentation du corps. Or, « entre le cadavre et le corps, il y a une différence telle que le cadavre n'est pas le corps. Le cadavre est un autre corps[39]. » C'est trop peu dire : il n'est qu'un corps physique dénué de principe d'unité et voué à la multiplicité indénombrable de la poussière[40].

Ces corps inertes vivent d'une vie détachée des forces de la nature. Tel est aussi le cas de la machine. Avec Descartes, le corps-cadavre devient un corps-machine.

Le corps-machine selon Descartes

Le regard nouveau jeté sur le corps par celui que Mérian appelle le « grand restaurateur des sciences[41] » a sans doute exercé une influence aussi marquante que sa vision de la nature, analysée plus haut. Le dualisme cartésien prolonge, systématise et justifie le dualisme vésalien. À sa manière, l'industrie naissante, les premières manufactures qui émiettent le travail de l'homme et l'épuisent en l'exploitant, ne font qu'incarner ce dualisme et en montrer les conséquences aliénantes. Ces notions vont trouver un développement systématique chez Descartes, premier philosophe à penser le corps humain et la vie en général à partir de l'image de la machine. En effet,

38. José GIL, *Métamorphoses du Corps*, « Essais », Paris, Éd. de la Différence, 1985, p. 213.

39. Pierre LEROUX, *De l'Humanité dans son principe et dans son avenir*, Paris, Perrotin, 2 volumes, tome 2, 1840, p. 451.

40. « Heureux ceux qui sont morts, car ils [...] sont redevenus ces objets de nature. » (Charles PÉGUY, *Eve*, in *Œuvres poétiques complètes*, « Bibliothèque de la Pléiade », Paris, Gallimard, 1975, p. 1029.

41. Jean-Bernard MÉRIAN, *Mémoire sur l'aperception de sa propre existence*, in Mémoires de l'académie royale des sciences et des belles-lettres, Berlin, 1749, p. 430.

son rêve est d'appliquer la méthode mathématique, seule rigoureuse, à tout le réel; or, l'automate, dont l'époque est friande, est rigoureusement régi par les lois de la mécanique que Descartes a contribué à mathématiser. La représentation actuelle du corps doit donc son succès à la double séduction opérée par la technique et la mathématique.

Tout le monde connaît le *Cogito ergo sum* de Descartes : la première vérité certaine appartient à l'ordre de la pensée. Or, dans la cinquième réponse à Gassendi, l'auteur des *Méditations Métaphysiques* refuse très fermement que le corps puisse penser. D'où la conséquence très claire : « Je nie absolument que je sois un corps[42]. » Par certains côtés, tout est dit.

> « Je conçois pleinement ce que c'est que le corps (c'est-à-dire je conçois le corps comme une chose complète), en pensant seulement que c'est une chose étendue, figurée, mobile, etc., encore que je nie de lui toutes les choses qui appartiennent à la nature de l'esprit; et je conçois aussi que l'esprit est une chose complète, qui doute, qui entend, qui veut, etc., encore que je n'accorde point qu'il y ait en lui aucune des choses qui sont contenues en l'idée du corps; ce qui ne se pourrait aucunement faire, s'il n'y avait une distinction réelle entre le corps et l'esprit[43]. »

Que devient le corps? Voici un texte parmi beaucoup, tiré du début du *Traité de l'homme* : « Je suppose que le corps n'est autre chose qu'une statue ou machine de terre. » Et de le comparer ce qui ne sera pas la dernière fois aux « horloges », « fontaines artificielles », « moulins », et « autres semblables machines[44]. » Les derniers mots sont tout aussi significatifs :

> « Je désire, dis-je, que vous considériez que ces fonctions suivent toutes naturellement, en cette machine, de la seule disposition de ses organes, ni plus ni moins que font les mouvements d'une horloge, ou autre automate, de celle de son contrepoids et de ses roues; en sorte qu'il ne faut point à leur occasion concevoir en elle aucune autre âme végétative, ni sensitive, ni aucun autre principe de mouvement et de vie, que son sang et ses esprits animaux », bref « que tous les feux qui sont dans les corps inanimés[45]. »

On ne peut nier que la réduction du corps à la machine, opérée par Descartes et ceux qui s'en réclament, a suscité une prolifération de techniques corporelles sans précédent :

> « C'est au XVIIe siècle que la chirurgie multiplie de façon décisive les exemples d'appareils correcteurs. La nouvelle pensée mécaniste déploie sa fécondité sur un corps devenu lui-même machine. L'arsenal thérapeutique grossit brusquement en engins, qui malgré leurs rouages frustes et

42. René DESCARTES, *Œuvres et lettres*, *op. cit.*, p. 479.
43. « Premières réponses aux objections », *Ibid.*, p. 359.
44. *Ibid.*, p. 807.
45. *Ibid.*, p. 873.

primitifs visent à redresser. Il fallait que se banalise l'espace corporel et que se généralise le mécanisme pour que naissent de telles propositions[46]. »

On ne peut pas plus nier que Descartes n'a jamais douté de l'unité de l'homme, même si maintes de ses formules sont dualistes[47]. Mais la postérité, notamment scientifique, n'a gardé souvenir que de la tendance dualiste. Dans un livre remarquablement documenté, Bernard Baertschi montre que l'héritage cartésien a rendu insoluble la question des relations de l'âme et du corps et nécessaire soit le dualisme (l'homme est une dualité irréconciliable de substances), soit le monisme (l'homme est composé d'une seule substance, corps ou esprit), qu'il soit matérialiste (l'homme est corps) ou spiritualiste (l'homme est esprit). Et cela tient à l'horizon scientifique dans lequel Descartes a inscrit sa problématique, à savoir celui des lois mécaniques de conservation. « La thèse de l'influence réelle [de l'âme et du corps] est incompatible avec celle qui forment le *corpus* scientifique post-scolastique, lequel est une partie intégrante et fondamentale de la vision du monde proposée par la philosophie nouvelle. » Un signe en est que, nonobstant l'avis de l'initiateur, Descartes, aucun successeur n'a résolu le problème, « sauf renoncement à l'esprit inauguré par la science nouvelle, ce qui est un prix plutôt élevé à payer[48]. »

Cette hypothèse se confirme en parcourant les siècles suivants : au XVIIe siècle, celui de Descartes, est apparue la mécanique ; au XVIIIe siècle, celui de Diderot, la biologie ; au XIXe siècle, la psychologie et Maine de Biran. Or, estime Baertschi, héritiers de la problématique cartésienne, Diderot et Maine de Biran n'ont pas réussi, ni dans leur exposé scientifique ni dans leur conception de l'homme à sortir des difficultés du dualisme. Et celles-ci, toujours selon notre auteur, ne sont que le reflet des limites de la mécanique cartésienne pour qui « les deux qualités fondamentales » de la nature sont « l'étendue et le mouvement[49]. » Nous ne sommes pas sortis aujourd'hui de la dichotomie qualité-quantité introduite à l'orée de la Renaissance.

---

46. Georges VIGARELLO, « Panoplies redresseuses : jalons pour une histoire », in *Traverses*, 14-15 (Panoplies du corps), avril 1979, p. 121. Cf. ID., *Le corps redressé*, Paris, Delarge, 1978.

47. Pour ne donner qu'un exemple, dans les Lettres à Regius, Descartes reprend une distinction de la *Méditation sixième* : « Je ne suis pas seulement logé dans mon corps ainsi qu'un pilote en son navire », mais « je lui suis conjoint très étroitement, et tellement confondu et mêlé que je compose comme un seul tout avec lui ». (*AT*, IX, p. 64) La passion est la preuve de l'unité tout aussi réelle de l'âme et du corps.

48. Bernard BAERTSCHI, *Les rapports de l'âme et du corps.* Descartes, Diderot et Maine de Biran, « Bibliothèque d'histoire de la philosophie », Paris, Vrin, 1992, p. 400.

49. *Ibid.*, p. 405 et 406.

Le corps-automate selon La Mettrie et Mersenne

L'influence du *Traité de l'homme* de Descartes fut « considérable », remarque André Bridoux[50]. Pour lui, c'est même par cet ouvrage que le philosophe français exerça la plus profonde influence ultérieure. On se rappelle que c'est en lisant ce traité que Malebranche fut pris d'une forte émotion et qu'il eut la révélation de sa vocation philosophique.

La théorie du corps-machine sera poussée à son extrême chez La Mettrie avec sa théorie des animaux-automates[51]. Dans son *Harmonie universelle*, un autre philosophe, Mersenne, s'émerveille de la composition et des mouvement d'un moucheron :

> « Si l'on pouvait acheter la vue de tous les ressorts qui sont dans ce petit animal, ou bien apprendre l'art de faire des automates ou des machines qui eussent autant de mouvements, tout ce que le monde a jamais produit en fruits, or et argent ne suffirait pas pour le juste prix de la simple vue desdits ressorts[52]. »

Ce qui vaut d'un insecte vaut bien plus encore du corps de l'homme.

La working machine

Le modèle machinique s'est peu à peu étendu au corps animal, au corps humain et même à l'univers[53]. L'aboutissement de cette conception est soit la recherche faite par Reich d'une introuvable hormone appelée orgone, soit les machines désirantes de Deleuze et Guattari :

> « Ça fonctionne partout, tantôt sans arrêt, tantôt discontinu. ça respire, ça chauffe, ça mange. ça chie, ça baise. Quelle erreur d'avoir dit le ça. Partout ce sont des machines, pas du tout métaphoriquement : des machines de machines, avec leurs couplages, leurs connexions. Une machine-organe est branchée sur une machine-source : l'une émet un flux, que l'autre coupe. Le sein est une machine qui produit du lait, et la

50. René DESCARTES, *Œuvres et lettres*, *op. cit.*, notice p. 806.

51. Cf. Jean-Claude BEAUNE, « L'homme machinal et la machine humaine ; perspectives sur l'automate », in *Les Études philosophiques*, 1985/1, p. 35 s. ; F. DUCHESNES, « Modèle cartésien et modèle spinoziste de l'être vivant » in *Cahiers Spinoza*, n° 2, éd. Réplique, 1978, p. 241-257.

52. Cité par Robert LENOBLE, *Mersenne ou la naissance du mécanisme*, Paris, Vrin, 1943, pp. 74 et 75.

53. Au XVIIIe siècle, avec *l'Encyclopédie* de d'Alembert, « l'univers conçu comme une machine s'imposa comme modèle dominant, cessant d'être considéré comme une simple métaphore et devenant la manière « évidente » de voir le monde. » (Richard C. LEWONTIN, Steven ROSE et Léon J. KAMIN, *Nous ne sommes pas programmés*. Génétique, hérédité, idéologie, trad. Marcel Blanc, Robert Forest et Joëlle Ayats, « Sciences et société », Paris, La Découverte, 1985, p. 59).

> bouche, une machine couplée sur celle-là. [...] C'est ainsi qu'on est tous bricoleurs ; chacun ses petites machines[54]. »

Or, explique Deleuze, cette machine corporelle fonctionne en produisant, en consommant, en se consumant, en distribuant, à la fois mécanique, chimique, thermodynamique, électrique, favorisant les flux ou les coupant. Bref, le corps humain, réduit à un chaos d'organes vitaux et de flux corporels, devient une *working machine*[55]. »

Et n'oublions pas qu'il n'existe qu'une différence de degré entre la pratique machinique du corps humain et la médecine nazie : entre médecins tortionnaires et médecins résistants, il y a continuité. L'objectivité froide du médecin nazi (et même des codétenus) partage avec le regard médical un point commun décisif : le corps humain est un matériau disponible et insignifiant, finalement méprisé[56].

Conclusion

Pour un Grec et un homme du Moyen Âge, le corps humain a un sens, au même titre que le cosmos dont il émerge. À la Renaissance, de multiples influences conjuguées ont contribué à vider ce corps de toute signification : l'intérêt pour la mathématisation de la nature, le renversement des relations entre contemplation et action, la découverte du mécanisme, etc. L'idéalisme allemand, notamment, consommera le divorce entre nature, corps et vie d'un côté, esprit de l'autre. Certes, en naturalisant le corps, la représentation plus machinique a permis le développement de la science biologique et des différentes techniques médicales. Il ne s'agit pas de nier l'intérêt de la vision nouvelle proposée par la Renaissance, mais d'en constater les effets et de se demander si tout progrès doit s'accomplir sur les décombres des acquis antérieurs. Le sens a migré dans la seule capacité créatrice de l'esprit humain. Le corps est devenu opaque à la liberté, donc impropre à la domestication.

> « Notre centre de gravité s'est déplacé vers une économie libidinale qui ne laisse plus place qu'à une naturalisation du désir voué soit à la pulsion, soit au fonctionnement machinique, mais surtout à l'imaginaire du refoulement ou de la libération. Désormais il est dit non plus « tu as une âme et il faut la sauver », mais « tu as un sexe, et tu dois en trouver le bon

54. Gilles DELEUZE et Félix GUATTARI, *L'Anti-Œdipe*. Capitalisme et schizophrénie, Paris, Minuit, 1972, p. 7.

55. Gilles DELEUZE, *Logique du sens,* Paris, Minuit, 1989, p. 325.

56. Cf. les travaux de Claire AMBROSELLI, *L'éthique médicale,* Paris, P.U.F., 1988 et plus loin, l'ouvrage de Lifton et celui d'Amnesty International. Cf. aussi Jean-Michel CHAUMONT, « Le corps du concentrationnaire : la honte et le regard », in COLLECTIF, *Le corps*, dirigé par Jean-Christophe GODDARD et Monique LABRUNE, « Intégrale », Paris, Vrin, 1992, p. 209-309.

> usage », « tu as un inconscient, et il faut que ça parle », « tu as un corps et il faut en jouir », « tu as une libido, et il faut la dépenser[57]. »

Le corps est désormais insignifiant. Pour qu'il devienne disponible, il suffit d'une intention, autrement dit d'une liberté désirante, et d'une intervention, autrement dit d'une technique compétente. C'est ce que vont montrer les chapitres suivants.

57. Jean BAUDRILLARD, *De la séduction*, *op. cit.*, p. 58 et 60.

CHAPITRE 4

Second pôle : la toute-puissante liberté

« L'expérience de la finitude prouve que je lui échappe, et l'acte par lequel je lui échappe prouve la finitude[1]. »

« Le donné, désormais, peut nous venir du langage, parce que nous avons imposé silence au monde[2]. »

Le nouveau regard sur le corps proposé par la Renaissance et ratifiée par l'époque ultérieure, serait insuffisant sans l'existence d'un second pôle : la liberté. En effet, si le corps apparaît de plus en plus comme un matériau neutre et inerte, c'est en raison d'une instance positive et active, le libre-arbitre.

1. Une découverte émerveillée de la liberté

Là encore, l'intérêt tout particulier accordé à la liberté est propre à la Renaissance, même si on peut discerner çà et là quelques lointaines préparations. La figure de l'homme emblématique de cette époque, œuvre de Léonard de Vinci, est l'homme inscrit dans un cercle : est-ce un hasard si c'est une entreprise du nom de Manpower qui l'a prise comme logo ? Que l'on ne s'y trompe pas cependant : ce n'est pas le cercle qui mesure l'homme, mais l'inverse.

On l'a souvent dit, ce qui caractérise le monde moderne est non pas la découverte, mais l'affirmation de la primauté de l'individu sur la société, la mise en valeur de la personne humaine comme subjectivité, et plus précisément encore, de la liberté.

1. Jean NABERT, *Le désir de Dieu,* Paris, Aubier, 1966, p. 31.
2. Michel SERRES, *Les cinq sens*, Paris, Grasset, 1985, p. 126.

L'intériorité, une « invention » chrétienne

L'un des mérites de l'œuvre immense de saint Augustin est la mise en valeur des tréfonds de l'âme humaine. Les *Confessions* sont, de ce point de vue, un écrit unique en son genre. Elles constituent encore aujourd'hui l'une des plus fines analyses qui soient de l'âme humaine. Or, de ce sens de l'intériorité va résulter « un changement profond, note Marc Richir, une réélaboration symbolique de la notion d'âme *(psychè)* » qui va prendre une valeur beaucoup plus personnelle que chez les Grecs : « L'âme est, en vertu de l'incarnation, essentiellement individuelle. » Le corps en reçoit, en retour, une dignité inattendue :

« Tout se joue désormais entre la rencontre du divin au plus intime de soi, où le corps lui-même est transfiguré en chair [...] et la rencontre refusée » avec Dieu. Et Richir constate que notre monde actuel doit à la culture chrétienne son sens de l'intériorité, de la subjectivité :

> « Quoi qu'il en soit de la laïcisation actuelle de la société, et de sa formidable « dé-culturation » depuis quelques décennies [...], retenons néanmoins que cette culture [chrétienne] a été l'ancêtre de notre moderne subjectivité et de la manière dont, par centration sur le « moi », s'est constituée la psychologie que nous connaissons[3]. »

Le primat accordé à l'individu

L'homme du Moyen Âge, dans son être profond, appartenait à une communauté dont il était partie prenante : se connaître, c'était se saisir en relation avec l'humanité. Mais l'homme nouveau qui apparaît à la Renaissance, avec Pétrarque, se comprend à partir de lui-même, de son expérience individuelle; le poète parle de son expérience intérieure : « C'est cela que j'ai éprouvé, c'est cela que j'ai vécu, moi, Pétrarque. J'ai trouvé cela dans mon âme, j'ai éprouvé cela en tant qu'homme[4]. » Ce langage n'était guère imaginable au Moyen Âge.

Tout comme l'apparition de la perspective signe, au XVe siècle, le primat de l'opératoire, à la même époque, l'apparition du portrait individuel, hors toute référence au religieux et à autrui, aussi bien en Italie qu'en Flandre ou

3. Marc RICHIR, *Le corps*. Essai sur l'intériorité, « Optiques. Philosophie », Paris, Hatier, 1993, pp. 58 et 59.

4. Cité par Bernard GRŒTHUYSEN, *Anthropologie philosophique*, « TEL » n° 48, Paris, Gallimard, 1953, p. 131. Alain RENAUT (*L'ère de l'individu*. Contribution à une histoire de la subjectivité, « Bibliothèque des idées », Paris, Gallimard, 1989) ne fait malheureusement pas remonter son « histoire » en deçà de Leibniz.

en Allemagne, exprime une mainmise sur l'humain : saisir le visage, c'est saisir la personne. En regard, l'essor du christianisme avait vu le recul de la ronde-bosse et du portrait, lié au respect de l'image de Dieu, doublé de la forte conviction que le visage symbolise la personne.

L'apparition de l'individualisme n'est nullement étrangère à l'avènement de notre actuel regard sur le corps, ainsi que l'explique Le Breton selon la perspective sociologique qui est la sienne. À la Renaissance, on voit naître un individu de moins en moins soucieux de la communauté, de moins en moins respectueux des valeurs de la tradition, de plus en plus attentif à son foyer et à son autonomie. Or, l'effacement de la continuité entre le corps de chair et le corps social valorise le premier. En effet, l'homme va se distinguer des autres par son corps : « Avec le sentiment nouveau d'être un individu, d'être soi-même, avant d'être le membre d'une communauté, le corps devient la frontière précise qui marque la différence d'un homme à un autre[5]. » De ce fait, le dualisme se trouve valorisé : « C'est la montée de l'individualisme occidental qui va peu à peu faire aboutir à discerner sur un mode dualiste l'homme de son corps, non dans une perspective directement religieuse, mais sur un plan profane[6]. »

Par ailleurs, cette individualité s'est affirmée au plan économique.

> « Le marchand [italien du Quattrocento] est le prototype de l'individu moderne, l'homme dont les ambitions débordent les cadres établis, l'homme cosmopolite par excellence, faisant de son intérêt personnel le mobile de ses actions, fût-ce au détriment du bien général[7]. »

Or, l'économie valorise l'avoir sur l'être. Désormais le corps sera un avoir dissociable de son être. En 1300, le pape Boniface VIII s'insurgeait contre le bouillissement des croisés morts en terre étrangère (traités ainsi pour être plus commodément rapportés) afin d'être inhumés dans leur terre natale, au nom du dogme de la résurrection de la chair : pour le Moyen Âge, « le corps est du registre de l'être (l'homme est son corps, même s'il est aussi autre chose), il n'est pas encore mis à plat sur le registre de l'avoir (avoir un corps, éventuellement distinct de soi[8]). » On peut encore préciser : l'avoir est le domaine de la machine. Aussi la métamorphose des intelligences qui s'opère aboutit à l'invention de la nouvelle représentation du corps, le corps mécanique.

5. David LE BRETON, *Anthropologie, op. cit.*, pp. 39 et 40.
6. *Ibid.*, p. 46.
7. *Ibid.*, p. 40. Cf. les travaux de Jacob BURCKHARDT, *La civilisation de la Renaissance en Italie,* tome 1, coll. « Médiation », Paris, Denoël, p. 9.
8. *Ibid.*, p. 49.

Le primat accordé à la liberté

Cette mise en valeur de l'homme n'est encore qu'extérieure. Mais l'individu humain est surtout une personne douée d'une liberté. On connaît la maxime des Lumières : penser par soi-même. Il n'est pas question de faire ici une histoire de la notion moderne de liberté[9] ou de sa découverte dont Hannah Arendt va jusqu'à dire qu'on la doit à saint Augustin – à la suite de saint Paul[10]. Écoutons un témoin privilégié : « Le principe du monde moderne, dit le philosophe allemand Hegel, est, en général, la liberté de la subjectivité[11]. »

Ici encore, Descartes joue un rôle capital. Face au corps étendu se dresse la pensée et plus encore la liberté : pour le philosophe français, le jugement n'est pas un acte de la raison, mais de la liberté. La raison ultime est théologique, tant il est difficile de désolidariser vision de l'homme et vision de Dieu, comme l'a fortement montré Claude Bruaire. Or, le Dieu cartésien n'est pas d'abord Sagesse et Amour infinis, mais Liberté infinie. L'homme, créé à son image, sera donc aussi liberté.

Cette liberté va se présenter sous deux formes : en robe de bure et en robe de bal. La première, plus légaliste, trouve son apogée avec la bourgeoisie ; la seconde est plus récente.

2. La liberté en robe de bure

La liberté est d'abord apparue sous la forme d'une instance toute-puissante et castratrice à l'égard du corps. Contentons-nous de remonter il y a quelques décennies : telle était la conception majoritaire de la bourgeoisie. À propos des saignements menstruels, Simone de Beauvoir disait ressentir fortement que « son corps est autre chose qu'elle[12] », car il est livré au mouvement d'une vie qu'elle ne peut maîtriser. Or, le responsable du refus du corps est l'hypocrisie de l'éducation bourgeoise qui l'inhibait et lui

9. Qu'il faudrait faire remonter non pas seulement à Descartes, mais à Francisco Suarez et, par delà, à Duns Scot et Guillaume d'Occam. Voire à Saint-Bernard (cf. Jean-Luc MARION, « L'image et la liberté », in Rémi BRAGUE (éd.), *Saint Bernard et la philosophie*, « Théologiques », Paris, P.U.F., 1993, p. 49-72).

10. Je renvoie aux développements de Hannah ARENDT, *La vie de l'esprit. 2. Le vouloir*, trad. Lucienne Lotringer, « Philosophie d'aujourd'hui », Paris, P.U.F., 1993, IIe partie, en particulier p. 103-132.

11. Georg-Wilhelm Friedrich HEGEL, *Principes de la philosophie du droit*, trad. Derathé, « Bibliothèque des textes philosophiques », Paris, Vrin, 1975, § 273, Note, p. 285. Cf. Jürgen HABERMAS, *Le discours philosophique de la modernité*, Paris, Gallimard, 1988, p. 19 s.

12. Simone de BEAUVOIR, *Le Deuxième Sexe*, Paris, Gallimard, 1949, tome I, p. 66.

interdisait de s'exprimer. Continuons à citer Simone de Beauvoir : « Je ne savais rien faire de mon corps, pas même nager ni monter à bicyclette[13]. »

Un exemple typique de ce refus du corps fut l'attitude à l'égard de l'onanisme. Dans un ouvrage polémique et provocateur, *Le pénis et la démoralisation de l'Occident*, Aron et Kempf avancent la thèse suivante : « Non, ce n'est pas de la Contre-Réforme et du concile de Trente que procède, au XIXe siècle, le discours sur le sexe de la bourgeoisie triomphante. Le goût des longues durées a, depuis quelques décennies, vicié les historiens[14]. » C'est ce que montre, notamment, l'exemple de l'onanisme : « Tout irait à souhait s'il n'y avait le pénis[15]. » Entendez : le désir sexuel, immaîtrisable. En effet, entre 1820 et 1847, les fortunes parisiennes ont doublé et leur nombre s'est multiplié par deux. Alors, « pourquoi faut-il que cette harmonie soit chamboulée par les abus génitaux? » Les auteurs alignent un nombre impressionnant de textes médicaux (et autres) qui, à partir de 1750, vont hyperculpabiliser l'onanisme. N'en retenons qu'un, l'ouvrage du Dr Tissot intitulé *L'onanisme* qui, malgré la barrière du latin, sera une véritable « bombe[16] ». Traduit en français en 1760, il sera republié à dix reprises jusqu'en 1775. On le rééditera au XIXe siècle et sa dernière édition date de 1905!

Or, quelle pédagogie propose-t-il? La peur fondée sur la désespérance, l'anarchie totale de l'homme :

> « L'on doit moins espérer de convaincre par des raisons, que d'effrayer par des exemples [...]. Le tableau qu'offre ma première observation est terrible; j'en fus effrayé moi-même la première fois que je vis l'infortuné qui en est le sujet [...]. J'ai vu les plus affreux spectacles en ce genre [...]. J'ai tâché de rien omettre de ce qui peut ouvrir les yeux des jeunes gens sur les terreurs de l'abîme qu'ils se préparent[17]. »

3. La liberté en robe de bal

Mai 68

Comment émerger de la contrainte et de l'aliénation bourgeoises? En rejetant la robe de bure des tabous, pour endosser la robe de bal du désir. C'est donc que la liberté n'est pas un donné, mais une conquête, précisément : une libération.

13. ID., *Mémoire d'une jeune fille rangée*, Paris, Gallimard, 1958, p. 162.
14. Jean-Paul ARON, et Roger KEMPF, *Le pénis et la démoralisation de l'Occident*, Paris, Grasset, 1978, p. 11.
15. *Ibid.*, p. 157. Cf. le long article portant le titre du livre des p. 157-200.
16. *Ibid.*, p. 160.
17. *L'Onanisme*, Lausanne, M. Chapuis, [4]1776, pp. XIX, 31, 57 et 264.

Quoi qu'on pense de Mai 68, cet événement d'importance fut une révolte métaphysique. Il serait injuste et erroné d'en faire un point de départ absolu. Le détail des enchaînements échappe, faute de recul et de spécialistes, d'historiens des idées et sociologues, aptes à embrasser la complexité. Les conséquences sont en tout cas présentes, claires jusqu'à être douloureusement aveuglantes. Ne nions pas le positif : « Nous avons assisté à la fin de l'illusion du marxisme-léninisme, et à un début de critique des sociétés de consommation[18]. » Mais le bilan est lourd : la disqualification de la figure paternelle, sous toutes ses formes[19], la plongée dans l'immanence, le refus des normes universelles au nom d'une affirmation hyperbolique de l'individualité[20], la séduction de l'anarchie, ont en tout cas entraîné une libération du désir, de la sexualité. On en attendait plus; les « années sida » ont vite fait déchanter et la revendication du Moi a entraîné sa dissolution[21]. Mais, frustré ou non, le corps de désir demeure le modèle convoité.

Typique est à cet égard l'attitude à l'égard de la sexualité, qui fut alors générée :

> « Depuis deux décennies, estime Luc Pareydt, la société ne veut plus entendre parler de la sexualité! La question *doit* être réglée. Pour s'en défendre, elle laisse la sexualité s'exprimer, lui imposant le minimum de contraintes et de régulation. Pourtant, notre époque n'est pas moins gênée qu'autrefois devant cette question. Elle a simplement laissé le jardin en friche. [...] En réalité, beaucoup ne savent plus très bien ce qu'est la sexualité. Ils ne comprennent pas clairement, au fond d'eux-mêmes, en quoi consiste la différence des sexes. Il n'est pas étonnant alors que les relations affectives soient perturbées et instables. Cette difficulté traverse les générations. Les plus jeunes en sont naturellement le « miroir » le plus pathétique. Ils demandent énormément d'aide pour y voir clair[22]. »

La B.A. de B.B. :

Il ne faudrait pas oublier certaines *médiations médiatiques* privilégiées de cette libération du corps de désir. B.B. : qui ignore le sens de ces initiales?

---

18. Jean-Marie LUSTIGER, *Le choix de Dieu*, Entretiens avec Jean-Louis MISSIKA et Dominique WOLTON, Livre de poche n° 6601, Paris, Ed. de Fallois, 1987, p. 327. Cf. toute l'analyse des p. 314-329. Mgr. Lustiger disait un peu avant : « Cette crise » a mis en évidence « l'absence des pères ». (p. 325).

19. Cf. Guy CORNEAU, *Père manquant, fils manqué.* Que sont les hommes devenûs?, Québec, Les Éd. de l'Homme, 1989.

20. *« En un sens*, Mai 68 a bien été une révolte des sujets contre les normes, à savoir au sens de l'affirmation de l'*individualité* contre la prétention des normes à l'*universalité.* » (Luc FERRY et Alain RENAUT, *La pensée 68.* Essai sur l'anti-humanisme contemporain, coll. « Essais », Paris, Gallimard, 1988, p. 121).

21. Il est de ce point de vue significatif que ce soit le corps éclaté qui ait, pour une part, été à la source de l'apparition du sida (cf. Dominique LAPIERRE, *Plus grands que l'amour,* Paris, Robert Laffont, 1990, pp. 60 et 61).

22. *La peur de la séduction, op. cit.,* pp. 50 et 51.

Brigitte Bardot représente un mythe unique en son genre et révolutionnaire qui va bien au-delà du cinéma.

« B.B. revendique la liberté pour elle-même » dit Françoise Giroud. Si elle fut choisie pour représenter Marianne, c'est que la France aspirait à une liberté nouvelle. La tornade blonde représentait une liberté à laquelle aspirait un monde où on se sentait contraint. Celle dont les films rapportent autant d'argent que la Régie Renault, s'habille peu cher. Elle démocratise l'apparence. Toutes les femmes se mettent à ressembler à B.B. (même aujourd'hui Claudia Schiffer dit l'admirer !). Plus célèbre aux États-Unis que Jules Verne et Moïse aux U.S.A., elle représente le mythe de l'éternel féminin, non plus sous le mode maternel, mais sous celui de la femme-enfant, ingénue et indépendante.

Mais précisons. Bardot est d'abord libre par rapport à son corps. Selon l'imaginaire bourgeois et janséniste, une femme qui aimait son corps et celui des autres devait être une prostituée. Or, pour la première fois, on voit la liberté d'un corps. Sans honte ni culpabilité, Bardot est fière et heureuse d'avoir un corps, et le montre.

B.B. est aussi libre par rapport au désir. La séduction jusqu'à maintenant était noire, diabolique. Avec Bardot, elle prend la forme (!) d'une robe de vichy rose que tout le monde peut porter. Elle veut plaire, être objet, mais aussi jouir, être sujet, donc être libre, sans enfant. Elle ne cherche pas tant à faire plaisir aux autres qu'à elle-même. Son mot est : « Je fais ce que je veux ». Lorsqu'un journaliste lui demande : « Quel est l'homme que vous préférez ? », Bardot répond du tac au tac : « Isaac Newton. Car il a découvert que les corps s'attirent mutuellement. »

Enfin, elle est libre par rapport à la morale, identifiée aux tabous. « La reine Bardot se tient juste là où se termine la morale, estime Marguerite Duras. Après la jungle... Elle n'est pas perverse ou immorale : le plaisir est pour elle plus important que les codes de morale, elle est « au-delà du bien et du mal ». Accélérant la libéralisation des mœurs, elle ouvre un nouveau sens de l'amour déconnecté du sens du péché.

Bref, Bardot symbolise la liberté identifiée à la spontanéité du désir. Nous sommes dans la période de la transparence par exemple sartrienne, dans la mouvance de l'authentique. Avec Roger Vadim, le véritable « inventeur » de Bardot, dans le film de 1956, *Et Dieu créa la femme,* B.B. devient la femme, heureuse de sa féminité, auréolée d'une innocence rousseauiste, candide et sensuelle. Elle est « la femme épanouie, irradiant une féminité et une sensualité naturelles[23]. » Le terme clé est *naturel,* plus que sensualité ou érotisme : rappelons-nous B.B. déambulant pieds nus dans les ruelles de saint-Tropez...

23. *Brigitte Bardot,* Livre réalisé par Tony CRAWLEY, Paris, Bibliothèque de l'image, 1994, pp. 4 et 5. Cf. aussi le témoignage de Frédéric MITTERRAND, p. 92.

On va reprocher à B.B. son naturel, non pas ses amants. La fille la plus photographiée du monde ne passe pas deux heures devant sa glace. Comme l'écrit Tony Crawley :

> « À la différence du mythe hollywoodien où les actrices à l'apparence sophistiquée vantent les qualités des produits cosmétiques, B.B. offre une beauté naturelle, dénuée de tout artifice, presque sauvageonne avec ses mèches indisciplinées [...]. En rupture avec les monstres sacrés outre-atlantique, B.B. est un mythe accessible : elle incarne à la ville comme à l'écran, une jeune femme libérée, représentant à elle seule les aspirations des femmes des années 50. »

La liberté en robe de bal a pris le relais. Avec B.B. et Mai 68, le corps libéré devient le corps jouissif. La liberté est revendication de plaisir et le corps, capacité de réponse.

Conclusion

Dynamiter le corps n'a de sens que si l'on dynamise le vouloir libre.

> « L'idée du corps-machine, explique le philosophe Georges Marie-Martin Cottier, image exacte, et non plus modèle heuristique de la réalité, flotte dans beaucoup d'esprits. C'est elle notamment qui semble fonctionner dans nombre d'approches des problèmes de la sexualité. [...] Précisons que l'idéologie du corps-machine, qui est une variante du vieux dualisme, se présente de préférence sous la forme suivante : l'homme est constitué de la conjonction d'un corps (qui est une machine) et d'une liberté. Il peut en conséquence prétendre être pleinement maître de son corps[24]. »

Le monde moderne n'a pas inventé la liberté, mais on lui doit de l'avoir identifiée à l'homme. Nous avons aussi vu que la liberté s'est présentée sous la forme de la volonté légaliste, puis, aujourd'hui, sous la forme, dite libérée, du désir. Face à cette liberté, le corps humain est en position ambivalente. D'une part, il est le lieu privilégié de son exercice, notamment parce qu'il est donateur de plaisir. D'autre part, il résiste aux fantasmes et à l'emprise d'une liberté dont les désirs sont sans limite. Une instance permet de réduire la résistance et d'accroître la jouissance : la technique.

---

24. « Les bébés-éprouvettes. Problèmes éthiques », in *L'embryon un homme*. L'espèce humaine à un carrefour, Congrès suisse de Bioéthique, Lausanne, CHUV, 8-9 novembre 1986, Société suisse de bioéthique, diffusion exclusive Edisud-Suisse, CH-1049 Boussens, p. 27-52, ici p. 44.

CHAPITRE 5

Troisième pôle : la technique

« Malheureuse condition des hommes! À peine l'esprit est-il parvenu au point de sa maturité, le corps commence à s'affaiblir[1]. »

Nous sommes maintenant en présence des deux acteurs principaux : le corps et la liberté. Encore faut-il que le scénario leur permette de se rejoindre. En effet, nature et esprit, demeurent *a priori* grandement hétérogènes : le corps est matière, la liberté est esprit. La technique actuelle va résoudre ce problème. À la Renaissance, « l'homme ne connaît pas encore la mesure de ses forces. Il n'a pas encore mis sa pensée à l'épreuve des choses. Le sentiment qu'il a de sa puissance est encore très limité. [...] Mais, avec le temps, le savoir méthodique et l'action aidant, l'homme prend possession de ce monde[2]. » Ce à quoi le désir aspire, ce que la liberté veut, la technique le peut.

Cependant, pour livrer le corps humain aux bons plaisirs des techniciens, deux médiations sont nécessaires : que le corps humain soit conçu comme une machine, et que la machine éclate en pièces détachées. L'éclatement du corps va les proportionner à la liberté appuyée sur la technique. En effet, la liberté se manifestant comme puissance de décision, plus s'étend le choix des possibles, plus s'accroît son pouvoir. Or, la technique fragmente le monolithisme de la nature. En conséquence, plus le corps se pulvérise, plus se dilate le pouvoir conjoint de la technique et de la liberté.

1. MONTESQUIEU, *Pensées*, n. 1026, in *Œuvres complètes*, éd. Roger CAILLOIS, « Bibliothèque de la Pléiade », Paris, Gallimard, tome 1, 1949, p. 1272.
2. Bernard GRŒTHUYSEN, *Anthropologie philosophique*, *op. cit.*, pp. 274 et 275.

1. Le corps éclaté

Ainsi parlait le corps...

Avec Descartes, le monde physique s'est brisé, il ne peut plus porter un sens ; mais bientôt le *Cogito* va subir le même sort. Le *Je* va devenir un *ça*, une chose dénuée d'identité propre. Déjà, Emmanuel Kant avait comme prophétisé la destitution du *Cogito* en réduisant le *Je* à n'être qu'une instance unificatrice de nos représentations, mais inaccessible à toute saisie conceptuelle[3]. Montesquieu l'avait formulé encore plus finement, dans une affirmation justement célèbre : « Plusieurs choses gouvernent les hommes[4]... » Mais il revient à Nietzsche, le philosophe à coups de marteaux, d'avoir fait éclater le dernier bastion de l'unité, le corps humain. Le penseur allemand découvre avec étonnement la physiologie du corps humain. Celle-ci mérite infiniment plus d'intérêt[5] et de respect que l'esprit, lequel est enfin entré dans la phase de la modestie. C'est « le corps désespérant du corps », selon la belle expression du *Zarathoustra*[6], qui a indûment ménagé la première place à l'esprit. Or, la méthodologie soupçonneuse et la « métaphysique » perspectiviste et vitaliste de Nietzsche donnent le primat au multiple sur l'un :

> « Le moi ne consiste pas dans l'attitude d'un seul être vis-à-vis de plusieurs entités (instincts, pensées, etc.) ; au contraire, le moi est une pluralité de forces quasi personnifiées, dont tantôt l'une, tantôt l'autre se situe à l'avant-scène et prend l'aspect du moi[7]. »

Le corps humain nous convie enfin à comprendre qui nous sommes : légion, c'est-à-dire un ensemble de forces en conflit.

> « Si nous reconnaissons le corps pour guide, nous reconnaissons dans l'homme une pluralité d'êtres vivants qui, luttant ou collaborant entre eux, ou se soumettant les uns aux autres, en affirmant leur être individuel affirment involontairement le tout[8]. »

---

3. *Critique de la raison pure*, trad. J. Barni, in *Œuvres philosophiques,* « Bibliothèque de la Pléiade », Paris, Gallimard, tome I, 1980, pp. 1050, 853 et 1047.

4. MONTESQUIEU, *L'esprit des lois*, L. XIX, ch. 4, in *Œuvres complètes*, éd. Roger CAILLOIS, « Bibliothèque de la Pléiade », Paris, Gallimard, tome 2, 1951, p. 558. Ces « choses » sont, par exemple la nature et le climat (chez les « sauvages »), les manières (chez les Chinois), les lois (chez les Japonais), les mœurs (chez les Spartiates), etc.

5. « Le phénomène du corps est un phénomène plus riche, plus explicite, plus saisissable que celui de l'esprit » (Frédéric NIETZSCHE, *La volonté de puissance* [désormais abrégé *Volonté*], trad. Geneviève Bianquis, « Bibliothèque d'histoire de la philosophie », Paris, Gallimard, tome 1, [29]1947, tome 1, livre II, § 228, p. 268).

6. *Ainsi parlait Zarathoustra, op. cit.*, p. 89.

7. *Œuvres posthumes*, trad. H.-J. Bolle, Paris, Mercure de France, 1939, § 486, p. 185.

8. *Volonté*, tome I, L. II, § 192, p. 258. L'homme est une synthèse de forces, d'âmes, une pluralité de « volontés de puissances » qui, sous forme consciente et homogène, portent le nom d'instincts, de facultés. Au fond, « le sujet est une multiplicité ». (*Idem*, § 174, p. 254.)

Ce que Nietzsche ébauche, va être relayé et précisé par la psychanalyse freudienne qui, cherchant à humilier l'homme[9], fait de son corps un chaos de pulsions partielles. Avec beaucoup de rigueur, les épigones des maîtres du soupçon achèveront la destitution de l'homme sur le mode du multiple : « Il s'agit d'opérer un décentrement qui ne laisse de privilège à aucun centre[10]. » Comment le corps pourrait-il survivre à la déconfiture de l'homme? Émietté à son tour, il part en morceaux et en lambeaux[11]. Mais n'oublions pas que cette pulvérisation du corps était déjà en germe dans la représentation du corps-cadavre, du corps comme sommation d'organes qui, à la Renaissance, a pris le relais du corps unifié prédominant au Moyen Âge.

Le miroir aux éclats

On ne saurait, de ce point de vue, sous-estimer l'influence de la théorie du stade du miroir élaborée par le psychanalyste français Jacques Lacan[12]. Il part d'au moins trois données expérimentales : 1. Lorsqu'il se retrouve pour la première fois face à un miroir, l'enfant éprouve une intense jubilation[13]. 2. La psychopathologie des psychoses constate combien les patients sont fascinés par les miroirs, leurs sentiments, toujours intenses, allant de la perplexité jusqu'à la rage destructrice. Dans le même ordre de faits, les fantasmes de corps morcelé ne sont pas rares chez les rêves d'analysants, et plus encore, dans les délires psychotiques. 3. L'étude des mœurs animales montre que la perception visuelle du semblable exerce un effet de maturation et de structuration biologique[14].

Quel sens donner à ces faits? La joie, comme la paix, sont l'expression d'une victoire sur la multiplicité. Or, au point de départ, estime Lacan, les

9. Cf. la célèbre triple humiliation dont parle Sigmund FREUD, « Une difficulté de la psychanalyse », in *L'inquiétante étrangeté et autres essais*, trad. Bertrand Féron, « Folio-essais », Paris, Gallimard, 1985, pp. 173 à 188, ici p. 181 s. Cf. le célèbre article de Paul RICŒUR, « La psychanalyse et le mouvement de la culture contemporaine » (1965), in *Le conflit des interprétations*. Essais d'herméneutique, I, « L'ordre philosophique », Paris, Seuil, 1969, p. 122-159.

10. Michel FOUCAULT, *L'archéologie du savoir*, « Bibliothèque des sciences humaines », Paris, Gallimard, 1969, p. 268. Cf. Claude LÉVI-STRAUSS, *L'homme nu*, Paris, Plon, 1971, p. 559.

11. Tony ANATRELLA insiste particulièrement sur ce point, dans *Le sexe oublié, op. cit.*, p. 49-56.

12. Jacques LACAN, « Le stade du miroir comme formateur de la fonction du Je, telle qu'elle nous est révélée dans l'expérience psychanalytique », in *Revue Français de Psychanalyse*, 1949, XIII/4, p. 449-455. Lacan reprit cette communication du Congrès international de Psychiatrie de Marienbad, 13 ans plus tard, à Zürich, en 1949.

13. Cette remarque est confirmée par les études d'Henri WALLON, « Comment se développe chez l'enfant la notion du corps propre », in *Journal de Psychologie*, 1931, p. 705-748.

14. Cf. Jacques LACAN, « Propos sur la causalité psychique », in *L'Évolution psychiatrique*, 1947, p. 38-41.

sens notamment visuels de l'enfant ne donnent accès qu'à une image morcelée. Mais l'enfant voit, dans la forme semblable que lui renvoie le miroir, une unité corporelle qu'il ne se connaissait pas. Ainsi cette révélation fait brusquement cesser l'angoisse du corps morcelé et le moi idéal que construit alors l'imaginaire devient la « souche des identifications ultérieures[15]. » Le rire aux éclats signifie un corps qui n'est plus en éclat; en revanche, l'absence de ce stade est générateur de psychoses[16].

Ce n'est pas le lieu de discuter cette théorie, d'ailleurs fortement influencée par Mélanie Klein[17]. Notons seulement que Lacan a toujours considéré que la théorie du stade du miroir est la porte d'entrée de ses théories psychanalytiques. C'est dire l'importance accordée au corps brisé. Elle rejoint l'expérience du corps morcelé par les pulsions partielles.

2. L'art et le siècle de Hiroshima

Ce que la philosophie pense, l'art le figure et la technique le réalise. Notre siècle est celui de la bombe atomique[18] dont le premier effet est une puissance de pulvérisation et d'éclatement fantastiquement inégalée. Le thermonucléaire est la traduction dévastatrice de la désintégration opérée mentalement par les pensées de la différence, du complexe, de la désunité comme principe de compréhension.

De plus, la représentation actuelle du corps humain, le CHAPITRE II l'a montré, est un corps vu et rêvé. Or, dans son histoire du regard en Occident, Régis Debray constate que notre relation à l'image est fractionnée, fracturée. Mais à tel type d'image correspond tel type de regard sur le réel : dans la vidéothèque qu'est devenu notre monde, c'est la toute-puissante image qui décide de la vérité des choses. Aussi, notre moment culturel fait-il l'apologie « du fragment, du « kit » et de l'éclaté »; notre monde

15. Jacques LACAN, « Le stade du miroir », art. cité, p. 450.

16. Cf. par exemple Ronald LAING, dans *Le moi divisé*, trad. Claude Elsen, Paris, Stock, 1960.

17. Cf. notamment *Essais de psychanalyse 1921-1945*, trad. Marguerite Derrida, coll. « Science de l'homme », Paris, Payot, 1968; *La Psychanalyse des enfants*, trad. J.-B. Boulanger, Paris, P.U.F., 1959.

18. « Hiroshima reste l'unique objet de ma philosophie. » (Michel SERRES, *Éclaircissements*. Cinq entretiens avec Bruno LATOUR, Paris, François Bourin, 1992, p. 29). Cet événement qui fut l'avènement de la perte de crédit dans la *Big Science* demande aussi à être évalué au plan simplement stratégique (cf. Véronique LE GOAZIOU, « Hiroshima et la presse : quand la science révèle son vrai visage », in *La Recherche* n° 208, mars 1989, p. 410-412; cf. aussi le dossier atterrant du *Nouvel Observateur* du 13 juillet 1995).

est « *clip* et *cut*, *clash* et *flash*. Halètement, épuisement du temps pub[19]. » La toute-puissance visuelle participe de cet éclatement du corps.

D'autre part, le corps fantasmé ou rêvé est un corps qui s'éclate. Est-ce un hasard si « je m'éclate » est l'un des mots d'ordre d'une jeunesse qui n'est plus guère intéressée par l'agrégation... En effet, l'imagination peut morceler le corps. Elle veut, en outre, faire correspondre notre corps au corps idéalisé ; or, l'on déteste plus souvent telle ou telle partie de son anatomie que celle-ci en son intégralité et il est rare de retrouver chez une seule personne l'ensemble des qualités que l'on souhaiterait incarner (sauf dans le cas du *top model*). C'est ainsi que telle star, pourtant bien faite de sa personne, n'hésite pas à dire dans une interview qu'elle aimerait avoir la blondeur d'une telle et les jambes d'une troisième...

L'art a toujours été un miroir très sensible de notre conscience collective, affirmation qui n'ôte rien à la créativité personnelle de l'artiste. Le corps en pièces détachées est celui qu'en sa brève période de notoriété, a célébré le *body art*. Là encore, l'urbanisation a joué un rôle d'importance : la nouvelle architecture se complaît à étaler les viscères des maisons, lorsqu'elle ne donne pas au bâtiment une allure qui rappelle fortement le complexe intestinal d'un mammifère : du centre Pompidou aux décors délirants de *Brazil*, renouvelés par *L'armée des douze singes*, les films kafkaïens et désespérés de Terry Gillian. Pourquoi notre peinture contemporaine ne peut-elle plus représenter un figure ou un corps humain que déconstruits ? Les visages blessés, en miettes, de Picasso sont la très lucide caisse de résonance du génie propre de notre époque[20]. Enfin, la bande dessinée hypocritement baptisée « pour adultes » donne à voir un corps déformé, écartelé, déchiré : seuls quelques innocents ou quelques divinités surpuissantes méritent le droit d'exhiber un corps intégral qui, chez tous les autres, doit être « galère », à l'image d'une société en état de décomposition avancée[21].

Au total, le corps montré est « fragmenté, inventorié grâce à un morcellement analytique, décomposé en lieux successifs de l'érotisation. La

19. *Vie et mort de l'image*. Une histoire du regard en Occident, « Folio-essais », Paris, Gallimard, 1992, p. 496.

20. Cf. H. R. ROOKMAKER, *L'art moderne et la mort d'une culture*, Lausanne, Ligue pour la lecture de la Bible, 1974. Cet ouvrage montre les profondes relations entre notre société en crise et la défiguration de l'homme, notamment dans la peinture. Les *Têtes* (qui sont plutôt une absence de visage) du peintre anglais Francis Bacon sont comme l'ultime étape dans la dégradation du portrait (cf. J. RUSSELL, *Francis Bacon*, Londres, Methuen, 1965).

21. La littérature n'y échappe pas : « Bouge d'abord, il faut un corps, comme jadis, je ne dis pas non, je ne dirai plus non, je me dirai un corps, un corps qui bouge, en avant, en arrière, et qui monte et descend, selon les nécessités. Avec des tas de membres et d'organes, de quoi vivre encore une fois, de quoi tenir, un petit moment, j'appellerai ça vivre. » (Samuel BECKETT, *Textes pour rien* [1950] et *Nouvelles*, Paris, Minuit, 1974, pp. 129 et 130).

dispersion des plaisirs substitue un espace sensoriel aux intégrations d'antan. Métaphore du bonheur, le corps est sériel[22]. » La dernière formule est heureuse : le corps humain est à l'image, froide et décomposée, de la musique sérielle; il est structuré comme la raison contemporaine dont il est le double et le reflet.

Nietzsche avait un faible pour l'aurore de la pensée grecque. Or, notre corps déchiqueté renoue étrangement avec le regard qu'un philosophe présocratique, Empédocle, jetait sur l'origine des corps : « Au commencement, des membres séparés sortirent çà et là de terre, pour ainsi dire grosse. Ensuite, ces membres se réunirent et bâtirent la substance du corps humain, mélange de feu et de liquide[23]. » Pour Empédocle, au commencement est le multiple disloqué, parce qu'au commencement est la Haine : « Des membres solitaires disjoints par la Haine erraient à la recherche d'un mutuel échange[24]. » Le corps en fragments est donc le corps mal aimé qu'évoquait le chapitre II.

3. Puissance « éclatante » de la technique

La technique va concrétiser la mainmise de la liberté sur le corps mis en morceaux et l'entériner. La figure technique privilégiée de cette mainmise est la médecine, qui a introduit une possibilité de maîtrise inimaginable depuis quelques décennies et modifié notre vision actuelle du corps.

La survalorisation de la médecine en notre siècle est révélatrice de l'importance accordée à ce tout nouveau pouvoir de l'esprit sur son organisme et au souci de soi identifié au souci de sa santé. Elle traduit aussi un souci de soi qui n'est pas sans rappeler l'importance de la diététique chez les Grecs et les Romains, durant les deux premiers siècles de l'ère chrétienne[25]. C'est par la survalorisation de la médecine que la volonté de puissance qui sommeille en l'homme s'exerce aujourd'hui sur le matériau le plus proche qui lui soit donné : le corps.

La rupture cartésienne, qui a conduit à une domination du modèle mécanique régi par des lois mathématiques, a profondément retenti sur la conception de la médecine expérimentale[26]. La naïveté des premiers déve-

22. Michel de CERTEAU, *La culture au pluriel, op. cit.*, p. 38.
23. EMPÉDOCLE, A. LXXII, *Les Présocratiques,* « Bibliothèque de la Pléiade », Jean-Paul DUMONT (éd.), Paris, Gallimard, 1989, p. 356.
24. ID., B. LVII, *op. cit.*, p. 396. Cf. aussi LUCRECE, *De la nature des choses*, V, 839.
25. Cf. Michel FOUCAULT, *Histoire de la sexualité.* 3. *Le souci de soi*, « Bibliothèque des histoires », Paris, Gallimard, 1984, par exemple pp. 165 et 166.
26. Cf. Mirko D. GRMEK, *La première révolution biologique*, Paris, Payot, 1990.

loppements n'ôte rien à l'idéal (ou l'idéologie) mécaniste qui y préside[27]. L'imagerie médicale a contribué à dépersonnaliser le corps humain, comme en témoigne Miguel Torga :

> « Des radiographies et encore des radiographies. L'image souffreteuse et agitée de mes pauvres entrailles, impudiquement exposées à la lumière du jour. Des discussions et interprétations, au sujet de leur moindre repli. Et personne ne peut comprendre la douleur, le désespoir et la honte qui me saisissent, en me voyant ainsi réduit à une feuille de celluloïd[28]. »

Nous le disions, la médecine actuelle entérine le modèle cadavérique inauguré avec Vésale. Qui n'éprouve un choc, ou au minimum un sentiment d'étrangeté, le jour où il voit une radiographie de lui-même. Dans *La montagne magique*, Hans Castorp raconte que, face à « l'anatomie lumineuse », il s'éprouva comme un mort :

> « Il regarda dans sa propre tombe. Cette future besogne de la décomposition, il la vit préfigurée par la force de la lumière, la chair dans laquelle il vivait, décomposée, anéantie, dissoute, en un brouillard inexistant. Et, au milieu de cela, le squelette, fignolé avec soin, de sa main droite[29]. »

La multiplication des techniques médicales a donc peu à peu modifié l'image du corps. Désormais, nous pouvons pénétrer dans notre organisme sans effraction anatomique, mais peut-être pas sans effraction psychologique. Il demeure que l'imagerie médicale, depuis l'échographie jusqu'aux toutes récentes images de synthèse, est porteuse d'un profond renouvellement du regard sur le corps humain.

Conclusion

Notre époque a donc hérité des siècles passés la conviction que le corps humain est un matériau dénué de signification, et que la nature se définit comme ce sur quoi la liberté exerce toute puissance. Le XXe siècle précise deux points qui seront poussés jusque dans leurs plus extrêmes limites. D'abord, quant au projet de la liberté : sous les coups de boutoir des maîtres du soupçon, le corps n'est plus seulement insensé, mais éclaté, puis corps

27. Cf. Jacques ROGER, *Les sciences de la vie dans la pensée française au XVIIIe siècle*, Paris, Albin Michel, 1993.

28. Miguel TORGA, *En franchise intérieure*. Pages de journal 1933-1977, trad., Paris, Aubier-Montaigne, 1982, p. 89.

29. Thomas MANN, *La montagne magique*, trad. M. Betz, Paris, Fayard, 1961, p. 243.

désirant et finalement machine désirante. Ensuite, quant aux moyens de mise en œuvre : la technique, relayée par le politique [30], donne de nouveaux pouvoirs sur le corps. Elle favorise la représentation et la concrétisation d'un corps disloqué entre ses pulsions partielles et reconstruit dans l'idéal, selon nos désirs et nos failles.

30. Pour être rigoureux et complet, il faudrait en effet ajouter aux trois acteurs précédents, le pouvoir politique. Les termes sont déjà révélateurs : ne parle-t-on pas de « santé publique », de « corps social »? Plus encore, l'institution n'a d'influence sur la personne que par la médiation de son corps. On sait aussi combien les totalitarismes ont manipulé les personnes grâce à l'aide active des médecins (cf. par exemple Robert Jay LIFTON, *Les Médecins nazis. Le meurtre médical et la psychologie du génocide*, trad., Paris, Robert Laffont, 1989. Commission médicale de la Section française d'Amnesty International et Valérie MARANGE, *Médecins tortionnaires, médecins résistants. Les professions de santé face aux violations des droits de l'homme*, Préface de Paul RICŒUR, Paris, La Découverte, 1989). Sans oublier les travaux bien connus de Michel FOUCAULT qui sont toujours en relation avec le corps, incarcéré, malade, fou, sexué (cf. bibliographie). Un exemple parmi beaucoup : La réduction cartésienne du corps en instrument docile, précisément la théorie du corps-machine, a exercé une considérable influence sur la naissance de la clinique actuelle, du technico-politique, du système judiciaire carcéral. « *L'Homme-machine* de La Mettrie est à la fois une réduction matérialiste de l'âme et une théorie générale du dressage, au centre desquelles règne la notion de "docilité" qui joint au corps analysable le corps manipulable. » (*Surveiller et punir.* Naissance de la prison, « Bibliothèque des sciences humaines », Paris, Gallimard, 1975, p. 138) Cette main-mise sur le corps n'est donc pas la propriété exclusive des pays totalitaires, mais aussi des pays libéraux : cf. les travaux de Michel SCHOOYANS, notamment *Maîtrise de la vie, domination des hommes*, Paris, Lethielleux, Namur, Le Sycomore, 1986.

Chapitre 6

La représentation mécaniste du corps

« Il s'agit d'avoir, avoir le moins possible de risque, le maximum de jouissance. "L'autre" est abstrait, ou tellement flou qu'il permet toutes les substitutions. Qui il est importe si peu que même son sexe, dirait-on, devient de plus en plus indifférent[1]. »

« L'époque qui a succédé au déclin du Moyen Âge paraît se définir par cette scission qui s'est faite dans la pensée de l'homme, d'une part entre la matière nue, d'autre part entre l'esprit pur, mais prise dans le sens de la raison. Cette tension provoqua quelque chose de considérable. Science et technique modernes en dérivent. Mais aussi, dans une large mesure, la perte de tout qui s'appelle image et symbole, à la fois corporalité vivante et imprégnée d'âme[2]. »

« Le combat n'est pas seulement technique mais philosophique. La vie comme matériau, tel est le principe de notre lutte[3]. »

Nous avons présenté les protagonistes de la représentation du corps mise en place en ces dernières décennies : le corps informe, la liberté sous la forme du désir, la technique dont la puissance est multipliée par le politique.

Passons maintenant de la présentation à la représentation : comment s'articulent l'organisme humain et la double logique du désir et de la technique, des hormones et des tuyaux? Un modèle unifie les trois pôles sous l'instigation d'un moteur dont la philosophie a sous-estimé le potentiel métaphysiquement révolutionnaire : la pilule contraceptive.

1. Le modèle Sullerot

Évelyne Sullerot, cofondatrice du planning familial, avec Mme Weil-Hallé, ouvre ainsi un gros ouvrage collectif consacré à la femme : « Les femmes sont apparues longtemps comme plus aliénées à la nature que les hommes – ne serait-ce que par leur fonction maternelle. » Face à la nature (le corps), nous retrouvons la liberté-reine. La suite de l'exposé, tout en fai-

1. Jeanne Hersch, *L'ennemi c'est le nihilisme,* Genève, Georg, 1981, p. 24.
2. Romano Guardini, *Les fins dernières*, trad. Françoise Demenge, « L'eau vive », Paris, Le Cerf, 1951, p. 105.
3. Dr Pierre Simon, *De la vie avant toute chose*, Paris, Éd. Mazarine, 1979, p. 12.

sant appel aux catégories de la vulgate marxiste, décrit clairement et presque naïvement la logique du processus auquel on assiste depuis quelques décennies : les découvertes de la technique

> « ont eu pour conséquence de diviser des domaines jusqu'ici confondus : sexualité, procréation, maternité, éducation. Or, quand on divise des domaines sur lesquels on peut agir sélectivement, on introduit et on multiplie les choix possibles : on crée une liberté. » La femme est ainsi « de plus en plus désaliénée par rapport à la nature grâce aux sciences de la nature[4]. »

Toute l'œuvre de la technique est donc de réaliser le vœu démiurgique de la liberté humaine, liberté qui s'est identifiée au désir. L'homme est le composé d'une liberté toute-puissante et d'un corps corvéable à merci, par l'entremise de la technique.

La relation du corps à l'esprit est un rapport conflictuel que la technique toute-puissante vient non pas réconcilier, mais médiatiser. « En quelques cinquante ans, écrit Jack Lang, ex-ministre de la Culture, les femmes sont devenues en Europe, maîtresses de ce corps qui autrefois leur tenait lieu de destin[5]. » Et d'énumérer les différentes conquêtes féminines, jusqu'au remboursement de l'avortement par la Sécurité sociale.

> « Il est indéniable, note de son côté Élisabeth Badinter, dans un ouvrage devenu célèbre, que tous nos efforts convergent, à long terme, pour ôter aux organes du corps leur caractère impérialiste. À défaut de supprimer la mort, on prolonge la vie, on rend fertiles des femmes qui n'auraient pu l'être il y a seulement quelques années. Bref, *on fait tout pour plier le corps à nos désirs* et ne plus faire de nécessité vertu. »

Mais ne nous y trompons pas : le corps est toujours aussi important. Cependant, il a complètement changé de signification.

> « D'objet "technique", il est devenu objet "esthétique". [...] Dans notre civilisation, personne ne s'offusque d'une mère qui n'allaite pas son

4. Évelyne SULLEROT, « Le fait féminin », in *Le fait féminin.* Qu'est-ce qu'une femme ?, Centre Royaumont pour une science de l'homme, Paris, Fayard, 1978, p. 17. Il faut tout de même préciser qu'Évelyne Sullerot n'a jamais été malthusienne et que l'association qu'elle a fondée s'appelait « maternité heureuse ». Surtout, sa réflexion a évolué au point qu'elle n'hésite pas à constater avec lucidité qu'un puissant courant actuel « éprouve une sorte de haine pour les lois biologiques. Il veut faire comme si la création ne passait pas par la grossesse. La sexualité, oui; la naissance, non, voilà sa philosophie ! » Et d'ajouter qu'« Il y a aujourd'hui un immense orgueil du jeune adulte, qui veut que la sexualité soit complètement dissociée de la reproduction. » (Évelyne SULLEROT, interviewée par Denis LENSEL, *France catholique,* n° 2545, 19 avril 1996, pp. 6 et 7).

5. Jack LANG, *Demain les femmes*..., Paris, Grasset, 1995, p. 100. Il en est de même pour les techniques de procréation assistée, ainsi que le note le Sénateur B. SEILLIER : « La conception d'un être humain se trouve en effet ravalée au rang d'un simple acte de fabrication », entièrement dominé par la logique de la technique (« Discours au Sénat sur les techniques de procréation arficielle », in *Sedes Sapientiae*, Société Saint-Thomas-d'Aquin, 53340 Chémeré-le-Roi, XII/1, printemps 1994, n° 47, p. 3 à 22, ici pp. 14 et 15).

enfant, mais nous trouvons choquant un corps qui se laisse aller. Tout doit être fait pour reculer sa vieillesse, cacher ses faiblesses, et le tenir coûte que coûte en bon état de séduction[6]. » Et plus loin : « La contraception, en mettant fin au diktat de la nature, a révélé une vérité impensable il y a encore peu de temps : le destin féminin n'est plus circonscrit à la maternité[7]. »

2. La vie : *« mater »* ou matériel ?

Encore a-t-il fallu que ce projet de libération de la femme et du corps passe dans l'épaisseur du réel. Ce fut, notamment, l'œuvre trop ignorée du gynécologue-obstétricien Pierre Simon. Deux fois Grand Maître de la Grande Loge de France, il est auteur d'un célèbre rapport qui porte son nom sur l'activité sexuelle des Français (équivalent au rapport Kinsey outre-Atlantique[8]), cofondateur du Mouvement français pour le planning familial et conseiller du ministre de la Santé, Simone Veil.[9]

Le Dr Simon déploie sa philosophie de la vie, dans un ouvrage paru en 1979 qui est peu connu, pour une raison qui l'est encore moins : « on » a aussitôt retiré du commerce cet ouvrage fort compromettant, notamment eu égard au secret maçonnique[10]. Les quatre pôles (si l'on compte le politique) précédemment individualisés sont ici clairement identifiés et mis en pratique : le corps ou plutôt la vie, la liberté sous la forme du désir, la technique,

6. Élisabeth BADINTER, *L'un est l'autre.* Des relations entre hommes et femmes, Livre de poche n° 6410, Paris, Odile Jacob, 1986, p. 314 et 315. C'est moi qui souligne. Cf. aussi Françoise GIROUD, *Si je mens*, Paris, p. 140 s.

7. *Ibid.*, p. 310.

8. La bibliographie du Dr SIMON parle toute seule : *Précis de contraception,* Paris, Masson, 1968; *Le comportement sexuel des Français, dit Rapport Simon,* Paris, Julliard, 1972; *L'Encyclopédie du sexe*, en collaboration, Paris, Albin Michel, 1979. Cf. la critique serrée que fait Michel SCHOOYANS de l'ouvrage de Pierre Simon, montrant notamment qu'il idolâtrise l'État (« Vers la médicalisation du pouvoir politique », in *Droits de l'homme et technocratie*, Chambray-lès-Tours, Tours, C.L.D., 1982, p. 103-107). Cf. aussi Joseph RATZINGER, « La vie dans le dessein de Dieu et dans le projet de l'homme », in Conseil Pontifical pour la Pastorale des Services de la Santé, Actes de la neuvième conférence internationale, les 24-26 novembre 1994, *Dolentium hominum.* Église et santé dans le monde, *Connaître, aimer et servir la vie,* n° 28, Cité du Vatican, 1995/1, p. 10-12.

9. « Pierre Simon a été appelé à collaborer au cabinet du ministre de la Santé, Simone Veil, en tant que médecin. Mais, en sa qualité de maçon, il a, depuis longtemps déjà, réfléchi à la mise au point et à la rédaction des nouveaux textes sur la contraception d'abord, sur l'avortement ensuite, des « lois maçonniques » s'il en est, tant va s'avérer déterminante la pression des loges. Tous ceux qui ont été concernés par ce débat de société s'accordent aujourd'hui à le reconnaître : la fameuse « loi Veil » aurait aussi bien pu porter le nom du Dr Simon. » (Patrice BURNAT et Christian de VILLENEUVE, *Les Francs-Maçons des années Mitterrand*, Paris, Grasset, 1994, p. 56).

10. Cf. l'aveu du Grand Maître Leray in *Nouvel Observateur*, du 19 octobre 1989.

et la politique qui la met en œuvre. Au fond, le titre de l'ouvrage, *De la vie avant toute chose*, est trompeur : il s'agit de la liberté avant toute chose. La vie, tout d'abord, est un insignifiant matériau à gérer :

> « Si la grande victoire de la médecine dans le passé fut de faire reculer la mort, la seconde victoire sera de changer la notion même de la vie [...]. La vie humaine perd aujourd'hui ce caractère absolu qu'elle avait dans la Genèse ou pour Aristote et Buffon, pour devenir un concept qui se modèle et évolue selon des lois, des idées et des connaissances. La vie est devenue ce qu'en font les vivants : c'est la culture qui la détermine[11] ».

Aussi faut-il préférer la personne à la vie et subordonner celle-ci à la liberté de la femme[12]. L'exemple des Esquimaux qui pratiquent parfois l'infanticide par « nécessité », « montre que l'enfant n'est finalement reconnu homme que par celui qui l'a engendré : c'est la société qui le porte dans son sein. C'est pourquoi en matière d'avortement, il nous a semblé utile de renvoyer l'homme à sa propre responsabilité, et non pas à une entité réfléchie par le miroir du divin[13]. »

Le médiateur de ce changement de vision du corps et de la vie est la **technique.** C'est elle qui permet de changer de conception de la vie :

> « Tant que la science ne pouvait aborder véritablement ces questions, les laissant aux hommes d'Église, tant qu'elle était impuissante à leur donner une multitude de réponses possibles, le rôle du médecin était clair : prêtres et juristes définissant le cadre de sa pratique, il n'avait guère de raison de vouloir en sortir. Aujourd'hui, ces problèmes ne sont plus seulement religieux ou politiques; mais aussi scientifiques. »

Et voici l'argument clef qui est de l'ordre de la pure technique : *« Alors que l'on crée, en laboratoire, de la vie à partir de molécules inertes, comment un prêtre ou un juriste pourrait-il imposer sa définition de la vie[14] ? »*

L'introduction de la contraception transforme notre regard sur la vie et sur l'homme, donc sur la société[15]. Mais, en retour, c'est à la société de mettre en œuvre cette révolution. Pour le Dr Simon, la vie est de la responsabilité, non pas de la famille, ou plutôt de la femme, mais du politique en quelque sorte divinisé : « Déjà la société prend le pas sur la transcendance[16]. » Or, la médecine est le médiateur de ce pouvoir, puisqu'elle permet de dessouder ce que

---

11. Pierre SIMON, *De la vie avant toute chose*, *op. cit.*, p. 85. Cf. aussi pp. 16 et 219.

12. « L'adoption de ces techniques correspondra à la dernière phase d'un transfert de responsabilité en matière de procréation, de Dieu au prêtre, du prêtre au prince, du législateur au couple, du couple à la femme seule. » (*Ibid.*, p. 220)

13. *Ibid.*, p. 205.

14. *Ibid.*, p. 254. C'est moi qui souligne. Aussi, Simon fait mieux que critiquer l'Église, il en situe le discours pour l'enfermer dans un passé définitivement révolu.

15. « La révision du concept de vie, induite par la contraception peut donc, par la vertu du systématique, transformer la société dans son intégralité. » (*Ibid.*, p. 85)

16. *Ibid.*, p. 87. Il parle ailleurs d'« une seule transcendance : la transcendance sociale » (p. 240).

la nature unissait jusqu'à maintenant[17]. Se met ainsi en place une technocratie médicale[18].

La contraception, comme l'avortement, sont plus que des questions médicales ou de société : « La polémique autour de la loi Veil, qu'on ne s'y trompe pas, c'est le choc de deux mondes[19]. » Simon promeut donc une conception clairement prométhéenne de l'homme :

> « Prométhée est ainsi revenu, mais il ne s'est plus contenté de nous rapporter le feu : c'est de tous ses pouvoirs qu'il a dépossédé Zeus, et fait cadeau aux hommes. Il s'agit donc pour nous d'une liberté à conquérir. La nécessité pour l'homme de véhiculer un matériel héréditaire ne suffit pas à entraver le cours ultérieur de la Vie, et donc la conquête rationnelle de son autonomie[20]. »

Ce qu'Évelyne Sullerot et d'autres ont pensé, le docteur Simon l'a mis en pratique. Certes, la revendication de liberté à l'égard de la tyrannie masculine est très légitime. En fait, le drame vient de ce que la révolution féministe ait été contemporaine de l'apparition de la pilule contraceptive et que celle-ci ait été le moyen de celle-là. Ce qui était une légitime revendication éthique et plus encore, spirituelle, s'est transformée en une prise de pouvoir, transie d'amertume[21].

---

17. *Ibid.*, p. 220. « D'un côté, le couple affectif et sexuel – la femme procréatrice, l'homme non géniteur – de l'autre, la société médiatisée par le médecin, qui rapproche la demande d'enfant d'une disponibilité de semence anonyme, contrôlée et gouvernée par la « banque du sperme ». C'est en un sens la société toute entière qui féconde le couple. » (p. 222) De là, découlent, en cascade, une série de dissociations (détaillées notamment aux p. 221 s.) : entre fécondation et sexualité, entre procréation et vie sexuelle normale, entre insémination et acte sexuel, entre procréation et paternité, entre féminité et maternité, entre procréation et plaisir.

18. Partant de là, il serait intéressant de voir quelle action politique fut déployée, notamment par cette courroie de transmission que fut la franc-maçonnerie. En effet, le Dr Simon ne fut pas qu'un penseur, il fut un stratège doublé d'un tacticien.

19. *Ibid.*, p. 211.

20. *Ibid.*, p. 258. Ce n'est pas le lieu de critiquer. Notons cependant que parler de « tare » (p. 15), c'est réintroduire subrepticement une normalité, donc des valeurs. Au nom de quoi prétend-il les imposer à l'humanité ? D'ailleurs, se posant les questions éthiques de rigueur : « Si le savoir scientifique le lui permet, devra-t-il aller jusqu'à améliorer l'espèce humaine pour la protéger contre certaines menaces, voire pour repousser l'échéance de la vieillesse et de la mort ? » (p. 254), le Dr Simon se garde d'y répondre clairement. Sur toute la philosophie maçonne, cf. l'excellent et courageux ouvrage de Nelly ÉMONT, *La Franc-maçonnerie*, « Encyclopédie des phénomènes spirituels », Paris, Plon-Mame, 1995. À noter aussi la proximité avec le programme proposé par le marquis de SADE (par exemple *Les prospérités du vice*, Coll. « 10/18 », Paris, U.G.E., 1969, p. 15).

21. « L'explosion féministe a été une explosion spirituelle » (Jo CROISSANT, *La femme sacerdotale ou le sacerdoce du cœur*, s. l., Ed. du Lion de Juda, 1992, p. 13) ; et avant : « Croyant devoir se dégager de la domination de l'homme, elle a repris des schémas masculins au détriment de sa propre féminité, se coupant de ce fait de sa nature profonde » (*Ibid.*, p. 9). Le pape lui-même reconnaît : « La situation historique et sociale qui a provoqué la réaction du féminisme était caractérisée par un manque d'appréciation pour la valeur de la femme souvent reléguée à un rôle de second plan, voire même marginal. Cela ne leur a pas permis d'exprimer

Ne confondons pas principes et conséquences : l'usage du contraceptif, de peu d'importance, en apparence, est en réalité prégnant d'immenses effets. Or, Aristote le notait déjà : une petite erreur dans les principes est source d'une grande déviance dans les conséquences. La contraception est, historiquement une révolution, et, anthropologiquement, une décision capitale (au sens étymologique du terme). Seule une mise en perspective historique permet de le mesurer.

Conclusion

La représentation actuellement dominante du corps humain s'articule autour de trois pôles : le premier, négatif et passif, est le corps humain ; le second, positif et moteur, est la liberté ; le troisième, neutre et au service de la liberté désirante, est la technique.

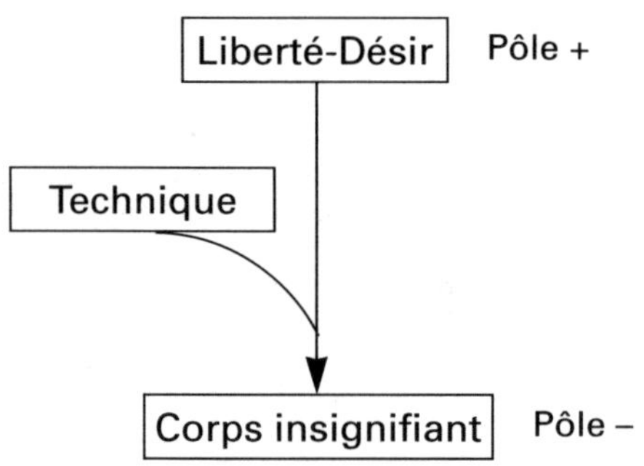

Relations existant entre corps et liberté par la médiation de la technique

Ce modèle permet de rendre compte de l'ambivalence profonde de notre époque à l'égard du corps, et de comprendre ce que les chapitres 1 et 2 se contentaient de décrire : le corps chéri est celui-là même qui est haï. Si notre monde brûle ce qu'il adore et adore ce qu'il brûle, c'est qu'il n'a pas pris la mesure de la mainmise de la liberté qui découvre les possibilités de la

pleinement les richesse d'intelligence et de sagesse que renferme la féminité. » (JEAN-PAUL II, Allocution de l'Audience générale du 29 novembre 1995, n. 3, in *Osservatore Romano* du 5 décembre 1995, p. 12).

technique. Autrement dit, la question du corps est peut-être d'abord celle de la liberté. « La photographie a délivré la peinture », disait Jean Cocteau; cette libération dématérialisante vaut pour le corps en général. D'un côté, le corps est hypervalorisé, puisqu'il est le premier matériau sur lequel puisse s'exercer l'homme identifié à sa liberté toute-puissante. De l'autre, le corps est de plus en plus opprimé par des désirs dont il ne peut concrétiser la démesure. Il se retrouve façonné à l'image de la liberté. Aussi peu à peu en vient-il à lui ressembler : médiatisé, monétisé, dématérialisé, et finalement néantisé[22]. D'où le constat affligeant : notre société, dont le mot d'ordre était la redécouverte du corps, s'en trouve dépossédée au moment-même où elle veut en jouir : soumis aux oukases irréalisables de la volonté de puissance, le corps humain s'évanouit dans l'insignifiance.

Deux conséquences en découlent. D'abord la représentation actuelle du corps, qui croyait avoir enfin réglé ses comptes avec l'antique dualisme du corps et de l'âme, la réintroduit subrepticement sous la forme sauvage et violente du dualisme corps-liberté. Ensuite, le corps n'a plus de sens autre que celui que lui délègue la liberté; or, un corps qui n'est pas reçu finit par ne plus être possédé.

Sans corps, la liberté serait un maître sans pouvoir. Mais, tôt ou tard, Hegel nous a prévenus, l'esclave se révolte et détrône son maître. Aussi, notre corps prend-il sa revanche depuis quelques années. À côté du modèle du corps mécaniste, brimé, se lève un autre type de représentation : le corps Nouvel Âge ou corps naturaliste.

22. En effet, le philosophe Jean-Paul Sartre identifie la liberté (le pour-soi) au vide du néant, face au plein opaque de l'être des choses (l'en-soi).

Chapitre 7

La représentation naturaliste du corps

« Brisez les chaînes de vos pensées et vous briserez aussi les chaînes qui retiennent votre corps prisonnier[1]. »

Le corps image-mirage jusqu'ici analysé n'est pas la seule représentation dont se nourrisse notre monde actuel. À côté de ce premier modèle, fleurit une autre conception qui est de plus en plus *successful,* comme disent les Anglais : le corps dans le Nouvel Âge, ou la représentation naturaliste du corps[2].

1. La transe en danse

Une fois par semaine, à Londres, un groupe de musique et de danse ne réunit pas moins d'un millier de personnes, majoritairement jeunes (autour de vingt ans), mais n'excluant personne : le groupe Whil-Y-Gig. Ce groupe propose une restructuration de l'espace, du temps, de la relation à l'autre, à soi, à Dieu. La salle elle-même fait penser à une caverne orientale, avec de grandes tapisseries effaçant tout angle aigu. La soirée hebdomadaire dure quatre heures, s'achève à minuit pour permettre aux jeunes de rentrer par le métro; elle n'est pas uniformément bruyante ou chaotique, mais structurée sur un double rythme *crescendo* et *decrescendo*, s'achevant sur une danse commune sous un grand parachute que les bras agitent comme une mer, zébrée par les éclairs polychromes des spots. De prime abord, chacun semble danser pour soi et seul. En fait, cette impression tient à l'abolition du modèle du partenaire privilégié, typique des boîtes de nuit habituelles : la relation de couple est toujours menacée d'être séductrice et carnivore. Ici tout le

1. Richard BACH, *Jonathan Livingstone le goëland*, Paris, Éd. J'ai lu, 1983, p. 94.
2. Sur le Nouvel Âge, je me permets de renvoyer aux bibliographies et aux développements que je donne, soit plus historico-géographiques dans *Connaître ses blessures* (Paris, Éd. de l'Emmanuel, 1993, p. 19-28), soit plus philosophiques dans *Introduction à la métaphysique. I. L'amour des sommets* (« Cahiers de l'école cathédrale » 8, Paris, Mame, 1994, p. 100-103).

monde danse avec tout le monde : vue de loin et globalement, la danse fait penser à des algues doucement agitées par le courant. Chacun laisse aller son corps, sans contrainte ni jugement ; il recherche un état de transe – certains disent d'orgasme – individuel et plus encore collectif, permettant de rejoindre une archi-conscience groupale, abolissant les différences individuelles.

Depuis treize ans que le groupe s'est constitué, nulle descente de police, nul incident grave. Le groupe recharge les batteries d'une jeunesse stressée par une société qui ne se reconnaît plus dans ses aspirations et ses excès. On alimente son corps par les boissons vitaminées qui sont servies ; on guérit le psychisme par l'écoute mutuelle bienveillante qui désamorce les conflits latents et par la recherche de transes qui riment avec danses, et dont on a montré qu'elles ont toujours été l'un des moyens favoris d'extase (ou plutôt d'instase). Dans ces états, selon l'opinion unanime, à travers l'unité du groupe, c'est Dieu lui-même qui est non seulement expérimenté, mais constitué.

Ce groupe s'inspire des courants de psychologie humaniste importés de Californie et ne cachent pas leur identité New Age, leur refus de la civilisation actuelle du capitalisme, de l'anthropocentrisme (l'homme comme centre du monde et image de Dieu) et de l'individualisme, leur attente d'une nouvelle ère, voire leur néopaganisme. La transcendance a laissé place à la transe ; mais cette transe en danse est-elle plus qu'une immanence ?

Il n'est pas besoin d'être psychologue pour constater le passage réactif d'un monde hypermasculinisé, machiste et violent à un univers massivement maternel, régressif et fusionnel. La musique techno permet de reproduire les battements cardiaques entendus dans le sein utérin. Qui a comparé la salle à une gigantesque matrice ? Le corps qu'avait violemment dévalué la vision mécaniste est donc réintroduit comme mesure universelle, au détriment de la liberté et de la conscience personnelle. Le modèle viril et décorporé a laissé place à un modèle maternel et maternant. Mais il serait injuste de ne pas y lire une redécouverte de la valeur du corps humain.

2. « Écoute ton corps »

Envisageons maintenant plus précisément ce que le Nouvel Âge pense du corps de l'homme. Devant la prolifération quelque peu répétitive des ouvrages, nous nous arrêterons à l'un d'eux dont le titre est suggestif eu égard à notre sujet : *Écoute ton corps* : on annonce qu'il s'est vendu à 175 000 exemplaires[3]. À la lecture, on reconnaîtra très vite ce qui caractérise

3. Lise BOURBEAU, *Écoute ton corps.* Ton plus grand ami sur la terre, Montréal (9675 Papineau), Les Éditions E.T.C. Inc., 1987.

la « pensée » New Age : un vocabulaire (onde, énergie, déculpabilisation), un climat (positif, chaleureux, réussite immédiate) et une rhétorique (un style direct, qui interpelle et implique l'auditeur à la seconde personne du singulier, une succession d'affirmations se fondant sur une force de conviction qui vaut argument).

La sagesse du corps

Le sous-titre du livre est au moins aussi évocateur que le titre : « Ton plus grand ami sur la terre ». En effet, l'ouvrage parle constamment du corps, en cherchant à le valoriser. Le corps recèle en lui les clefs du bonheur; il est spontanément bon. Il suffit donc d'apprendre à l'écouter, en douceur, de se mettre à son école. « Dès la naissance, le corps sait comment être un corps[4]. » « Ton corps sait très bien quand il a faim[5]. » Lui-même dictera à l'homme la juste conduite de sa vie. Chaque personne est habitée par une sagesse qui la dépasse.

Mais d'où vient cette sagesse et ces pouvoirs? En fait une équation régit tout le discours : le corps est énergie; cette énergie est moi et le moi est Dieu. C'est ainsi que le mouvement *Écoute Ton Corps* recommande de réciter souvent un mantra : « Je suis Dieu, Dieu je suis[6]. » Le panthéisme (tout est Dieu) d'une telle affirmation pourrait choquer. Mais Lise Bourbeau assure, sans sourciller, que ce qui manque à la conscience pour être Dieu, l'inconscient le lui donnera : l'imagination et le rêve aidant, il suffit de doper les capacités de l'inconscient à l'infini : « L'être humain est 90% inconscient et 10% conscient de ce qu'il fait, dit, pense et ressent[7]. » Dès lors, Dieu est un Dieu intérieur qui s'identifie d'autant plus aisément avec le moi. Enfin, si je suis Dieu (par mon inconscient), je ne peux qu'être tout-puissant et créateur. « Maintenant tu vas visualiser, imaginer quelque chose que tu voudrais voir arriver dans les jours qui suivent. [...] Prends plusieurs moments de la journée pour y penser [...]. Fais ce test avec toi-même et tu réaliseras comment tu peux te faire arriver ce que tu veux[8]. » La prière est le lieu d'exercice de cette puissance magique.

La sottise de l'esprit

En regard, tout malheur, toute maladie a pour origine une absence d'écoute de son corps et de ses lois propres, et donc de notre Dieu intérieur. Il appartient à chacun de vivre son corps comme il l'entend. S'il respecte son

4. *Ibid.*, p. 115.
5. *Ibid.*, p. 117.
6. *Ibid.*, p. 254.
7. *Ibid.*, p. 25.
8. *Ibid.*, p. 34.

écoute, il ne tombera pas malade. À un jeune enfant qui veut jouer dehors sans s'habiller, s'il fait froid, sa mère lui conseillera de se vêtir chaudement. Si elle le laisse faire et que l'enfant décide malgré tout de ne pas demeurer habillé, « il ne sera pas malade car il ne pensera pas à la maladie. Quand il s'apercevra qu'il fait vraiment froid, il reviendra et demandera un vêtement supplémentaire ». En revanche, « si la mère insiste sur le fait qu'il attrapera froid, l'enfant pensera à la maladie et inévitablement aura un rhume ou une grippe[9]. » Et cette responsabilité commence dès le plus jeune âge.

Mais au nom de quoi tyrannise-t-on le corps? Soit l'exemple d'une jeune mariée qui coupait toujours les deux extrémités du jambon avant de le faire cuire dans une casserole. Pourquoi? « Ma mère faisait de même. » Or, interrogée, la mère agissait déjà ainsi. À son tour questionnée, la grand-mère répond que sa famille était pauvre et que les chaudrons étaient petits; aussi, pour y introduire le jambon, il fallait en couper les deux bouts[10]! C'est donc la culture, l'éducation, l'institution qui empêche d'écouter la sagesse de la nature. Voilà une formule que Rousseau n'aurait pas reniée : le corps naturel est bon et sage, c'est l'habitude inculquée par l'institution qui le corrompt[11].

On a donc l'impression que l'auteur, de façon originale, a inversé la hiérarchie de la représentation mécaniste, en subordonnant l'esprit au corps, à la matière et à la nature. Artisan et plus encore démiurge de son bonheur par son corps, l'homme l'est donc autant de son malheur par son esprit. « La grande loi de la responsabilité fait partie de la loi d'amour[12]. »

3. Quelques questions

L'écoute de son propre corps est porteuse de valeurs qu'il convient de sauver face au matérialisme techniciste et individualiste : le corps mérite d'être écouté en confiance, il n'est pas d'abord un matériau livré aux plaisirs torves d'une liberté anarchique, il est doué d'une réelle unité[13] et d'un sens qui nous précède. Ne confondons pas le corps dorloté dont a parlé le

9. *Ibid.*, p. 38.

10. *Ibid.*, pp. 116 et 117.

11. « Lorsque tu es fatigué, tu te reposes. Lorsque tu as besoin de sommeil (c'est-à-dire lorsque tes yeux se ferment d'eux-mêmes) tu te couches. Lorsque tu as faim, tu manges. C'est ça *être à l'écoute de son corps*. Demeure alerte à tes besoins personnels et non à ce *"qu'on dit"* » (*Ibid.*, p. 166. L'auteur souligne l'antagonisme constitutif de sa pensée).

12. *Ibid.*, p. 39.

13. On ne peut toutefois pas établir une équation entre corps unifié et représentation du corps inspirée par l'orientalisme. Que l'on songe à l'ouvrage de Francisco VARELA, Eva THOMPSON et Eleanor ROSCH, *L'inscription corporelle de l'esprit* (trad., Paris, Seuil, 1993) pour qui l'absence de moi central, unifié est un fait établi rigoureusement par les sciences cognitives.

chapitre 2 et le corps tel que se le représente le Nouvel Âge. Certes, il est hypervalorisé dans les deux cas, mais il est appréhendé de deux manières radicalement différentes. Selon la première représentation, le corps n'est « chouchouté » que parce que la liberté le commande; il est dépouillé de toute signification autre qu'hédoniste. Selon la seconde représentation, le corps détient la sagesse; ici, c'est la liberté qui est dépouillée de sa maîtrise omnipotente. Jusqu'où ?

Précisément, à quoi le corps est-il destiné dans cette représentation? Le Nouvel Âge peut se définir comme la recherche, ou mieux le culte, la célébration de soi par soi et pour soi. L'ego est l'alpha et l'oméga de cette thérapie dont l'intention est meilleure que la réalisation, c'est-à-dire le Nouvel Âge[14]. Le corollaire obligatoire est un élitisme et un volontarisme[15] culpabilisant (« J'aurais pu m'éviter ce cancer[16] »), doublé de nombrilisme et plus encore d'une égolâtrie. La doctrine et plus encore la pratique ici proposées effacent peu à peu toute différence réelle entre la créature et son Créateur. Il est donc incompatible avec une religion monothéiste. Et, chez nous, le Nouvel Âge est du christianisme *Canada Dry* : il en a l'odeur (les mots comme « amour », « pardon », et ici « Jésus », « Dieu »), la couleur, mais n'en est pas. Cela ne saurait étonner, puisqu'à l'instar de toute gnose, comme Jonas et Puech l'ont montré, il naît et se nourrit des valeurs d'une religion en décomposition[17].

En conséquence, le corps naturaliste, gonflé aux dimensions du divin, est sans autre, et ne peut plus rencontrer que lui-même. Comme dans la danse proposée par le groupe Whil-Y-Gig, chacun ne rejoint jamais que son propre moi, par la médiation d'un groupe réduit à l'état de thérapeutique. L'autre et le Tout-Autre qu'est Dieu ne sont jamais que des moyens sur le chemin de la réconciliation avec moi-même[17b]. Nous y reviendrons dans un instant.

---

14. « S'exprimer signifie : manifester ce que tu ressens, ce qui vient de toi. » (*Ibid.*, p. 77) Le but est égoïste et franchement hédoniste : « Le grand but de l'être humain est la fusion du corps inférieur avec le corps supérieur. C'est pourquoi l'acte sexuel a tellement d'importance. » (*Ibid.*, p. 137).

15. L'harmonie est Nouvel Âge, non pas en ce qu'elle veut l'intégration corps-esprit, mais en ce qu'elle ne supporte pas la faiblesse et que la force naît de la seule nature biologique : « Une force qui vous aide à rétablir l'équilibre entre le corps et l'esprit./Pour que tout en vous soit fort, Saint-Yorre, rends-moi fort. » (Publicité VICHY SAINT-YORRE).

16. « On dit que « la maladie » ultime des émotions refoulées, donc non exprimées, est le cancer. » (*Ibid.*, p. 213) Ce n'est sans doute pas faux (cf. l'exemple de Fritz Zorn, seconde partie, chap. 4) ; mais d'une part, c'est oublier que les cancers (et non pas le cancer) sont des maladies plurifactorielles; d'autre part, toute personne est loin d'avoir la capacité d'identifier puis de maîtriser ses pulsions.

17. Certains trouveront cruelles ou unilatérales mes critiques. Pourtant, j'ai encore réservé la question de la réincarnation qui est un thème constant du Nouvel Âge (cf. la quatrième partie).

17b. À titre de *confirmatur,* voilà ce qu'écrit un ouvrage typiquement Nouvel Âge : « Au commencement était une bulle. Et cette bulle était moi et j'étais dans cette bulle. » (Jacques BROSSE, *Cinq méditations sur le corps plus une,* « Gnose », Monaco, Éd. du Rocher, 1991, p. 11).

4. Les deux modèles du corps

Nous sommes donc aujourd'hui en face de deux représentations opposées du corps humain : la représentation machinique et la représentation naturaliste. Ces deux modèles présentent chacun ses avantages et ses inconvénients, symétriquement opposés : on peut en systématiser quelques uns sous la forme d'un tableau.

	Représentation mécaniste	**Représentation naturaliste**
Avantages	La responsabilité et l'audace de la recherche (un signe privilégié est les fantastiques progrès opérés par la médecine). Le sens du dynamisme élémentaire de chaque organe, de chaque cellule.	La redécouverte de la sagesse du corps et l'écoute de la personne. La douceur de la nature. Le sens de l'unité de la personne. Le corps unitaire.
Inconvénients	Le corps éclaté. L'oubli de l'origine, La tentation athée. La violence faite au corps et à la personne.	L'oubli de son terme, La tentation panthéiste. Le déni de la liberté et l'effacement de la personne au profit du groupe.

Sœurs ennemies ?

De prime abord, ces deux conceptions se succèdent, la représentation naturaliste étant la face ombrée de la représentation mécaniste. En effet, la modernité a construit un modèle de corps évanescent sous l'emprise d'une liberté aux pouvoirs multipliés par la technique. Mais cette représentation est vouée à l'impasse. Réagissant à cette volonté démiurgique de l'esprit sur la matière, la toute-puissance s'est transférée sur l'autre pôle, à savoir le corps qui se trouve désormais investi des attributs autrefois accordés à la volonté ; et comme la technique était du côté de l'esprit, elle s'est trouvée automatiquement disqualifiée. Le schéma est inversé, mais c'est toujours le même schéma. Le corps mis aux fers par la déesse Raison reprend aujourd'hui du galon. La représentation du corps proposée par le Nouvel Âge s'est constituée en réaction. Or, le réactif est homme du ressentiment[18]. « Une conception mécaniste du corps humain semble donc condamnée, dans un mouvement vertigineux, à s'affirmer, puis à se nier elle-même, puis à s'affirmer à nouveau, etc., à l'infini[19]. »

Mais l'histoire des idées montre aussi que ces deux représentations ont toujours cohabité, soit en bonne intelligence, soit en rivalité. Elles sont plus sœurs que mère et fille. Prenons l'exemple de la médecine et de la santé. Dès que l'art médical se refuse aux explications magiques et théorise, deux conceptions différentes se présentent : celle d'Hippocrate et celle de Galien. Pour Hippocrate[20], le corps est un tout doué d'un désir de vivre, la maladie est un combat mené par le corps-même pour retrouver la santé et la médecine, expectante, a d'abord pour mission de favoriser la dynamique du vivant. En revanche, pour Galien[21], le corps est non plus une dynamique unitaire, mais un ensemble parcellisé et machinisé d'organes exerçant, chacun pour son compte et le mieux possible, sa fonction ; la maladie est le dysfonctionnement d'un des organes et la médecine, la réparation de ce dérèglement, qui est une panne localisée et isolable. On le voit, Hippocrate est à Galien ce que le naturalisme (Nouvel Âge) est au modèle machinique hérité de Descartes[22]. Cette opposition des représentations du corps se retrouve même en pleine naissance du corps machinique, au XVIIe siècle, chez Montaigne et Molière. Ceux-ci ne s'opposent pas aux médecins, comme une vision superficielle de leur œuvre pourrait faire croire, mais à la conception cartésienne de la maladie et du corps. Et cette hostilité est l'expression non pas « d'une pensée rétrograde » mais « d'une philosophie, différente du cartésianisme, qui se refuse à une objectivation du corps[23]. »

18. « Je suis ce que je poursuis », dit Hanna (Al Paccino), dans *Heat*, le film de Michael MANN (1995).

19. Charles RAMOND, « Sur quelques problèmes posés par la conception mécaniste du corps humain au XVIIe siècle », in COLLECTIF, *Le corps*, dirigé par Jean-Christophe GODDARD, *op. cit.*, p. 107 à 122, ici p. 121.

20. Cf. HIPPOCRATE, *Œuvres complètes*, trad. Émile Littré, Paris, Baillière, 1939-1961, notamment « De la nature de l'homme », tome VI, p. 39-53. *De l'art médical*, textes choisis et présentés par D. Gourevitch, M. Grmek et P. Pellegrin, Le Livre de poche, Paris, 1994. Cf. J. JOUANNA, *Hippocrate*, Paris, Fayard, 1992.

21. Cf. GALIEN, *Œuvres médicales choisies*, Paris, Gallimard, 1994, 2 volumes, notamment « De l'utilité des parties du corps humain », tome I, p. 200 s. Cf. André PICHOT, *Histoire de la notion de vie*, Paris, Gallimard, 1993.

22. Il est aussi possible de rendre compte théologiquement de cette oscillation : à la « liberté sans loi » (I Co 9,21), c'est-à-dire sans sagesse par exemple cosmique, répond une « loi sans liberté » (cf. Hans-Urs von BALTHASAR, *Dramatique divine*, II. *Les personnes du drame*. 1. *L'homme en Dieu*, trad. Yves-Claude Gélébart, Namur, Culture et vérité, Paris, Lethielleux, 1986).

23. Guy PALAYRET, « La maladie humaine. Le corps, la maladie, la mort de Montaigne à Molière », in COLLECTIF, *Le corps*, dirigé par Jean-Christophe GODDARD, *op. cit.*, p. 139-163, ici p. 140.

« Je serai ton esprit, tu seras ma beauté »

Il paraît difficile de tenter une symbiose des avantages des deux représentations du corps : comment être assuré que le mutant n'héritera pas, chemin faisant, des monstruosités portées par ses deux parents ? On se souvient de la réponse de Georges Bernard Shaw à Isadora Duncan qui, éblouie par son intelligence, lui proposait tout à trac : « M. Shaw, faites-moi un enfant. Il aura votre esprit et il aura ma beauté ! – Et imaginez qu'il ait votre esprit et ma beauté… » Mieux vaut relire son histoire et tirer les leçons, autant que le peut la faiblesse humaine, pour ne plus recommencer.

Or, les deux représentations du corps sont contraires et les contraires appartiennent au même genre. Ils participent donc secrètement à une même erreur et ne sont pas si éloignés qu'il le paraît de prime abord. Déjà, à chaque fois, le corps primitivement adoré se trouve, en fin de compte haï ; de plus, chaque représentation finit par diviniser l'homme, soit qu'il accorde à sa liberté une toute-puissance prométhéenne qui lui est ouverte par les mondes immatériels et infinis du virtuel, soit qu'il donne à son corps de receler toute la sagesse du cosmos identifié à Dieu[24]. En outre, selon le schéma proposé à la fin du chapitre 6, le modèle mécaniste humilie la liberté pour valoriser la liberté, par l'aide de la technique. Le modèle naturaliste, lui, inverse la polarité : il maximise le corps au détriment de la liberté humaine, la technique se soumettant totalement aux *requisit* d'une nature porteuse d'un sens inépuisable[25]. C'est donc qu'il faut réconcilier, et non pas opposer, le corps et l'esprit.

24. Nous rejoignons ici doublement l'analyse opérée par le philosophe français contemporain Claude BRUAIRE dans un ouvrage passionnant, mais difficile, *La philosophie du corps* (Paris, Seuil, 1968). Ses deux premières parties, parcourant notre histoire occidentale, y discernent un dualisme du corps et du concept (exemple-type : Platon) et un dualisme du corps et de la liberté (exemple-type : René Descartes). Or, pour Bruaire, l'homme est un être de langage, de désir et de liberté. Donc, les deux dualismes, s'ils sauvent le corps, manquent chacun l'un des deux autres termes du ternaire structurant l'homme : dans le dualisme platonicien, la survalorisation du *logos* faisant face au corps évacue la liberté ; dans le dualisme cartésien, l'importance accordée à la liberté faisant face au corps efface tout discours. Le corps image-mirage s'inscrit dans la seconde logique, et le corps Nouvel Âge est héritier de la première. Notre époque vit donc dans ce que Bruaire appelle ailleurs « l'accouplement apparemment monstrueux du *naturalisme* et du *théomorphisme* ». (*L'être et l'esprit*, « Epiméthée », Paris, P.U.F., 1983, p. 46) Mais, plus encore, Claude Bruaire estime que toute anthropologie, défaillante ou non, est une théologie masquée. C'est bien ce que nous concluons, joignant les deux remarques de Bruaire : au modèle cartésien répond un homme identifié au Dieu-liberté de Descartes ; au modèle Nouvel Âge répond un homme gonflé aux dimensions d'une *Natura sine Deus*.

25. On retrouve d'ailleurs un schéma similaire dans la situation paradoxale des sciences humaines de ces dernières décennies : après le sociologisme, vient la tentation biologisante la plus grossière. Le sociologisme, qui a puisé bon nombre de ses concepts dans l'idéalisme

Enfin, plus profondément, ces représentations amputent le corps humain d'une de ses ouvertures et manquent soit sa source soit son but. Dans le modèle que, pour faire court, on a qualifié de mécaniste, le corps humain est sans origine, puisqu'il appartient à la liberté d'en inventer le sens ; dans le modèle naturaliste, le corps humain retrouve son enracinement dans la sagesse du cosmos, mais il est sans terme, puisqu'il s'égalise à Dieu et sans extérieur, puisqu'il est tourné sur soi dans une contemplation sans fin (au deux sens du terme). Faut-il choisir entre ces deux regards ? Ou bien cette double tache aveugle nous indique-t-elle une tâche qui serait de lumière ? Qu'en est-il de la source et de la destination du corps humain ?

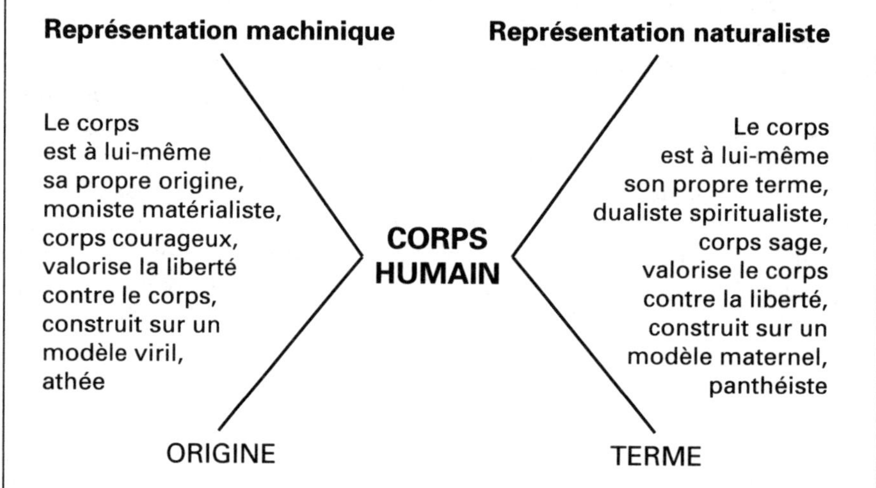

Les deux représentations actuelles du corps humain

allemand survalorisant l'esprit au mépris de la nature et du corps, construit un homme tellement dénué de sens que seule la culture en est responsable, et en fait le jouet d'une liberté qui est à elle-même sa propre norme. En réaction, le biologisme néodarwinien, tout droit venu du monde anglo-saxon, propose un homme déjà tellement saturé de sens que plus rien n'est à construire, tout est expliqué jusqu'au plus irrecevable (comme le viol) et résorbé dans les mailles déterministes du principe d'adaptation au milieu promu *Deus ex machina*. Je n'oserai dire que la puissance de renouvellement devrait peut-être venir de la tradition réflexive française qui se refuse à la double séduction du culturalisme et du biologisme, de l'empirisme et de l'idéalisme.

Conclusion

Le modèle actuellement (p)régnant, celui d'où a émergé la représentation naturaliste du corps, demeure le corps technicisé, mécanique, issu du cartésianisme. Le plus urgent est donc de retrouver le sens, et l'origine du corps humain.

Sommes-nous si loin de cette « génération peu agitée [...] du souci d'extravaguer du corps[26] » dont parlait Stéphane Mallarmé il y a plus d'un siècle ? L'histoire nous échappe et ne se répète pas[27]. Dès le XVIe siècle, la nouvelle vision du corps signait son acte de décès en voyant le jour. Un chirurgien américain, Richard Selzer, commente un portrait de Vésale qui trône dans une célèbre faculté de médecine. Il remarque que « son visage est empreint d'une expression de culpabilité, de mélancolie et de crainte. Il sait qu'il s'apprête au mal, à la transgression, mais il ne peut s'empêcher car c'est un fanatique. » Suit ce passionnant aveu :

> « Je te comprends Vésale. Aujourd'hui encore, après tant de voyages vers le dedans, j'éprouve un même sentiment de transgression d'un interdit quand je contemple l'intérieur du corps, la même crainte irrationnelle de commettre une mauvaise action pour laquelle je serai châtié. Qu'on y pense, la vue de nos organes nous est refusée. À combien d'entre nous est-il donné de contempler sa propre rate, son cœur, et de survivre ? La géographie secrète de notre corps est une tête de méduse qui aveugle l'œil assez présomptueux pour la regarder en face[28]. »

La culpabilité d'un Vésale n'en dit-elle pas long sur l'impossibilité de réduire l'homme à son anatomie ? N'est-elle pas la trace d'un oubli, celui du sens du corps, sens qui ne lui appartient peut-être pas ? S'il est bon de dénoncer les « risques » de l'actuelle démagogie du corps, il faut aussi, ajoute Olivier Clément, en « mesurer les attentes[29] ». Derrière l'échec de notre époque se dessinent deux questions qui feront l'objet de la seconde partie de ce livre.

– Le corps humain a-t-il un sens ? On peut en douter lorsque Valéry le définit le comme « un espace et un temps dans lesquels se joue un drame

---

26. « L'action restreinte », *Œuvres complètes*, éd. établie et annotée par Henri Mondor et G. Jean-Aubry, « Bibliothèque de la Pléiade », Paris, Gallimard, 1945, p. 369.

27. En outre, notre relecture de l'histoire a occulté tout un courant philosophique important, à l'image du non-dit de notre culture à l'égard de ce courant. La fin de la seconde partie et l'annexe II exploreront cette autre voie.

28. Richard SELZER, *La chair et le couteau*. Confessions d'un chirurgien, trad., Paris, Seuil, 1987, p. 17.

29. Olivier CLÉMENT, *Corps de mort et de gloire*. Petite introduction à une théopoétique du corps, Paris, DDB, 1995, p. 9.

d'énergie[30]. » Les raideurs et les crispations du corps dont ceux qui cherchent à le libérer se plaignent ne signifient-elles pas son impossible réduction à l'état de chose disponible ? L'échec face à toute contrainte, ne montre-t-il pas que le corps humain rechigne à être transformé en objet ?

– En quoi consiste l'originalité du corps humain ?

30. Paul VALÉRY, *Carnets*, « Bibliothèque de la Pléiade », Paris, Gallimard, tome I, 1924-1925, p. 1134.

SECONDE PARTIE

Connaître le corps

Entre le corps indigne et le corps insigne

« L'expérience du corps ne peut se décrire selon les termes qui associent un corps-chose à une subjectivité simplement intérieure[1]. »

« Ce qui permet de chanter au violon, c'est son âme, c'est-à-dire le vide qui le creuse[2]. »

La première partie a montré que notre monde est malade de son corps. Trois possibilités s'ouvrent à nous : nier le mal-être ; se précipiter sur l'armoire à pharmacie pour colmater l'anxiété ; regarder cette maladie comme une chance, car, résistant à notre volonté de toute-puissance, elle est l'occasion de regarder la vérité en face. Cela suppose que l'on puisse affronter l'angoisse de l'image fracturée de notre corps, et assumer la perte de l'idéal physique forgé ces dernières décennies.

Dans l'échec de la réduction du corps à l'insignifiance et la réaction naturaliste qu'elle a engendrée, se lit l'impossibilité de réduire le corps à n'être qu'un objet ou une machine. L'enquête de la première partie invite à se poser deux questions : le corps humain est-il doué de signification ? En quoi consiste son originalité ?

Les trois premiers chapitres aborderont la première question. Comment le corps humain apparaît-il à tout homme de bonne volonté, ne présupposant ni compétence scientifique ni adhésion à un dogme de foi ? Le corps humain est corps parmi les autres corps de la nature : il présente les caractéristiques d'un corps inerte, d'un corps vivant et d'un corps animal. Toutefois ce n'est pas un corps comme les autres : même si l'on considère ce qui lui est commun avec les êtres inanimés ou animés, il présente des particularités qui forcent l'attention.

1. Alphonse de WAELHENS, *La philosophie et les expériences naturelles*, La Haye, Martinus Ninjhoff, 1961, p. 62.

2. Yves PRIGENT, *L'expérience dépressive*. La parole d'un psychiatre, « Intelligence du corps », Paris, Epi-DDB, 1978, pp. 28 et 29.

Chapitre 1

Le corps humain comme corps physique

« L'homme est présent dans son corps à la manière dont Dieu est présent dans le temple[3]. »

L'être humain, loin d'être séparé du monde physique, en participe par son corps : celui-ci est tout d'abord une réalité matérielle. C'est pour cela qu'il porte le nom de corps, commun à tout être sensible. Or, « au sens philosophique le plus large, le corps désigne toute *substance matérielle* se présentant à la perception comme un groupe permanent et stable de qualités, indépendamment du sujet percevant. Les propriétés essentielles sont l'étendue à trois dimensions et l'impénétrabilité, auxquelles s'ajoute la masse[4] » Le corps de l'homme ne déroge pas à la règle : il est étendu, précisément tridimensionnel, résistant et pesant. Mais ces différentes propriétés ne rendent-elles pas le corps limité, opaque, lourd ?

1. Le corps étendu

Pour un contemporain, et plus encore pour un scientifique, le corps est d'abord ce qui est situé dans l'espace et présente une certaine grandeur. Laquelle ? On se souvient du mot de Blaise Pascal : « Car enfin qu'est-ce que l'homme dans la nature ? Un néant à l'égard de l'infini, un tout à l'égard du néant, un milieu entre rien et tout[5]. » L'homme tient une position intermédiaire. Or, la perfection dans l'ordre matériel peut se prendre soit de la simplicité de l'infiniment petit, soit de la taille et de la puissance de l'infiniment grand. C'est ce qu'exprime à sa manière le docteur Carrel :

3. F. J. J. Buytenijk, *Phénoménologie de la rencontre*, Paris, DDB, 1952, p. 39.

4. P. Fontaine, art. « Corps », in *Encyclopédie philosophique universelle,* II. *Les notions philosophiques*, 1. *Philosophie occidentale*, Direction Sylvain Auroux, Paris, P.U.F., 1990, p. 490 à 494, ici p. 490. Souligné dans le texte.

5. *Pensées*, n. 84, in *Œuvres complètes*, éd. Jacques Chevalier, « Bibliothèque de la Pléiade », Paris, Gallimard, 1954, pp. 1106 et 1107.

> « En réalité, notre grandeur ou notre petitesse spatiales n'ont aucune importance. Car ce qui est spécifique de nous-mêmes ne possède pas de dimensions physiques. La place que nous occupons dans le monde ne dépend certainement pas de notre volume[6]. »

Au plan de la taille, le corps humain se singularise par son manque de singularité : de taille moyenne, il se confond avec la plupart des animaux supérieurs, il n'a ni le gigantisme des sauriens de l'époque jurassique, ni la microscopie des insectes. Autrement dit, considéré dans son extension, le corps humain est insignifiant.

Plus encore, si le corps est étendu, il doit être limité. La première finitude est liée à la forme qui délimite et sépare des autres corps. Mais il convient d'y regarder de plus près. Être étendu, c'est aussi avoir une forme déterminée. Être limité peut s'entendre dans un sens négatif (ne pas être l'autre) mais aussi dans un sens positif : être doué d'une forme, d'une figure, donc d'une unité. Précisément, qu'est-ce qui, dans le corps humain, assure sa délimitation ? C'est la surface du corps humain que l'on appelle **peau.** Pour le psychanalyste Didier Anzieu, la peau exerce au moins neuf fonctions. On peut les répartir selon qu'elles sauvegardent l'être (l'unité, la forme) du corps et donc de la personne et selon qu'elles assurent son ouverture (sensorielle, libidinale[7]).

Si on la perce, le sang s'en échappe, et la vie de même. Accepter son corps d'homme, c'est déjà consentir qu'il ait telle forme et non pas telle autre, c'est cesser de rêver aux transformations qui font *florès* en littérature fantastique. La peau est le premier médiateur de la distinction d'avec le monde :

> « Ce qu'on appelle le corps humain est séparé de ce qui l'entoure par la surface claire et distincte de la peau. En vérité, c'est pour la pensée seulement que la peau sépare le corps du reste du monde. Pour la nature, la peau est agent de liaison autant que de séparation, permettant aux organes internes la communication avec l'air, la chaleur, la lumière de l'extérieur[8]. »

Par ailleurs, pour être limité, le corps humain n'est cependant pas ombiliqué sur lui-même. Il n'est ni monade avaricieuse de son être, ni nomade à perte d'être. La peau qui constitue sa frontière, lui donne sa forme, tout en l'ouvrant à l'extérieur : la peau. Or, si l'unité est propre à tout corps, cette ouverture, spécifique du vivant (toute cellule a une membrane) ou de l'animal (tout animal supérieur a une peau), prend une connotation particulière pour la peau humaine qui, perdant dureté et fourrure, devenant douce et glabre, permet une expressivité et une réceptivité plus grandes. En outre, la richesse de l'intériorité humaine permet à la peau d'être le lieu d'inscription

6. Alexis CARREL, *L'Homme cet inconnu*, *op. cit.*, p. 70.

7. Didier ANZIEU, *Le Moi peau*, Paris, Dunod-Bordas, 1985, chap. 7, notamment p. 97 à 107. Cf. Dr Claude BÉNAZÉRAF, *Les chagrins de la peau*, Paris, Grasset, 1994.

8. Alan W. WATTS, *Amour et Connaissance*, trad. P.-H. Gonthier, Paris, 1966, p. 57.

de traces particulièrement signifiantes et diverses : et que dire, au plan culturel, des maquillages, tatouages, scarifications, et jusqu'aux vêtements qui sont comme des doublets de la peau[9] ?

2. Le corps tridimensionnel

Le corps humain est étendu et cette étendue a trois dimensions. Cette propriété n'a pas seulement pour elle d'être banale, partagée avec tous les êtres physiques, elle est la cause de l'opacité du corps. La tridimensionnalité rend le corps humain impénétrable.

Plus encore, l'opacité du corps voue l'homme à n'avoir un accès sensoriel de son corps que parcellaire et, de surcroît, indirect : ce qui lui est plus propre, à savoir le visage, il ne peut le connaître qu'à travers l'exploration tâtonnante du toucher ou l'image inversée d'un miroir. Directement et globalement, le visage me demeure donc inconnu : « Je connais si peu mon visage que si l'on m'en montrait un du même genre, je n'en saurais dire la différence (sauf peut-être que je fais mon étude des visages ?)[10] ». Le corps n'est-il donc pas le lieu du non-sens ?

Mais toute opacité n'est pas négative. On en trouve déjà une trace dans l'expression « prendre corps » : on parle d'un papier qui a ou n'a pas de corps, d'un potage qui manque de corps ou d'un vin qui a ou prend du corps, selon la solidité et la tenue de ces substances. On dit même d'un style qu'il a du corps. Corps signifie donc **consistance**[11]. Si l'on avait demandé à un Grec ce qu'est un corps, il aurait répondu, avec le philosophe Aristote[12] : c'est un être doué de trois dimensions, car celle-ci est une perfection. Platon estimait aussi que le chiffre 3 était divin. De là à y lire une trace de la Trinité...

En fait, la tridimensionnalité ouvre le corps au **mystère**, sans le faire sombrer dans le pur inconnaissable. Pourquoi les choses ont-elles trois dimensions et non pas plus ou moins ? La question peut paraître naïve. Elle introduit en fait au mystère.

Prenez un solide compact et découpez-le pour arriver à son intimité ; même en réduisant de plus en plus l'épaisseur, vous n'arriverez jamais à la

---

9. « La peau a une importance capitale : elle fournit à l'appareil psychique les représentations constitutives du Moi et de ses principales fonctions. » (Didier ANZIEU, *Le Moi peau*, *op. cit.*, p. 95).

10. Henri MICHAUX, *Passages*, Paris, Gallimard, 1963, p. 148.

11. Cf. le mot « Corps », dans *Trésor de la Langue Française*. Dictionnaire de la langue du XIXe et du XXe siècle, Paris, éd. du CNRS, publié sous la direction de Paul IMBS, tome 6, 1978, p. 207-214, p. 211, col. 2.

12. ARISTOTE, *Traité du Ciel* suivi du *Traité pseudo-aristotélicien du monde*, L. I, chap. 1, 268 a et ss, trad. Jean Tricot, « Bibliothèque des textes philosophiques », Paris, Vrin, 1990, pp. 1 à 4. Cf. Bernard HUBERT, « Les caractéristiques fondamentales des corps chez Aristote », in *Revue thomiste* XCV, 1995, p. 611-636.

faire disparaître, si émincé soit le solide; vous connaîtrez sensiblement la profondeur toujours par la médiation de la surface; la profondeur (immédiatement inaccessible) ne se donne à voir aux sens que par deux dimensions. Deux dimensions effacent le mystère, quatre gomment la manifestation, ou du moins sa proportion adéquate. Bidimensionnel, un être matériel aurait manqué de mystère; quadridimensionnel, il en resterait prisonnier et deviendrait absurde[13].

Enfin, le corps humain est, de loin, le plus complexe en sa structure et le plus impénétrable à une vision inexhaustible. Même un *body scanner*, même une imagerie par résonance magnétique micrométrée, outre leur visualisation indirecte, n'épuisent pas le mystère de notre organisme. Surtout l'autopsie dit beaucoup moins ce qu'est le corps que sa peau. Au fait, n'est-ce pas la fascination pour l'intériorité du corps au détriment de son apparition qui a conduit au modèle du corps-machine[14]? De ce point de vue, le refus médiéval de l'effraction du corps n'est pas dénué de sagesse : excessif, ce refus devient idéologique et interdit le progrès scientifique et médical; aboli, il contribue à éventer tout mystère et ravaler le corps humain à n'être qu'un corps infra-humain.

Or, au fur et à mesure que l'on monte dans l'échelle des êtres, se creuse le hiatus entre ce qui apparaît et le fond de l'être : à la température près, la surface et le cœur du soleil ont la même composition chimique. Chez le vivant, la membrane cellulaire n'est pas le noyau, le métabolisme apparent n'est pas la totalité de la vie. Chez l'homme, par le biais des muscles peauciers et par le geste expressif, la peau est soumise au contrôle partiel de la volonté. Le visage n'épuise jamais le cœur, comme la source ne donne jamais toute son eau vive à contempler. Déjà, un Père de l'Église parlait de « ce que la nature a fait pour les yeux du corps, qui, voyant toutes les autres choses, ne se voient jamais eux-mêmes[15] ».

---

13. Les principes mis en place par le philosophe et théologien suisse Hans-Urs von Balthasar éclairent ce qu'il appellerait le « mystère » de la tridimensionnalité commune à tout être physique. Cf. Pascal IDE, *Être et mystère*. La philosophie de Hans-Urs von Balthasar, Namur, Culture et Vérité, 1995, p. 26-28.

14. Par exemple, le COLLECTIF, *L'admirable machine humaine* (trad. par Jacques Guiod, Soc. des Ed. du Chêne, 1987) propose des visions souvent très belles, parfois poétiques, de l'intérieur du corps; mais, celles-ci ne tendent-elles pas à nourrir une symbolique du corps-machine et chose parmi les choses? Au tout début du manuel d'utilisation du CD-ROM pour PC intitulé *PC Corps humain 3.0,* on peut lire : « Le corps humain est certainement la machine la plus sophistiquée qui soit, et vous pouvez dès à présent en explorer tous les rouages. » (La version française est éditée et diffusée par EDUSOFT, Malakoff, 1993, p. 7).

15. Saint GRÉGOIRE DE NYSSE, cité par Hans-Urs von BALTHASAR, *Présence et pensée.* Essai sur la philosophie religieuse de Grégoire de Nysse, Paris, Beauchesne, réédition avec une note prémilinaire de Jean-Robert Armogathe, 1988, p. 95.

3. Le corps résistant

Du moins, le corps matériel n'est-il pas ce qui résiste ? La fatigue n'est-elle pas l'une de nos premières expériences du corps propre ? Face à la résistance qu'oppose le corps, l'intériorité, le psychisme, l'âme ou l'esprit – peu importe le nom – annexeraient, pour eux seuls, les privilèges de légèreté. De là, à rêver de ne plus être qu'un ange, il y a un pas que d'aucuns franchissent allégrement. Or, cette opposition corps résistant *versus* âme docile est erronée.

On doit au philosophe français contemporain Maurice Blondel une réfutation aussi simple que magistrale de cette erreur : une fois perçue, on ne peut plus l'oublier. Ce philosophe part de l'expérience de l'effort. Celui-ci est présenté comme la victoire, plus ou moins laborieuse et douloureuse, de la décision sur un corps qui résiste. Est-ce si sûr ? Dans l'effort, il est demandé au corps un certain travail ; or, le corps résiste à l'accomplir. C'est donc que l'effort est lié non pas au corps proprement dit, mais au hiatus entre le désir et la réalisation, entre ce que je veux et ce que je peux, entre « volonté voulante » et « volonté voulue », pour utiliser le vocabulaire de Maurice Blondel. D'ailleurs, pourquoi certaines activités nous coûtent plus d'efforts que d'autres (au hasard : le lever matinal) ? Le corps est le même. C'est donc que la réelle différence tient à autre chose : au désir qui nous meut[16]. La fatigue, nous le reverrons en quatrième partie, est d'abord une expérience spirituelle.

4. Le corps pesant

La mécanique nous a habitués à voir dans le corps une étendue. Descartes fut le premier à identifier le corps de l'homme à une *res extensa*, une substance étendue dans l'espace. Or, l'étendue, comme la résistance, sont des propriétés passives. Cette passivité qui congédie le dynamisme du sens, se retrouve dans une autre propriété des corps physiques : la pesanteur. Le corps humain n'échappe certainement pas à cette commune loi. Nous en faisons régulièrement l'expérience, lorsque nous chutons.

Là encore, cette propriété apparemment ombrée présente aussi une face lumineuse : certaines personnes ont une peur maladive de se laisser choir ; en revanche, pour d'autres, apprendre à vaincre la peur de la chute peut avoir

16. « La grande difficulté de l'effort réside, non pas dans un triomphe plus ou moins complet sur l'inertie matérielle, mais dans le concert des tendances, dans l'harmonie et la pacification conquise des désirs intimes. L'obstacle organique n'est que le symbole et l'expression d'oppositions déjà psychologiques. La souffrance n'est connue que dans la mesure où il y a *disproportion entre le perçu et le voulu*, entre le fait et l'idéal imaginé ; là est la cause profonde des endolorissements même physiologiques. » (Maurice BLONDEL, *L'action. Essai d'une critique de la vie et d'une science de la pratique* (1893), « Bibliothèque de philosophie contemporaine », Paris, P.U.F., 1950, p. 158. C'est moi qui souligne).

une influence décisive sur leur maturation intérieure. En réalité, la pesanteur n'est pas une propriété passive, mais **active** : c'est une qualité dynamique. Le corps est naturellement, spontanément entraîné vers un autre corps, comme nous l'apprend la loi de la gravitation universelle ; puisque la Terre est extrêmement pesante par rapport à notre corps, cela se traduit par une attirance vers le bas, comme le disaient les Grecs. L'espace du corps humain n'est donc pas celui de la géométrie, il est anisotrope.

Demandez à quelqu'un : « Donnez-moi votre bras ». Prenez son poignet de telle sorte que son bras soit assez proche de l'horizontale. Vous constaterez le plus souvent les deux choses suivantes : d'une part, le bras de la personne pèse très peu ; d'autre part, si vous lâchez sans prévenir, vous verrez le bras de votre « cobaye » rester un bref instant à la même place puis la personne le ramener à elle. Demandez alors à l'entourage si la personne a vraiment donné le bras. Celui-ci, se doutant de quelque astuce, répondra sans doute « non » ! Mais il sera en général incapable d'assigner la juste raison (on vous dira par exemple qu'on ne peut pas donner un de ses membres sans s'en amputer, etc.).

Dans votre commandement, le verbe « donner » était le plus important. Si vous *donnez* réellement votre main, celle-ci ne répond plus à votre volonté : elle est aban*donnée* à sa loi propre. Et cette loi est celle de la pesanteur. Or, de fait, le bras pesait beaucoup plus léger que son poids réel propre dans votre main ; de plus, lâché, il aurait dû lourdement retomber. Vous pourrez donc conclure votre expérience : « Vous ne m'avez pas *donné* votre main. Vous n'avez fait que me la *prêter.* » La morale est désormais claire : notre esprit empêche souvent le corps de s'exprimer selon ses propres lois. Ici, la toute première qu'est la pesanteur.

D'ailleurs, ayant tiré la leçon, il demeure difficile de vraiment déposer sa main dans celle d'un autre, tant le contrôle exercé sur le corps par notre volonté est aussi habituel que prégnant. Souvent, on fera volontairement peser le bras, insistant sur son poids ; mais cette surcharge fait signe vers l'esprit qui décide, plus que vers le corps. La raison en est sans doute, pour une part, la crainte du ridicule en son sens étymologique qui évoque le rire : « Les attitudes, gestes et mouvements du corps humain, écrit Henri Bergson, sont risibles dans l'exacte mesure où ce corps nous fait penser à une simple mécanique[17]. »

Enfin, on peut s'interroger sur le respect du corps dans la **danse classique** pratiquée de manière intensive. Inventée pendant la monarchie absolue, cette tradition académique participe de cette mainmise tyrannique de l'esprit sur la machine humaine caractéristique de la représentation mécanique et que l'on retrouve dans la géométrisation des jardins à la française. Ce n'est pas un hasard si la danse dite classique a toujours, par ses sauts et ses

17. *Le Rire.* Essai sur la signification du comique, IV, Paris, « Quadrige », Paris, P.U.F., 1940, p. 22.

pointes, cherché à se libérer du sol et de la pesanteur (voilà pourquoi nous en parlons ici), à se hisser vers le haut, qui est le lieu de la liberté de l'esprit, bref, a aspiré à une « neutralisation du corps[18] ». Depuis un siècle, une réaction heureuse, respectueuse de la physiologie s'est produite, sous l'instigation de François Delsarte et relayée par la danseuse de génie que fut Isadora Duncan. Cette nouvelle tendance est-elle de type naturaliste, comme la première était mécaniste ? Malgré certains excès, la danse dite libre (plus que naturelle) semble allier un véritable souci du corps en ses rythmes et en ses lois[19], et une reconnaissance de la dimension de l'esprit.

Conclusion

De prime abord, le corps humain semble proche du non-être, par sa finitude, son opacité et sa pesanteur. Il paraît être un « principe ontologique de non-intelligibilité relative », comme Jacques Maritain le disait de la matière[20].

Mais, à chaque fois, nous avons vu le non-sens de la propriété physique se retourner et dévoiler une signification inattendue : ouverture, activité, etc. Considéré comme simple corps physique, le corps humain est déjà doué d'une nature ineffaçable : personne ne pourra jamais faire que le corps humain ne tombe pas, ou plutôt ne soit pas entraîné par la pesanteur ; un corps humain est par nécessité clôturé, impénétrable, résistant. À nous de savoir si nous le vivons comme un manque ou si nous l'intégrons comme une richesse, autrement dit si nous l'acceptons ou si nous le refusons. En tout cas, le corps physique est d'emblée signifiant[21].

D'autre part, même à cet infime degré, le corps humain présente un certain nombre de spécificités : il s'ébauche en lui une ouverture, notamment par sa peau. Ce qu'elle donne à voir est sans commune mesure avec ce qui en constitue le fond et le mystère ; sa résistance n'est pas une simple

18. COLLECTIF, *Le corps en psychothérapie, op. cit.*, p. 285. Cf. par exemple Gilberte ROUGIER et Akli MOHAND-CHERIF, « Le bassin de la danseuse classique », in *La Recherche en danse,* Revue annuelle de travaux universitaires portant sur la danse, Paris, n° 1, 1982, p. 169-172. Cf. Rudolf de LIPPE, « La géométrisation de l'homme en Europe à l'époque moderne », *Cahiers Renaud-Barrault,* n° 108, Paris, Gallimard, 1983.

19. Cf. l'intéressant ouvrage d'Adolfo ANDRADE, *Pour une danse enfin libérée,* « Réponses », Paris, Robert Laffont, 1988 (bibliographie sur Isadora Duncan et François Delsarte). Cf. aussi les ouvrages d'Yvonne BERGE cités ci-dessous. Odette ALLARD, *Malkovky, Le danseur philosophe,* 81260 Brassac, Éd. de Poliphile, 1989. Pour qui souhaiterait découvrir cette conception équilibrée de la danse qui est une éducation du corps et de toute l'être, loin de toute influence naturaliste, voici une adresse : Marie-Josèphe GACHET, 28, rue Milton, 75009 Paris.

20. *Distinguer pour unir, op. cit.*, p. 70.

21. Je refuse donc de faire de la passivité du corps un « non-sens », comme n'a cessé de le répéter Bruaire qui n'est pourtant pas un contempteur du corps (cf. *Philosophie du corps, op. cit.* ou *Pour la métaphysique*, Paris, Fayard, 1980, p. 88, 201).

passivité, elle exprime qu'il est habité par une réalité impalpable qui ne saurait se réduire aux jeux des mécanismes matériels. Les mécanismes du corps en semblent allégés : « La réalité biologique de l'être humain, à cause de ses composantes socio-psychologiques, ne paraît pas relever d'une rationalité aussi dense que la matière[22]. » **Le corps porte plus que lui, mais ce qu'il porte n'est pas sans lui.**

22. Jacques LÉONARD, *La médecine entre les savoirs et les pouvoirs.* Histoire intellectuelle et politique de la médecine française au XIXe siècle, coll. historique, Paris, Aubier-Montaigne, 1981, p. 330.

CHAPITRE 2

LE CORPS HUMAIN COMME CORPS VIVANT

« J'ai rencontré maintes fois, tantôt humbles et tantôt éclatants,
ces moments où l'énigme fondamentale de la vie apparaît à chacun d'entre nous
comme elle apparaît à presque toutes les femmes devant un visage d'enfant,
à presque tous les hommes devant un visage de mort[1]. »

« La vie qui se révèle dans l'homme est de l'ordre du don :
comme la parole, elle est dans l'acte où elle *se donne* intimement à un autre. L'acte
du don – sans lequel aucune altérité n'est pensable – est l'acte de la vie[2]. »

1. Vivant parmi les vivants

Le corps humain n'est pas seulement un corps physique, mais un organisme vivant. N'avez-vous jamais été frappé par la puissance de la vie ? Au détour d'un chemin breton, entre deux pierres grises de granit taillé, on découvre parfois, égaré, un coquelicot rouge qui, gaillardement épanoui au soleil, semble vous narguer. Comment la graine a-t-elle pu germer là, incertaine et triomphante ? Le vivant qu'est l'homme ne contredit pas cette loi générale. Le corps humain présente toutes les caractéristiques d'un être vivant et d'un vivant hautement élaboré, nous interdisant pour toujours de le considérer comme un simple agglomérat dénué de sens.

La femme qui attend son premier enfant fait l'expérience unique et bouleversante de la croissance en elle de ce petit d'homme qui, en neuf mois, va passer d'une cellule à cent mille milliards de cellules, alors qu'il ne multipliera plus que par six ou sept son stock cellulaire entre la naissance et l'accès à l'âge adulte. L'œuf fécondé totipotent, c'est-à-dire potentiellement apte à tout devenir, de la rétine au foie, deviendra un être extraordinairement organisé et différencié. La femme enceinte sait, avec une certitude absolue, que ce processus se déroule au plus intime de ce que l'on appelle si bien les *entrailles*, et qu'en même temps, il lui échappe de bout en bout : elle

1. André MALRAUX, *Antimémoires*, Paris, Gallimard, tome 1, 1967, p. 10.
2. Denis VASSE, *La Chair envisagée.* La génération symbolique, Paris, Seuil, 1988, p. 104. Souligné dans le texte.

demeure le témoin stupéfait et laudatif de l'époustouflant dynamisme de la nature vivante qui s'opère en elle sans elle. Autrefois, elle prenait conscience de cette vie lors des premiers mouvements du petit d'homme jouant de la trempoline dans sa bulle amniotique. Maintenant, et c'est l'un des titres de gloire de la science et de la technique médicales, l'échographie permet d'épier, dès six semaines, les secrets d'un bébé de quelques centimètres. Quelle est la joie des parents, notamment à trois mois, lorsque leur enfant est assez grand pour être visualisé, et pas trop, pour que l'image sonique restitue le corps en son intégralité !

Dans le dynamisme de cette vie nouvelle, la mère découvre la sagesse de son corps : non seulement l'origine de la vie, mais sa tension vers le terme qu'est le bébé la dépassent totalement. La vie n'est donc pas une construction : elle a un *sens*, au double sens de signification et de direction. Mais cette grandeur va de pair avec la précarité : comme il est aisé d'ignorer ou d'écraser cette vie si fragile…

2. Un corps qui se sait vivant

Pourtant, ne faut-il pas dépasser cette première vue, somme toute grossière ? La conviction de la mère est l'effet de l'ignorance des sciences de la vie. Une fois que nous nous sommes libérés des opinions subjectives, seule la science apprend ce qu'est la vie. Mais quel sens présente la vie, hormis le jeu des éléments biochimiques qui, après s'être rencontrés par hasard, continuent par nécessité[3] ?

3. C'est l'occasion de dire un mot de la méthode adoptée. Je privilégie volontiers, par formation et par goût, une approche plus objective et plus extérieure du corps. Mais, comme c'est le cas dans ce paragraphe, je n'hésite pas à faire appel à une perspective qui intègre le vécu du corps. La différence de ces deux démarches ne me semble pas recouvrir adéquatement la distinction du corps-objet et du corps-sujet si prisée de la phénoménologie (cf. Annexe I). En effet, cette distinction me semble encore trop prisonnière de la dichotomie extérieur-intérieur, quantitatif-qualitatif héritée de la Renaissance (cf. Ire partie, chap. 3), de sorte que le corps-objet est souvent identifié au corps construit et le corps-sujet au corps donné. De plus, trop insister sur le corps-sujet, voire sur son caractère fondateur, serait manquer une philosophie de la matière qui manque cruellement pour une juste compréhension du corps humain. Le « corps propre » dont parle Maine de Biran est par exemple très proche de l'âme au sens classique. Mon intention, je le rappelle, est de montrer que le corps humain, en son être, est doué d'un sens intrinsèque. Or, cette signification est lisible autant dans l'approche extérieure que dans l'approche subjective. Aussi ferai-je appel à ces deux perspectives, sans trop les séparer.

Je suis vivant

Je répondrai d'abord que non seulement le corps de l'homme vit, mais il se sait en vie, et lui seul se sait en vie. Cette connaissance non scientifique – ou préscientifique – de la vie est double : c'est d'abord l'expérience *extérieure* que certains êtres sont vivants et pas d'autres. Inutile d'être un spécialiste en biologie pour affirmer qu'un nénuphar ou une grenouille sont vivants. Même une personne qui ignore tout de la faune et de la flore australienne ne pourra douter que le koala et l'eucalyptus appartiennent au règne de la vie, car ils partagent les caractères communs aux êtres animés.

À cela s'ajoute une expérience *intérieure* de la vie, tout aussi assurée. Il convient d'insister, car le privilège trop exclusif accordé à la science « dure » nous a fait perdre cette prime évidence : si je peux parler de vie, c'est que je l'éprouve en moi.

> « La notion première de la vie, celle à laquelle on devra toujours revenir, nous vient d'abord et principalement de l'expérience interne de vivre. Vivre, c'est toucher, goûter, sentir, voir; discerner ces sensations les unes des autres, imaginer, se souvenir, aimer, haïr, se mouvoir soi-même de lieu en lieu, se réjouir, s'attrister; comprendre, raisonner, vouloir; la vie nous est d'abord connue dans la conscience de l'exercice même de ces opérations; et si les mots que nous employons pour les désigner peuvent signifier quelque chose pour nous, c'est que nous les rapportons sans peine à ces opérations que nous éprouvons en nous-mêmes dans leur exercice[4]. »

Celui qui lit n'a pas appris à lire

Cette conviction interne de la vie, qui nous garantit la différence existant entre les êtres inertes et les organiques, est réelle et légitime, dira-t-on. Mais elle demeure subjective, particulière, incommunicable; elle n'atteint pas la certitude objective et universelle de la démarche scientifique. On doit à Michel Henry, l'un des représentants les plus féconds de l'école de la phénoménologie française, d'avoir consacré son œuvre à une réponse définitive à la question de la vie, du corps humain vivant[5]. Son intuition est qu'antérieure à toute approche de type scientifique de la vie, et fondatrice de celle-ci, on trouve ce qu'il appelle le **savoir de la vie**.

---

4. Charles de KONINCK, Préface à l'ouvrage de Stanislas QUENTIN, *Introduction à l'étude de l'âme*, Québec, Université Laval, 1948, p. 5.

5. Le grand ouvrage de Michel HENRY sur le corps est : *Philosophie et phénoménologie du corps.* Essai sur l'ontologie biranienne, « Epiméthée », Paris, P.U.F., 1965, 1987 (ne se comprend qu'en relation avec son important, difficile et riche travail, *L'essence de la manifestation*, « Epiméthée », Paris, P.U.F., 1963, 2 tomes). Nous nous inspirerons de son ouvrage plus simple, presque de vulgarisation : *La Barbarie*, Paris, Grasset, 1987.

Pour bien comprendre le propos d'Henry, il faut repartir de l'apparition de la science avec Galilée. Edmund Husserl nous a appris que le « monde de la vie » a été réduit au « monde de la science[6] ». Mais il ne s'agit plus pour Henry de rappeler, avec Husserl, les droits de la subjectivité – en effet, c'est une personne qui est l'auteur de la science et donc la précède –. Il s'agit de comprendre que cette subjectivité n'est pas d'abord capacité de pensée, mais vie.

Si l'on vous demandait si vous avez appris à lire, votre réponse serait très probablement affirmative. Or, c'est faux, au moins partiellement. Prenons, avec Henry, l'exemple d'un étudiant en biologie accoudé à sa table d'études sur un ouvrage de génétique. Son étude est un acte de conscience complexe cherchant à comprendre les concepts contenus dans le livre. En outre, *« il tourne les pages du livre avec ses mains, il meut ses yeux*[7] » pour parcourir le texte du regard. Trois savoirs sont donc en jeu : le savoir scientifique contenu dans le manuel de biologie ; le savoir de la conscience intellectuelle (perception des mots) ; enfin, « le savoir qui a rendu possible le mouvement des mains et celui des yeux ». C'est ce troisième savoir, le plus méconnu, qui est fondamental et présupposé par les autres. En effet, nous n'apprenons nulle part ce savoir spontané qui est condition de possibilité des autres savoirs : tout le monde sait bouger ses mains, ses yeux, manger, se lever. *« C'est donc sur un savoir autre que celui de la science et de la conscience que repose la culture*[8]. » Or, ce savoir est un savoir subjectif, dénué de tout objet. Son essence n'est pas dans cette relation. « Savoir voir » n'est pas tourné vers un objet de vision précis. Ce savoir consiste simplement à s'éprouver soi-même, lisant, bougeant, respirant, etc. : il est donc tout tourné vers l'être qui s'expérimente et se sent lui-même.

Or, Henry appelle vie non pas une simple caractéristique commune à tous les vivants, mais cette capacité de se sentir soi-même[9]. Et ce savoir subjectif, indépendant de tout objet extérieur, est un « savoir de la vie ». Un professeur de danse naturelle disait à ses élèves : « Vivez pleinement avant de penser, sinon vos pensées vous entraîneront hors de la vie ».

Le savoir scientifique qui n'est qu'une des modalités du savoir de la conscience n'est donc « possible que sur le fond de la vie[10] ». Le discours

---

6. *La crise des sciences européennes et la phénoménologie transcendantale*, trad. Gérard Granel, Paris, Gallimard, 1976, et en coll. « TEL », 1989, troisième partie, p. 117 s. ; § 34, p. 140 et appendice XIX, p. 517.

7. *La Barbarie*, p. 24.

8. *Ibid.*, p. 23.

9. « Les plantes, les arbres, les végétaux en général sont également des choses, à moins qu'on ne fasse apparaître en eux une *sensibilité* au sens transcendantal, c'est-à-dire cette capacité de s'éprouver soi-même et de se sentir soi-même qui ferait justement d'eux des vivants – non plus au sens de la biologie mais au sens d'une vie véritable. » (*Ibid.*, p. 15).

10. *Ibid.*, p. 27.

objectif de la science suppose le savoir subjectif de la vie. En conséquence, il nous faut reprendre conscience de ce savoir dont la science a fait abstraction : « Ce qu'est la vie, [...] la science n'en a aucune idée, elle ne s'en préoccupe nullement, elle n'a aucun rapport avec elle et n'en aura jamais[11]. » Oublier ce savoir de la vie au profit du seul savoir scientifique, c'est ôter à la science sa conscience, c'est faire sombrer la culture dans la **barbarie** ; telle est, estime Michel Henry, la menace très réelle qui pèse sur notre monde.

Mais si le savoir de la vie précède toute science, c'est que, là encore, le corps humain est habité par une sagesse qui précède toute intervention de l'esprit humain : le sens du corps est donné avant d'être construit. C'est alors qu'intervient une objection en tout point opposée. Jusqu'ici, le refus d'un corps humain vivant venait du bas, du réductionnisme matérialiste. Mais il peut venir de plus haut : au fur et à mesure que l'on monte dans l'échelle des vivants, la vie ne s'exténue-t-elle pas? Que l'homme soit un être vivant choque encore davantage le philosophe rompu à la discipline imposée par l'idéalisme allemand. Réconcilier la vie, la conscience et la liberté, c'est s'opposer à angle droit à une intuition centrale de la philosophie de Hegel[12].

3. Le plus vivant des corps vivants

La réponse est double. Tout d'abord, non seulement l'homme est le seul être à se savoir vivant, mais il est aussi le plus vivant des vivants. Une telle affirmation étonne, tant nous sommes habitués à approcher la réalité sous l'angle de l'extension, plus que de la profondeur. Selon le point de vue de l'extension, la vie est au mieux réalisée chez ce qui est au degré zéro de la vie, en qui on trouve la vie à l'état chimiquement pur, dénué de toutes les qualifications ultérieures que l'évolution s'est chargée d'apporter, compliquant à loisir le plan initial. Autrement dit, la vie brute caractérise la cellule sans noyau isolé du cytoplasme (le procaryote). D'où des discussions à perdre haleine sur l'identité biologique du virus : ce parasite obligatoire mérite-t-il d'être appelé vivant? En revanche, selon le point de vue de la profondeur, qui refuse de penser dans les marges, on constate que la vie rayonne, éclatante, chez les animaux supérieurs. Évidante chez la bactérie, la vie devient évidente chez l'homme.

11. *Ibid.*, pp. 35 et 36.

12. C'est ce que remarque Michel HENRY : « La vie est [...] envisagée par la philosophie hégélienne comme un objet que la conscience nie et dépasse pour se conquérir comme conscience de soi et comme moi authentique. » (*Philosophie et phénoménologie du corps*, p. 273. Cf. p. 272-274) Ce à quoi Henry oppose l'affirmation technique : « La subjectivité n'est pas cet esprit pur enfermé dans son propre néant et incapable de descendre dans la détermination de la vie, elle est cette vie. » (pp. 273 et 274).

Qu'entend-on par vie, au sens le plus commun du terme ? La vie, disaient les Anciens, se caractérise par le mouvement : *vita in motu*. Encore faut-il préciser : le mouvement dont le principe est intérieur. Le vivant a la capacité de se mouvoir lui-même : bien plus que la Safrane ou la Visa, il est un *auto-mobile* !

Parcourons l'échelle des êtres de bas en haut. Le végétal pousse des racines et des branches par son propre mouvement, grâce à un certain nombre de tactismes. C'est à partir d'une représentation sensoriellement acquise que l'animal va se déplacer ; le lion course l'antilope, parce qu'il l'a perçue. Or, ce processus cognitif est une intériorisation, indépendamment de toute locomotion. Mais l'instinct décide pour l'animal du but qu'il poursuit : comme aimait le répéter un de mes professeurs, « Médor ne convole pas en justes noces avec Médorine parce qu'ils ont choisi de perpétuer leur race ». Chez l'homme, enfin, la liberté permet de décider du projet, du programme d'action. Son principe de mouvement est intérieur, non seulement quant à l'exécution (comme chez le végétal), quant à la forme, à la représentation (comme chez l'animal), mais quant à la finalité elle-même. Le mouvement, donc la vie, atteint en conséquence le maximum d'immanence. Qui, dès lors, plus que l'homme est vivant[13] ? Or, nous le verrons plus loin, le corps humain est expressif d'une intériorité, d'une liberté[14]. C'est donc que le corps humain, loin d'être étranger à la vie, signifie et porte, par et en sa vie, une vie plus profonde que la vie biologique.

4. Un corps qui se nourrit, se façonne et se reproduit

On pourrait objecter à cette première réponse qu'elle parle surtout de la vie de l'âme humaine. Mais qu'en est-il du corps humain ? Il est très étroitement lié à cette âme qu'il exprime. En effet, nous avons jusqu'ici parlé de la vie en sa notion générale ; mais le vivant se signale et se déploie en différentes opérations fondamentales : la nutrition, la morphogénèse et la

13. Il n'y a guère que Dieu qui pourrait y prétendre, à en croire ARISTOTE (cf. *Métaphysique*, L. XII, ch. 7, 1072 b 27, trad. Jean Tricot, « Bibliothèque des textes philosophiques », Paris, Vrin, [2]1953, tome 2, p. p. 676 ; cf. aussi la lumineuse synthèse de THOMAS D'AQUIN, *Somme de Théologie* [désormais *ST*], Ia, q. 18, a. 3, *corpus* en entier).

14. On pourrait dire que les dispositifs cybernétiques de rétroaction, ce que Pierre TEILHARD DE CHARDIN appelait mouvement de « self-enroulement » (cf. par exemple, *La place de l'homme dans la nature*. Le groupe zoologique humain, 10/18 n° 33, Paris, UGE, 1956) qui se multiplient dans le vivant, sont la préparation et la parabole de la transparence de l'esprit se saisissant dans un acte de conscience et de liberté. C'est ce que remarque aussi François DAGOGNET : « Autant les lignes droites, les surfaces planes et les angles aigus conviennent aux cristaux et aux minéraux, autant la courbe et l'arrondi l'emportent avec les corps en voie d'organisation. Et on le conçoit : la « fermeture » favorise la « réflexion », c'est-à-dire le retour sur soi, l'intériorité inchoative. » (*Le vivant*, Paris, 1988, II, p. 55).

reproduction[15]. Or, les trois opérations fondamentales du vivant s'humanisent, sans perdre leur enracinement naturel. Telle sera notre seconde réponse à l'objection idéaliste selon laquelle plus un homme est humain, moins il doit à la vie. Là, comme avant, sans chercher l'inventaire exhaustif, nous nous contenterons de relever quelques traits tirés de l'expérience commune et signifiants pour notre problématique.

La nutrition

La nutrition est la fonction végétative de sustentation de l'organisme. Or, un vivant ne peut exister s'il ne conserve son être. Aussi, l'alimentation, source d'autonomie, est-elle le fondement de toute vie. Sans elle aucune autre fonction, y compris la plus noble, ne peut s'exercer. De plus, la nutrition est présente en chacune des parties de l'organisme, précisément en chaque cellule qui constitue la brique élémentaire du vivant (alors que les autres fonctions, comme la reproduction et la croissance, sont exercées par des cellules spécialisées). Que la nutrition soit le fondement de toute vie, y compris humaine, est d'une extrême importance pour le juste discernement de l'attitude à tenir face à un moribond, nous le redirons.

Si l'alimentation humaine obéit aux mêmes lois fondamentales que l'alimentation du vivant, elle présente une spécificité indéniable. Déjà au simple plan naturel, il est notable qu'aucun vivant, aucun animal n'accède à une aussi grande variété d'aliments. L'homme est le plus omnivore des organismes vivants. Autrement dit, le corps humain manifeste le maximum d'**ouverture** à la variété des aliments proposés par la nature. Par ailleurs, le travail d'humanisation, grâce à tous les raffinements introduits par la cuisine et la diététique, à ce que Brillat-Savarin appelait la physiologie du goût[16], ouvre l'opération alimentaire au monde du sensible et de l'intelligence : de ce fait, elle l'élève et l'ennoblit. En retour, la capacité nutritive se déploie, s'affine, accède à d'autres possibles. Or, paradoxalement, ce redoublement d'ouverture tient à la plus grande vulnérabilité de la nutrition humaine : désertée par

15. Les biologistes distinguent de multiples manières convergentes les différentes opérations spécifiques du vivant. Pour Claude BERNARD, il y a cinq caractéristiques typiques de l'organisme vivant : l'organisation, la génération, la nutrition, l'évolution et la mortalité (cf. *Leçons sur les phénomènes de la vie communs aux animaux et aux végétaux*, Paris, Vrin, 1966, p. 32). Pierre VENDRYÈS voit l'originalité du vivant dans son autonomie à l'égard du milieu extérieur, ce que permet le métabolisme, en premier lieu en y puisant ses aliments, les assimilant et les utilisant pour ses propres fins (cf. *L'autonomie du vivant.* Rercherches interdisciplinaires, Paris, Maloine, 1981). C'est aussi ce qu'affirme Edgar MORIN (*La Vie de la vie*, « Points », Paris, Seuil, 1980). Ces distinctions recouvrent toutes plus ou moins la répartition opérée par ARISTOTE que je suis : nutrition, croissance, génération (*De l'âme*, L. II, chap. 3 et 4, trad. Jean Tricot, « Bibliothèque des textes philosophiques », Paris, Vrin, 1972, p. 80).

16. Cf. BRILLAT-SAVARIN, *La physiologie du goût*, Présentation de Jean-François REVEL, « Champs », Paris, Flammarion, 1982.

l'instinct, elle a, par contagion et par obéissance, comme hérité de l'indétermination de notre désir et de l'amplitude sans fin de l'intelligence.

Mais attardons-nous sur l'une des fonctions d'assimilation, la **respiration.** Même si elle n'apparaît en toute son ampleur que chez l'animal, elle fait partie des opérations végétatives proprement dites. Or, par la respiration, le corps humain s'inscrit en continuité avec le cosmos ; par elle aussi, il rompt avec la nature : chez l'homme seul, la respiration devient objet de conscience et de maîtrise volontaire. Le corps humain habite la nature, mais sa demeure, non des moindres, le rend unique.

Par ailleurs, l'inspiration permet de se mettre en état de réception d'un don, d'autant plus grand qu'il est invisible et souvent inaperçu : celui de l'air qui gonfle chaque cellule d'oxygène et fait rutiler le sang, source de vie. Bibliquement, ce geste est très signifiant, puisque c'est par une inspiration que Dieu donne vie à l'homme[17]. En revanche, l'expiration est une expérience non plus d'intériorité et de réceptivité d'un don, mais d'ouverture et d'émissivité, de confiance aussi : « Se relâcher dans l'expiration est fondamental. Ce mouvement exprime la qualité de confiance qu'on a dans la vie[18]. » Et la respiration est l'union rythmée de ces deux mouvements, de maîtrise et de démaîtrise, d'offrande et de réception. Gardons en mémoire ces notions déjà aperçues.

La morphogénèse et la croissance

Un corps vivant est aussi un corps qui grandit jusqu'à une taille donnée. Il est propre au vivant (surtout animal) de grandir jusqu'à atteindre sa taille adulte, signe de l'accès à l'autonomie et à la capacité d'engendrer un autre que soi. De même qu'un corps humain vivant a conscience de la vie qui le travaille, de même un corps humain qui croît s'approprie ce labeur anabolique.

Qui dit croissance, dit aussi façonnement du corps humain, tant intérieur (organogénèse) qu'extérieur (notamment facial et gestuel). Or, la plasticité du corps humain est immense ; elle mérite de le qualifier, lui et lui seul, d'expressif, ainsi que nous le dirons au chapitre 6 : les organes ne font pas qu'exécuter les fonctions végétatives qui sont les leurs. Comme si le corps était porteur d'un sens qui le dépasse, tout en le traversant.

---

17. Cf. Gn 2, 7. Jb 34, 14-15.

18. B. DURAND-SMET, M. J. ISNARD, O. POMMEROLE, Tonny WIERTZ, *Devenir accueil. Une école de prière*, « Essais-Sagesse du corps », Paris, Le Cerf, 1983, p. 30. Cf. aussi les remarques et exercices intéressants proposés p. 27-37.

La génération

On oublie trop aujourd'hui que la perfection du corps vivant ne se trouve pas en lui, mais dans un autre. Certes, chez l'homme, il existe un décalage entre la maturité physique et la maturité psychologique : c'est toute la raison d'être, parfois douloureuse et en tout cas dynamisante, de l'adolescence. C'est aussi à cette lumière que l'on peut déchiffrer le fonctionnement si délicat et si complexe de l'organisme féminin. On le sait, l'ovulation et la grossesse sont l'effet d'un très subtil jeu d'hormones, de boucles de régulations, de modifications tissulaires, etc. Sans la finalité qui donne sens à toute l'effroyable complexité endocrinologique, tout n'est que chaos. En revanche, celle-ci s'éclairera dès que l'on aura compris que le projet du corps féminin est de donner l'amour et la vie dans la maternité. Même le plus déterministe et matérialiste des biologistes ne peut se passer de cette vision finaliste (« téléonomique », diront ceux qui s'imaginent que le mot exorcise la chose !).

Rappelons quelques spécificités anatomiques et comportementales de la sexualité humaine à l'égard de celle de l'animal. Chez les mammifères quadrupèdes, les organes sexuels du mâle sont en position ventrale et donc peu exposés durant les combats. En revanche, la vulve est facilement accessible et aisée à flairer. Chez l'homme, le pénis et le scrotum sont devenus vulnérables, alors que la vulve se dérobe à la vue et plus encore à la perception olfactive. Seul parmi les animaux, l'homme s'unit donc à sa femme par devant. « En faisant le geste de l'amour, l'homme prend la femme dans ses bras : aucun animal ne peut faire de même[19]. » De plus, la position élevée, éloignée de la tête, va privilégier d'autres sens, notamment la vue qui peut s'attarder sur les caractères sexuels secondaires de la femme, sur sa silhouette. L'inscription corporelle de la sexualité humaine signifie un détournement de l'attention des zones érogènes au profit du corps considéré en sa totalité ; elle corrige donc la parcellisation introduite par les pulsions partielles.

Mais tout gain s'accompagne d'une plus grande vulnérabilité : chez l'homme, la stimulation sexuelle devient permanente. Aussi la liberté doit prendre le relais de la maîtrise instinctive. La position face-à-face autorise la parole ; elle double (dans les deux sens du terme, du moins en droit, sinon en fait) aussi la jouissance érotique d'une communion de tendresse, d'une communication de personne à personne ; enfin, elle minimise le risque d'une relation où pénétration serait identifiée à domination et le coït réduit à une simple fonction physiologique, comme l'excrétion. D'ailleurs, si tel était le cas, pourquoi le viol serait-il si profondément déstructurant ?

---

19. Von BAADER, cité par J. LIBIS, *Le mythe de l'androgyne*, Paris, Berg International, 1980, p. 149.

> « L'acte reproducteur, imposant le décubitus, c'est-à-dire la position du repos et de l'abandon, explique Bourguignon, est devenu, généralement, une relation beaucoup plus riche, plus complexe, exigeant du temps, et une occasion de communication intime entre deux êtres qui se font face. [...] Cette harmonie relationnelle a transformé l'acte sexuel en une source inépuisable de plaisirs physiques et psychiques variés qui trouvent leur acmé dans l'orgasme des deux partenaires. [...] Il serait donc criminel de rejeter l'homme dans l'animalité en ne considérant dans l'union des sexes que sa seule fonction reproductrice[20]. »

L'union de la vie et de l'amour est propre à l'homme; inversement, la séparation des deux est une régression au stade animal.

« Chez les mammifères, en dehors des primates, [...] sont effectivement dissociées » les actions qui concourent à la reproduction et celles qui expriment l'attachement : celles-ci sont réservées aux relations de la mère et des petits. « Chez les primates non humains, ces derniers comportements peuvent, quelquefois mais discrètement, enrichir les relations sexuelles des adultes de quelques rares gestes, réservés en règle aux petits[21]. »

Aussi, la sexualité humaine est-elle considérablement plus riche que la sexualité animale. Il est d'ailleurs significatif que tout l'art paléolithique, de l'an 30 000 à l'an 10 000 avant l'ère chrétienne, ait pour thème la division des vivants en mâles et femelles, ce qui fait dire à un illustre préhistorien que cet art « repose sur l'alternance, la complémentarité ou l'antagonisme des valeurs mâles ou femelles[22]. »

En conséquence, non seulement la sexualité humaine prend en compte la totalité du corps, mais elle la réconcilie avec son intériorité, sa parole et sa liberté. Un signe en est que les spécificités de la sexualité humaine sont le fruit géométrique de la bipédie, ainsi que Morris le remarque, et Bourguignon à sa suite[23]. Or, nous le reverrons, la station verticale, qui est propre à l'homme, est la condition d'émergence de sa capacité relationnelle.

---

20. André BOURGUIGNON, *Histoire naturelle de l'homme.* I. *L'homme imprévu*, Paris, P.U.F., 1989, pp. 230 et 231. Cf. tout le passage dont je m'inspire : p. 226-232.

21. *Ibid.*, p. 231.

22. André LEROI-GOURHAN, *Préhistoire de l'art occidental*, Paris, Mazenot, 1971, p. 120. À noter que l'art rupestre paléolithique est d'une grande pudeur : les organes sexuels des hommes et des animaux sont rarement figurés de façon réaliste et l'acte sexuel n'est jamais présenté sauf dans un cas (cf. R. BEGOUËN et J. LOTTES, « Un cas d'érotisme préhistorique », in *La Recherche*, vol. 15, 1984, p. 992-995).

23. « C'est en effet, la bipédie qui a fait de l'Homme le premier animal, non seulement sexué mais « sexuel » » (André BOURGUIGNON, *L'homme imprévu*, *op. cit.*, p. 227).

Conclusion

Deux objections se refusent donc à voir dans le corps humain vivant un corps doué de signification. La première, prise d'en bas, réduit le corps vivant à ce que la science connaît; mais, la science connaît en construisant ses concepts et en analysant, c'est-à-dire en disloquant ce qui est uni. La seconde, prise d'en haut, méprise la vie au nom de l'esprit : que peut-il y avoir de commun entre le monde biologique et le monde de l'esprit et de la liberté ? L'humiliation scientifique est, pour une part, une réaction, à cet orgueil idéaliste qui surplombe et écrase les fragiles et prétendus opaques conditionnements de la matière.

Répondre à la première difficulté demande que l'on discerne dans la vie un don reçu, précédant tout discours scientifique et même toute action délibérée : aucune liberté n'a appris à sa propre main à s'ouvrir ni à son visage à sourire. Répondre à la deuxième difficulté demande que l'on découvre dans la vie une capacité à se mouvoir de l'intérieur, mais aussi à s'ouvrir à un autre, à se donner; et, plus que n'importe quel organisme matériel, l'esprit est capacité de don.

Autrement dit, le corps vivant se trouve entre deux dons. D'une part, Michel Henry a montré que nous ne nous *donnons* pas la vie, mais que nous la recevons. Cette passivité originaire est un don. D'autre part, la vie est faite pour être donnée. Car la vie n'est pas pour elle-même. La vie donne la vie.

La vie est donc rythmée par le don sous son double aspect, réceptif et émissif : l'aliment est don reçu par le vivant pour sa propre vie; la génération est don offert d'une autre vie. Mais ces deux mouvements sont étroitement connectés. C'est parce que le vivant s'est construit par la nutrition et la croissance, qu'il peut engendrer un nouvel être, semblable à lui. En effet, recevoir permet de donner. Qui n'a pas demeuré ni construit ne peut bâtir ailleurs. L'homme est habité par le dynamisme d'une respiration qui est recueillement pour mieux émettre. Aussi la vie ne donne-t-elle que parce qu'elle est donnée à elle-même[24]. Denis Vasse développe cette idée, dans un contexte chrétien, mais d'une manière audible pour tout homme :

> « La problématique de la dette est perverse lorsqu'il s'agit de la vie. La vie est un don, non un dû. Reçue, on ne la doit pas mais elle continue de se donner par nous. [...] L'homme est appelé à naître, à vivre et à mourir dans le monde, sans rien *devoir* de la vie à ses parents, sans non plus se hausser au-dessus de lui-même et des autres, sans vouloir se glorifier ou réformer les autres, sans accuser et sans se prendre pour une victime. Il

24. Là encore, les analyses de Michel Henry permettent de percevoir combien l'expérience immanente de la vie est aussi une générosité et anticipe le don (Cf. Jean-Luc MARION, « Générosité et phénoménologie. Remarques sur l'interprétation du *Cogito* cartésien par Michel Henry », in *Les études philosophiques*, Paris, P.U.F., janv.-mars 1988, p. 51-72).

est appelé à vivre et à mourir sans raison et sans justification, par grâce. La vie est gratuité. Aucune de ses modalités, même souffrante et offerte à une mort injuste, ne saurait accuser vraiment ce don sauf à en dénier la souveraine gratuité, sauf justement à s'inscrire comme *refus* de la vie même comme don. Pourtant, toute vie d'homme est offerte à cette tentation de préférer la mort : cette préférence cache la volonté propre de se faire vivre par soi-même. Sans autres et sans Autre[25]. »

25. Denis VASSE, *L'Autre du désir et le Dieu de la foi.* Lire aujourd'hui Thérèse d'Avila, Paris, Seuil, 1991, pp. 34 et 35.

CHAPITRE 3

Le corps humain comme corps animal

« Herder avait demandé un jour :
que manque-t-il à l'animal le plus semblable à l'homme
pour l'empêcher de devenir l'homme ?
Au XXe siècle, on renverse la question :
que manque-t-il à l'homme pour l'empêcher de rester un animal[1] ? »

L'homme « met sa corporéité et sa sensibilité sur un plan supérieur
au seul niveau animal[2]. »

Dans les deux premiers chapitres, nous nous sommes interrogés : le corps humain est-il un matériau disponible dénué de signification, ou est-il dépositaire d'un sens qui le dépasse ? Nous avons vu que passer à côté de ce sens c'est tronquer le corps humain. Une dernière manière de le rendre insignifiant, c'est de le réduire à l'animalité. Celle-ci introduit au minimum trois originalités dans le règne vivant : la sensation, l'affectivité et la locomotion. Éminemment doué de ces trois qualités, le corps de l'homme est donc un corps animal. Mais n'est-il qu'animal ?

1. Il s'en est fallu de peu...

Dans une astucieuse *short short story* (courte nouvelle) au style acidulé, entre horreur et fou rire, Fredric Brown[3] met en scène deux extra-terrestres arrivant à l'étoile Z-5689 dont seule la troisième des neuf planètes est habitable. Quelle chance de la découvrir dès le premier essai... « Espérons que nous y trouverons des créatures qu'on pourra utiliser comme esclaves ! »

1. H. WENDT, *À la recherche d'Adam*, Paris, Ed. de la Table Ronde, 1954, p. 362.
2. Leo ELDERS, *La philosophie de la nature de saint Thomas d'Aquin. Philosophie générale de la nature. Cosmologie. Philosophie du vivant. Anthropologie philosophique*, trad. Jean-Yves Brachet, « Croire et savoir », Paris, Téqui, 1994, p. 442. Cf. par exemple K. KREMER, « Wer ist das eigentlich der Mensch ? Zur Frage nach dem Menschen bei Thomas von Aquin », in *Trierer theol. Zeitschrift* 84 (1975), pp. 73-84 et 129-143.
3. Fredric BROWN, « Pas encore la fin », in *Fantômes et farfafouilles*, trad. Jean Sendy, « Présence du futur » n° 65, Paris, Éd. Denoël, 1963, p. 95-98.

Il en faut quelques milliers, puis la planète entière sera détruite, de crainte que la civilisation progressant, elle ne lance des raids de représailles. Ces sympathiques extra-terrestres trouvent une ville qui n'a même pas de vestige de champ de forces pour la protéger : les connaissances scientifiques de cette planète sont vraiment rudimentaires. Se rendant invisible en passant dans l'ultra-violet, le vaisseau spatial s'approche, trouve deux spécimens à tester, manifestement mâle et femelle : bien que petits, leurs deux bras et deux yeux les font ressembler à leurs actuels esclaves, en voie d'extinction. Ils les paralysent et les analysent : ils ont cinq doigts, utiles pour les travaux de précision ; mais c'est d'abord l'intelligence qui compte. Or, les résultats sont décevants : « Sept points en dessous du minimum. Il ne serait même pas question de leur apprendre les tâches les plus rudimentaires de nos mines. » Faut-il détruire leur planète ? Non, mieux vaut attendre un million d'années afin de voir si ses habitants sont assez évolués pour être utilisés comme esclaves.

L'histoire n'est pas finie. Le secrétaire de rédaction du *Milwaukee Star* boucle la page locale avec le metteur en page. Il reste dix lignes en bas de la huitième colonne. Faut-il prendre l'article sur le comité agricole ou celui sur l'histoire du zoo ? Le premier, estime le secrétaire : « Ça intéresse qui, je te demande, de savoir que le directeur du zoo signale la disparition de deux singes dans l'Île aux Singes ? »

Pour nous, la morale de cette sinistre (ou cynique) histoire n'est pas dans son titre (« Pas encore la fin ») ou la terreur rétrospective qu'elle suscite, mais dans la similitude entre homme et singe sur laquelle elle s'appuie, tant dans l'imaginaire du lecteur que dans l'intelligence trop vive des extra-terrestres, aveuglés par la prétention autant que par l'implicite conviction d'être trop chanceux.

Cette question est aussi très actuelle. En janvier 1994, s'achevait, au Grand Palais, à Paris, une remarquable exposition organisée par Jean-Pierre Changeux, intitulée *L'âme au corps*. Pourtant, en quittant l'exposition, on ne pouvait se défaire d'un malaise tenace : le corps qui y était débité en tranches historiques autant qu'anatomiques, en quoi était-il un corps humain ou différait-il d'un corps animal ? Toute l'exposition tendait à gommer cette différence et, selon le titre subtil, à résorber l'âme dans le corps.

Quelle différence y a-t-il entre corps animal et corps humain, eu égard au seul corps ? Pas à pas, nous testerons diverses hypothèses.

2. Le corps humain, inférieur au corps animal

De prime abord, les performances des animaux, et pas seulement des animaux supérieurs, ridiculisent celles de la personne humaine. Le papillon dépasse l'homme au plan gustatif[4], le chien et plus encore l'anguille au plan olfactif[5], le rapace au plan visuel[6] et la chauve-souris au plan auditif. On pourrait en dire tout autant des records locomoteurs enregistrés chez les mammifères supérieurs : quel Lewis pourra jamais rivaliser avec le guépard qui franchit huit cents mètres en vingt secondes ? Quel Mark Spitz pourra dépasser les soixante km/h de vitesse de croisière d'un dauphin ?

Mais il est aisé de remarquer que l'homme se caractérise non par une performance ponctuelle, mais par un **équilibre** unique dans le développement de ses cinq sens. D'ailleurs, la sensibilité humaine s'affine et se diversifie grâce aux multiples résonances affectives propres à la vie de l'homme. On s'étonne de ce que le sens le plus « spirituel », la vue, ne soit pas plus développé chez l'homme que chez l'animal. Laissons aux spécialistes le soin de trancher. Celui-ci est tout de même apte à différencier plus de six cents mille tonalités différentes. Surtout, « l'appareil visuel de l'homme possède [...] la rétine la plus perfectionnée[7] ». Enfin, il est un sens dont l'acribie est propre à l'homme : le **toucher**. Nous en reparlerons plus loin.

De même, les moindres compétences locomotrices de l'homme sont compensées par l'exceptionnel équilibre de ses différentes capacités. Un exemple d'observation élémentaire suffit à le montrer :

> « Marcher pendant trente-cinq kilomètres dans une journée, nager pendant quinze minutes et à quatre mètres de profondeur sous l'eau, et en ramenant un certain nombre d'objets qu'il faut chercher à un endroit précis du fond, il s'agit là d'activités que même un homme de bureau, comme moi, peut accomplir sans aucune difficulté. *Aucun mammifère n'est capable d'en faire autant*[8]. »

Concluons qu'il est impossible d'affirmer l'infériorité corporelle de l'homme sur l'animal. Du moins sont-ils rivaux ?

---

4. « Le papillon monarque a une sensibilité au sucré estimée comme 1 000 fois supérieure à celle de l'homme. » (Alain LIEURY, *Manuel de psychologie générale*, Paris, Bordas-Dunod, 1990, p. 29).

5. Sur l'anguille, cf. LIEURY, *op. cit.*, p. 30. Si on estime que le chien de berger a une sensibilité un million de fois supérieure à l'homme, cela tient à ce qu'il y a vingt fois plus de systèmes récepteurs de la muqueuse olfactive chez celui-là, soit 200 millions (cf. J. LE MAGNEN, « Olfaction », in KAYSER, *Traité de physiologie*, Paris, Masson, tome 2, 1969, p. 749-802).

6. La fovéa de la buse a une densité de cônes double de la nôtre.

7. Yves POULIQUEN, *La transparence de l'œil*, « Médecine », Paris, Odile Jacob, 1992, p. 132.

8. Konrad LORENZ, « Psychologie et phylogénèse », in *Essais sur le comportement animal et humain*. Les leçons de l'évolution de la théorie du comportement, trad. C. et P. Fredet, Paris, Seuil, 1970, p. 407-472, ici p. 447. Souligné par l'auteur. « Aucun autre animal ne peut nager un *mile*, parcourir à la marche vingt *miles*, puis grimper d'une hauteur de quarante pieds sur un arbre. » (J. B.-S. HALDANE, « The Argument from animals to man : an examination of its validity for Anthropology », in *Culture and Evolution of Man*, New York, 1962, p. 70).

3. Le corps humain, similaire au corps animal

À peine 1 % de différence

Pour certains chercheurs, la différence homme-animal est minime, au point d'être négligeable.

> « Il existe cent quatre-vingt-treize espèces vivantes de singes et de gorilles, affirme l'ancien directeur du Département des mammifères du zoo de Londres. Cent quatre-vingt-douze d'entre elles sont couvertes de poils. La seule exception est un singe nu qui s'est donné le nom d'*Homo sapiens*. [...] Je suis zoologue et le singe nu est un animal[9]. »

Cette opinion se fonde sur la comparaison génétique entre l'homme et les singes supérieurs. Considérons d'abord les protéines qui ont pour principale fonction d'édifier la structure moléculaire de l'organisme vivant. De très nombreuses protéines sont communes ; les chaînes a de l'hémoglobine des pongidés et des hommes ont une séquence d'acides aminés identique à plus de 99 %[10].

Remontons plus en amont dans la composition biochimique. Qui n'a jamais entendu parler de l'ADN ? Cette longue molécule qui compose les chromosomes, logés dans le noyau des cellules, est le support de l'information génétique. Par la médiation de l'ARN, elle code la fabrication des différentes protéines qui constituent le vivant. On trouve quarante-six chromosomes chez l'homme et quarante-huit chez les pongidés. Mais cette différence dissimule une convergence plus profonde. Plusieurs chromosomes sont identiques : 6, 19, 21, 22 et chromosome X. Par ailleurs, la formule chromosomique humaine résulte de la soudure de deux chromosomes courts en forme de I chez les singes anthropomorphes en un unique chromosome (le 2) en forme de V chez l'homme. Surtout, la constitution des formules génétiques est très proche. Précisément, la différence génétique entre l'homme et les trois grands singes supérieurs varient entre 1,61 et 3,52 % : elle est plus grande entre l'homme et l'orang-outan et minimale avec le chimpanzé.

> « Il est donc clair que les génomes des primates supérieurs sont très voisins. La plus petite divergence entre les espèces, celle qui existe entre l'homme et le chimpanzé, correspond à peu près à deux fois et demie la variation observée à l'intérieur de l'espèce humaine actuelle, soit 0,67 % [11]. »

---

9. Desmond MORRIS, *Le singe nu*, trad. par Jean Rosenthal, Le livre de poche n° 2752, Paris, Grasset, 1968, p. 7.

10. Précisément, la différence concerne 7,2 sites d'acides aminés pour 1 000 substitutions (Cf. M. C. KING et Allan C. WILSON, « Evolution at two levels in human and chimpanzees », in *Science*, 1975, n° 188, p. 201-203).

11. Jean CHALINE, *Une famille peu ordinaire*. Du singe à l'homme, Paris, Seuil, 1994, p. 29.

Singe nu ou petit dieu ?

Cette identification de l'homme à l'animal est fréquente voire majoritaire dans le milieu scientifique, mais elle ne fait pas l'unanimité. Le cofondateur du Musée de l'homme, spécialiste en entomologie, Pierre-Paul Grassé, a consacré plusieurs de ses ouvrages à comparer l'homme, « ce petit dieu », à l'animal, et plusieurs chapitres à comparer leurs corps :

> « Affirmer que l'Homme n'est qu'un Singe nu va bien au-delà de l'erreur, conclut-il, c'est donner la preuve d'une profonde incompréhension de notre nature biologique et psychique. S'il s'agit d'une boutade, oui. S'il s'agit d'une opinion sincère, non[12] ! »

Que penser de cette impressionnante similitude biochimique ? Tout d'abord, il faut refuser de tout réduire au génétique. L'évolution elle-même est le fruit conjoint de facteurs intérieurs, génétiques et extérieurs, environnementaux. Le génétique est l'un des instruments de l'expression physique, notamment morphologique et fonctionnelle. Si la divergence génétique est inférieure à 1 %, elle donne une différence morphologique de 60 % : de minimes différences génétiques causent d'immenses divergences phénotypiques ou morphologiques. La nature nous a familiarisés avec ces phénomènes de seuil : le changement de l'eau liquide en vapeur, qui est une modification radicale d'état, mais demande une très minime élévation de température.

Une analogie est éclairante. On pourrait très légitimement comparer le chimpanzé et l'homme au plan de la composition atomique ; l'on obtiendrait alors une formule en carbone, hydrogène, oxygène et azote presque identique (nettement inférieure à 1 %). Le chimpanzé s'identifierait-il à l'homme ? Nullement. D'autant qu'on trouverait sans doute une formule chimique très avoisinante pour les autres mammifères. Or, l'homme ne se réduit pas plus à ses atomes qu'à ses gènes : c'est le succès et la nouveauté de la méthode génétique qui nous a poussé à trop valoriser cette perspective. Mais, somme toute, dans le processus d'analyse, le point de vue du gène ne présente qu'une différence de degré, non de nature avec le point de vue de l'atome : il ne fait que descendre d'une unité de grandeur dans le regard sur la matière. Si l'on se refuse à ce laminage, c'est que l'on introduit subrepticement une considération qualitative qu'il convient de justifier : privilégier le gène, c'est faire intervenir une prémisse non scientifique qui,

---

12. *L'homme en accusation*. De la biologie à la politique, Paris, Albin Michel, 1980, p. 147. Cf. notamment le chapitre V : « La théorie sociobiologique de l'Homme-Singe », p. 115-147 ; *Toi ce petit dieu*. Essai sur l'histoire naturelle de l'homme, « Les savants et le monde », Paris, Albin Michel, 1971, chapitre IV : « L'Homme et le Singe », p. 143-182.

au regard de la science, est injustifiable, donc arbitraire. Mais pourquoi alors ne pas privilégier la morphologie ?

On peut encore préciser. La question n'est pas de nier la pertinence et la fécondité de l'approche génétique, mais de la situer. Il ne s'agit pas d'opter pour une perspective morphologique, philosophique ou autre, contre la perspective de la biologie moléculaire, mais de les articuler. Or, c'est ce que permet la notion d'**instrument.** À moins de privilégier implicitement le corps éclaté, l'être humain n'est pas les instruments dont il use. Et le gène est un instrument au service d'une fonction autre et supérieure, la structure tridimensionnelle réalisée par la morphologie. C'est ce que Grouchy remarque avec profondeur, à propos des similitudes génétiques : « C'est sans nul doute l'art et la manière d'utiliser ces molécules protidiques qui font que la différence est grande malgré tout entre un homme et un chimpanzé[13]. »

Enfin, la sanction technologique de l'équation gène-corps ne se fait pas attendre : désormais, le corps humain est aliénable, il devient une chose parmi d'autres. Voici par exemple ce qu'affirme un argumentaire à fin d'implantation d'embryons humains dans des matrices animales : « Au niveau cellulaire, on ne peut pas poser définitivement la distinction entre l'homme et l'animal, sans plus. Il y a des phénomènes qui dépassent l'espèce et concernent le vivant[14]. »

Une comparaison strictement génétique est donc réductionniste et ne peut pas rendre compte des relations entre le corps de l'homme et celui du singe.

4. Différence quantitative

Si le corps humain n'est ni moins ni aussi élaboré que le corps animal, c'est donc qu'il est plus parfait. Au plan macroscopique, nous venons de le dire, les divergences sont déjà plus considérables. Ne doit-on pas dès lors affirmer qu'il y a entre l'homme et l'animal (surtout le singe supérieur) une différence de degré, donc de complexité ? « L'homme est entré sans bruit », disait Pierre Teilhard de Chardin, à propos de l'évolution[15]. Ne peut-on en dire autant de la présence de l'homme au sein des animaux ?

---

13. Jean de Grouchy, *De la naissance des espèces aux aberrations de la vie*, Paris, Robert Laffont, 1978, p. 150.
14. P. Jouannet, « La liberté du chercheur », in *Projet*, n° 195, p. 57.
15. *Le phénomène humain*, Paris, Seuil, 1955, p. 203.

Le cerveau et les mains

À tout seigneur tout honneur, commençons par le cerveau[16]. On fait en général de celui-ci « la caractéristique fondamentale de l'homme[17] ». L'évolution a de plus en plus majoré le poids relatif du cerveau par rapport au reste du poids corporel : il est de un à quatre-vingt-dix chez le chimpanzé (à quatre cents cinquante grammes en moyenne), de un à quatre-vingts chez l'orang, de à un à deux cents vingt à ou deux cents quatre-vingts chez le gorille (trois cents cinquante à sept cents cinquante grammes en moyenne), et de un à cinquante chez l'homme (mille trois cents cinquante grammes en moyenne). Au plan évolutif, l'indice du facteur de croissance total (entre la naissance et l'âge adulte) diffère beaucoup, puisqu'il est de 2,2 chez le chimpanzé et de 4, 3 chez l'homme.

De plus, le cortex préfrontal de l'homme représente 29 % de l'écorce cérébrale de l'homo sapiens sapiens, alors qu'il ne fait que 17 % de celle du chimpanzé. Précisément, l'augmentation du volume de la boîte crânienne vaut surtout pour la surface du cortex. Cette croissance, qui s'opère par plissement, se fait en faveur du néo-cortex, plus particulièrement des aires associatives frontales et pariétales[18].

De même, pour être très différenciées, très originales, la main de l'homme et la main du pongidé sont cependant presque identiques, quant à la structure squelettique, la musculature et l'innervation. La seconde est maniée avec autant d'habileté, mais pas forcément autant de précision. Là encore, la différence est-elle plus que de degré ?[19]

---

16. Cf., outre l'ouvrage de SEARLE, cité plus haut et ceux qui seront cités dans l'Annexe I, cf. COLLECTIF, *Le Cerveau*, « Pour la science », Paris, Belin, 1982. John C. ECCLES et Karl POPPER, *The Self and its Brain*, Berlin, Springer Verlag, 1977. G. LANTERI-LAURA, *Les fonctions du cerveau*, Paris, Masson, 1983. Jean-Michel ROBERT, *Comprendre notre cerveau,* Paris, Seuil, 1982.

17. Jean PIVETEAU, *L'Apparition de l'homme.* Le point de vue scientifique. Image de l'homme dans la pensée scientifique, Paris, ŒIL, 1986, p. 167.

18. Cf. PASSINGHAM, *The Human Primate*, San Francisco, Freeman, 1982.

19. Cf. COLLECTIF, *La main*, « Eurasie », Cahiers de la Société des Études euro-asiatiques n° 4, Paris, L'Harmattan, 1993. Jean BRUN, *La Main et l'esprit*, Paris, et Genève, Sator-Labor et Fides, 1986. Henri FOCILLON, *Éloge de la main*, Appendice à *La vie des formes*, « Quadrige », Paris, P.U.F., 1943, 1981. Luce IRIGARAY, « Fécondité de la caresse », in *Le sujet exposé.* Exercice de la patience, « Cahiers de philosophie » n° 5, Paris, Obsidiane, 1983. Jean PIVETEAU, *La main et l'humanisation*, coll. « Préhistoire », Paris, Masson, 1991. ID., *Origine et destinée de l'Homme,* coll. « Abrégés de Sciences », Paris, Masson, 1983. ID., *Paléontologie*, publié sous sa direction, en 7 tomes, Paris, Masson, 1952 à 1969. Stéphane THIEFFRY, *La main de l'homme*, Paris, 1973. Du point de vue locomoteur aussi, la morphologie générale du primate est comparable à celle de l'homme (cf. S. RENOUS et *al.*, *Locomotion*, Paris, Dunod, 1994).

Anatomie comparée

Il ne semble pas qu'on puisse en rester à une simple différence quantitative entre le corps humain et le corps animal. L'anatomiste Keith a recensé avec précision les ressemblances anatomiques existant entre homme et pongidés : trois cents douze caractères sont propres à l'être humain ; deux cents cinq lui sont communs avec l'ensemble des pongidés (en particulier, il y en a cent quatre-vingt-onze caractères communs à l'homme et au chimpanzé, cent quatre-vingts communs à l'homme et au gorille et cinquante-six communs à l'homme et à l'orang[20]). Au-delà de ces données uniquement quantitatives, on n'en finirait pas d'énumérer les caractéristiques qualitatives propres à l'homme, par exemple : le nez ; la colonne vertébrale qui présente une seule courbure à convexité dorsale chez le singe et deux chez l'homme ; le bassin humain qui est large et bien ouvert vers l'extérieur, ce qui entraîne de précieuses conséquences sur la grossesse et sa durée, alors que le bassin des pongidés est long et étroit.

Reprenons l'exemple du cerveau : les hémisphères cérébraux de l'Homme sont asymétriques, spécialisés, du point de vue tant fonctionnel qu'anatomique, ce qui n'est pas le cas chez les singes ; les pongidés n'ont pas le bonheur de posséder une aire 44 développée (or, c'est elle qui permet le langage articulé) ; surtout, le néopallium est considérablement plus développé chez l'homme que chez les singes. L'intérêt est évident : « Le contenu informationnel de deux hémisphères différents est en effet le double de celui de deux hémisphères identiques[21]. » Cette asymétrie porte essentiellement sur les fonctions cognitives : chez le droitier, le « siège » du langage articulé est dans l'hémisphère gauche, alors que l'hémisphère droit est spécialisé dans la reconnaissance spatiale et des formes[22]. Au plan anatomique, on a montré que la région du « plan temporal » de l'hémisphère gauche, dont la lésion provoque une aphasie de Wernicke, est plus étendue que la région homologue de l'autre hémisphère.

Il en est de même pour la main. « Le pied humain a subi l'évolution dans le même sens que les mammifères marcheurs, alors que la main a subi le maximum d'évolution dans le sens préhenseur. » Aussi, le corps humain concrétise un véritable « paradoxe anatomique », de sorte que « le dispositif humain, malgré les liens qui l'unissent au monde animal jusque dans la

---

20. A. KEITH, *The antiquity of man*, Londres, 1915. Résumé par Pierre-Paul GRASSÉ, *L'homme en accusation, op. cit.*, p. 129.

21. Marc JEANNEROD, « Cerveau », in *Encyclopédie philosophique Universelle.* II. *Les notions philosophiques. Dictionnaire*, dirigé par Sylvain AUROUX, Paris, P.U.F., 1990, tome 1, p. 296-299, ici p. 298.

22. Pour le détail, l'historique, cf. HÉCAEN, *La Domination cérébrale.* Une anthologie, Paris, Mouton, 1978. ID., *Les Gauchers*, Paris, P.U.F., 1984.

profondeur des débuts, répond à une formule fonctionnelle absolument originale[23] ». En ce sens, la main est propre à l'homme : comme le dit Focillon, « l'homme a fait la main, je veux dire qu'il l'a dégagée peu à peu du monde animal, qu'il l'a libérée d'une antique et naturelle servitude[24]. »

Ce qui est vrai des organes l'est *a fortiori* des postures ou des gestes. Retenons-en deux : la station verticale et la voix[25].

La station verticale[26]

André Leroi-Gourhan fait de la station debout le premier et le plus important des critères d'humanité[27], le développement cérébral n'étant, pour lui, que secondaire. Comment ne pas citer la phrase célèbre du naturaliste Buffon :

> « Tout marque dans l'homme, même à l'extérieur, sa supériorité sur tous les êtres vivants; il se soutient droit et élevé; son attitude est celle du commandement; sa tête regarde vers le ciel et présente une face auguste sur laquelle est imprimé le caractère de sa dignité[28]. »

L'homme est le seul mammifère à se tenir debout en permanence, pendant l'arrêt, la marche et la course. En regard, le singe est bipède quand il est assis, quadrupède quand il marche et quadrumane lorsqu'il grimpe. Or, l'acquisition de la bipédie a requis l'évolution et le déplacement du trou occipital : ce trou a glissé en avant, son axe est antéro-postérieur et forme un angle droit avec le rachis, de sorte que le centre de gravité de la tête est sur l'axe des vertèbres cervicales. Ainsi, en position verticale, la tête se trouve en équilibre sur le cou et demande un effort musculaire minimal pour y être maintenue. En regard, le trou occipital des anthropoïdes présente un angle aigu avec la colonne vertébrale, donc est plus vertical et plus postérieur.

---

23. André LEROI-GOURHAN, « Technique et Société chez l'Animal et chez l'Homme », in *L'Originalité biologique de l'Homme, Recherches et Débats*, n° 18, Paris, 1957.

24. Henri FOCILLON, *Éloge de la main*, *op. cit.*, p. 107.

25. À quoi on aurait pu joindre le visage qui est propre à l'homme; on en reparlera plus bas.

26. Cf. Yves COPPENS, Daenis GERAARDS, Brigitte SENUT et Evelyne PEYRE, « L'aventure humaine », in *Histoire des êtres vivants*, Paris, Hachette, 1985. William HOWELLS, « Homo erectus », in *L'Aube de l'humanité*, recueil d'articles, « Pour la science », Paris, Belin, 1983.

27. Cf. aussi le beau texte de HERDER, *Idées pour une Philosophie de l'Histoire de l'Humanité* (1784-1794), L. IV, ch. 1, trad. E. Trandel, Paris, 1874, 3 tomes, tome I, p. 163.

28. Cité par Jean PIVETEAU, *La main et l'humanisation*, *op. cit.*, p. 13. Cf. « Station verticale et hominisation », p. 67-75. Même opinion chez Lamarck et Darwin. L'homme « est le seul être chez qui les parties naturelles sont disposées dans l'ordre naturel : le haut de l'homme est dirigé vers le haut de l'univers ». Aussi, « il a une part du divin ». (ARISTOTE, *Les Parties des animaux*, trad. Pierre Louis, coll. des Universités de France, Paris, Les Belles Lettres, 1990, L. II, ch. 10, 656 a 7-27, pp. 48 et 49).

La voix

Les Anciens l'avaient déjà noté : l'animal émet des sons, mais seul l'homme parle, c'est-à-dire est capable de langage articulé. Une preuve en est l'étroit parallélisme entre la diversification génétique et la diversification linguistique. Face aux anges et aux animaux inférieurs, explique Dante, « à l'homme seul entre les êtres fut donné la parole, pour ce qu'à lui seul, elle fut nécessaire[29] ». Là encore, on peut expliquer cette propriété originale par la relation à la pensée, mais ce serait manquer son inscription corporelle. Or, la voix est liée à des caractéristiques anatomiques originales[30]. Elle requiert, en effet, des cavités buccales et nasales, une langue, un larynx (ou boîte vocale) et un pharynx de forme différenciée et adaptée. Le pharynx doit aussi être d'une taille particulière qui apparaît progressivement, à mesure que l'enfant grandit : précisément, c'est à l'âge de deux ans que le pharynx descend vers la base du cou, jusqu'au niveau des quatrième à septième vertèbres cervicales : il forme alors une caisse de résonance qui permet la modulation des sons. Par contre, le singe est doué d'un plus petit pharynx, du fait de la position haute du larynx ; voilà pourquoi il ne sait pas moduler les sons par le pharynx, notamment prononcer *a, i* et *u*[31]. De surcroît, le passage de la consonne à la voyelle demande une commande musculaire d'une finesse et d'une performance extrêmes que l'on ne rencontre que chez l'homme. Enfin, la modulation de la voix articulée ne se fait pas sans l'ouïe et la commande cybernétique présente dans le cerveau humain.

Concluons : la différence entre les corps de l'homme et de l'animal est qualitative, puisqu'elle s'inscrit dans des organes et des comportements qui sont propres ; elle fait d'ailleurs signe vers une réalité qui transcende le corps, que ce soit la liberté pour la stature verticale[32] ou l'intelligence pour la voix[33].

---

29. *De l'éloquence en langue vulgaire*, I, 2, in *Œuvres complètes*, trad. André Pézard, « Bibliothèque de la Pléiade », Paris, Gallimard, 1965, p. 553 ; cf. p. 553-555.

30. Cf. George A. MILLER, *Language and Spreech,* San Francisco, 1981. M. J. ADLER, *The Difference of Man and the Difference it Makes*, New York-Chicago-San Francisco, 1967, chap. 8 et 9. A. LOBATO (éd.), *Homo loquens.* Uomo e linguaggio, pensiero, cervelli e macchine, Bologne, 1989.

31. Cf. J. T. LAITMAN, « L'origine du langage articulé », in *La Recherche*, n° 181, 1986, p. 1164-1173.

32. Cf. K. WEZLER, « Menschliches Leben in der Sicht des Physiologen », in *Neue Anthropologie.* II. *Biologische Anthropologie*, Stuttgart, 1972, p. 292-385.

33. Seul l'homme est capable de donner, aux bruits émis par son pharynx, un sens qui transforme le signal en signe (cf. Denis VASSE, *L'Ombilic et la voix*, Paris, Seuil, 1974, p. 217).

5. Différence qualitative partielle

Corps humain et corps animal apparaissent réellement différents, d'une différence de nature, qualitative. L'humanité du corps humain n'est donc pas une sur-animalité, mais une détermination neuve. En quoi consiste cette nouveauté ?

Une manière commode de résoudre la question serait de loger la différence dans un au-delà du corps. Ce qui est vrai : nous verrons plus loin que le corps humain est le réceptacle d'un esprit qui le transcende tout en demeurant plus intime à lui-même que lui-même. Mais ce serait perdre de vue notre question : c'est dans le corps humain que nous cherchons l'inscription de son originalité, non ailleurs. Dès lors deux hypothèses s'ouvrent à nous : la rupture entre corps animal et corps humain est soit partielle, soit globale.

Tout dans la tête

Les partisans de la rupture partielle privilégient le plus souvent le cerveau. Si l'on demande à quelqu'un la différence existant entre le corps de l'homme et celui de l'animal, notamment du singe, une des réponses les plus fréquentes fera appel à cet organe[34]. Un exemple parmi mille : le philosophe-médecin François Dagognet parle d'un cerveau-citadelle, parce que, selon lui, il y a une « entière absorption corporelle dans la cérébralité », puisque le cerveau « détient l'ensemble de notre corps », c'est-à-dire sa capacité à se mouvoir, être affecté, réfléchir[35]. Pour Grassé, la différence tient non à l'anatomie ou à la physiologie de l'organe, mais à la commande du geste qui vient du cerveau : « Le talent réside dans le cerveau qui commande et non dans l'outil »[36]. C'est pour cela qu'un Auguste Renoir pouvait toujours peindre avec génie malgré des mains ankylosées. C'est aussi pourquoi l'évolution de l'outil n'est pas fonction de la main d'abord, mais de l'intelligence : il est hautement significatif que la courbe d'évolution de l'outil connaisse une fracture spectaculaire avec l'apparition du genre Homo. Leroi-Gourhan

34. Cette question rejoint celle de la localisation de l'âme (dont on sait quelle fantasque solution lui donne Denis DIDEROT dans *Les bijoux indiscrets*, éd. Antoine Adam, Paris, Garnier Flammarion, 1968, chap. XXIXs, p. 153 s.).

35. François DAGOGNET, *Le Cerveau-Citadelle*, coll. « Les empêcheurs de penser en rond », 92350 Le Plessis-Robinson, Delagrange, Ulysse diffusion, 1992, pp. 23 et 49. On connaît le mot de Blaise PASCAL : « Je puis bien concevoir un homme sans mains, pied, tête (car ce n'est que l'expérience qui nous apprend que la tête est plus nécessaire que les pieds). Mais je ne puis concevoir l'homme sans pensée : ce serait une pierre ou une brute. » (*Pensées*, n° 258, in *Œuvres complètes, op. cit.*, p. 1156).

36. Pierre-Paul GRASSÉ, *Toi ce petit dieu, op. cit.*, p. 150.

a souvent noté « la séparation de plus en plus flagrante entre le déroulement des transformations du corps, resté à l'échelle du temps géologique, et le déroulement des transformations des outils, lié au rythme des générations successives[37] ».

Intelligent comme ses pieds

Qu'en penser ? Cette valorisation du cerveau n'est que la traduction de la valorisation de l'intelligence, non seulement au détriment de la liberté ou de l'affectivité, mais de la totalité intérieure et physique.

> « Depuis plus de cinquante ans, disait Janet, en boutade, on nous parle trop du cerveau. On dit que la pensée est en rapport avec les fonctions du cerveau. Il arrivera une époque où l'on rira de cela : ce n'est pas exact... Nous pensons avec nos mains aussi bien qu'avec notre cerveau, nous pensons avec notre estomac, nous pensons avec tout. Il ne faut pas séparer l'un de l'autre[38]. »

Il faut passer du *totus homo in cerebro* au *totus homo in corpore,* selon l'intuition profonde de Nietzsche : « Tout l'organisme pense » et « le cerveau est seulement un énorme appareil de concentration[39] ». Et ce qui est vrai de la pensée vaut aussi pour les autres opérations humaines : « L'homme pense, aime, souffre, admire et prie à la fois avec son cerveau et avec tous ses organes[40]. »

De plus, la vision parcellisée du corps explique le primat accordé à un organe. Mais « on ressent le besoin d'aller au-delà de ces études parcellaires, remarque Descamps [...]. Ce n'est que par une vue globale du corps humain que l'on pourra avoir une idée du sens. Or rien n'est plus important que la détermination globale du sens[41]. »

Or, c'est dans cette globalité, cette interrelation des parties que se décode

---

37. André LEROI-GOURHAN, *Le Geste et la Parole.* I. *Technique et Langage.* II. *La Mémoire et les Rythmes,* Paris, Albin Michel, 2 volumes, 1966 et 1965, ici vol. II, p. 50.

38. Cité par le Professeur LHERMITTE, *L'Image de notre corps*, Paris, 1939, p. 122. Cf. Pierre JANET, *L'intelligence avant le langage*, Paris, Flammarion, 1936.

39. Frédéric NIETZSCHE, *Fragments sur l'énergie et la puissance,* trad., Paris, éd. des Lettres Modernes, 1957, p. 40.

40. Alexis CARREL, *L'homme, cet inconnu*, *op. cit.*, p. 169. « Notre cerveau n'est qu'une machine et il n'est pas question d'y suivre à la trace les effets de la perte d'un être cher. [...] C'est le corps tout entier qui est triste : les traits du visage s'affaissent, le cœur ralentit, la circulation au niveau de la peau aussi, certaines hormones comme les catécholamines s'effondrent, tout comme certains processus immunitaires. » (Jean-Didier VINCENT, « La tristesse du corps », interrogé par Guillemette de SAIRIGNÉ, in *Tous les dragons de notre vie...* Chroniques au bord du gouffre, Paris, Fayard, 1993, p. 169).

41. Marc-Alain DESCAMPS, *Langage du corps, op. cit.*, p. 221.

la différence corps animal-corps humain et l'originalité absolue de celui-ci[42]. Par exemple, c'est de l'étroite connexion avec la globalité de l'organisme que la main humaine tire son originalité et son efficacité. D'abord avec le membre supérieur qui est comme le manche de la main. Ensuite avec la stature verticale : « Toutes les entreprises de l'homme passent par sa main, seul organe susceptible de se plier aisément à la réalisation d'un projet. » Or, « elle doit cette facilité à sa position dans l'organisme[43] » : c'est elle qui permet les deux mouvements de pronation et de supination. Pour cueillir un fruit, on peut l'aborder par dessus, la paume tournée vers la terre (supination) ou par dessous, la main tournée vers le ciel (pronation). Enfin, avec le cerveau :

> « Les connexions étroites que la main a avec la zone rolandique de l'écorce cérébrale en font l'organe extraordinaire en quoi résident toutes les possibilités de l'humanité, l'opposant singulièrement à la nature dont, cependant, elle émane[44]. »

6. Différence qualitative globale

Il demeure une dernière hypothèse : si la différence entre homme et le corps de l'animal n'est pas partielle, elle est globale. On vient d'en donner quelques exemples[45]. Mais on doit surtout au psychiatre et neurologue allemand Kurt Goldstein (mort en 1965) de l'avoir montré. Ses travaux ont

42. De même, la Bible propose une vision de l'homme à partir de l'articulation de trois schèmes, fondés sur trois organes fondamentaux : le cœur, la langue, les mains : « l'homme n'est complètement lui-même que lorsqu'il s'exprime à la fois par le cœur, par les lèvres et par les mains. » (Bernard de GÉRADON, *Le cœur, la langue, les mains.* Une vision de l'homme, Paris, DDB, 1974, pp. 11 et 12).

43. Jean PIVETEAU, *La main et l'humanisation*, *op. cit.*, p. 17.

44. *Ibid.*, p. 105. Cf. Jacques PELEGRIN, « La main et l'outil préhistorique », in COLLECTIF, *La main*, « Eurasie », *op. cit.*, p. 19 à 25, ici p. 21.

45. En voici un autre. Francis RAYNARD a découvert que toute personne respecte ce qu'il appelle la **spirale ascendante** (cf. *Redonner vie au mouvement,* Neuchâtel, Delachaux et Niestlé, 1994). Si par exemple vous êtes assis par terre, il est impossible que vous vous releviez sans faire décrire à votre bassin, à votre tronc un mouvement de rotation vers le haut. Contrairement à l'opinion courante, l'homme ne se meut pas membre par membre, mais globalement. Pourquoi aucun des six cents muscles de l'organisme humain n'est orienté dans une seule direction ? Tout à l'inverse, Raynard a constaté que le malade perd ce dynamisme, comme si son corps se dissociait. Aussi propose-t-il une rééducation aux polyhancidapés et aux traumatisés crâniens qui leur donnent de reconquérir progressivement l'espace, en passant par les stades batracien, reptile, tétrapode et enfin bipède. Cette remarquable découverte, réalisée par un moniteur-cadre de kinésithérapie d'autant plus observateur qu'il est aveugle, nous montre que le corps humain : 1. est un tout que la maladie et la technique irrespectueuse parcellise et fait régresser vers l'élémentaire ; 2. est aspiré vers le haut, symbole de l'esprit, accomplissant le mouvement qu'ébauchent l'évolution végétale (cf. Christian-René

exercé une influence considérable[45b], mais ils seraient oubliés si une récente réédition ne les rappelait à notre mémoire et notre gratitude[46]. Goldstein eut à soigner des blessés du cerveau et c'est leur observation attentive qui le conduisit à formuler sa thèse, martelée et fortement argumentée : **l'organisme humain doit se comprendre comme un tout.** Il s'oppose donc à angle droit aux tentations constamment récurrentes du néo-matérialisme qui réduisent le spirituel au psychique, le psychique au biologique et le biologique au physico-chimique, et surtout parcellise l'organisme, car il en isole les parties et les symptômes. Hippocrate a raison contre Galien : la maladie organique n'affecte jamais un seul organe pris isolément, mais la totalité de l'être vivant. L'observation d'un malade le montre aisément : à côté du trouble organique plus localisé présenté par le patient (rhume, migraine, panaris), celui-ci subit toujours une diminution globale de vitalité : les initiatives lui coûtent plus que d'habitude, il contrôle moins sa sensibilité, etc.

Pourtant, l'arc-réflexe des manuels semble être l'exemple type de l'organe ou du comportement isolable. En fait, l'expérimentateur opère une insularisation artificielle; dans la réalité, le réflexe se dessine toujours sur fond de totalité organique et varie beaucoup selon les individus et leur milieu. Enfin, le phénomène d'isolement d'un symptôme est au contraire typique d'un état pathologique, comme l'illustrent le cancer ou la maladie auto-immune.

Kurt Goldstein s'oppose tout autant aux spiritualistes et aux idéalistes qui renvoient dos à dos la vie et l'esprit. Certes, l'esprit déborde les compétences de la biologie. « Mais la vie dans l'être humain est cette totalité organique elle-même et non pas un degré inférieur de l'essence humaine auquel se superposerait et s'opposerait l'esprit[47]. » Autrement dit, l'homme n'est pas l'ajointement d'un corps animal et d'un esprit (plus ou moins angélique). Si le corps humain est un tout, il doit constituer un tout original vis-à-vis de l'organisme animal. En conséquence, la différence entre l'organisme humain et l'organisme animal est non seulement de nature, mais globale. Une preuve en est la manière dont s'agence la structure. Dans la perspective du corps-machine, les spécificités humaines (voix, stature verticale, etc.) s'ajoutent à

de DUVE, *Poussière de vie.* Une histoire du vivant, trad. Anne Bucher et Jean-Mathieu Luccioni, « Le temps des sciences », Paris, Fayard, 1996, chap. 19) et l'évolution animale (cf. les travaux de Leroi-Gourhan : IIe partie, chap. 5).

45b. Notamment par l'intermédiaire de Maurice MERLEAU-PONTY (*Phénoménologie de la perception,* « TEL », Paris, Gallimard, 1945, par exemple Ire partie, chap. VI) et de Georges CANGUILHEM (*Le normal et le pathologique*, « Quadrige », Paris, P.U.F., 1984, p. 4).

46. Kurt GOLDSTEIN, *La structure de l'organisme.* Introduction à la biologie à partir de la pathologie humaine, trad. E. Burkhardt et Jean Kuntz, « TEL », Paris, Gallimard, 1951, réédité en 1983. Cf. Louis MILLET, « La structure de l'organisme », *Recherches et débats*, Centre catholique des intellectuels français, janv. 1953, p. 279-287.

47. Louis MILLET, « La structure de l'organisme », art. cité, p. 286.

des caractères animaux inchangés, qui eux-mêmes sont déjà venus s'adjoindre aux caractères de la vie (alimentation, croissance, reproduction). En regard, dans la perspective unitaire du corps, « les lignes de démarcation des différents « membres » traversent, de part en part, les systèmes d'organes[48]. »

Goldstein en donne un exemple convaincant. Une distinction structurante est celle que l'on observe entre les mouvements de flexion et d'adduction (rapprochement du corps) d'une part, et les mouvement d'extension et d'abduction (éloignement du corps) d'autre part. Or, ces dynamismes corporels présentent des significations radicalement différentes pour l'homme : flexions et adductions interviennent beaucoup plus dans les mouvements de précision; en revanche, extensions et abductions sont spontanément privilégiées dans les mouvements involontaires. Autrement dit, l'homme se centre sur lui-même quand il doit faire appel à sa propre énergie, alors qu'il s'abandonne au monde, à l'extérieur, quand il vit dans l'automatisme. Et, de fait, une maladie, quelle qu'elle soit, valorise les secondes sortes de mouvement : « Une déficience fonctionnelle de l'organisme trouble toujours [...] les opérations volontaires, les *opérations de flexion* et simultanément, elle trouble la *distinction moi-monde*[49]. » C'est donc que l'originalité de l'organisme humain n'est pas seulement localisée, mais s'inscrit dans tout le corps : « Un vivant dont les pieds eussent été différents eût aussi manifesté des formes de conscience différentes[50]. »

Ce que l'analyse précise de la structure de l'organisme et de son attitude affirme sur la rupture globale, l'apparition de l'homme le confirme[51]. L'homme n'est pas un animal plus perfectionné. Il n'est pas le point

48. Kurt GOLDSTEIN, *La structure de l'organisme*, *op. cit.*, p. 389.

49. *Ibid.*, p. 393. « Le trouble psychogène a nécessairement un caractère centrifuge. [...] À l'inverse, dans la maladie organique, le processus naît à la périphérie et entraîne des changements dans les attitudes centrales. » (Paul SCHILDER, *L'Image du corps.* Étude des forces constructives de la psyché, trad. François Gantheret et Paule Truffert, « TEL », Paris, Gallimard, 1968, pp. 312 et 313).

50. Frank TINLAND, *La différence anthropologique.* Essai sur les rapports de la nature et de l'artifice, « Analyse et raisons », Paris, Aubier-Montaigne, 1977, p. 30.

51. Ce n'est pas le lieu de discuter la théorie de l'évolution. En un mot, si on peut être favorable à la théorie générale de l'évolution (qui, bien comprise, ne s'oppose nullement à la création et n'est pas seulement conforme à la foi et à la raison philosophique, mais vient les conforter et vivement les éclairer), on peut ne pas trouver son miel dans les actuelles différentes théories particulières. Cela dit, il y a une étroite correspondance entre l'être et son histoire. Au refus d'une différence entre l'homme et l'animal correspond une évolution sans progrès, hasardeuse ; à la différence quantitative correspond une évolution infinie dont l'homme n'est qu'un maillon et qui nous réservera encore bien des surprises; à la différence qualitative correspond une évolution avec révolution et même achèvement. Or, c'est cette dernière conception que semble favoriser le spécialiste André LEROI-GOURHAN. L'homme est un être radicalement nouveau : « L'homme n'est pas, comme on s'était accoutumé à le penser, une sorte de singe qui s'améliore, couronnement majestueux de l'édifice paléontologique, mais, dès qu'on le saisit, autre chose qu'un singe. » (*Le Geste et la Parole*, *op. cit.*, vol. I, p. 166).

d'aboutissement du genre animal. En lui, dans tout son corps, s'organise un autre être que ce qui s'élabore sous la forme de l'animalité.

Conclusion

Un tableau résumera la démarche et les conclusions de ce chapitre.

Tableau résumé des cinq conceptions de la différence entre corps animal et corps humain

1. Corps humain inférieur au corps animal :	**non.**
2. Corps humain similaire au corps animal :	**non.**
3. Corps humain supérieur au corps animal :	
a) Différence de degré (ou quantitative) :	**non.**
b) Différence de nature (ou qualitative) :	
– Différence partielle, localisée :	**non.**
– Différence globale :	**oui.**

Dans les zoos, les cages qui attirent le plus l'attention et suscitent le plus de commentaires sont celles des pongidés. La question est de savoir si le véritable spectacle est au-dedans ou en dehors de la cage. En tout cas, ce sont les lieux où fusent le plus de rires, où les visages s'interrogent le plus. « Oh, tu as vu ? » « Il ne te rappelle pas quelqu'un ? » « On a l'impression qu'il nous en veut... » « On dirait qu'il réfléchit. » Et puis, tôt ou tard, la réflexion songeuse : « Comme ils nous ressemblent... » L'éthologue sourit d'une telle ignorance. Cette attirance serait-elle anthropomorphisme naïf? Ce serait bien réducteur. L'homme trouve-t-il dans le pongidé le miroir brut d'une zone difficilement avouable ou cernable de son être ? Peut-être. Mais je préfère l'explication philosophique au filtre psychologique : l'homme ne découvre-t-il pas chez le singe comme une esquisse de ce qui ne trouve son sens plénier qu'en s'hominisant, ne projette-t-il pas sur cette matière psychique une signification qui s'y prépare ?

Cependant, insister sur la rupture globale entre corps animal et corps humain n'est pas succomber à la tentation idéaliste de congédier le cosmos du monde de l'homme. Inséré dans la nature, être-au-monde, la personne en émerge non seulement par sa stature verticale, mais par tout son corps.

Contre la représentation mécaniste éclatée, ces trois premiers chapitres ont conclu à l'unité globale d'un corps doué d'une signification objective ; contre la représentation naturaliste, ils ont montré que le corps humain émergeait de la nature et présentait une spécificité qu'il convient maintenant de déchiffrer.

Chapitre 4

Le propre du corps humain

« Les corps humains sont capables de beaucoup de choses,
aussi leur nature est en relation à des âmes qui ont une grande connaissance
d'elles-mêmes et de Dieu[1]. »

« En le considérant, en un mot, tel qu'il a dû sortir des mains de la Nature,
je vois un animal moins fort que les uns, moins agile que les autres,
mais, à tout prendre, organisé le plus avantageusement de tous[2]. »

« L'expression humaine comporte d'une manière générale la position debout,
la forme en particulier de la main, comme outil absolu, de la bouche,
le rire, les pleurs, etc., et ce son de spiritualité répandu sur l'ensemble,
qui annonce immédiatement que le corps est la forme extérieure
d'une nature plus haute[3]. »

Le corps humain n'est pas une variante du corps animal; son originalité est réelle; elle est aussi globale. Le chapitre précédent l'a montré. Il faut maintenant se demander en quoi consiste cette caractéristique globale spécifique? Par la même occasion, nous abordons une autre question : quelle est l'originalité de la formule corporelle humaine? Pris dans son intégralité, le corps humain se présente sous deux aspects contrastés : il est complexe, et indéterminé. Mais ces faits globaux demandent à être interprétés.

1. Baruch de Spinoza, *Éthique démontrée selon la méthode géométrique*, L. V, Proposition 39, Scolie (trad. proposée par le professeur Louis Millet).

2. Jean-Jacques Rousseau, *Discours sur l'origine et les fondements de l'inégalité parmi les hommes*, 1re partie, Éd. Jean Starobinski, in *Œuvres complètes*, « Bibliothèque de la Pléiade », Paris, Gallimard, tome III, 1964, pp. 134 et 135.

3. Georg-Wilhelm Friedrich Hegel, *Précis de l'encyclopédie des sciences philosophiques*, « Bibliothèque des textes philosophiques », trad. J. Gibelin, Paris, Vrin, 1967, art. 441, p. 237.

1. Le corps humain, corps complexe

Le corps humain est d'une extraordinaire complexité : celle-ci est sa première spécificité[4]. Déjà, l'animal est plus complexe dans sa structure que le végétal. En outre, les espèces animales sont beaucoup plus diversifiées que les espèces végétales[5]. De plus, comme le note le grand zoologue Lucien Cuénot, au tout début du grand *Traité de Zoologie* dirigé par Grassé, il y a une hiérarchie de complexification au sein de l'évolution :

> « L'anatomie et l'histologie comparées suggèrent une hiérarchie des organisations qui, tout en étant parfaitement équivalentes au point de vue du maintien de la vie, sont d'une complexité de plus en plus grande; ainsi une échelle évidente commençant aux protozoaires (et même si l'on veut aux ultra-virus), se continue par les spongiaires, puis par les polypes à cavité cœlentérique et enfin par les animaux pourvus d'un tube digestif distinct des cavités du corps; il n'y a pas un Traité de Zoologie qui ne suive cet ordre[6]. »

Précisément, au sein des entités matérielles, le corps humain détient tous les records de complexité. Pierre Teilhard de Chardin aimait rappeler qu'entre les deux infinis dont parle Pascal, l'infiniment petit et l'infiniment grand, on rencontre cet infini de complexité qu'est l'homme. Or, cette complexité caractérise l'homme en propre[7]. Il n'y a pas vivant plus différencié que l'homme. Cette différenciation s'observe dans la totalité comme en

---

4. Cf. Louis Le Moigne, *La Modélisation des systèmes complexes*, Paris, Dunod, 1990. Tout proche est le thème de l'homme comme raccourci ou résumé d'univers : « Mon corps n'est pas une partie de l'univers que je possèderais totalement. C'est la totalité de l'Univers possédé par moi partiellement. » (Pierre Teilhard de Chardin, cité par Gustave Martelet, in *Résurrection, eucharistie et genèse de l'homme*, Paris, Desclée, 1972, p. 38 s.) Les Pères de l'Église l'affirmaient déjà (cf. Hans-Urs von Balthasar, *L'homme en Dieu*, *op. cit.*, p. 329 s.).

5. « Le Règne animal, beaucoup plus riche en plans d'organisation et en espèces que le Règne végétal (20 plans d'organisation contre 9; 2 500 000 espèces contre moins d'1 000 000), atteint une extrême complexité. » (Pierre-Paul Grassé et Dominique Doumenc, *Zoologie*. 1. *Invertébrés*, Paris, Masson, 1993, p. 1).

6. Lucien Cuénot, « Phylogénèse du règne animal », in *Traité de zoologie.* Anatomie, systématique, biologie, 44 volumes, tome I. *Phylogénie. Protozoaires : généralités, flagellés*, Ed. Pierre-Paul Grassé, Paris, Masson, 1952, p. 18.

7. Plus on grimpe dans l'échelle des êtres, plus l'asymétrie devient frappante : le règne de l'inerte est le plus souvent symétrique; avec le vivant s'introduit l'asymétrie, par la forme en spirale (Claude et Marie Nuridsany, « La spirale et la vie », in *Sciences et Avenir* n° 565, mars 1994, p. 48 à 55); cette asymétrisation se poursuit dans l'évolution de l'appareil locomoteur et la progressive individualisation des deux pôles locomoteur et préhensif; elle trouve son sommet dans la différenciation des deux hémisphères cérébraux et la spécialisation des neurones.

chaque organe, et le cerveau, tant neuronal qu'humoral ou endocrinien[8], concrétise sans doute le sommet de la complexité physique dans l'univers. La complexité humaine n'est pas seulement statique ou anatomique, elle est aussi dynamique et comportementale : aucune voix n'a de timbre plus varié, plus modulable que celle de l'homme. Seul le visage humain est doué de plasticité expressive. Le geste de l'homme est d'une infinie précision et diversité. Le corps de l'homme et lui seul peut, chez le danseur, se faire aussi bien vent, pierre que flamme ou vague.

De plus cette complexité n'est pas prolifération, elle est ordonnée. Et cet ordre complexe n'est pas qu'une donnée de fait, il présente une signification philosophique profonde : plus un être est matériellement élaboré, plus il est apte à des opérations multiples et élevées[9]. Le corps humain peut donc se caractériser comme étant l'être matériel unifié le plus complexe.

2. Le corps humain, corps harmonieux

Le corps humain est complexe. Cette complexité semble fragile. Qu'est-ce qui la distingue du corps éclaté de la représentation mécanique ? Une seule réponse : le **corps humain est harmonie,** il est même l'acmé de l'harmonie dans le monde matériel.

Cette conception fut élaborée par Thomas d'Aquin avec bonheur[10]. Disciple d'Aristote, il rompt avec la tradition augustinienne, plus dualiste, qui est professée à l'Université de Paris jusque vers la moitié du XIIIe siècle. Face à son maître saint Albert le Grand qui écrit encore : « À considérer l'âme selon ce qu'elle est, nous sommes d'accord avec Platon ; par contre, à

8. Je fais allusion aux deux conceptions complémentaires du cerveau de Jean-Pierre CHANGEUX *(L'homme neuronal,* « Le temps des sciences », Paris, Fayard, 1983 ; repris en coll. « Pluriel », 1986) et de Jean-Didier VINCENT (*La biologie des passions,* Paris, Éd. Odile Jacob-Seuil, 1986).

9. Cette complexité, la diversité hétérogène des parties ne nuit pas à l'unité du vivant ; c'est donc que son principe d'unification est plus parfait : « Plus la diversité [on dirait aujourd'hui complexité] est grande, plus l'âme est parfaite. » (S. THOMAS D'AQUIN, *De Spiritualibus creaturis*, q. un., a. 4) Sur ce point, le systémisme n'innove pas.

10. Pour une présentation affinée de sa conception du corps, outre les ouvrages et manuels classiques qui sont habituellement peu diserts, cf. les développements passionnants de Leo ELDERS, *La philosophie de la nature de saint Thomas d'Aquin*, *op. cit.*, p. 285-376. Marie-Joseph NICOLAS, « Le corps humain », *Revue Thomiste,* LXXIX (1979), p. 359-389. B.C. BAZAN, « Pluralisme de formes ou dualisme de substances. La pensée préthomiste touchant la nature de l'âme », in *Revue Philosophique de Louvain* 67 (1969), pp. 30-73. ID., « La corporalité selon saint Thomas », in *Revue Philosophique de Louvain* 81 (1983), p. 369-409. K. BERNATH, *Anima Forma Corporis.* Eine Untersuchung über die ontologischen Grundla en der Anthropologie des Thomas von Aquin, Bonn, 1969 (l'auteur pense que Thomas ne respecte pas assez le corps humain (p. 204), mais il ne semble pas avoir analysé assez précisément ses positions).

la considérer selon la forme d'animation vitale qu'elle communique au corps, nous sommes d'accord avec Aristote[11] », Thomas ose affirmer que l'âme n'est plus une réalité (substance) séparée, mais la forme, l'acte du corps : « C'est bien plutôt l'âme qui contient le corps et en assure l'unité que l'inverse[12]. »

Trois faits

Contrairement à ce que l'on pense usuellement, les développements de l'Aquinate ne sont pas des déductions *a priori* à partir de principes métaphysiques. Au contraire, tout le regard qu'il jette sur le corps et sur sa relation avec l'âme relève de quelques considérations très concrètes et très universelles, qui ont valeur de principes indubitables :

1. L'homme se vit comme un être un (quels que soient les conflits qui peuvent le déchirer).
2. C'est l'individu qui réfléchit : *« Hic homo intelligit »,* « cet homme-ci fait acte d'intelligence », répondait saint Thomas aux averroïstes partisans d'une sorte d'âme collective. Plus simplement, si je me coince le doigt dans une porte, je ne dis pas : « Mon doigt a mal », mais « j'ai mal »; lorsque je me délecte d'une glace Häagen-Dazs, je ne m'exclame pas : « Mes papilles gustatives sont en extase », mais « j'aime la glace ».
3. Jamais nous ne pensons sans image[13], autrement dit, nous ne fonctionnons à aucun moment comme de purs esprits, déliés de toute attache sensible et organique. L'annexe III reviendra sur cette remarque d'importance.

Approche philosophique

Ces faits appellent une élaboration systématique. L'homme se vit un dans sa vie et son agir. Or, « il est impossible que des choses distinctes selon l'être aient une opération une [...]. Il faut donc que l'âme et le corps deviennent une seule chose et qu'ils ne soient pas différents selon l'être *(esse)*[14]. » Aussi

11. *Summa Theologica*, II, tr. 12, q. 69, memb. II, a. 2, Paris, tome 33, p. 16.

12. *ST*, Ia, q. 76, a. 3. Sur l'intellect comme forme du corps, cf. a. 1. Cf. Edouard WÉBER, *L'homme en discussion à l'Université de Paris en 1270*, Paris, Vrin, 1970. Cf. son résumé d'histoire, « Anima (âme) », in *Encyclopédie philosophique Universelle.* II. *Les notions philosophiques. Dictionnaire, op. cit.*, p. 98.

13. Cf. *ST*, Ia, q. 84, a. 7. Cf. le long commentaire de Karl RAHNER, *L'esprit dans le monde.* La métaphysique de la connaissance finie chez saint Thomas d'Aquin, trad. (en allemand : *Geist im Welt*), Paris, Mame, 1967.

14. ID., *Somme contre les Gentils*, L. II, ch. 57. Aussi, Thomas se refuse-t-il à la théorie franciscaine de la pluralité des formes substantielles. Il ose aussi parler de **corporéité,** dans une formule à saveur phénoménologique : « Il faut donc que la corporéité (*corporeitas*), en tant qu'elle est la forme substantielle dans l'homme, ne soit pas autre chose que l'âme rationnelle »,

corps et âme sont-ils profondément unis, ce qui n'ôte rien à la transcendance spirituelle de l'âme.

Mais comment matière et esprit peuvent-ils être unis ? L'observation de l'univers montre qu'il est régi par un principe d'ordre et de continuité. Il existe une « admirable connexion entre les choses. En effet, ce qui est inférieur dans un genre supérieur est contigu à ce qui est supérieur dans un genre inférieur[15] ».

Appliquons ce principe au corps humain. Thomas adopte une démarche qui ne manque pas d'étonner, car elle part d'en haut. Pour lui, ce n'est pas la matière qui tente de se hisser vers un esprit, à jamais inaccessible, mais c'est celui-ci qui, avec humilité, vient mendier au corps son service et son aide. Nous sommes loin de la dialectique du maître et de l'esclave qui règle implicitement toutes les relations corps-âme depuis plusieurs siècles.

Or, il se trouve que l'âme humaine (l'esprit humain) est la plus imparfaite des réalités spirituelles. Et plus un être est achevé, plus il est intérieur : aussi les anges, plus parfaits, trouvent en eux la vérité, alors que l'homme doit la quêter auprès du monde sensible. Ce qui demande un équipement particulièrement complexe : sens, imagination, mémoire, etc. L'âme humaine est donc particulièrement complexe. En vertu du principe de continuité évoqué ci-dessus (et de la proportion entre acte et puissance qui sera évoqué au chapitre suivant), le corps doit être étroitement proportionné à son principe d'animation. Voilà pourquoi, pour Thomas, le corps humain, de par la complexité et l'équilibre de sa structure, est ce qu'il y a de plus harmonieux, mais aussi de plus parfait, dans l'ordre des réalités physiques[16].

autrement dit l'esprit. (*Somme contre les Gentils*, L. IV, ch. 81) Sur l'homme comme étagement de formes, s'engrenant comme des poupées russes, cf. P. MAZZARELLA, *Controversie medievali : unita et pluralita delle forme*, Naples, 1978.

15. ID., *Somme contre les Gentils*, L. II, ch. 68.

16. Il vaut la peine de citer largement ce texte capital qui lave saint Thomas de tout soupçon dualiste : « Il faut dire que parce que la forme n'est pas pour la matière mais plutôt la matière pour la forme, il convient de chercher dans la forme la raison pour laquelle la matière est telle, et non l'inverse ; or, l'âme intellective [...] tient dans l'ordre de la nature le rang inférieur parmi les substances intellectuelles, en tant qu'elle ne porte pas en elle naturellement la connaissance de la vérité, comme les anges ; mais il faut qu'elle l'acquière à partir des réalités divisibles, par la voie des sens [...]. Or, la nature ne fait défaut en rien quant aux choses nécessaires. D'où il fallait que l'âme intellective n'ait pas seulement la capacité de penser, mais aussi la faculté de sentir. Or l'acte des sens n'a pas lieu sans un instrument corporel. Il fallait donc que l'âme intellective soit unie à un corps qui puisse être l'organe adéquat des sens. Or tous les autres sens sont fondés sur le toucher. Et de l'organe du toucher, il est requis qu'il soit un milieu entre les contraires. [...] D'où il fallait que le corps auquel est unie l'âme intellective soit un corps mixte et, parmi tous les autres, celui qui a reçu la composition la plus équilibrée *(æqualitatem complexionis).* » (*ST*, Ia, q. 76, a. 5). Aujourd'hui, on ferait le même raisonnement pour la capacité à aimer, et sans doute cela nous parlerait davantage. La communion d'amour face-à-face et le don de la vie d'un petit d'homme requièrent une anatomie et une physiologie adaptées extraordinairement complexes.

3. Le corps humain, corps inachevé

Alors que Thomas d'Aquin fut marqué par la perfection du corps humain, notre époque est plus attentive à son inachèvement[17]. On peut, en effet, caractériser le corps de l'homme dans les termes positifs de complexité et d'harmonie. Encore faut-il constater sa profonde imperfection qui prend la double figure de l'indétermination et de la *retardation.*

Le corps humain, corps indéterminé

Vue de haut, l'évolution semble s'orienter vers une indétermination croissante : « Dans une perspective qui va du poisson de l'ère primaire à l'homme de l'ère quaternaire, on croit assister à une série de libérations successives : celle du corps entier par rapport à l'élément liquide, celle de la tête par rapport au sol, celle de la main par rapport à la locomotion et finalement celle du cerveau par rapport au masque facial[18]. » Or, qui dit libération, dit l'accès à des degrés d'action nouveaux : par exemple, l'apparition du cou, qui libère la tête par rapport au reste du corps et au sol, permet plus de degrés de liberté dans son mouvement et de ceux des organes sensoriels qu'elle supporte.

De manière générale, les mammifères qui ont développé un usage quasi-manuel de la patte antérieure « ne sont pas, au sens anatomique, les plus évoluées, mais au contraire celles qui ont conservé la main à cinq doigts des reptiles primitifs, et qui témoignent de l'indétermination initiale du membre antérieur entre la locomotion et la préhension[19] ». Enfin, cette indétermination est encore plus patente pour le cerveau :

> « Chez l'homme, à la différence des autres animaux, de vastes régions supplémentaires de cortex cérébral ont fait leur apparition, refoulant les aires motrices et sensitives de l'écorce dans la profondeur des scissure[20]. »

À regarder le corps humain, il apparaît donc deux faits qui ne sont pas contradictoires : d'une part, l'homme est un animal d'une espèce bien distincte, dont les caractéristiques interdisent de le confondre avec quelque autre animal que ce soit; d'autre part, le spécifique de l'homme consiste non pas dans une nouvelle spécificité, mais dans son refus de la spécialisation.

---

17. Ce qui ne signifie pas qu'il ignore son indétermination et son ouverture à plus de possibles (cf. par exemple *ST*, Ia, q. 81, a. 3, ad 2um).

18. André LEROI-GOURHAN, *Le Geste et la Parole*, *op. cit.,* I, p. 141. Il poursuit avec modestie : « Que ce sentiment soit artificiel n'est guère douteux, car on crée, en isolant des fossiles privilégiés, une image très incomplète de l'évolution. » (*ibid.*).

19. André LEROI-GOURHAN, « Technique et Société chez l'Animal et chez l'Homme », in *L'Originalité biologique de l'Homme, Recherches et Débats*, n° 18, Paris, 1957, p. 16.

20. W. PENFIELD et L. ROBERTS, *Langage et Mécanismes cérébraux*, Paris, P.U.F., 1963, p. 15.

Le corps humain, corps retardé

L'indétermination du corps humain est au plan statique ce qu'est, au plan historique, le retard de croissance appelé **néoténie.** Étymologiquement, « néoténie » vient de deux racines grecques : d'une part, *géos,* « jeune » ou *néos,* « nouveau »; d'autre part, *teinô,* « je prolonge ». Pour quelques espèces animales, des caractères juvéniles ou embryonnaires chez un ancêtre deviennent des caractères d'adulte chez un descendant. L'exemple le plus connu est celui de l'axolotl, qui est une espèce de batracien, précisément un urodèle, et plus précisément encore un amblystome du Mexique *(Amblystoma mexicanum)* habitant le lac Xochimilco. Deux fois par an, cet animal reproduit son état larvaire, précisément l'axolotl. Or naturellement, il reste tel et ne devient pas amblystome. Il est cependant facile de provoquer sa métamorphose par extrait de la glande thyroïdienne. C'est donc que le caractère néoténique de l'axolotl tient à une résistance de l'organisme de l'amblystome et est lié à sa propre hormone. Bref, la néoténie est la biopersistance de caractères larvaires.

Ce qui est vrai de certains animaux l'est *a fortiori* de l'homme, comme Bolk, et d'autres à sa suite[21], l'ont fortement montré : il persiste chez l'homme quantité de traits fœtaux qui disparaissent dans la croissance et la maturation des animaux. En effet, l'homme présente les caractères suivants :

> « L'orthognatie, l'absence de poils, la perte de pigment de la peau, des cheveux et des yeux, la forme des pavillons des oreilles, la place du *foramen magnum,* le poids élevé du cerveau, la persistance de la fontanelle, les grandes lèvres chez la femme, la structure de la main et du pied, la forme du bassin, la position dans le plan ventral de l'orifice génital chez la femme, certaines variations de la dentition et des sutures crâniennes ».

Or, tous ces caractères sont « des positions ou des relations fœtales devenues permanentes[22] ». Aussi Bolk parle-t-il de fœtalisation; il montre ainsi que « ce qui est fondamental dans le contraste entre la forme humaine et celle du quadrupède tient aux courbures de l'axe du corps du fœtus, qui ont persisté chez l'homme, alors qu'elles ont été éliminées chez le quadrupède[23] ».

De même, le cerveau de l'*homo sapiens sapiens* n'atteint le poids de celui du chimpanzé nouveau-né que six mois après la naissance. Et la cause essentielle

21. Et d'autres, comme nous le verrons. Par exemple : « L'homme est néoténique en ce qu'il ne possède qu'une seule forme, indiquée dans l'enfance. » (H. SEUNTJENS, « L'homme et la durée », in *Synthèses*, nov.-déc. 1956, p. 91) Sur une défense argumentée de la théorie de Bolk, cf. Frank TINLAND, *La différence anthropologique, op. cit.*, p. 62 à 71.

22. BOLK, Art. cité, p. 5. Pour plus de détails, cf. E. GENET-VARCIN, *À la recherche du primate, ancêtre de l'homme.* Primates et évolution, Paris, Boubée, 1969, p. 47.

23. *Ibid.*, p. 12.

> « est à rechercher du côté de la néoténie qui, en réduisant le massif facial et en retardant la soudure des pièces osseuses crâniennes, a permis au cerveau de se développer pendant un très long temps après la naissance, notamment sous l'effet des stimulations engendrées par tous les apprentissages indispensables à la transmission des acquis culturels[24]. »

L'homme adulte ressemble donc beaucoup plus à un grand singe enfant qu'à un grand singe adulte ; notre développement somatique s'est arrêté au stade fœtal du singe. Loin d'être des primates sur-développés, nous sommes des primates en régression. La néoténie « oppose [donc] l'homme à l'animal[25] ».

De prime abord, ce phénomène étonne. On serait plutôt porté à envisager le cheminement évolutif comme un progrès linéaire : l'embryon ou le jeune de la première génération passe à l'âge adulte ; et le jeune de la seconde génération engrangeant les acquis de l'adulte commence au point où l'adulte en était arrivé. Or, c'est le contraire qui est vrai : l'adulte de la seconde génération ressemble, au plan structurel, à l'embryon de la première génération. Quel sens donner à l'involution du corps humain ?

4. Le corps humain, corps béant

L'indétermination du corps humain peut d'abord se comprendre en termes strictement négatifs, comme indice de régression[26], de vide[27] ou de béance[28].

Georges Lapassade, théoricien contemporain de formation marxiste et existentialiste, est l'un des premiers à donner une interprétation de la

24. André BOURGUIGNON, *L'homme imprévu, op. cit.*, I, p. 225. Cf. les développements des p. 201 à 225.

25. François DAGOGNET, *Le corps multiple et un, op. cit.*, p. 123.

26. Pour le philosophe allemand Max SCHELER, l'homme « est l'animal devenu malade » ; il est une « impasse de la nature ». C'est aussi la conviction de Frédéric NIETZSCHE. Th. LÖBSACK fait de l'homme « une erreur de la nature ». Cf. W. KÜHN, « Der Mensch, nur ein nackter Affe ? », in *Stimmen der Zeit*, 1978, p. 479 à 489.

27. Jean-Luc MARION pense que le corps est signe de l'âme lorsqu'il laisse autrui le regarder. Or, nous regardons quelqu'un non pas dans le blanc des yeux, mais dans le noir de la pupille qui est vide. Et ce vide interdit de réduire l'autre à un objet (Cf. « La connaissance de la charité », in *Communio, La charité*, XIX/6, n° 116, nov.-déc. 1994, p. 40 et 41. Il renvoie à *Dieu sans l'être*, Paris, Communio-Fayard, 1992, chap. 1). C'est oublier que ce n'est pas l'œil pris isolément qui attire et frappe, mais l'œil dans le visage, que le noir de la pupille se donne à voir non pas comme absence de lumière, mais positivement comme couleur, et que le regard n'a de privilège que chez l'intellectuel occidental.

28. On pense au néant chez Jean-Paul Sartre, à la béance en psychanalyse lacanienne (cf. Bertrand OGILVIE, « Lacan : le corps et le nom du corps », in COLLECTIF, *Le corps*, dirigé par Jean-Christophe GODDARD, *op. cit.*, p. 222-241).

néoténie en termes d'imperfection : « L'homme naît inachevé[29]. » Et il le demeure, car il est inabouti par essence. Il n'est en rien appelé à acquérir quelque achèvement que ce soit. Sa vie n'est jamais qu'une naissance continuée. Lapassade s'oppose donc frontalement au concept de perfectibilité et d'éducabilité hérité des *Lumières,* et fonde biologiquement l'un des « thèmes majeurs de la pensée contemporaine », selon lequel « l'être humain n'est plus défini par un consentement aux valeurs », mais « au contraire créateur de lui-même[30] ». La néoténie se trouve dès lors mise au service d'une idéologie d'autocréation de soi par soi. « Nous vivons toujours au-delà de nos possibilités[31] », affirme-t-il. La notion d'âge adulte est déconstruite au profit de celle de la jeunesse, qui symbolise la spontanéité créatrice, et de l'improvisation que refoulent les masques de l'appareil politique et de l'ordre traditionnel.

Un autre ouvrage, quant à lui, veut montrer que « l'homme en tant qu'être naturel se définit [...] en termes de manque et de disponibilité ». Une « faille traverse l'organisation naturelle » de l'homme : c'est dans le « surcreusement de cette faille », dans cette « béance ouverte » que l'homme accède à son être d'homme[32]. Le spécifique de l'homme, la « différence anthropologique » – et ce type de formulation est d'ailleurs lui-même des plus révélateurs – consiste dans le manque, la déhiscence, la déchirure, « l'écart qui s'est toujours plus creusé entre les rythmes » des devenirs naturels et ceux de l'histoire humaine[33].

5. Le corps humain, corps de possibles

Ces interprétations plus négatives nous laissent sur notre faim. Le corps humain est-il doué d'une identité seulement négative, trouée ? D'abord, les auteurs ne manquent pas qui interprètent favorablement la néoténie[34]. La privation est ensuite le signe en creux d'un possible. À trop insister sur la vulnérabilité du corps, on manque l'essentiel qu'il indique et appelle :

---

29. Georges LAPASSADE, *L'entrée dans la vie.* Essai sur l'inachèvement de l'homme, précédée par *Portrait d'un outsider* de Jean-Marie PALMIER, « 10/18 » Paris, Ed. de Minuit, 1963, p. 23.

30. *Ibid.*, p. 38.

31. *Ibid.*, p. 41.

32. Frank TINLAND, *La différence anthropologique, op. cit.*, p. 444. Cf. par exemple p. 179, 238, 288 et 289.

33. *Ibid.*, p. 446.

34. Pour Konrad LORENZ, la « néoténie partielle » de l'homme, outre la déspécialisation, permet la persistance de la curiosité caractéristique du jeu enfantin ; or, il y a une « identité de nature fondamentale du jeu et de la recherche », par exemple scientifique ; aussi la néoténie permet « l'ouverture au monde » constitutive de l'homme (« Psychologie et phylogénèse », art. cité, p. 446-464).

> « L'inadaptation humaine à la naissance est corrélative de la capacité d'une réponse meilleure à des situations plus complexes. [...] La fragilité humaine est la marque d'une disponibilité. On doit donc comprendre que la fragilité humaine marque une différence essentielle de l'homme par rapport aux autres animaux[35]. »

L'indétermination du corps humain est susceptible de recevoir une signification très positive[36] : le corps humain est un corps de possibles ; ce qu'il perd en précision, il le gagne en extension ; sa spécialité, c'est d'être généraliste[37]. Son organisation anatomique indéterminée fait que l'homme

> « est resté capable d'à peu près toutes les actions possibles, qu'il peut manger pratiquement n'importe quoi, courir, grimper et utiliser l'organe invraisemblablement archaïque qu'est, dans son squelette, la main, pour des opérations dirigées par un cerveau sur-spécialisé dans la généralisation[38] ».

Nous l'avons noté au chapitre précédent.

L'emblème du corps de possible est la **nudité** du corps humain[39]. Se réduit-elle à l'absence de poils ? Nullement, elle accroît la surface de contact entre l'homme et le monde et permet l'exercice du sens du toucher dont on va voir l'importance fondamentale. Par ailleurs, cette nudité permet une plus grande lisibilité des signaux faciaux. Elle est signe de disponibilité. Enfin, la nudité est source de plus grande vulnérabilité : elle est comme le symbole de notre capacité à être touché ou affecté.

C'est ce que confirme le phénomène néoténique. L'interprétation proposée par Lapassade me semble (idéologiquement) réductrice. Cuénot l'a bien saisi : la persistance de caractères embryonnaires assure « à la nouvelle lignée un point de départ rajeuni qui peut s'associer avec des caractères très évolués[40] ».

---

35. Jean-Michel MALDAMÉ, *Le Christ et le cosmos*. Incidence de la cosmologie moderne sur la théologie, Paris, Desclée, 1993, p. 117. C'est moi qui souligne. Trop valoriser le manque, c'est, dirait Aristote, confondre le par soi et le par accident (cf. les fines remarques de Jacques de MONLÉON, in « Notes sur le livre I des *Physiques* », in *Revue thomiste*, LXXIII (1973), p. 417-433).

36. Frank TINLAND estime aussi que la « généralité », l' « indifférenciation » font le lit d'« un champ de possibilités uniques en leur genre » (*La différence anthropologique, op. cit.*, p. 61). Mais la perspective structuraliste qui lui est propre (cf. par exemple p. 9 ou la bibliographie) lui interdit de rendre compte, de penser positivement la présence de cette ouverture, de cette potentialité et l'invite à privilégier la lacune.

37. Cf. aussi l'exposé très humoristique qu'en donne Roy LEWIS : « Les lions et les loups savent chasser. Mais quoi d'autre ? Rien du tout. » (*Pourquoi j'ai mangé mon père*, trad., Paris, Presses Pocket-Actes Sud, 1990, cf. tout le passage, p. 52-54).

38. André LEROI-GOURHAN, *Le Geste et la Parole*, *op. cit.*, I, p. 168.

39. Cf. annexe I.

40. « Phylogénèse du règne animal », in *Traité de zoologie, op. cit.*, p. 14. Ce processus se produit d'ailleurs à tous les degrés de l'évolution : des ordres jusqu'aux clades eux-mêmes. Par exemple, « l'origine néoténique des Insectes est extrêmement probable » (*Ibid.*).

6. Le corps humain, corps ouvert

Le corps humain est corps de possible parce qu'il est ouvert à ces possibles qu'il porte. Cette ouverture constitue une autre originalité globale du corps de l'homme.

Le corps humain, corps ouvert

La perfection souple et infiniment ouverte du corps humain a avantageusement remplacé la perfection figée, mécanique de l'instinct, notamment de l'insecte, qui avait tant ébloui Bergson[41]. Observons notre corps. Une main accueillante est une main tendue et désarmée. Certains voient l'origine de la poignée de mains dans l'aveu qui dépose toute crainte et toute hostilité : « Je suis sans arme ». La première distinction que la plupart des personnes opèrent entre les visages est : visage ouvert et visage clos. À la Cité des sciences de La Villette, dans l'exposition réservée aux comportements humains, on peut lire le panneau suivant

> « Visages "ouverts" ou "fermés" : les mimiques faciales, éléments fondamentaux de la communication humaine, ne peuvent être étudiés qu'au cours d'une interaction. »

Or, un visage ouvert mobilise beaucoup moins de muscles que s'il est clos. De même les bras sont faits pour être ouverts ; et l'étreinte aimante ne cherche pas à enclore l'autre, mais à le faire éclore. Bref, le corps humain est constitutivement ouvert.

Deux sortes d'opposition ou de contrefaçons du corps humain dessinent en creux ce qu'il est et ce qu'il est appelé à vivre. Violenté, le corps humain se rétracte ; il se met en boule et se ferme ; en régressant, l'homme se replie sur lui. Kurt Goldstein, cité plus haut, remarquait que la maladie affecte non pas un organe de l'homme, mais la totalité de sa vie. Précisément, son monde se rétrécit et se ferme à l'autre sous deux formes : il accueille l'inconnu, l'étranger avec difficulté et prend peur du changement. Plus encore, le vieillard grabataire se recroqueville en position fœtale. Au maximum, on trouve le corps auquel la mort fait perdre toute signification et toute unité et le replie sur lui. « Il s'est replié sur lui-même lorsqu'on a tiré », dit un témoin de la mort de John Fitzgerald Kennedy à Dallas, le vendredi 22 novembre 1963.

Ce qui est vrai du corps viol(ent)é vaut tout autant pour le corps violent : il se ferme. La main dangereuse, c'est le poing fermé ou brandi, non la main tendue. Le corps qui combat est le corps qui s'efface, les jambes prêtes à se

41. Cf. *L'évolution créatrice*, « Bibliothèque de philosophie contemporaine », Paris, P.U.F., 1969, notamment p. 135-152. Cf. Pascal Ide, *Construire sa personnalité*, Paris, Sarment-Fayard, 1992, pp. 17 et 18.

détendre pour frapper. Le visage qui hait ne condescend à sourire que de mépris et a rétracté toute capacité à accueillir l'autre. Le respect et l'amitié qui ouvrent à autrui ne s'opposent pas seulement à la haine qui transforme le corps en arme, mais à la fusion qui le métamorphose en bouche : ici, les bras de Raminagrobis s'ouvrent pour ceinturer et emprisonner l'autre. Il y a enfin, le corps de celui qui désespère et ne sait même plus ouvrir les bras. « Les bras m'en tombent », dit la personne découragée qui croit avoir trop attendu de la vie et se recroqueville sur son entourage immédiat pour ne plus donner l'amour qu'à celui dont elle est sûre qu'il le lui rendra… Jusqu'au jour inévitable où elle croira que ses proches eux-mêmes la trahiront. De même, la fatigue, la tristesse, la culpabilité ôtent au visage et au corps le dynamisme qui l'oriente vers l'autre. Un psychothérapeute remarquait qu'un être gavé d'informations, suragressé, occulte spontanément sa mémoire et se coupe de ses racines culturelles.

Déshumanisé ou déshumanisant, le corps humain paye donc toute perte en humanité par un déficit en ouverture ; c'est donc qu'à rebours, être ouvert constitue l'une des spécificités du corps de l'homme.

Le corps humain, corps tout entier ouvert

Le corps nous ouvre au monde. Les sens sont les ouvertures de notre corps. Certains philosophes se sont représenté le corps humain entièrement ouvert, panoptique. Par exemple, les penseurs néoplatoniciens l'imaginaient devenu, en sa totalité, organe des sens et même œil :

> « Là-bas, tout corps est pur, chacun est comme un œil, plus rien n'est secret, plus rien n'est trompeur, et avant toute parole, par notre seul regard sur lui, déjà l'autre nous est connu[42]. »

Mais, de tous les sens, nous l'avons déjà dit, le **toucher** est le plus incarné, le plus proche de notre corps. Le toucher est donc le sens fondateur de toute ouverture. En effet, à l'instar de notre organisme-même, il est partout présent sur la surface de notre peau. Il demande la plus grande proximité avec l'objet à connaître : le tact suppose le contact ; c'est le seul sens sans lequel la vie est impossible. On se passe difficilement de la vue, de l'ouïe, du goût ou de l'odorat : il nous arrive d'en être privé temporairement, en cas de panne de courant, lors d'un rhume, etc. Mais sans le toucher, c'est la vie-même qui devient un péril permanent. Il est aussi le sens de la certitude[43]. C'est déjà un

42. PLOTIN, *Ennéades*, IV, 3, 18 ; pour MARSILE FICIN, le corps subtil devient « œil tout entier ». Ces deux auteurs sont cités par Jean-Louis CHRÉTIEN (« La gloire du corps », in *La voix nue*. Phénoménologie de la promesse, « Philosophie », Paris, Minuit, 1990, p. 13-30, ici pp. 17 et 19).

43. Pour Aristote et les médiévaux, « la connaissance est conçue sur le modèle de la connaissance tactile ». (Rémi BRAGUE, « Un modèle médiéval de la subjectivité : la chair ».

fait d'expérience : lorsque les autres sens défaillent, lorsque la vue se brouille, je fais appel au toucher. On peut croire voir, sentir, entendre un fantôme, on ne le touche pas. Marie-Madeleine voit et entend le Ressuscité[44], pourtant elle a besoin de le toucher. La certitude que la chose est et n'est pas moi, se fonde d'une part sur l'immédiateté du contact, sur l'absence de distance entre le touchant et le touché, d'autre part sur la résistance de la chose, dont on a vu que c'est l'une des premières qualités d'un corps[45].

Par le sens du toucher, grâce à la peau, on peut dire que le corps humain en sa totalité est devenu ouverture, accueil assuré du réel[46]. D'autant que, cette peau fragile, sensible, dénuée de fourrure caractérise l'homme. Enfin, nulle paupière ne protège le toucher et ne le ferme au réel.

Aujourd'hui, nous sommes portés à mépriser ce sens très incarné. Le développement de la galaxie Internet, la multiplication des *highways* doit sans doute réjouir, par les facilités de communication qu'elles accordent. Sens de la vue et de l'ouïe sont grandement valorisés. Mais, outre le goût et l'odorat dont les fonctions cognitives sont plus limitées, un sens demeure frustré : le toucher, ici limité à sa fonction voluptueuse de tapotement des touches[47]. La majoration de la vision et de l'audition s'est souvent soldée par une perte sèche en réalisme. Puisque le toucher est le fondement de la certitude de la connaissance et de la relation à l'autre, l'effacement de la médiation du toucher risque, en retour, de favoriser les fuites dans les mondes imaginaires et virtuels, les replis frileux, les peurs d'autrui et les régressions fusionnelles avec une machine qui devient le double de nos désirs, sinon notre personnalité hypostasiée.

in Colloque de Cordoue, 8 au 10 mai 1992, *Ibn Rochd, Maïmonide, saint Thomas ou la filiation entre foi et raison*, Paris, Association freudienne internationale et Castelnau-le-Lez (34170), éd. Climats, 1994, p. 36-62, ici p. 53). Aujourd'hui, Maurice Merleau-Ponty a retrouvé cette intuition.

44. Cf. Jn 20, 17.

45. Le toucher garantit l'existence, non pas la nature de ce qui est touché : pour ne pas quitter la Bible (cf. Gn 27,11s), sur l'instigation de Rébecca, sa mère, Jacob a trompé un Isaac devenu mal-voyant en prenant l'apparence tactile de son frère Esaü : le toucher a assuré à Jacob qu'il a touché un être velu (son existence), mais c'est sa mémoire qui lui a fait – trop vite – conclure à son identité (sa nature).

46. La modernité en offre un éloquent contre-exemple. Le programme fixé par Descartes veut que le sujet s'assure de lui-même avant de connaître les choses. Or, cette assurance se fonde sur une exclusion de l'ouverture au monde assurée par le corps et le toucher. On en trouve une intéressante confirmation dans argument dit de « l'homme volant » émis par le plus important philosophe musulman, Avicenne, qui n'a pas d'autre but que d'exclure le toucher (cf. *Psychologie d'Avicenne*, I, 1, p. 18, in *Avicenna Latinus*, Bakos, p. 36. Cf. G. FURLANI, « Avicenna e il cogito ergo sum di Cartesio », in *Islamica*, 1927, pp. 53-72. Sur tout ce point, cf. Rémi BRAGUE, « Un modèle médiéval de la subjectivité : la chair », art. cité, p. 54-56).

47. Je ne parle pas du tactile virtuel qui fait directement appel au sens du toucher, par la médiation de capteurs sensoriels; car ici, ce n'est plus le toucher, mais le monde (justement qualifié de *virtuel*) qui vient à manquer (cf. par exemple ce que dit Philippe QUÉAU in *Le virtuel*. Vertus et vertiges, coll. « Milieux », Champ Vallon 01420 Seyssel, INA, 1993, pp. 13 et 14).

Le corps animal est-il ouvert ?

Une première objection monte aussitôt : l'ouverture est-elle une spécificité du corps humain ? Chez le végétal, l'ouverture des branches s'épanouit en bouquet à partir de l'unité du tronc. Mais les racines interdisent cet élan, sans parler de l'absence d'ouverture sensorielle limitant toute relation à celle de la nutrition qui réduit l'autre à sa propre chair. En revanche, chez l'animal, tout a l'air de dire cette ouverture attentive à l'autre : que l'on songe à l'antilope, broutant dans la savane, toujours sur le qui-vive.

Reprenons le cas du toucher, fondement de toute ouverture sensorielle. S'interrogeant sur le corps auquel l'âme humaine est unie, Thomas d'Aquin a cette profonde réflexion : « L'homme est celui de tous les animaux qui a le toucher le plus fin ; et, parmi les hommes, ceux qui ont le toucher le plus fin sont d'intelligence plus pénétrante[48]. » Par ailleurs, seule la stature verticale quitte le « terre à terre », permet le face-à-face et le « terre à ciel ». Or, aucune bête ne vit debout en permanence. De plus, les bras encombrants du primate ont pour fonction non pas d'embrasser une nichée plus vaste et donc de s'ouvrir davantage, mais de permettre une meilleure locomotion dans un monde sylve où la rencontre est plus rare et plus malaisée que dans la plaine réservée aux hommes. « Que tu as de longs bras ! cousin Simien (si mien !) – C'est pour mieux sauter de branche en branche. » Ce n'est qu'avec les pongidés que les yeux se frontalisent et permettent la véritable rencontre avec l'autre. Rudyard Kipling disait que seul l'homme regarde face-à-face et son regard insoutenable oblige tous les animaux à ciller[49]. Enfin, le visage, caractéristique de l'homme, est, par excellence, ouverture, et même ouverture redoublée, comme le note profondément Lévinas : « Parler, c'est, avant toutes choses, cette façon de venir de derrière son apparence, de derrière sa forme, une ouverture dans l'ouverture[50]. »

---

48. *ST*, Ia, q. 76, a. 5. Et de citer ARISTOTE : « les hommes à chair tendre » sont « bien doués » quant à l'intelligence. (*De l'âme*, L. II, chap. 9, 421 a 26, *op. cit.*, p. 123) La raison de cette plus grande finesse du toucher tient à la complexité du corps de l'homme qui unifie, harmonise en lui les contraires les plus divers, comme on l'a vu ; or, le toucher est, de tous les sens, celui qui est confronté aux contraires les plus opposés, les plus hétérogènes : entre chaud et froid, humide et sec, doux et rugueux, etc. Et, physiologiquement, le toucher humain est sans doute d'une finesse sans comparaison dans le monde animal. « Certains aveugles, remarque Henri FOCILLON, acquièrent à la longue une telle finesse de tact qu'ils sont capables de discerner, en les touchant, les figures d'un jeu de cartes, à l'épaisseur infinitésimale de l'image. » (*Eloge de la main*, *op. cit.*, p. 103).

49. Cf. *Le livre de la jungle*, trad. Paris, Mercure de France, 47e éd., par exemple pp. 26, 29, 36, etc.

50. Emmanuel LÉVINAS, *Humanisme de l'autre homme*, Le livre de poche, Paris, Fata Morgana, 1972, p. 51.

Mais reprenons la comparaison avec l'animal à frais nouveaux. André Leroi-Gourhan tente une suggestive synthèse de l'évolution de l'appareil locomoteur depuis l'invertébré jusqu'à l'homme[51].

1. Le premier mode de rapport du monde animal avec le milieu extérieur est l'**immobilité** (par exemple la moule) ; l'animal cherche la nourriture au hasard. La structure somatique, à symétrie sphérique, est en roue, en buisson.

2. Avec l'**arthropode** (insectes, araignées, crustacés), un second mode de relation à l'environnement apparaît : la mobilité (l'auto-mobilité) qui va permettre la recherche active de l'autre en général et de la nourriture en particulier. Cette fonction, présente chez beaucoup d'invertébrés avec des variations, tend à constituer une structure symétrique axiale longitudinale.

3. Avec le **vertébré**, la symétrie axiale devient le schéme structural exclusif. De plus, elle se différencie de la manière suivante : la tête est en position antérieure, car elle contient les commandes du système nerveux, les organes des sens et la mâchoire et elle est le centre de la vie de relation ; puis vient le corps, organe de locomotion ; enfin, l'organisme s'achève par le membre antérieur dont la fonction est équivoque, puisqu'elle est située entre la relation et la propulsion pure.

On peut discerner cinq stades d'évolution de cette structure[52]. Le premier stade est celui du **poisson** (avec une ambiguïté par rapport à la nageoire pectorale : celle du requin est un gouvernail, celle du rouget est organe tactile et gustatif). Le passage à la vie aérienne engendre une ascension des organes de relation chez les premiers **amphibiens** terrestres. Avec les **reptiles** et les **oiseaux,** l'apparition du cou est source d'un immense élargissement du champ de relation antérieur. Un autre progrès considérable s'opère grâce aux **sauriens** qui s'affranchissent du contact au sol. La lente mais irrésistible montée vers la verticalité s'amorce. Dès lors la dentition se différencie ; de ce fait la main s'autonomise et commence à acquérir une technicité propre, variable de l'herbivore au carnassier. Maintenant, tout l'effort évolutif va porter sur les relations main-museau.

Cette spécialisation est à l'œuvre chez les **mammifères.** Dans un premier groupe, l'adaptation est régressive : la main quitte le champ relationnel pour permettre une locomotion perfectionnée (cheval, baleine). La face se spécialise alors considérablement (trompe, corne...). Dans un deuxième groupe, la main se libère à l'égard des contraintes locomotrices et acquiert peu à peu sa fonction strictement relationnelle. Les herbivores sont encore purement tétrapodes, c'est-à-dire doués de quatre pattes. Les carnassiers, grâce à la posture assise, ont une plus grande souplesse vertébrale, ce qui dégage la main. Enfin, l'apparition des primates est contemporaine de celle

51. *Mécanique vivante*, « Le temps des sciences », Paris, Fayard, 1983, pp. 245-250 et *Le Fil du temps*, même collection, 1983, p. 112-121.

52. Plus précisément six, si l'on compte que le dernier stade se subdivise en deux.

du pouce opposable. Mais les singes sont quadrumanes, de sorte que la main sert à la locomotion.

L'ultime évolution conduit à l'**Homme.** Le *primum movens* est l'acquisition de la posture verticale, l'attirance vers le haut. Celle-ci entraîne toute une série de modifications décisives : la main est totalement dégagée des contraintes locomotrices, la bouche peut servir à parler, la face se raccourcit et le cerveau s'en trouve libéré.

Ce remarquable tableau brossé par Leroi-Gourhan montre la structure du vivant passer de la forme arrondie à une figure différenciée, asymétrique, de plus en plus ordonnée à la réceptivité et à l'accueil, où chaque membre se spécialise pour permettre une disponibilité maximale. La logique de l'évolution animale est donc bien celle d'une progressive acquisition de l'ouverture : l'invertébré rond peine à sortir de la clôture de lui-même. Puis avec l'apparition de l'asymétrie apparaissent les organes de la vie relationnelle et la progressive libération du cerveau, de la voix, du visage et des mains. Ces organes, chez l'homme et chez l'homme seul, sont totalement ordonnés et donnés aux trois ouvertures fondamentales de son esprit, le vrai dans la connaissance gratuite, le bien dans l'amour et l'autre dans la relation. L'attribution univoque, bijective est caricaturale. Il demeure que le cerveau est d'abord instrument de l'intelligence en quête de vérité, que le visage dénudé exprime les convictions intimes de la personne, notamment l'amour, et que la voix, enfin, est la première mise en relation à l'autre que concrétisera la main qui n'a plus à supporter le tronc.

Brève histoire de l'ouverture du corps

Ce que l'évolution des espèces (phylogénèse) affirme, l'évolution individuelle (ontogénèse) le confirme : de tous les vivants, de tous les animaux, l'homme adulte est le plus ouvert.

À l'instar de la main qui passe du poing fermé du nourrisson à la paume tendue de l'adulte, le corps humain passe du stade de recroquevillement fœtal à la station pleinement verticale qui permet le face-à-face. Mais jamais notre corps n'est à ce point fermé qu'il ne manifeste déjà une ouverture : l'embryon communique avec l'univers par l'ouverture constituée par le cordon ombilical, sans oublier que, dans la vie fœtale, les sens s'éveillent tôt ; notamment le sens de l'ouïe est, après le toucher, le premier à capter le monde. *A fortiori,* le nouveau-né n'est en rien une boule narcissique ou une bouche insatiable : déjà, la coupure du cordon interdit la fusion parfaite, signifiée même en vie intra-utérine par la non-communication des deux circulations sanguines, maternelle et fœtale, sans parler des irréductibles différences génétiques, histologiques, etc.

L'évolution qui mérite ici d'être appelée progrès se vérifie au plan psychomoteur : au point de départ, le bébé ne peut se tenir assis et a même du mal à tenir la tête droite. En revanche, donnez-lui le biberon et vous mesurerez, au massage abdominal qu'il vous octroie gratuitement, combien ses jambes sont en mouvement permanent. Or, avec l'âge, le tonus s'inverse, passant de la périphérie (les membres) à l'axe (la colonne vertébrale). À un enfant incapable de redressement et d'une relation ajustée et durable à l'autre succède un adulte, apte à l'accueil effectif autant que symbolique de l'ouverture des bras. Il en est de même de la parole, qui est la principale médiation de l'ouverture à l'autre : l'enfant passe des cris aux onomatopées, puis aux monosyllabes et enfin aux mots et aux phrases. En revanche, la fermeture se caractérise par une régression au cri.

Cette prime ouverture suggère la voie d'une compréhension de l'évolution de l'ouverture caractéristique du corps humain : au point de départ, celle-ci est toute passivité et ce don est plutôt un donné qu'un donnant; au terme, l'adulte est celui qui prend la libre et consciente initiative de cette ouverture et de ce don; entre les deux, l'histoire du corps humain est donc le patient passage d'un corps *naturellement humain* – je dis *humain,* pour préciser que le corps est déjà imbibé, habité par l'esprit – à un corps personnellement donc librement humain. Au début, notre corps tire sa joie et son identité de ce qu'il reçoit. Au terme, il trouve son bonheur de ce qu'il émet et plus encore de ce qu'il échange, donc de la communion avec les autres corps personnels.

Le corps humain conquiert donc sa libre ouverture : le nouveau-né se redresse, quitte peu à peu la tyrannie tellurique de ses instincts et de ses déterminismes psychiques; il entre en possession de l'image de son unité. Adolescent, son corps acquiert, par la puberté, la capacité de ne plus seulement vivre pour lui-même, mais de donner la vie. Cependant, il habite ce corps encore comme un étranger : son corps, écartelé entre les pulsions partielles qui le travaillent mais qu'il peine à travailler, dérange l'adolescent[53]. Il ne lui paraît pas à la bonne taille, comme les habits dont il doit changer trop souvent : ses coutures craquent, comme celles de son psychisme. Ambivalent, il voudrait bien changer de corps, avoir celui de cette idole qui paraît justement si « bien dans sa peau », mais est aussi heureux de l'exhiber pour sa poitrine naissante, ses quelques poils au menton ou le galbe des muscles nouvellement poussés… Devenu vieux, le corps se rétracte alors que son temps s'étire. L'organisme perd son dynamisme mais non pas la joie du don qui se déplace.

L'histoire de notre corps est à l'image d'une marelle dont la terre est le symbole du cosmos d'où il émerge et à laquelle il se rendra, et le ciel, le symbole de l'ouverture offerte. Entre les deux, en acquérant la stature verticale, l'enfant quitte la terre et accède de la nature à la personne en

53. Sur le corps morcelé de l'adolescent, cf. notamment les travaux de Tony ANATRELLA, *Interminables Adolescences*, Paris, Le Cerf-Cujas, 1988.

clochant, à travers les joies et les épreuves de l'enfance et de l'adolescence. Puis, au retour, à nouveau, il se courbe vers cette terre qui l'appelle. Mais selon la profonde énigme du Sphinx, le vieillard revient à trois et non à quatre jambes, car l'ouverture intérieure qu'il a acquise est définitive et ce corps qui le trahit si souvent est aussi celui qu'il apprend à accepter et offrir, pour mieux vivre le passage de la mort qui est le don total de sa vie. On meurt comme on vit...

Le corps mimeur

Une autre difficulté se présente. La notion d'ouverture n'est-elle pas trop statique ? L'homme est-il artisan de son ouverture ?

Pour répondre, je ferai appel aux travaux originaux encore trop méconnus de Marcel Jousse (1876-1961), jésuite qui s'est spécialisé dans la recherche anthropologique[54]. Son intuition centrale est que l'**homme est** par nature un **animal mimeur.** Cette particularité lui est propre[55] ; l'animal ou « anthropoïde » ne peut accéder qu'à une forme très larvée d'imitation. Le « mimisme » est une évidence partout présente pour qui sait regarder. Qui ne parle jamais par les mains ? Demandez à quelqu'un qu'il vous *dise* (et non pas *décrive*) ce qu'est un escalier en spirale : invariablement, vous verrez la main de votre interlocuteur s'élever dans les hauteurs, en mimant un tire-bouchon. Rares sont ceux qui, parlant d'une personne forte, n'accompagnent pas leur jugement d'un mouvement des mains épousant quelque rotondité... De ce point de vue, tout homme est un méridional qui s'ignore ! Plus que cela, le « mimisme » est un phénomène obligatoire : « Le mimisme est la tendance instinctive que seul possède l'anthropos à « rejouer » les gestes du réel qui se sont « joués » devant lui. Cette grande force contraignante, nous l'avons dès que nous nous éveillons à la vie[56]. » Tout récemment, un médecin a montré que, cinq minutes après la naissance, le bébé est déjà capable de reproduire le mouvement de la main de son vis-à-vis. Cette précocité semble indiquer la nature foncièrement mimétique du psychisme humain. Le « mimisme » est donc le rejeu dynamique par le corps entier du réel qu'il accueille.

54. Je renvoie principalement à ces trois grands ouvrages publiés de manière posthume. Marcel JOUSSE, *L'anthropologie du geste* (I), II. *La manducation de la Parole,* III. *Le parlant, la parole et le souffle*, coll. « Voies ouvertes », Paris, Gallimard, 1974, 1975 et 1978. Cf. Françoise KOSTOLANY, *Connaître les autres par les Gestes*, Paris, Retz, 1976. Pour une connaissance de la personne autant que de son œuvre, cf. Gabrielle BARON, *Marcel Jousse*, Paris, Casterman, 1965.

55. Jousse dit que c'est « presque comme une différence *spécifique* » (*Le parlant, la parole et le souffle, op. cit.*, p. 31).

56. Cours oral de l'École d'Anthropologie, pris en sténotypie, non publié, du 21 décembre 1936, cité in *Le parlant, la parole et le souffle, op. cit.*, note 14, p. 31.

On peut constater l'universalité et le caractère fondateur du « mimisme ». On peut aussi s'interroger sur sa raison d'être. Au-delà des raisons psychologiques (l'éducation par imitation), épistémologiques (l'idée, le mot est un décalque de l'objet) ou philosophiques (le semblable connaît le semblable), l'expérience du « mimisme » pointe vers la nature fondamentalement réceptive de l'homme : si l'être humain imite tant et tout, c'est qu'il est d'abord ouverture, non pas passive, mais extraordinairement **active.** « Dans ses cours à l'amphithéâtre Turgot, [Jousse] racontait que sa mère, devant s'occuper des travaux des champs, le couchait, tout bébé, entre deux sillons, et là, il mangeait de la terre à pleines mains[57]. » Dès le début de sa vie, Jousse s'est ouvert à ce qu'il nomme l'*intussusception* du réel[58]. En revanche, l'animal est un bien piètre joueur, parce que son ouverture est très partielle.

Mais, et c'est le second apport de la pensée joussienne à notre perspective, cette ouverture ne s'inscrit pas d'abord dans l'esprit mais dans le **corps :** c'est avec son corps que l'homme s'approprie le monde où il vit, et c'est par son corps que son intelligence s'éveille à la réalité, passant du rejeu concret au rejeu abstrait. Sans le corps, l'abstraction dégénère en *algébrose* déconnectée du réel. Jousse veut donc retrouver une véritable expression corporelle et faire du corps l'instrument de la connaissance. Et, bien que le mimisme soit un témoignage rendu à l'unité de l'homme au-delà de tout dualisme, Jousse ne nie nullement la constitution somato-psychique de l'homme, ce qu'il appelle « le composé humain ».

Par ailleurs, Jousse valorise le corps compris dans sa **globalité.** « L'enfant rejoue mimiquement par les gestes de tout son corps[59]. » Contre la tendance algébrosante à valoriser l'organe cérébral, il faut affirmer que l'anthropos est mimeur intégral. En effet, l'univers est interaction; or, seul le corps peut rejouer l'action du monde. « On doit saisir l'être humain depuis la plante des pieds jusqu'au sommet de la tête[60]. »

Enfin, la capacité mimétique montre que l'homme utilise beaucoup plus que l'animal toutes les potentialités expressives de son corps. Parce que (et

---

57. Andrée BRIHAT, *Mimisme et Expression Humaine*, Lyon, éd. E. Robert, 1982, p. 13. Cet ouvrage est une application très simple, très claire de l'anthropologie de Jousse à la pédagogie.

58. « L'*intussusception*, c'est la saisie du monde extérieur (*suscipere*) porté à l'intérieur (*intus*), c'est-à-dire coïncider avec tous les gestes qui jaillissent de la nature pour les exprimer ensuite. Je dis « gestes », je devrais dire « actions » car en dehors de nous, il ne se passe que des actions. Mais ces actions vont devenir « gestes » dans l'homme qui les reçoit et les rejoue. » (Cours de l'École d'Anthropologie, du 1er février 1939, cité in *Le parlant, la parole et le souffle*, *op. cit.*, note 21, p. 42. Cf. *La manducation de la Parole, op. cit.*, p. 215).

59. Marcel JOUSSE, Note prise à un cours, citée par Andrée BRIHAT, *Mimisme et Expression Humaine*, *op. cit.*, p. 70.

60. Marcel JOUSSE, *Le parlant, la parole et le souffle*, *op. cit.*, p. 74.

non bien que) spirituelle, l'âme humaine est plus profondément unie à son corps que l'âme animale à son corps animal. Il faut dépasser le schéma trompeur du félin pour s'étonner de la capacité plastique du corps et constater que seul l'homme en exploite toutes les virtualités. Bref, le corps humain est bien plus corps que le corps animal. Or, il doit cette dignité à son **ouverture :** sa plasticité mimétique signifie que le corps humain peut rejouer le monde où il est inscrit.

En conclusion, la notion d'ouverture permet de dépasser la problématique trop négative de l'indétermination, de l'inachèvement, de la néoténie et, plus encore, du trou ou du manque. Surtout, l'ouverture dit en plein, et dynamiquement, ce que ces autres notes signifiaient en creux et dépasse le statisme structurel des notions de complexité et d'harmonie.

7. Le corps humain, corps un

Une dernière objection pourrait poindre. N'y a-t-il pas un danger à présenter le corps humain comme ouverture ? Celle-ci n'a-t-elle pas transformé bon nombre de demeures intérieures en auberges espagnoles, ou en girouettes exposées aux quatre vents ? Combien se sont fermés de s'être trop ouverts ?

Un corps doit être ouvert ou fermé...

L'ouverture appelle donc un principe qui, en retour, l'équilibre, à savoir l'unité. Un corps ouvert est d'abord un corps uni. Pour s'**ouvrir,** il faut **s'**ouvrir.

Mais la difficulté rebondit. L'homme n'est-il pas le plus complexe de tous les êtres, ainsi que nous l'avons dit ? Or, il est plus difficile d'intégrer le multiple que le simple. L'homme est donc le plus déficient dans l'unité. Mais qu'est la perfection de l'ouverture si elle ne peut être intégrée ?

La remarque semble d'autant plus juste que notre siècle a privilégié le fragment sur le tout, la solidité matérielle sur la prétendue vulnérabilité psychique. Mais ce ne serait pas comprendre qu'il existe deux sortes de simplicité, et donc d'unité : la simplicité d'indigence (qui est matérielle) et la simplicité de surabondance (qui est spirituelle), l'unité élémentaire, et l'unité par intégration. L'atome ou le quark est plus simple que le diplodocus, mais du seul point de vue matériel ou d'indigence.

L'objection se nourrit aussi d'une illusion implicite : la complexité structurelle n'est comparée qu'à un principe d'unité de même nature. Or, le mouvement de complexification à l'œuvre à travers la matière et la vie est aussi une victoire progressive de l'unité sur la diversité : « Le secret du monde n'est pas dans l'infinitésimal de la matière, mais dans l'existence d'un être doué d'esprit, de raison, de parole et capable de penser le cosmos[61]. » Être et unité vont de pair. Celui qui a une poignée de livres bien rangés sur une étagère l'emporte sur Gaston Lagaffe qui les accumule en tas, mais non sur la bibliothèque soigneusement ordonnée. « L'unité manifeste son énergie unitive par la coordination », elle « triomphe dans la multiplicité des parties qu'elle ordonne, coordonne et se subordonne[62] ». Et, au plan spirituel, l'unité se caractérise non par une juxtaposition d'éléments extérieurs, mais par une capacité compréhensive qui fait passer les distinctions réelles de l'échelon inférieur à l'état de distinctions virtuelles à l'état supérieur.

Aussi l'esprit humain est-il plus profondément uni à son corps que l'âme animale au corps animal. Ce n'est pas le genre de la nature d'opérer des bricolages. « Autrement dit, explique Samuel Rouvillois, la vie de l'esprit n'est ni le prolongement ni le fondement de la vie animale : elle ne fait qu'un avec elle, et pourtant elle est autre; c'est à partir d'elle que je suis ce que je suis, mais dans son union indissoluble à la vie animale[63]. » Mais il faut préciser. L'unité présente deux sens différents : être un, c'est d'abord se différencier de tout autre; être un, c'est ensuite être unifié, intégré. Or, le corps humain est le plus original et le plus intégré des corps. Aussi est-il le « plus un ».

L'unité du corps comme originalité

Déjà, être vivant, c'est être distinct de tous les autres vivants, posséder en soi son identité. Pour le professeur Jean Bernard, la grande découverte de la biologie actuelle est l'identité (il parle de « définition ») biologique de l'homme :

> « L'étude des groupes sanguins, des groupes tissulaires, a apporté la première définition biologique de l'homme, a reconnu le caractère unique, irremplaçable de chaque être humain, et, en conséquence, l'extrême diversité, l'admirable diversité des êtres humains[64]. »

Ce qui est vrai de l'histologie (l'étude des tissus) dont le célèbre cancérologue est un des grands spécialistes, vaut encore davantage de la formule chromosomique :

61. Jean-Michel MALDAMÉ, *Le Christ et le cosmos, op. cit.*, p. 118.

62. Joseph de FINANCE, « Animal raisonnable. Esprit incarné », in *Personne et valeur*, Rome, Editrice Pontificia Università Gregoriana, 1992, p. 23 à 41, ici pp. 27 et 28. L'unité croît avec l'ouverture. En effet, l'ouverture est fonction de la perfection de la forme; or, nous dit saint Thomas en un principe lumineux : « Plus une forme vainc la matière [l'emporte sur elle : *vincit materiam*], plus ce qui provient d'elle et de la matière est quelque chose d'un. » (*Somme contre les Gentils*, L. II, ch. 68) « Dans le réel, la diversité des modes d'émanation suit la diversité des natures; plus la nature est noble, plus ce qui émane d'elle lui est intérieur. » (*Ibid.*, L. IV, ch. 11).

63. *Corps et sagesse*. Philosophie de la liturgie, coll. « Aletheia », Paris, Fayard, 1995, p. 54.

64. Jean BERNARD, *Et l'âme ? demande Brigitte*, Paris, Buchet/Chastel, 1987, p. 225.

> « À l'exception des jumeaux, tous les individus d'une même espèce sont génétiquement distincts [...]. Il y a deux puissance vingt-trois, soit plus de cinq millions de formules génétiques différentes dans les cellules sexuelles. Au moment de la fécondation, deux cellules sexuelles fusionnent pour engendrer un embryon diploïde. Il y aura plus de vingt-cinq mille milliards de combinaisons génétiques pour cet embryon. Par conséquent, deux enfants d'un même couple, à moins d'être jumeaux vrais, n'ont aucune chance d'avoir la même formule génétique[65]. »

Aussi, comme le dit un autre professeur de médecine, « chaque individu a son originalité propre, personnelle, unique[66]. »

L'unité du corps comme intériorité

Qui dit unité dit intériorité ou intégration : l'intégration est l'unité qui s'opère non pas de l'extérieur mais de l'intérieur. Éloquent et pédagogique est là encore un parcours ascendant des créatures. De même que la montée dans l'échelle des vivants manifeste une ouverture croissante (par exemple au plan relationnel), de même tout gain en complexité et en perfection s'accompagne d'un gain en intériorité. On peut en effet relire l'évolution du vivant et de l'animal comme la progressive conquête de l'autonomie et de l'intimité. L'animal est d'abord un vivant doué de sensation, et non pas de locomotion comme on le pense souvent : les animaux inférieurs, comme les Mollusques dépendent des fluctuations du milieu; tels le végétal, ils doivent attendre le bon plaisir de la nature pour se nourrir et se perpétuer. La première acquisition de l'évolution est la capacité de se mouvoir par soi-même, autrement dit, l'intériorisation de l'espace. La progression locale est victoire (réelle, quoique limitée) sur les contraintes spatiales.

Mais l'animal reste encore soumis aux variations de température ambiante, ce qui, dans les régions à fortes variations thermiques, limite considérablement les possibilités de mouvement dès que la température s'abaisse : le seul recours de l'animal dit « à sang froid » est donc l'hibernation. Aussi la seconde victoire est-elle l'intériorisation du climat, l'adaptation aux variations météorologiques, autrement dit la thermorégulation.

---

65. P. van GANSEN, *L'Homme et ses gènes*, Bruxelles, Vigot, 1992, p. 31. Avec profondeur, Leo ELDERS fait remarquer que le rejet fréquent des organes transplantés est un signe de la profonde identité du corps : « Il est vraisemblable que, sinon dans tous les cas, au moins dans la plupart, l'organe transplanté n'est pas reçu dans l'unité substantielle de l'autre corps, mais est seulement nourri et maintenu en vie pour pouvoir y exercer sa fonction. » (*La philosophie de la nature de saint Thomas d'Aquin*, *op. cit.*, p. 340) Cf. par exemple Daniel SIBERTIN-BLANC et Sylvie de LATTRE, « Crises psychotiques après greffe rénale », in *Revue de psychosomatique*, n° 3, 1985.

66. Jean HAMBURGER, *L'homme et les hommes*. Essai sur l'originalité biologique de l'individu, trad., Paris, Flammarion, 1976, p. 113. Et cette identité biologique fonde et sous-tend les autres identités, par exemple sensorielles : « Chaque corps humain a son odeur spécifique » (Pierre TALEC, *La sérénité*, Paris, Centurion, Bayard Ed., Novalis, 1993, p. 172).

Il demeure une troisième dépendance aliénante qui n'est plus liée à la conservation de l'individu. La fragilité du petit animal séparé du corps de la mère demande une surveillance constante des parents. L'attitude exemplaire de la poule a donné naissance à l'expression « mère-poule » : contrairement aux projections anthropomorphiques, le gallinacé doit développer, durant la ponte, une agressivité démesurée à l'égard de tout son entourage. Et ce n'est que miracle si la poule ne détruit pas son petit lorsqu'il crève la coquille et naît : il faut une inhibition hormonale dont le stimulus médiateur est le cri du poussin. Aussi, l'apparition de la viviparité, puis des mammifères, constitue-t-elle un gain très appréciable, et pour la protection de l'enfant, et pour la bonne relation de la mère à l'entourage et à son petit. Or, observez que cette nouveauté s'opère encore par appropriation d'un processus auparavant laissé aux soins ou plutôt au jeu des éléments extérieurs[67]. Globalement, la montée dans l'échelle du vivant s'accompagne d'une capacité d'enveloppement du monde dans les plis du corps. Le corps animal, puis le corps humain sont abrégés, raccourcis d'univers non seulement en leur structure matérielle, mais en leur unité formelle. Plus le corps est un et plus il est ouvert (et vice versa). Aussi le corps humain est-il de tous les corps le plus unifié et le plus accueillant.

Or, cette intériorité croissante est aussi une chance nouvelle pour l'intimité et la liberté : de mieux en mieux adapté à son milieu, l'animal le domine et peut tout à la fois le servir en s'en servant, sans contrainte[68]. De ce fait, les variations de l'animal suivent de moins en moins les modifications du milieu. Loin de refléter un état extérieur – climatique par exemple – elles sont à même d'exprimer ce qui l'habite. Le gain en intériorité est donc aussi un gain en expressivité.

---

67. La fécondation *in vitro*, outre toutes les difficultés éthiques qu'elle présente, symbolise donc une régression à un stade animal infra-mammifère.

68. À noter que cette triple avancée dans l'intériorité est strictement corrélée à l'intériorisation des trois sortes de mouvement : local, qualitatif et quantitatif, distingués par Aristote et dont il estime qu'ils structurent tout l'univers matériel.

Conclusion

Résumons là encore en un tableau les acquis de ce chapitre.

Le corps humain, pris dans sa globalité, se présente comme :

1. Corps complexe.
   a) Une forme est le corps comme **résumé d'univers ;**
   b) Corps complexe, mais unifié : corps **harmonieux.**
2. Corps indéterminé et néoténique. Cela peut s'interpréter :
   a) de manière négative, comme **béance ;**
   b) de manière positive :
      – corps de **possibles ;**
      – corps **ouvert et un.**

Il demeure une question. Chaque caractéristique du corps humain pointe vers un autre que ce corps, tout en lui demeurant plus intime à lui-même que lui-même : complexité, harmonie, indétermination, possibilité, ouverture, appellent un principe intérieur, une profondeur. Mais en quoi consiste ce principe, autre que le corps, et pourtant si intimement enlacé à lui ? Si l'homme ne peut se résoudre à n'être que son propre corps, qu'est-il d'autre ?

CHAPITRE 5

Les aventuriers de l'âme perdue

« Puisque le corps et l'âme n'existent pas comme des éléments séparés, et que l'on ne peut s'unir que ce qui existe déjà, aucun problème d'union ne se pose à leur sujet, mais seulement un problème d'unité[1]. »

« Aucune [question autre que celle des relations de l'âme et du corps] n'a spéculativement plus de portée, car elle touche au mystère même des existences ; aucune n'a pratiquement plus d'intérêt, car elle se lie à celle de la destinée actuelle et future de l'homme[2]. »

L'homme n'est-il qu'un corps ? Nous venons de le dire et nous allons le voir, beaucoup d'éléments y résistent. « Je est un autre »... que le corps. Et cet autre porte classiquement le terme d'âme ou d'esprit.

Mais comment comprendre l'entrelacement du corps et de l'âme, sans tomber dans un dualisme si contraire à l'expérience la plus évidente ? En traitant de l'épineuse et incontournable question des relations entre le corps humain et l'âme, on craint toujours d'emprunter un chemin dont Eric Weil disait que « l'on voit les traces de ceux qui l'ont pris, mais pas celles de ceux qui seraient revenus d'une telle expédition[3] » ! Avançons pas à pas, sans jamais oublier cette remarque judicieuse : « Quiconque veut séparer l'âme du corps perd la raison[4]. » Elle est de... saint Augustin.

1. Jean MOUROUX, *Sens chrétien de l'homme,* « Théologie » n. 6, Paris, Aubier, 1945, p. 43.
2. Louis PEISSE, *Notice historique et philosophique sur la vie, les travaux et les doctrines de Cabanis*, in Pierre-Jean-Georges CABANIS, *Rapports du physique et du moral de l'homme* (Paris, 1844), Genève, Slatkine Reprints, 1980, p. XXXIX.
3. Eric WEIL, « De la nature », art. cité, p. 343.
4. Saint AUGUSTIN, *De anima et ejus origine*, IV, 2, 3, in *PL* 44, 525.

1. Le corps-instrument

L'homme qui marchait sur l'eau

Seul, en soixante jours, Rémi Bricka, le poète musicien qui jouait de vingt-sept instruments ensemble, a fait près de six mille kilomètres en franchissant l'Atlantique, ski aux pieds, sans eau ni vivres. S'il ne regrette pas ce cauchemar dont il ne faillit ne jamais revenir, il ne souhaite à aucun homme de le vivre. Pourquoi cet exploit dont il dit que « ce fut la plus formidable expérience de ma vie » ? Il a voulu aller jusqu'au bout de lui-même. Il a traversé pour se prouver qu'il était capable de l'impossible.

Le skieur des eaux était animé par des motivations plus larges. Il a voulu montrer aux autres, par exemple aux « naufragés en puissance » que rien n'est jamais perdu et qu'on peut tenir des semaines entières jusqu'aux limites de la survie. Écoutons-le : « dans des conditions extrêmes de dénuement, on découvre et on puise en soi des forces physiques et surtout morales dont on ne se serait jamais senti capable. *Il y a eu des moments où mon corps refusait d'obéir.* Où cela aurait été si facile de se laisser aller, de s'endormir définitivement, de ne plus lutter. Cette victoire sur moi-même, c'est ma plus belle récompense ». Rémi Bricka raconte ainsi que pendant un temps, il lui fallait, le matin, plus d'un quart d'heure d'encouragement, d'autostimulation pour se remettre à ramer, tant il se sentait douloureux, affaibli, amoindri. Il perdra ainsi, en soixante jours, vingt kilos – dont plus de quatre kilos de muscles –, passant de soixante-douze à cinquante-deux kilos.

Bricka découvre soudain le sens d'une épreuve qu'il qualifie de « surhumaine » pour un homme doté d'une musculature et d'une résistance tout à fait moyennes :

> « Mon corps perdait sa chair et nombre de ses substances au fil des jours. Mais de cette évaporation difficile et douloureuse, naissait une énergie sans faille, montait la force d'un homme nouveau. À travers ma solitude et mes épreuves, j'apprenais à ne compter que sur moi. Moi seul sauverais ma peau, il n'y aurait personne d'autre pour me défendre[5]. »

L'âme, moteur du corps

Laissons de côté les motivations, altruistes ou non, qui peuvent habiter Rémi Bricka et arrêtons-nous à sa décision. D'abord, dans cette extraordinaire expérience, Bricka vit son corps, il **est** son corps : cette fatigue, ce découragement intense, c'est bien lui qui les ressent. En même

5. Rémi BRICKA, *L'homme qui marche sur l'eau.* L'Atlantique sans eau ni vivres, avec la collaboration d'Anne Réale, Paris, Arthaud, 1988, pp. 19 et 110. C'est moi qui souligne.

temps, il transcende sa lassitude[6]. Ce n'est pas son corps qui dicte ses conditions ; il est habité par un autre qui dirige son corps et lui résiste. Il exprime cette dualité, lorsqu'il affirme : « Il y a eu des moments où mon corps refusait d'obéir. » Ce principe autre n'est pas réductible à ses capacités physiques puisqu'il les qualifie lui-même de « moyennes ».

Bricka éprouve non seulement l'autonomie de l'homme, mais sa capacité, avec sa libre volonté, de surmonter les pires obstacles, de réaliser l'impossible, de tendre vers une infinité qui transcende le physique : en termes philosophiques, il manifeste que l'homme est plus que son corps, qu'il est aussi une âme et que celle-ci meut le corps. Elle est cause efficiente.

En retour, la cause refficiente demande un vis-à-vis : l'instrument qu'elle meut. Le corps humain est et, plus encore, se vit comme un **instrument** ou un **médiateur.** Le violoniste est l'âme, le corps est un violon. C'est ce que dit le chercheur Marc Jeannerod, dans une étude consacrée à l'apraxie :

> « Mon corps est donc ma puissance d'agir, c'est-à-dire le canal par où s'écoule ma capacité d'être en relation-avec[7]. » Et le philosophe Paul Ricœur note à son tour : « Un corps *bien portant* qu'il faut soigner est comme un bon outil qu'on doit entretenir ; un *corps malade* est comme une machine qu'on répare ; la fatigue, le sommeil, la souffrance livrent le corps aux choses[8]. »

Tel est le regard que Paul Valéry jette sur le corps. Dans son célèbre dialogue *L'âme et la danse*, le Socrate de Valéry compare la danseuse Athikté à une flamme. Face à des hommes esclaves « du sympathique et du pneumogastrique », « la danse est le type de l'échappée[9] ». Aussi compare-t-il paradoxalement le corps à l'âme : celui-ci « veut jouer à l'universalité de l'âme ! Il veut remédier à son identité par le nombre de ses actes ! Étant chose, il éclate en événements ! [...] Comme dans notre esprit se forment symétriquement les hypothèses, et comme les possibles s'ordonnent et sont énumérés, ce corps s'exerce dans toutes ses parties, et se combine à lui-même, et se donne forme après forme, et il sort incessamment de soi ! Le voici enfin dans cet état comparable à la flamme[10] ». Et Eryximaque

6. Je parlerai du sens de la fatigue, plus profond qu'il n'y paraît, en quatrième partie.

7. « Esquisse d'une phénoménologie de l'agir. Considérations sur la motricité normale et apraxique », in *Archives de philosophie*, 28 (1965), p. 376-389, ici p. 386.

8. Paul RICŒUR, *Philosophie de la volonté*. I. *Le volontaire et l'involontaire*, « Philosophie de l'esprit », Paris, Aubier-Montaigne, 1950, p. 326.

9. *Lettre à Louis Séchan* (à propos de son ouvrage *La Danse grecque antique*, E. de Boccard, 1930, dont le chapitre X est consacré au dialogue de Valéry), août 1930, in *Lettres à quelques-uns*, p. 190.

10. Paul VALÉRY, *L'âme et la danse*, in *Œuvres*, Ed. établie et annotée par Jean HYTIER, « Bibliothèque de la Pléiade », Paris, Gallimard, tome 2, 1960, p. 148-176, ici pp. 171 et 172. La danse « fait du corps qu'elle possède un objet dont les transformations [...] font nécessairement songer à la fonction que le poète donne à son esprit » (ID., *Philosophie de la danse*, in *op. cit.*, tome 1, 1957, p. 1390-1403, ici pp. 1402 et 1403).

remarque à propos d'Athikté : « Elle fait tout son corps aussi délié, aussi bien lié qu'une main agile... Ma main seule peut imiter cette possession et cette facilité de tout son corps[11]. » Traduisons : le corps est mû par la cause efficiente qu'est l'âme.

C'est dans la croissance physique, peut-être, que l'on perçoit le mieux la force agissante de l'âme unie au corps. La biologie décrit avec une minutieuse précision la morphogénèse du vivant : on peut en suivre le processus dans le noyau, dans le cytoplasme. Mais quelle en est la cause ? De prime abord, il semble que les chromosomes de la cellule, porteurs de l'information génétique, y suffisent. Mais qu'est-ce qui est l'origine de leurs transformations ? Le vivant est un tout : quel est le principe d'organisation qui unifie ces différents processus ? C'est le principe de vie, l'âme, ce qui ne signifie surtout pas que l'âme se substitue aux lois propres de la génétique et de la biochimie.

2. Le corps-compagnon

En rester à l'âme comme cause efficiente et au corps comme instrument d'action, c'est courir le risque du dualisme, que les philosophies de Platon et de Descartes n'ont pas toujours évité. Et à trop lire de récits d'exploits surhumains, on rêve d'être un ange et on ne perçoit plus l'union du corps et de l'âme qui est plus intime que l'union du tigre à son moteur.

« La tumeur, c'étaient des larmes rentrées »

Fritz Zorn est le pseudonyme du fils d'une famille patricienne de Zurich. Il est « bien élevé » dans une somptueuse villa au bord du lac ; l'entente est parfaite, l'ennui aussi. En effet, l'ironique description que Fritz livre de son enfance trahit la profonde hypocrisie de la bourgeoisie qui ne s'avoue pas sa tristesse et ses manques. « Je suis jeune et riche et cultivé ; et je suis malheureux, névrosé et seul... » Ainsi commence son manuscrit. Bientôt le jeune homme découvre qu'il est atteint d'un cancer. Il est trop tard pour qu'il puisse guérir, mais pas trop pour rechercher les causes de sa maladie. *Mars* décrit cette quête passionnée de quelqu'un qui, mort à trente-deux ans, ne se résigne pas à la fatalité et s'est donné le pseudonyme de Colère (*Zorn* en allemand)

> « Une tumeur commença à se développer sur mon cou, qui d'ailleurs ne me gênait pas parce qu'elle ne faisait pas mal et que je n'y soupçonnais rien de méchant. Je ne pensais jamais que cela pouvait être le cancer et,

11. *L'âme et la danse*, *op. cit.*, p. 173.

comme la tumeur se refusait à disparaître et devenait de plus en plus grosse, je la fis examiner par les médecins sans imaginer qu'ils y découvriraient quelque chose de très grave. Dans quel état je me trouvais réellement, je n'en avais pas encore la moindre idée. D'une part j'étais très ignorant sur le plan médical et, d'autre part selon ma vieille habitude, je ne voulais pas voir que je pouvais être vraiment en très mauvais état. Bien que ne sachant pas encore que j'avais le cancer, intuitivement je posais déjà le bon diagnostic car, selon moi, la *tumeur* c'étaient des "*larmes rentrées*". Ce qui voulait dire à peu près que toutes les larmes que je n'avais pas pleurées et n'avais pas voulu pleurer au cours de ma vie se seraient amassées dans mon cou et auraient formé cette tumeur parce que leur véritable destination, à savoir être pleurées, n'avait pas pu s'accomplir. D'un point de vue strictement médical, ce diagnostic à résonance poétique n'est évidemment pas exact. Mais, appliqué à l'ensemble de la personne, il dit la vérité : toute la souffrance accumulée, que j'avais ravalée pendant des années, tout à coup ne se laissait plus comprimer au-dedans de moi; la pression excessive la fit exploser et cette explosion détruisit mon corps. [...] Je crois que *le cancer est une maladie de l'âme qui fait qu'un homme qui dévore tout son chagrin est dévoré lui-même, au bout d'un certain temps, par ce chagrin qui est en lui.* Et parce qu'un tel homme se détruit lui-même, dans la plupart des cas tous les traitements médicaux ne servent absolument à rien. De même que le chemin qu'en fait on ne tient pas du tout à parcourir fatigue au-delà de toute mesure, et de même que le panier à provisions qu'en fait on ne tient pas du tout à porter paraît exagérément lourd, de même *le corps détruit spontanément la vie humaine quand on ne tient plus du tout à vivre cette vie.* Et d'ajouter plus loin que lorsqu'il apprit, au décours de l'opération d'ablation de sa tumeur qu'il avait un cancer, "mon premier mot en présence de ce fait nouveau fut : naturellement. [...] j'étais déjà malade depuis de très nombreuses années et [...] le cancer ne constituait que le tout dernier maillon d'une longue chaîne"[12]. »

Relevons ce qui intéresse notre sujet et vaudrait pour toute autre maladie qualifiée de psychosomatique[13]. Fritz Zorn **est** son corps. Mais il est aussi autre que lui. Lui-même emploie le terme d'âme. Cette âme meut son corps. Jusqu'ici, rien de nouveau. Mais le corps dit ce que Fritz Zorn vit et

12. Fritz ZORN, *Mars*, trad. Gilberte Lambrichs, « Du monde entier », Paris, Gallimard, 1979, p. 153-155. C'est moi qui souligne.

13. « Il y a des circonstances où, pour des raisons thérapeutiques, le champ d'expression physiologique de certaines réactions spirituelles, par exemple de l'angoisse, peut se trouver si réduit que le mouvement de l'âme n'arrive plus à se déployer. Il apparaît ainsi que la formation des sentiment dépend de leur possibilité d'expression corporelle. Cela suppose entre le corps et l'âme l'interdépendance la plus étroite qu'on puisse imaginer. » (H. CONRAD-MARTIUS, « Seele und Leib », in *Hochland*, tome 42 (1949), p. 67 s., cité par Bernard HÄRING, *La loi du Christ*. 1. *Théologie morale générale,* trad., Paris, Desclée, 1962, p. 100). Cf. Pierre MARTY, *L'Ordre psychosomatique*. Les mouvements individuels de vie et de mort, I. *Essai d'économie psychosomatique*. 2. *Désorganisations et régressions*, Paris, Payot, 1980; et cf. l'intéressant ouvrage de Julia KRISTEVA, *Les nouvelles maladies de l'âme*, Paris, Fayard, 1993.

ressent et n'a pas su ou pu exprimer, notamment par la parole. Or, cette profonde unité du corps et de l'âme fut occultée par l'éducation qu'il a reçue. Sa maladie est la preuve, en creux, de cette intime communion. Peu importe la validité de l'étiopathogénie proposée par l'auteur[14]. Enfin, Fritz Zorn se vit en unité profonde avec son corps qu'il exprime adéquatement par l'adverbe très fort : « naturellement ».

Une chose, quatre causes

Faisant appel au registre philosophique, nous dirons maintenant que l'âme est plus qu'une cause efficiente, elle est cause **formelle** du corps[15]. Ce vocabulaire étonne et dépayse. L'essentiel est de rejoindre la réalité qu'il cherche à montrer, et que les exemples illustrent.

C'est l'une des découvertes d'Aristote, le terme « cause » n'a pas un, mais quatre sens. Ce n'est pas le lieu d'expliquer la théorie aristotélicienne des quatre causes : matérielle, formelle, efficiente et finale. Pour nous, le terme « cause » s'est identifié à ce qui est source de mouvement. En fait, ce n'est pas si simple. Si quelqu'un demande : « Pourquoi fait-il chaud dans cette pièce? », il y a quatre grandes sortes de réponses ou d'explications différentes : 1. par la matière : « Parce qu'elle possède des cloisons calorifuges. » 2. par un principe formel, informateur : « Parce qu'elle est la plus haute de l'immeuble. » 3. par une cause motrice : « Parce qu'on a allumé le radiateur. » 4. par la fin : « Parce qu'il va y avoir une réunion. » On constate donc que la question « pourquoi? » n'appelle pas toujours la mise en œuvre d'une finalité.

De même, les quatre causes constituent et permettent de définir une chose[16]. Soit une toile. À la question : « Qu'est-ce que c'est? », je peux

14. On pourra lire à ce sujet l'intéressante introduction d'Adolph MUSCHG (*Mars*, p. 7-26). « La pathologie est analytique, la santé est synthétique. La pathologie isole, disloque, analyse, désorganise. L'organisme cancérisé, disait un de nos maîtres, « meurt pour une raison quasi-métaphysique de dualité », ce qui signifie que la cellule néoplasique [...] fait cavalier seul. » (Hubert SAGET, *Ontologie et biologie*, Paris, Louvain, Bruxelles, Ed. Nauwelaerts, sans date, p. 88). Cf. aussi notre exposé de l'opinion de Goldstein sur l'organisme humain comme totalité (2e partie, chap. 3).

15. En contre-point plus réjouissant, le champion de ski Peter Lunn écrivait : « Le vrai mobile caché du ski de compétition, et de tous les sports ascétiques, réside en l'essence même du sport, qui est *l'esprit essayant de forcer le corps à faire exactement ce qu'il veut lui voir faire*. Quand le skieur est vraiment en forme, des instants arrivent où il sait que son esprit a vaincu, et qu'il a pour de brèves secondes le contrôle absolu de son corps. » (Peter LUNN, *High Speed Skiing*, Methuen, 1935, chap. 26 : « The Psychology of Racing », cité par Olivier COSTA DE BEAUREGARD, « Le corps qui doit ressusciter... », in *Communio*, V/6, *Le corps*, nov.-déc. 1980, p. 50-56, ici p. 54) La pratique du ski au plus haut niveau traduit la jubilation de l'âme à faire un avec le corps; mais la rareté même de l'expérience en montre la difficulté.

16. Cf. Pascal IDE, *L'art de penser*, Paris, Médialogue, 1992, pp. 173 et 174.

répondre : « C'est un tableau » (cause formelle) ; « C'est du tissu tendu sur un cadre de bois, avec de la peinture dessus » (cause matérielle) ; « C'est un Manet » (définition par l'efficience) ; enfin : « C'est la toile qui est exposée au Musée d'Orsay » (définition par la cause finale).

Nous avons vu que le corps est cause matérielle. L'âme, quant à elle, remplit le rôle des trois autres causes, efficiente, formelle et finale. Là encore, les mots sont de faux amis : pour nous, la *forme* évoque la figure extérieure (de la *forme* de la statue aux *formes* que l'on met dans les chaussures). Toutefois, les théories de l'*information* et plus encore les théories morphologiques[16b] nous rappellent que le terme « forme » peut aussi désigner un principe interne, décisif, d'être, d'unité. Tel est le sens de la cause formelle ; on pourrait dire aujourd'hui principe d'information, mais l'usage biochimique prévaut et rendrait le terme ambigu. L'application au vivant permettra, j'espère, de mieux cerner cette notion difficile et si étrangère à nos catégories actuelles[16c].

L'âme et l'ADN

L'ADN humain, qui ne comporte pas moins de trois milliards de bases, appelées nucléotides, réparties en quelques cent mille gènes, est, en droit, capable de restituer la totalité d'un homme génétiquement identique à moi. Or, contenue dans les chromosomes, elle se trouve en chacune des soixante mille milliards de cellules composant l'organisme adulte. Mais si le corps peut être mis en mouvement à partir d'un seul point, il ne peut être informé qu'en tout son être. L'ubiquité du support du génome plaide donc, mieux que toute autre réalité biologique, en faveur d'une âme cause formelle, qui habite et non point habille le corps. L'âme humaine informe chacune des plus infimes parties de l'organisme ; aucune ne lui est indifférente ou étrangère[17]. Notre identité a partout apposé son sceau, en ce signe efficace qu'est le génome. Pour autant, répétons-le, jamais l'âme ne s'identifie à l'ADN, qui n'est qu'une partie du corps vivant, ni à l'information ou au code génétique qui sont d'abord des notions intelligibles et non des processus biochimiques.

16b. Cf. Alain BOUTOT, *L'invention des formes.* Chaos-Catastrophes-Fractales-Structures dissipatives-Attracteurs étranges, Paris, Odile Jacob, 1993. Cf. l'ouvrage récemment traduit de W. D'ARCY THOMPSON, *Forme et croissance* (1917), Paris, Seuil, 1994.

16c. J'ai, ô combien conscience, de prêter le flanc à une interprétation **vitaliste,** *horresco referens.* Ce n'est pas le lieu de développer ici une philosophie du vivant qui se refuserait de réduire l'organique au déterminisme physico-chimique. Ce qui confirme une nouvelle fois qu'une réflexion philosophique sur le corps ne peut se passer d'une philosophie de la nature.

17. Guillaume de SAINT-THIERRY, dans son *De Opificio hominis,* montre, organe par organe que l'âme est présente non pas dans le cœur ou le cerveau, mais dans tout le corps. (cf. le résumé de Pierre MAGNARD, « Image et ressemblance », in Rémi BRAGUE (éd.), *Saint-Bernard et la philosophie, op. cit.*, p. 73-85, ici p. 73).

L'âme, forme du corps

Le corps est la matière et l'âme son principe d'être les deux constituant un seul être vivant et humain. C'est le point de vue décisif pour rendre compte de l'existence et de la nature véritable de l'âme. Qu'est-ce que cela signifie ? Nous allons maintenant reprendre, en l'adaptant[18], le chemin suivi par Aristote dans son traité *De l'Âme*[19]. On peut le systématiser sous la forme d'un syllogisme.

Premier pas. Décidons d'appeler *âme* ce par quoi un être vivant est vivant. Cela ne se veut pas une définition arbitraire ou nominale (« L'habit est un vêtement »). C'est un fait irréfutable qu'il existe des êtres vivants, irréductibles aux êtres inertes. En effet, il existe des êtres doués d'opérations propres, à savoir nutrition, morphogénèse, reproduction. Plus profondément, nous le notions à la suite de Michel Henry, tout homme fait l'expérience de la vie. Cette expérience intérieure n'est ni formalisable ni démontrable. Au contraire, c'est parce que nous sommes habités par cette conviction d'ordre pré-philosophique que les sciences de la vie sont possibles.

Or, tout effet appelle une cause. Il existe donc « un ce par quoi » le vivant se différencie de l'inorganique, qu'il est traditionnel depuis les Grecs de nommer « âme ». « C'étaient les Grecs seuls qui déterminèrent pour beaucoup de millénaires la voie dans laquelle l'homme civilisé concevrait la nature et la destinée de l'âme[20]. » Et si ce nom nous gêne à cause de ses connotations religieuses, remarquons que nous l'employons sans nous en douter, puisque nous parlons d'êtres animés et qu'âme vient du latin *anima*. Si nous demeurons toujours allergique à ce terme, appelons le principe de vie *X*[21].

Second pas. Les opérations propres au vivant sont irréductibles à la simple matérialité de l'être inerte et à ses éléments biochimiques. Aristote en donne un signe tout simple, mais toujours valable[22]. L'être inerte se porte par nature

---

18. Multiples sont les ouvrages qui en traitent. Cf. par exemple la réactualisation tentée par le philosophe suisse Charles WERNER (*L'âme et la liberté*, suivi de *Essai d'une nouvelle monadologie*, Paris, Payot, 1960).

19. L. 2, ch. 1 et 2, *op. cit.*, pp. 65 à 80.

20. Werner JAEGER, *The Theology of the Early Greek Philosophers,* Oxford, 1947, p. 73 s.

21. Cf. Claude TRESMONTANT, *Le problème de l'âme*, Paris, Seuil, 1971, pp. 179 et 180. Passant en revue les propos des biologistes et généticiens, notamment les plus matérialistes, comme Ernest Kahane, il conclut : *« Ses biologistes ont retrouvé, qu'ils le sachent ou non, l'analyse d'Aristote effectuée dans le Traité de l'âme.* » (p 161. Souligné dans le texte). Malheureusement, Tresmontant confond l'âme et le principe d'information, à savoir l'ADN.

22. « Les végétaux [...] ont en eux-mêmes une faculté et un principe tel que, grâce à lui, ils reçoivent accroissement décroissement selon les directions locales contraires. En effet, ce n'est pas seulement vers le haut qu'ils s'accroissent, à l'exclusion du bas, mais c'est pareillement dans ces deux directions ; ils se développent ainsi progressivement de tous côtés et continuent à vivre aussi longtemps qu'ils sont capables d'absorber la nourriture. » (*De l'âme*, L. II, ch. 2, 413 a 25-31, *op. cit.*, p. 74).

vers un seul lieu : par exemple, la pierre ne tombe que dans une direction, et le feu ne fait que monter vers le haut ; et si une étoile qui explose se porte vers toutes les directions, son être n'est pas unifié. En revanche, le végétal se porte vers des lieux opposés : la plante pousse des racines dans le sol et des branches vers le ciel. Cette constatation banale fait sans doute sourire. Cependant, naïveté n'est pas grossièreté. Avec la vie, l'être commence à surmonter la contrariété : les opérations vitales peuvent être considérées comme des manières de plus en plus parfaites de surmonter la contradiction dont la matière est le sujet. Le cadavre qui est réduction à l'inerte, est une retombée dans le multiple. La plante est douée d'un principe d'être et d'unité plus parfait que le minéral. Voilà pourquoi il y a filiation profonde entre le corps-cadavre et le corps éclaté, dans la représentation mécanique.

On pourrait raisonner de façon similaire à partir non plus de la croissance, mais de la nutrition. Celle-ci requiert une grande unité intérieure pour ne pas être détruite par l'altérité de l'aliment reçu au plus intime, et se le rendre semblable. Or, l'être inanimé ne peut s'assimiler (étymologiquement : « rendre semblable à soi ») la nourriture. Un cristal ne croît que par accrétion externe et non par digestion : la croissance se fait par ajouts extérieurs et non par métabolisation. Voilà pourquoi un homme qui n'arrive plus à assimiler sa nourriture est proche de la mort. C'est ce critère, et non pas celui, habituellement utilisé, de la mort cérébrale, qui signe le véritable décès[23].

Concluons. Il y a chez le vivant un principe que l'on peut appeler « âme » et qui n'est pas réductible à ses seuls éléments inertes. Nous sommes à même de comprendre la célèbre définition de l'âme chez Aristote : « L'âme est l'acte premier d'un corps naturel ayant la vie en puissance, c'est-à-dire d'un corps organisé[24]. »

Ce n'est pas le lieu d'entrer dans le détail d'une théorie de l'âme et de défendre celle-ci des errements du dualisme vitaliste. Il y faudrait un ouvrage entier et la discussion serrée de la problématique scientifique actuelle. Le principal problème devient en tout cas d'éviter la charade dualiste : « mon premier est un corps, mon second est une âme et mon tout essaie d'être un homme ? » Selon la belle formule du concile de Chalcédoine à propos du Christ, et dont Pascal a vu qu'elle est la clé de compréhension de toute relation de communion dans l'univers, comment concevoir « la distinction sans séparation » de l'âme et du corps ? Il faut tenir

23. Cf. l'excellent exposé de deux neurologues et philosophes chiliens, Manuel LAVADOS et Alejandro SERANI, *Etica clinica*. Fundamentos y aplicationes, coll. « Textos Universitarios », Ed. de l'Université Catholique du Chili, 1993, 5ᵉ partie : « Les critères de mort individuelle », p. 181-216.

24. *De l'âme*, L. 2, ch. 1, 412 a 28-29, *op. cit.*, p. 68.

à la fois la distinction réelle et l'unité profonde. Précisément, que signifie « l'âme est forme ou acte du corps[25] » ?

Le corps humain, puissance de l'âme

Dans la perspective propre à la métaphysique classique, thomasienne, la lumière ultime relève de la doctrine de l'acte et de la puissance : le corps est à l'âme ce que la matière est à la puissance et ce que la puissance est à l'acte. Autrement dit, le corps est la matière que l'âme actue. Et si l'on a compris la profonde unité, dynamique de la puissance et de l'acte, la question de l'unité corps-âme et donc du dualisme s'éclaire. Cette perspective n'est pas la seule, puisque les chapitres 6 et 7 en proposeront deux autres.

On ne peut détailler la métaphysique de l'acte et de la puissance. Constatons néanmoins que les différentes caractéristiques du corps humain énumérées au chapitre 4 sont autant d'approches décrivant ce que l'on entend par *puissance.* En effet, qui dit puissance, dit possibilité ou capacité, ouverture dynamique. Or, nous avons vu combien chaque organe – en particulier le cerveau, le visage, la main ; et plus loin nous parlerons du système oculaire – comme le corps entier dans sa nudité, exprime cette indétermination non pas statique, mais tendancielle. Arrêtons-nous à la main. Aristote écrivait que, chez l'homme, « la main devient griffe, serre, corne, lance ou épée ou autre arme ou outil[26] ». Aussi « l'âme est analogue à la main [...] la main est instrument d'instruments[27] ». Leroi-Gourhan retrouve cette intuition :

> « L'espèce humaine échappe [...] à une spécialisation organique qui la lierait définitivement. Toute adaptation de la main des premiers Anthropiens en outil proprement dit n'aurait créé qu'un groupe de mammifères hautement adaptés à des actions restreintes et non pas l'homme, dont l'inadaptation physique (et mentale) est le trait génétique significatif : tortue lorsqu'il se retire sous un toit, crabe lorsqu'il prolonge sa main par une pince, cheval lorsqu'il devient cavalier, il redevient chaque fois disponible, sa mémoire transportée dans les livres, sa force multipliée dans le bœuf, son poing amélioré par le marteau[28]. »

Enfin, en retour, cette explication des relations du corps et de l'âme éclaire des questions délicates et controversées sur le spiritisme, la réincarnation ou les phénomènes parapsychologiques[29].

---

25. Cf. *Ibid.*, L. 2, ch. 2, 414 a 27-28, *op. cit.*, p. 80. Il relèverait d'un tel traité de montrer que l'âme est, selon son essence, principe d'être et d'unité, et, selon sa puissance, principe d'action et d'intelligibilité (cf. THOMAS D'AQUIN, *Somme contre les Gentils*, II, c. 69).

26. *Les parties des animaux*, L. IV, ch. 10, 687 b 2-4, *op. cit.*, p. 138.

27. *De l'âme*, L. III, chap. 8, 462 a 1-3, *op. cit.*, p. 197. Et Thomas d'Aquin de commenter que « l'homme est préparé », à la défense, au combat ou à la coopération, « par la main ». (*In Aristotelis librum de Anima*, L. III, l. 13, n° 790, Rome-Turin, Marietti, 1959, p. 187)

28. *Le Geste et la Parole, op. cit.,* tome 1, p. 48.

29. Cf. Annexe III.

Nijinsky et le poète

Pour signifier ce chiasme du corps et de l'esprit, il peut être bon de laisser la place à la grâce du danseur ou au verbe du poète. Contemplons la beauté du geste d'un danseur de génie :

> « Nijinsky apportait autre chose, les pieds enfin ont quitté la terre, il apportait le bond, c'est-à-dire la victoire de la respiration sur le poids... C'est la possession du corps par l'esprit et l'emploi de l'animal par l'âme, encore, et encore, et de nouveau, et encore une fois, élance-toi, grand oiseau, à la rencontre d'une sublime défaite ! L'âme pour une seconde porte le corps[30]. »

Écoutons maintenant le poète :

> « Rien n'est plus simple que la voix. Rien n'est plus obscur que la voix. [...] Dans le chant, la voix passe de l'ombre à la lumière, de la chair à l'esprit. L'esprit est une partie du corps, un fragment plus subtil de la chair – comme on dit du vin qu'il est subtil, d'une absence qu'elle est longue. L'âme est une fleur creuse de sang rouge. Elle frémit sous les ondées du chant. Elle s'ouvre dans l'éclaircie d'une voix. L'esprit s'éveille au creux du corps, au tronc du souffle, aux racines de la chair. Puis il s'élève dans la gorge et s'enflamme dans l'air pur. Dans le chant, la voix se quitte : c'est toujours une absence que l'on chante. Le temps de chanter est la claire confusion de ces deux saisons dans la vie : l'excès et le défaut. Le comble et la perte[31]. »

Être ou ne pas être (son corps), telle n'est pas la question

Tirons une conséquence qui est plus que linguistique. Il est devenu classique de se demander si j'*ai* un corps ou si je *suis* mon corps, généralement, depuis Maine de Biran, pour trancher en faveur du premier membre de l'alternative. Pourtant, quelques originaux n'hésitent pas à se démarquer de cette tradition, qui finit par devenir suspecte à force d'être monolithique. Un autre philosophe, Claude Bruaire préfère l'affirmation : « Je ne suis pas mon corps. » D'ailleurs, la phénoménologie n'est pas vraiment satisfaite par

30. Paul CLAUDEL, Préface de Romola NIJINSKY, *Nijinsky*, trad. Pierre Dutray, Paris, Denoël et Stelle, s.d.. Réduire Nijinsky à ses qualités de virtuose, comme d'aucuns enthousiastes l'on fait en admirant ses sauts, serait donner la primauté à la seule cause efficiente, alors que l'âme qui anime ce si beau geste lui est intimement unie ; la grâce est le témoin privilégié de cette épousaille ontologique que rien, sauf la dissolution mortelle, ne vient rompre. Elle « est la qualité d'un équilibre – mieux encore d'un équilibre en mouvement – qui symbolise la libération spirituelle ». (Françoise STANCIU-REISS, « Nijinsky, la grâce et l'existence », in *La Recherche en danse*, n° 1, 1982, p. 87-93, ici p. 90. Cf. ID., *Nijinsky ou la grâce*, coll. « Les Introuvables », Paris, Éd. d'Aujourd'hui, 1980).

31. Christian BOBIN, *La Part manquante*, Paris, Gallimard, 1969, pp. 74-75.

l'expression « je suis mon corps », car, sitôt sorti de la tradition cartésienne, on demeure embarrassé par l'essentielle ambivalence de l'*homo duplex,* ainsi qu'on l'a vu ci-dessus. Faut-il rechuter sur le « j'ai un (ou mon) corps » ou osciller indéfiniment entre les deux[32] ? À moins que ce ne soit entre « je suis mon corps » et « mon corps n'est pas moi[33] » ? À moins, enfin, que la dialectique ne se joue entre les quatre énoncés : « Je suis mon corps », « je ne suis pas mon corps », « j'ai mon corps », « je n'ai pas mon corps[34] ».

Toutes ces formules ne sortent pas de l'équivocité. Elles invitent donc à se pencher sur l'essentielle polysémie des verbes *être* et *avoir*. Aristote, plus précisément encore que Platon, l'a définitivement montré : *être* se dit de différentes manières[35]. Notamment, *être* se dit de l'acte et de la puissance, mais différemment : l'*être* potentiel, germinal, n'est pas l'*être* actuel, achevé. Appliquons cette distinction à notre proposition : « Je suis mon corps ». Si l'*être* s'entend de l'actualité, *nego* : il faut refuser que la personne s'identifie, purement et simplement à son corps car c'est l'esprit qui la meut, l'informe et la finalise. Si l'être s'entend de la puissance, c'est-à-dire non pas seulement d'une réceptivité, mais d'un désir d'être achevé, *affirmo* : le sujet humain est bien son corps, car celui-ci aspire à l'esprit et, en retour, l'exprime.

Il en est de même de l'*avoir* : celui-ci, notamment depuis les belles analyses de Gabriel Marcel, s'entend de la prise de possession, de la mainmise. Dès lors, affirmer « j'ai un corps » est entrer dans la représentation du corps mécanique. Mais le terme *avoir* est doué d'un autre sens, positif. Pour avoir, il faut aussi recevoir ; ici, *être* s'oppose à *avoir* comme la source à ce qui en participe, comme le don à ce qui en est le vase d'élection. Dès lors, dire « j'ai un corps », c'est faire mémoire du don de l'origine : je ne suis pas (créateur de) mon corps, mais j'ai (reçu) mon corps.

À trop forcer ces mots, ils deviennent stériles et on oublie que sous les signifiants sommeillent des significations. La seule issue du débat (être ou ne

32. Gabriel MARCEL estime que le corps est « une zone frontière entre l'être et l'avoir » (*Être et avoir*, Paris, Aubier, 1935, p. 119) En effet, nul ne peut dire simplement « j'ai mon corps », ce qui réfute le spiritualisme, ni « je suis mon corps », ce qui réfute le matérialisme. Il offre ainsi une preuve expérimentale et linguistique de l'inconsistance du matérialisme et du dualisme.

33. « Que je sois mon corps n'est pas pour nous convertible : je suis mon corps, mais mon corps n'est pas moi. » (Jean-Louis CHRÉTIEN, « La gloire du corps », art. cité, p. 20).

34. On pourrait y voir un carré sémiotique.

35. Dans une optique platonicienne, on affinerait les couples du positif et du négatif (être et non-être), du même et de l'autre. Nous avons opté pour l'optique aristotélicienne (cf. Pascal IDE, « Platonisme ou aristotélisme », in *Revue Thomiste* XCV (1995), p. 566-610). De ce point de vue, la phénoménologie qui se refuse à la métaphysique, est en deçà de cette option, et trouve là sa limite. Ce qui ne signifie pas qu'il faille en rester aux seuls concepts élaborés par Aristote (ou Platon) ni qu'il faille faire fi des descriptions de la phénoménologie, ainsi que le montrera le chapitre 9.

pas être son corps) consiste donc non pas à rivaliser de subtilité verbale, ni seulement à multiplier les descriptions, les analyses phénoménologiques, mais à proposer d'autres explications, c'est-à-dire d'autres concepts. Dès lors que l'on se refuse à un absurde et grossier matérialisme, quel que soit le mot que l'on donne à cet autre que le corps, il faut tôt ou tard en venir au courage du concept, c'est-à-dire à une explication d'ordre thématique.

3. Le corps-serviteur

Nous n'avons pas encore épuisé les relations de l'âme et du corps.

> « Un capitaine peut fort bien savoir donner des instructions précises sur la façon de manœuvrer les machines et de disposer les voiles pour la navigation : mais s'il ne connaît pas le but et s'il ne sait pas demander à ses instruments ou aux étoiles qui resplendissent au-dessus de sa tête, la position et la route de son navire, où donc le conduira sa folle course[36] ? »

S'arrêtant aux deux premières approches – le corps-instrument et le corps-compagnon – on pourrait oublier combien le corps n'est pas fait pour lui et ne trouve pas sa destination en lui-même. Or, loin d'amoindrir la dignité du corps, sa subordination à une finalité qui lui est autre mais supérieure, l'ennoblit.

Premier 8 000

Le 3 juin 1950, Maurice Herzog et son compagnon, Louis Lachenal, sont les premiers hommes à franchir les huit mille mètres de l'Annapurna. Avec une intense émotion, Herzog a raconté comment il a vécu son arrivée au sommet[37] :

> « Je me sens précipité dans quelque chose de neuf, d'insolite. J'ai des impressions très vives, très étranges, que je n'ai jamais ressenties auparavant en montagne. Il y a quelque chose d'irréel dans la perception que j'ai de mon compagnon et de ce qui m'entoure... Intérieurement, je souris de la misère de nos efforts. Je me contemple de l'extérieur, faisant ces mêmes mouvements. Mais l'effort est aboli, comme s'il n'y avait plus de pesanteur. Ce paysage diaphane, cette offrande de pureté, n'est pas ma montagne. C'est celle de mes rêves. Avec la neige qui brille au soleil et saupoudre le moindre rocher, le décor est d'une radieuse beauté

---

36. PIE XII, *Allocution à l'Union médico-biologique Saint-Luc,* le 12 novembre 1944, in LES ENSEIGNEMENTS PONTIFICAUX, *Le corps humain*, Présentation et tables par les moines de Solesmes, Paris, Desclée, 1953, p. 37. Désormais cité SOLESMES.

37. Maurice HERZOG, *Annapurna. Premier 8 000,* Grenoble, B. Arthaud, Préface par Lucien Devies, 1951, pp. 198 et 199.

> qui me touche infiniment. La transparence absolue est inhabituelle. [...] Une joie m'étreint; je ne peux pas la définir. Tout est tellement nouveau et tellement extraordinaire! Ce n'est pas une course comme j'en ai fait dans les Alpes, où l'on sent une volonté derrière soi, des hommes dont on a obscure conscience, des maisons qu'on peut voir en se retournant. Ce n'est pas cela. Une coupure immense me sépare du monde. J'évolue dans un domaine différent : désertique, sans vie, desséché. Un domaine fantastique où la présence de l'homme n'est pas prévue, ni peut-être souhaitée. Nous bravons un interdit, nous passons outre à un refus, et pourtant c'est sans aucune crainte que nous nous élevons. La pensée de la fameuse échelle de Thérèse d'Avila me saisit. Des doigts se cramponnent à mon cœur... »

Les mots employés par Maurice Herzog, son style, épousent la profondeur et la précision de l'introspection autant que la richesse de l'expérience. Arrêtons-nous aux points qui intéressent notre sujet.

L'homme Herzog **est** son corps. C'est grâce à lui qu'il dépasse l'obstacle. À la lecture du récit, on mesure combien l'esprit est incarné. Mais l'alpiniste est **plus** que son corps. Aucun animal, là encore, n'a réalisé son exploit. Son corps n'est pas qu'une carcasse qu'il traîne et qu'il tyrannise. Les deux hommes souffrent terriblement, surtout ils craignent de se geler les pieds devenus insensibles. Brusquement Lachenal lâche : « Si je retourne, qu'est-ce que tu fais? » Herzog pense alors à tout l'héroïsme déployé par l'équipe : « Et il faudrait renoncer? C'est impossible. Mon être tout entier refuse. Je suis décidé, absolument décidé! » Aussi répond-il d'une voix claire : « Je continuerai seul! » Or, son camarade avait besoin que la volonté d'Herzog s'affirme. Il choisit librement : « Alors, je te suis! » Ici, la volonté entraîne le corps au-delà de ses limites.

Mais l'âme de l'alpiniste est plus qu'une cause efficiente. Elle participe à l'effort autant qu'à la joie; elle est sienne. Ce principe de vie est cause formelle. Une telle expérience ne pourrait avoir lieu si l'homme ne faisait qu'adhérer à ses « impressions ». Tout parvient par les sens qui boivent la nouveauté inouïe du spectacle et qui permet aussi au corps de faire corps.

Il y a plus encore. Herzog accède à un au-delà qu'il exprime ici en termes de rupture. Cette nouveauté est même tellement grande qu'elle prend le visage de l' « insolite », de l' « étrange », de l' « extraordinaire », du « rêve ». En regard, le retour vers les camarades marquent un retour vers l'univers familier : « La vue de ces visages familiers chasse l'étrange sensation qui me domine depuis ce matin. Brusquement, je me retrouve dans ma condition d'alpiniste[38]. » D'où l'étonnante impression de transgresser un interdit, d'où aussi la joie. Voici ce qu'Herzog affirme lorsqu'il parvient, plus tard, au sommet, à 8 075 mètres.

38. *Ibid.*, pp. 205 et 207.

> « La mission est remplie. Mais quelque chose de beaucoup plus grand est accompli. Que la vie sera belle maintenant! Il est inconcevable, brusquement, de réaliser son idéal et de se réaliser soi-même. Je suis étreint par l'émotion. Jamais je n'ai éprouvé joie aussi grande ni aussi pure[39]. »

Bref, le corps est destiné à plus que lui-même : l'âme est **cause finale** du corps. « Avec cette réalisation, dit-il à la fin de son ouvrage, c'est une nouvelle vie qui commence[40]. »

L'âme, fin du corps

Le corps ne trouve pas sa finalité en lui-même. Il n'est pas à son propre service. Le corps humain, par la médiation des sens, ouvre à l'esprit les immenses richesses de la réalité : « L'univers est le complément prodigieux de notre pauvreté[41]. » Aussi Aristote pouvait remarquer que, s'il manque un sens, il manque une science. L'indétermination constitutive du corps humain ne trouve son sens qu'aspiré par une finalité qui la concrétise et lui donne de porter tout son fruit. En effet, l'animal, surtout les grands singes, a toujours semblé à la traîne de son corps, donnant l'impression qu'il est un Cray de troisième génération utilisé comme une calculette. L'indétermination plastique du corps ne trouve son plein emploi qu'actué par un esprit qui seul sait en exploiter les virtualités presque infinies. L'informatique nous l'a appris : le *hardware* est pour le *software*, et non l'inverse.

Ce que l'on peut comprendre de manière ascendante est confirmée par une vision en quelque sorte descendante. La communion directe d'esprit à esprit n'existe pas, on le redira. Elle doit passer par l'humble médiation des corps. En effet, « parce qu'il est pénétré jusqu'au fond par l'âme, parce qu'il la reflète, l'offre et la donne, le corps est le moyen par quoi se réalise la présence d'une âme à une autre âme[42] ». Même lorsque la personne est rendue muette (par la souffrance, l'appareillage médical, etc.), ou se trouve enfermée dans une grave maladie psychotique, lorsque la parole est devenue inutilisable, le corps demeure un moyen de communication. Il est toujours possible de faire signe à l'autre emmuré : non plus par les yeux, ni par les oreilles, mais par la main, main bénie[43].

---

39. *Ibid.*, pp. 200.
40. *Ibid.*, pp. 298.
41. Joseph de FINANCE, *Existence et liberté*, « Problèmes et doctrines » IX, Paris-Lyon, Emmanuel Vitte, 1955, p. 250.
42. Jean MOUROUX, *Sens chrétien de l'homme, op. cit.*, p. 53. « Quand deux êtres qui s'aiment se rencontrent après longtemps, ils échangent bien souvent les paroles les plus humbles et les plus banales, mais leurs âmes se comprennent et s'étreignent à travers la pauvreté des mots. » (*Ibid.*, p. 52).
43. Cf. Maurice BLONDEL, *La Pensée, op. cit.*, tome 1, p. 86 s.

Prévenons enfin une mésinterprétation : loin de mépriser le corps, sa finalisation par l'âme l'ennoblit de manière inouïe : « Car le corps est fait pour l'âme et non l'inverse. C'est pourquoi, à cet égard, le corps naturel est une certaine plénitude de l'âme. En effet, si les membres n'étaient pas au complet dans le corps, l'âme ne pourrait pas exercer pleinement ses opérations[44]. »

Résumons les acquis précédents selon la perspective plus subjective évoquée au chapitre 2. À chaque type de causalité exercée par l'âme correspond une expérience particulière du corps. Mû par l'âme, le corps se vit comme un instrument; actué par l'âme, il se vit, selon la belle expression de saint Bernard, comme le bon et fidèle compagnon[45]; finalisé par l'âme, il se vit comme un serviteur.

Un corps assis, debout, en marche

Une dernière illustration de ce triple lien causal ne sera peut-être pas inutile. Le symbole est doué d'une fonction unificatrice, comme on le verra au chapitre 6. Or, toute unité, toute expérience humaine s'enracine dans le corps. Dans un imposant ouvrage, se fondant sur une très vaste induction – réflexologique, ethnologique, psychanalytique, etc. – Gilbert Durand s'essaie à une typologie des différents symboles, dont on sait combien ils sont foisonnants. Il émet l'hypothèse originale selon laquelle il existe trois attitudes corporelles fondamentales de l'homme, desquelles dérivent tous les symboles et archétypes : l'homme debout, assis et en marche[46].

– **Debout,** l'homme regarde vers les hauteurs et rencontre l'autre. Ici, s'enracine notamment la séparation.

– **Assis,** l'homme réfléchit, se recueille, revient à lui. Ici, s'enracine notamment l'intimité.

– **En marche,** l'homme agit, pérégrine, va vers l'autre. On dit de l'homme qu'il est le seul vertébré à avancer à grands pas. Ici, s'enracine notamment la maîtrise.

Peut-on émettre l'hypothèse selon laquelle la fonction efficiente de l'âme s'exprime davantage lorsque le corps marche (l'autonomie de la locomotion

---

44. S. THOMAS D'AQUIN, *Commentaire de la lettre aux Ephésiens*, ch. I, l. 8, n. 71.

45. *Traité de l'amour de Dieu*, XI, 31, *PL*, 183, 93.

46. Gilbert DURAND, *Les structures anthropologiques de l'imaginaire*. Introduction à l'archétypologie générale, coll. « Études supérieures », Paris-Bruxelles, Montréal, Bordas, 1969. Un spécialiste de spiritualité le confirme : « Pour arriver à établir les principales structures du monde imaginaire et symbolique, le mieux est de partir, comme fait Gilbert Durand, du donné premier sur lequel insistent phénoménologues et existentialistes : notre être-au-monde, l'existence. » (Charles André BERNARD, « Le langage symbolique », in *Traité de théologie spirituelle*, « Théologies », Paris, Le Cerf, 1986, p. 173). À noter que la tripartition de Durand s'inscrit dans une bipartition diurne et nocturne.

montre combien l'homme est l'auteur du mouvement de son corps), sa fonction formelle lorsqu'il s'assied (ce « self-enroulement » permet à l'homme de ressaisir son être dans son intériorité) et sa fonction finale lorsqu'il est debout (la verticalité du corps humain rappelle qu'enraciné dans la terre, l'homme est aussi tourné vers plus que la matière, à savoir le ciel) ? La triple symbolique humaine repérée et développée par Durand manifeste donc à sa manière la triple causalité exercée par l'âme[47].

4. Le corps et l'esprit

Jusqu'à maintenant, ce qui a été dit des relations entre le corps et l'esprit pourrait s'appliquer à tout vivant. Mais l'âme humain présente cette particularité d'être spirituelle[48]. Qu'est-ce à dire ?

Certes, on vient de le voir, l'âme ne peut être purement matérielle, puisque la matière est multiplicité. La clef tient dans la distinction qui existe entre immatériel et spirituel[49]. Le spirituel est le non-matériel qui peut exister sans un corps, alors que l'immatériel au sens restreint du terme est ce qui, n'étant pas matériel, dépend de la matière pour exister. À la mort, l'âme du végétal et de l'animal disparaît et se dissout comme son corps. Car aucune opération de ces vivants ne dépasse la simple matérialité : à preuve, leur horizon se limite à la nutrition, la reproduction et la connaissance sensorielle.

En regard, l'âme humaine est spirituelle.

Il existe une argumentation classique, difficile, qui fait appel à des notions que nous ne possédons pas[50]. Nous lui préférerons une voie courte et plus praticable, même si elle ne donne pas la raison intime de cette spiritualité.

47. Cependant, Durand associe un principe d'explication ou de justification logique à sa classification isotopique des images : il fonde surtout sur la structure en marche le principe de causalité sous toutes ses formes, et associe la verticalité aux principes d'exclusion et de contradiction, et la réceptivité, l'intimité aux principes d'analogie et de similitude. Cf. par exemple le tableau résumé de la p. 507.

48. C'est ici où les conceptions de l'âme (et, corrélativement du corps) chez Aristote et Hegel divergent. Sinon, remarque Bernard BOURGEOIS, « l'héritage aristotélicien dans la théorie hégélienne de l'âme frappe [...] par son ampleur ». Et d'énumérer quatre thèmes : la définition de l'âme, la détermination du lien essentiel entre âme et corps, la stratification des trois niveaux de vie et leur intégration (« Les deux âmes », in *De saint Thomas à Hegel*, édité par Jean-Louis VIEILLARD-BARON, Paris, P.U.F., 1994, p. 117-151, ici p. 118-120).

49. Elle est devenue difficilement perceptible depuis la trop grande séparation introduite par Descartes entre le corps et l'âme, l'étendue et la pensée.

50. Cf. *ST*, Ia, q. 76, a. 6; et surtout l'éclairante synthèse de WEBERT, in S. THOMAS D'AQUIN, *La Somme de Théologie. L'âme humaine*, Paris-Tournai-Rome, éd. de la Revue des Jeunes, Desclée, 1928, p. 184-197. De même bon exposé, court et simple par P. HERMAND, dans l'*Encyclopédie Catholicisme Hier, aujourd'hui, demain*, Paris, Letouzey et Ané, t. 5, 1962, c. 873-4.

Chacun expérimente qu'il peut revenir en lui-même, par exemple, penser qu'il pense. Or, la matière n'a aucune capacité réflexive : une pierre est opaque à elle-même. Plus, aucun sens ne peut réfléchir son propre acte : l'œil n'est pas capable de voir qu'il voit, car l'acte de vision n'est pas coloré et l'œil ne peut voir que la couleur, ni l'imagination d'imaginer qu'elle imagine. En effet, la matérialité de la capacité de connaissance qui limite son ouverture à l'objet : un appareil auditif n'est pas adapté à percevoir des odeurs. C'est donc qu'il existe en l'homme une instance qui transcende la matière[51].

Le philosophe Claude Bruaire actualise l'argument.

> « Si on considère le langage humain, on peut faire un travail scientifique sur lui. On va introduire les sons dans un laboratoire de phonologie, les mesurer, étudier leurs éléments, les lois de structure de ces éléments. Mais, sinon on ne pourra pas le faire, il faudra mettre entre parenthèses le sens des mots et celui qui parle. Et on dira après, ce qui semble folie mais est notre attitude globale, commune, qu'il n'y a personne qui parle et que ce qu'on dit n'a pas de sens[52]. »

Quelqu'un parle ; pourtant, je n'entends pas du bruit, mais du sens. C'est mon ouïe qui perçoit le bruit, mais ce n'est pas elle qui est à même d'en percevoir la signification. C'est donc qu'il existe en nous, une autre instance que « le pavillon ourlé au dessin abstrait de notre tête » dont la finalité est de changer « le vent en discours[53] » : on l'appelle « esprit ».

Conclusion

On ne peut donc pas se passer de l'âme. « Malheureux l'insensé dont la vue asservie / Ne sent point qu'un esprit s'agite dans la vie ! [...] / Sa pensée est sans aile et son cœur est sans flamme : / Car il marche, ignorant son âme[54]. » Mais il serait erroné de croire que les développements de ce chapitre nient l'importance du corps ou nous font choir dans le dualisme. La mythologie grecque, qui a – presque – tout dit, l'avait compris. Les dieux chargèrent deux titans, Prométhée et Épiméthée, de distribuer aux êtres vivants leurs diverses qualités. Le moins intelligent des deux, Épiméthée, réclama

51. Une telle affirmation soulève la grave difficulté des relations entre le cerveau et la pensée. L'Annexe I est consacrée au *mind-body problem*.

52. Claude BRUAIRE, *La force de l'esprit*. Entretiens avec Emmanuel HIRSCH, France Culture, Paris, DDB, 1986, pp. 16 et 17. Cf. les deux autres exemples donnés au même endroit.

53. André FROSSARD, *L'art de croire*, Paris, Grasset, 1979, p. 33.

54. Victor HUGO, « L'âme », Ode neuvième, in *Odes et ballades. Les Orientales*, Paris, Garnier-Flammarion, 1968, v. 102 à 106, p. 169.

cette fonction et distribua aux uns la force sans la vitesse ou la vitesse sans la force, chaussa les uns de sabots, et les autres autrement. Arrivé à l'homme, il ne lui resta plus rien. Alors Prométhée sauva la situation de la catastrophe : il doua l'homme de l'intelligence et de la justice. Épiméthée dit le corps en sa nudité faible et indéterminée, Prométhée l'âme douée d'intelligence[55].

Précisément, le corps entretient une triple relation à l'âme qui en est son moteur, son acte et sa fin. La catégorisation mise en place par Aristote il y a longtemps demande un *lifting* dans son soubassement scientifique et dans son illustration, mais elle nous paraît toujours aussi valable sur le fond[56]. Nous verrons la fécondité de la triple distinction proposée par Aristote, notamment lorsque nous traiterons de l'éducation du corps. Qu'il soit seulement rappelé combien l'affirmation de cette triple causalité permet de nouer au plus près le corps et l'âme en évitant le double écueil du monisme et du dualisme : oublier que l'âme est cause efficiente, c'est sombrer dans un dualisme abstrait ; oublier qu'elle est cause formelle, donc la réduire à n'être que motrice, c'est encore risquer de tomber dans le dualisme ; oublier que l'âme est cause finale, donc que le corps est fait pour autre et plus que lui, c'est risquer de tomber dans le monisme matérialiste.

Il demeure que la notion de cause a été passablement mise à mal par la philosophie. De plus, notre démarche tient compte d'un certain nombre d'acquis scientifiques, mais non de ceux de la philosophie actuelle, notamment de la phénoménologie. Le recours à Aristote n'est-il pas plutôt une restauration ? N'est-il pas aussi une crainte d'innover ou d'intégrer la nouveauté ?

La phénoménologie a proposé un autre chemin pour sortir des difficultés soulevées par la notion de cause : le signe. Le corps-objet est aussi corps-sujet. Cette autre approche est-elle incompatible avec l'analyse en termes de causalité ?

55. Cf. les exposés classiques de PLATON, *Protagoras*, 330 d-332 d et d'ARISTOTE, *Les Parties des animaux*, L. IV, ch. 10, 687 a 27s, *op. cit.*, p. 137.

56. Jean MOUROUX, traitant de ce qu'il appelle « les valeurs charnelles », c'est-à-dire du corps, leur consacre trois chapitres qui correspondent respectivement aux trois relations causales analysées ci-dessus (*Sens chrétien de l'homme*, *op. cit.*, chap. 3 à 5, p. 43-102).

CHAPITRE 6

Le signe insigne

« Le cœur de l'homme modèle son visage[1]. »

« Une fois que s'est bien imprimée en l'homme l'image de son propre corps, une fois qu'il l'a saisi comme organisme fermé sur soi et articulé de façon autonome, il l'utilise comme modèle et construit d'après lui la totalité du monde[2]. »

« Un visage d'homme, c'est un hiéroglyphe, un signe sûr, sacré[3]. »

« Goethe dit un jour que la poésie ressemble aux vitraux d'une église ; vus du dehors ils paraissent sombres, ternes, informes. Mais il suffit d'entrer dans l'église pour découvrir toute leur splendeur. Manifestement, pour regarder un vitrail, le juste point de vue est celui de l'intérieur. Ainsi en est-il de toutes les réalités importantes dotées de vraies valeurs[4]… » Tel est le cas du corps humain : il est l'extérieur exprimant notre intériorité. **Le corps est signe.** Mais cette notion de signe est tellement vaste qu'il va, peu à peu, falloir la préciser.

1. Le corps, signe ou langage ?

Selon le beau titre de l'ouvrage de Denis Vasse, *La chair envisagée*, lire dans le corps un signe, c'est donner un visage à la chair. Trop longtemps *ensauvagé*, le corps doit être maintenant *envisagé*.

1. Si 13, 25.
2. Ernst CASSIRER, *La philosophie des formes symboliques. 1. Le langage*, trad. Ole Hansen-Love et Jean Lacoste, Paris, Minuit, 1972, p. 161.
3. Hugo von HOFMANNSTHAL, « Lettres du voyageur à son retour », in *Lettre de Lord Chandos et autres essais*, Paris, Gallimard, 1980, p. 183.
4. Dietrich von HILDEBRAND, *Man and Woman*, Chicago, Franciscan Herald Press, 1965, p. 10.

Le corps humain a toujours fait signe

> « Celui qui voit le corps de l'homme et ses mouvements, voit l'homme autant qu'il peut être vu, quoique le principe de ses mouvements, de sa vie et de son intelligence reste caché[5]. »

Pourquoi, lorsque nous sommes heureux, intérieurement dilatés, nous mettons-nous spontanément à chanter ? D'emblée, le corps humain manifeste. Comme le montrait la première partie, on n'a jamais autant parlé d'expression corporelle ou de thérapies corporelles qu'aujourd'hui[6].

Très tôt, l'homme a fait de son corps un signe. Dans l'étonnante grotte des Gargas, en Hautes-Pyrénées, non loin de Saint-Bertrand-de-Comminges, on a pour la première fois découvert des dessins de mains humaines[7]. La plupart des cent cinquante mains figurées – ce qui a fait parler de « sanctuaire de mains » – sont des mains gauches (la latéralité est donc ancienne et a toujours favorisé les droitiers). Or, sur bon nombre d'entre elles, les phalanges terminales manquent. Les interprétations se sont multipliées, la plus commune étant religieuse. Peu convaincu par cette dernière[8], André Leroi-Gourhan propose une hypothèse ingénieuse, « celle d'une homologie possible de distribution des mains et des animaux. En d'autres termes, les mains pourraient avoir été l'équivalent d'animaux ou de *signes*, le jeu des doigts assurant l'expression des différents thèmes[9]. »

Le sot, le prétentieux et le sage

Qu'est-ce qu'un signe ? Un proverbe chinois dit que lorsque quelqu'un montre la lune avec le doigt, le sot regarde le doigt, mais le sage contemple la lune. Il faudrait ajouter un troisième protagoniste, le prétentieux qui voudrait voir la lune en se passant du doigt. Le signe est ce doigt pointé vers la lune. Un signe est ce qui, **étant connu, fait connaître autre chose que**

---

5. Charles-François DUPUIS, *Abrégé de l'origine de tous les cultes*, Paris, M. Agasse, an VI (1796), préface, p. 5.

6. Une référence parmi beaucoup : « Le corps révèle la personne » (Ron KURTZ et Hector PRESTERA, *Ce que le corps révèle*, trad. Jeannette Busiaux, Paris, Greco (15 rue Servandoni 75006), 1989, pp. 9 et 10). Il est seulement dommage qu'il soit ajouté : « Il est la personne. » Le signe qui s'identifie au signifié perd sa raison d'être.

7. Cf. le récit de la découverte en plusieurs temps chez H. BREUIL, *Quatre cents siècles d'Art pariétal*, Paris, 1952, p. 246.

8. « Jamais on n'a relevé de mutilation sur les doigts des squelettes trouvés dans les sépultures des temps paléolithiques. » De plus, « toutes les images de mains trouvées ailleurs qu'à Gargas, dans les grottes de Font-de-Gaume, du Pech Merle par exemple, et même parfois à Gargas, montrent une représentation de mains intactes. » (G.-H. LUQUET, *L'art préhistorique*, Paris, Masson, 1922).

9. André LEROI-GOURHAN, « Les mains de Gargas. Essai pour une étude d'ensemble », in *Bulletin de la Société Préhistorique française*, LXIV, 1967, p. 107-122. C'est moi qui souligne.

lui-même[10]. Il comporte donc deux pôles : le signifiant qui est ici le doigt, et le signifié qui est la lune. Le sot ne voit que des signifiants : pour lui, tout n'est que surface; le prétentieux ne veut avoir affaire qu'à des signifiés, il veut faire l'économie du signifiant : pour lui, tout n'est que profondeur, insondable et incompréhensible. Pour le sot et pour le prétentieux, le signe disparaît donc, absorbé dans l'un de ses deux pôles. En revanche, pour le sage, les choses ont une profondeur, mais il sait qu'il ne peut y accéder que par l'humble médiation de la surface.

Or, le corps se donne à voir. L'organisme humain étant corporel et opaque, il est immédiatement proportionné à la connaissance sensible, et pas seulement visuelle : un corps humain s'adresse – sinon agresse – les cinq sens, diversement, selon sa proximité. Allons même plus loin. Comme l'homme n'accède à l'intelligible que par le sensible, nous ne connaissons l'autre que par ce qu'il nous donne à sentir. « Ne pas pouvoir sentir quelqu'un », c'est considérer sa présence comme insupportable.

Mais le corps donne aussi à voir autre chose que lui-même. Dès que l'enfant se voit dans le miroir et rit, il voit plus que son corps : il en contemple l'unité. Pour autant, cet autre n'est accessible que par la visibilité du corps : l'attitude matérialiste risque fort d'être celle du sot qui contemple le seul doigt, c'est-à-dire le seul corps, et l'attitude spiritualiste, celle du prétentieux qui voudrait se passer du doigt et passera toute la nuit à explorer vainement le firmament, c'est-à-dire voudrait toucher l'âme en se passant de ce corps opaque et impur. Toute pensée s'accompagne d'un acte du corps[11].

Précisons ce que le corps humain laisse venir au jour. Cette démarche un peu spasmodique, cette décoloration cutanée qui n'attirent pas notre attention deviennent symptômes pour le regard expert qui fait dire au corps des vérités ignorées du profane. Mais ces signes ne révèlent que le corps : la surface montre l'état des viscères, le macroscopique le microscopique, l'anodin l'essentiel; à aucun moment on ne quitte l'ordre des vérités somatiques. Dans la vie sociale, le signe joue un rôle non moins décisif. Il permet la prise de conscience d'appartenance à une classe donnée, à une nation, alors que la « fracture sociale », en brisant le corps de la société, durcit ou brouille les signes du corps physique lui-même éclaté. Le corps sert de signe à l'autre, de la poignée de main jusqu'aux multiples mimiques du visage : toute relation est d'abord un corps à corps, avant d'être un face-

10. Sur la définition du signe et les différents types de signe, cf. Jacques MARITAIN, « La théorie du Signe », § 1 de « Signe et symbole », in *Quatre essais sur l'esprit dans sa condition charnelle* (1939), in Jacques et Raïssa MARITAIN, *Œuvres complètes*, Fribourg Suisse, Éd. Universitaires, Paris, Saint-Paul, vol. VII (1939-1943), 1988, p. 98-117. Ministre ou vicaire, le signe manifeste quelque chose dont il tient la place et « dont il *dépend* comme de sa mesure » (p. 98).

11. Cf. par exemple, THOMAS D'AQUIN, *ST*, IIa-IIae, q. 156, a. 1, ad 1um.

à-face ou un cœur à cœur. Le corps exprime aussi le temps qui passe, à travers cet essoufflement qui, jadis, ne survenait qu'au quatrième étage, ou cette tache que l'ironie – la compassion peut-être – nomme « tache de beauté ». « Il devait faire beau », vous dit-on à votre retour de vacances. Vous ne pensiez cependant pas que ce bronzage servirait d'abord de critère météorologique et souriez intérieurement de cette dévaluation de votre esthétique en information touristique !

Donc, le corps humain est signe de lui-même en sa profondeur, de l'institution, de la nature, de notre histoire. Mais ce visible peut-il aussi renvoyer à de l'invisible, du non sensible ? Oui, et plus fondamentalement. Le corps, en sa prime fonction, exprime notre intériorité. **Le corps est signe de l'âme,** et de la personne humaine. Il suffit de faire appel aux illustrations qui précèdent et qui suivront pour s'en convaincre. Une seule suffira ici. La tradition occidentale a souvent fait du visage une épiphanie de notre intériorité, une révélation de notre âme. Pourquoi un visage d'enfant nous émeut-il tant, sinon parce qu'encore innocent, il n'a pas su se transformer en masque ? Sans retenue, sans fard, il nous dit son étonnement, sa liesse, son désarroi. En particulier, il est signe de la personne. En effet, chaque personne est unique. Or, aucun visage ne ressemble à un autre ; il n'y a pas deux personnes qui aient les mêmes oreilles. Donc « le visage est le chiffre de la personne[12]. »

Le corps humain est-il un langage ?

On parle volontiers aujourd'hui de *langage* corporel ou de *communication* non-verbale, et nous avons parfois emboîté le pas à cette habitude. Pour ma part, j'estime qu'il y a là un dommageable excès de... langage et préfère parler de *signe corporel*. En effet, qui dit langage au sens propre dit participation de l'intelligence[13] : le mot, unité linguistique, est un son de voix, le plus souvent conventionnel, exprimant une notion. Or, le corps humain n'est ni un signe conventionnel, ni le révélateur d'une idée. Il est à la fois beaucoup plus, au plan de l'être, puisqu'il est une réalité que désignera éventuellement un mot et moins, au plan du connaître, parce qu'un corps ne parle que si quelqu'un parle de lui.

Voilà pourquoi, brève est la vie d'un couple qui se contente du langage physique, notamment de l'union des corps : tout déficit de parole

12. David LE BRETON, *Anthropologie*, *op. cit.*, p. 44.

13. C'est pour cela que l'on ne peut parler proprement de langage animal, comme l'a fait par exemple le célèbre spécialiste des abeilles Karl von FRISCH (*Bees, their vision, chemical senses, and language*, New York, Ithaca, Cornell University Press, 1950) ou comme on le dit aujourd'hui à propos de Washoe ; bien plus précise me semble la manière de faire du linguiste Émile BENVENISTE (« Communication animale et langage humain », *Diogène*, n° 1, nov. 1952).

s'accompagne d'un déficit de communication et d'amour. Tous les conseillers conjugaux savent qu'un couple ne meurt jamais d'avoir trop parlé (verbalement) de l'essentiel, mais toujours de ne pas avoir assez communiqué. Voilà aussi pourquoi, de l'aveu même de ceux qui portent ce double handicap, la surdité « gêne » davantage que la cécité. Un indice (pour ne pas dire signe !) de la faiblesse du prétendu langage corporel, et ce manque habite tout signe seulement sensible non inventé par l'homme, est son essentielle ambiguïté[14] : ce coup de klaxon est-il une semonce ou un salut joyeux ? Ce froncement de sourcil est-il révélateur de souci ou de contrariété ? Combien de conflits seraient évités si l'on dépassait le ressentiment né d'attitudes ou de conduites physiques mal interprétées, c'est-à-dire non doublées de leur explication verbale. La médecine psychosomatique, en revanche, montre que le corps ne commence à parler et devenir symptomatique, que si la bouche ne s'ouvre plus. Les excès de cérébralisme, notamment l'inflation du langage dans le discours et la cure psychanalytiques et, en regard, les acquis de l'école de Palo Alto (cf. première partie, chapitre 1) ne doivent pas dévaluer cet extraordinaire instrument d'information et de communication qu'est la parole.

On ne peut donc ni égaliser ces deux modes d'expression que sont le langage et le signe corporel, ni éliminer l'un au profit de l'autre. Là encore, il s'agit de distinguer pour mieux unir, selon une juste hiérarchie.

2. Le corps, signe en entier ou par parties ?

Le corps humain est donc signe visible de son âme. Mais cette capacité signifiante est-elle réservée à certains organes et, dynamiquement, à certains gestes ou s'étend-elle à tout le corps et à toutes ses mimiques ? Nous retrouvons ici la problématique du corps éclaté.

De la tête aux pieds

De prime abord, c'est chaque organe, chaque geste qui fait signe. Donnons-en quelques exemples. Les **incisives** centrales supérieures (la 11 et la 21, diraient les spécialistes) ont, globalement, la forme du visage, mais inversé. Cette donnée n'a rien de fantaisiste, car les prothésistes s'en servent pour rendre le sourire harmonieux, c'est-à-dire conforme au reste du visage.

14. « Dans la mesure où nous ignorons le degré de conscience et d'intentionnalité sous-jacent à chaque signe du langage corporel, celui-ci restera toujours fortement empreint d'ambiguïté. Plus direct et spontané que la parole, le langage corporel est en prise direct sur l'inconscient dont il révèle, plus sûrement que celle-ci, les tortueux et complexes secrets. » (Claude BONNAFONT, *Les silencieux messages du corps*, Paris, Buchet-Chastel, 1977, pp. 37 et 38. Cet ouvrage, essentiellement pratique, est à la limite du pragmatisme).

Le **nez,** de prime abord voué à la seule fonction, n'est non plus pas dénué de signification :

> « Le nez de l'homme est en général plus grand que celui de la femme. Sous cet aspect, le visage féminin est plus proche de celui de l'enfant. On sait qu'un visage au nez court et plat possède un puissant attrait parental, suscitant de forts sentiments protecteurs chez l'adulte et, au cours de l'évolution humaine, il apparaît que les femmes adultes ont exploité ce phénomène en adoptant un profil plus enfantin, éveillant ainsi des sentiments protecteurs chez leurs compagnons masculins. L'attirance exercée par un petit nez de bébé est parfois telle que les adultes ne résistent pas à l'envie de le toucher[15]. »

Si l'on quitte le visage, on découvre que les autres parties du corps font signe, elles aussi. Le **sein** de la femme demeure gonflé même en dehors des périodes de lactation. « C'est un phénomène unique chez les primates indiquant que la forme hémisphérique des seins est liée à une manifestation sexuelle, et non purement parentale[16]. » Voilà pourquoi il joue un rôle de signal érotique. Wilhelm Reich avantageait la **colonne vertébrale** ou la musculature de soutien, car elles échappent le plus à la surveillance de l'*ego*. Un de ses disciples, lui, s'intéressait aux **pieds** !

> « Nous commençons par les jambes et les pieds parce qu'ils sont la base et le support de la structure de l'ego. Mais ils ont d'autres fonctions. Ce sont cependant nos jambes et nos pieds qui perdent le contact avec une réalité invariable de notre vie : la terre ou le sol. Nous disons d'une personne qu'elle a "les pieds sur terre"... Le contraire, "être dans les nuages", dénote un manque de contact avec la réalité[17]. »

Concluons avec l'éthologue Desmond Morris qui a passé en revue toutes les parties (extérieures) du corps de l'homme et en a montré les sens culturels :

> « Un message rassurant émane de cette approche analytique de l'observation du corps humain, à savoir que, en dépit de toutes nos tentatives forcenées pour faire paraître nos corps différents avec nos divers symboles culturels et coutumes corporelles, nous demeurons fondamentalement semblables[18]. »

Mais, dans le même mouvement qui invite à nous émerveiller, une crainte tenace peut renaître : n'est-ce pas le corps éclaté qui vient d'être célébré ? Chaque partie, chaque geste du corps pris isolément prend sens. Derechef, n'est-ce pas induire cette vision du corps constellation d'organes, prélude au corps insignifiant ?

---

15. Desmond MORRIS, *Magie du corps*, trad., Paris, Grasset, 1986, p. 68. Cf. aussi les intéressants développements de Stephen JAY GOULD à propos de l'évolution de l'image de Mickey (« Un hommage biologique à Mickey », in *Le pouce du panda*. Les grandes énigmes de l'évolution, trad., Paris, Grasset, 1982, p. 109-122).
16. *Ibid.*, p. 163.
17. Alexander LOWEN, *Le Langage du corps*, trad., Paris, Tchou, 1977, p. 95.
18. Desmond MORRIS, *Magie du corps*, *op. cit.*, p. 19.

Le corps entier

En réalité, si chaque partie ou organe fait signe, c'est d'abord en sa totalité que le corps est signifiant. Par exemple, l'opinion courante privilégie spontanément le regard[19]. Mais on a montré que l'œil, considéré isolément, est dénué de toute expression. C'est en relation avec le visage et plus encore avec la totalité du corps qu'il est possible de le qualifier de « regard perçant, doux, sombre », etc. C'est le visage qui a valeur proprement expressive[20]. André Suarès disait du Condottière Jean-Félix Caërdal : « Toute sa vie est dans ses yeux », ce qui s'incarne dans la belle attitude d'humilité suivante : « Il ne baisse jamais la tête. Il ferme souvent les yeux[21] ».

Le corps expressif est un corps un. C'est le mérite du travail de Portmann que d'avoir contribué à le montrer pour le corps animal[22]. Un préjugé tenace, qui relève de la représentation machinique, a toujours valorisé l'intérieur sur l'extérieur, de sorte que la science, par exemple biologique, s'est surtout acharnée à décrire et expliquer les mécanismes physiologiques, l'anatomie intérieure. Mais la forme extérieure *(Gestalt)* répond à des lois différant du tout au tout de celles qui régissent l'organisation interne. Partons de l'exemple de l'ornement animal : les taches de la grenouille ne forment une figure continue (comme si elle était peinte d'un coup de pinceau) que si la cuisse est repliée. Or, cette position biologique se rapporte à la totalité, non à l'une des parties de l'organisme. De même, les plumes d'oiseaux ne présentent un coloris cohérent que lorsqu'elles sont jointes sur l'oiseau, et non séparément. Mais le tout excède la somme des parties. Donc, si la biologie peut expliquer le processus (efficient) permettant l'apparition de cette parure qu'est la robe du zèbre par la migration différenciée des mélanocytes, cette même discipline est incapable de rendre compte de la raison, du sens et de la totalité de la forme. Voilà pourquoi la figure de l'animal répond à des lois propres qui expriment l'intelligibilité propre, l'importance de la surface expressive sur les réalités profondes[23].

Mais ce qui est vrai du corps animal l'est *a fortiori* du corps humain, comme on le verra plus loin. De plus, l'âme n'est pas d'abord moteur de

19. « Tout se reflète dans l'œil : non seulement le monde visible, mais aussi les passions de l'âme. » (PIE XII, *Allocution au Congrès latin d'ophtalmologie,* le 12 juin 1953, in SOLESMES, *op. cit.*, p. 218).

20. Cf. J. GUILHOT, *La dynamique de l'expression et de la communication,* Mouton, Publ. Centre Psychiatrie soc. E.P.H.E., 1962; on peut se référer au classique Charles DARWIN, *L'expression des émotions chez les hommes et les animaux* (1872), trad., Reinwald, 1890.

21. André SUARÈS, *Voyage du Condottière*, Coll. de l'aimant, sans lieu, Granit, 1984, p. 11. Plus loin Suarès parle de « l'animal à deux pied, qui porte le front en haut » (p. 13).

22. Cf. Adolf PORTMANN, *La forme animale,* trad. Georges Rémy, Paris, Payot, 1961, résumé in MERLEAU-PONTY, *La nature, op. cit.*, pp. 244 à 248.

23. Voilà une raison de plus de s'opposer à la réduction génétique.

l'organisme, mais son principe informateur, de sorte que tout mon corps est humain. Or, le signe montre autre chose que lui. Si donc le corps est signe de l'âme et que celle-ci l'informe en intégralité, c'est la totalité du corps, en tant que totalité, qui exprime l'homme. Nous l'avons longuement montré au chapitre 3, notamment en nous aidant des travaux de Goldstein.

Loin des prestiges trompeurs du corps éclaté, affirmons donc que c'est par sa totalité qu'un corps humain peut faire sens et s'interpréter. Le corps entier acquiert donc une personnalité, qu'elle soit aimante : « Son corps sous mes caresses se fait tout entier visage[24] », ou qu'elle soit perverse : « J'ai vu certains de mes étudiants devenir nazis. J'ai vu qu'ils changeaient physiquement. Ils prenaient ce type dur, ce regard « objectif », ce teint pâle, cette lourdeur dans le bas du visage, qui permet de reconnaître au premier regard un chef nazi[25]. »

Hiérarchie des signes

Il demeure que tout ne fait pas signe de la même manière dans le corps humain. Ce n'est pas un hasard s'il n'existe pas une caractérologie de la malléole interne ou des sourcils. Or, est le plus signe de notre humanité (nature humaine universelle) ce qui est le plus signe de notre personnalité (individuelle). Incontestablement, c'est le **visage** qui est le plus signifiant tant de notre humanité que de notre personnalité :

> « La révélation de l'autre, c'est à travers le visage qu'elle nous est donnée. Il existe par lui-même et il me manifeste cet autre qui librement se tourne vers moi : il s'offre pour ouvrir à un mystère de rencontre gratuite, et il est accueilli dans la seule correspondance de l'amour. Aussi est-ce au sein de ce dévoilement, irréductible à toute saisie possessive, que se constitue le langage. »

De plus, *« le visage, c'est la révélation du cœur »*. Il est la visibilité de notre intérieur[26]. Viendrait en second la **main** dont on connaît l'extraordinaire capacité expressive. Celui qui souhaite admirer la main humaine dans la variété de ses positions et de ses significations, qu'il contemple l'œuvre de Rembrandt (« La main fut toujours chez Rembrandt l'obligée du cœur, tout en sachant que le cœur déborde largement les largesses de la main[27] »), en

24. Alain FINKIELKRAUT, *La sagesse de l'amour*, Paris, Gallimard, 1984, p. 59.

25. Denis de ROUGEMONT, « Méditation au carrefour fabuleux », in *Comme toi-même.* Essais sur les mythes de l'amour, Paris, Albin Michel, 1961, p. 109-159, ici pp. 153 et 154.

26. Marie-Joseph LE GUILLOU, *Le visage du Ressuscité.* Grandeur prophétique, spirituelle et doctrinale, pastorale et missionnaire de Vatican II, coll. « Concile et Masses », Paris, Éd. Ouvrières, 1968, pp. 22 et 23. Souligné dans le texte. La justification du choix insolite de ce titre pour désigner un Concile très ecclésiologique nous vaut quelques pages inspirées sur le visage.

27. Paul BAUDIQUEY, *Rembrandt, le retour du Prodigue*, Paris, Mame, 1995, p. 59.

particulier la plus justement illustre de ses eaux-fortes, la gravure dite *Pièce aux cent florins.* Cette « appellation non contrôlée », liée à son prix exceptionnellement élevé, désigne une gravure représentant Jésus guérissant les malades. Celui-ci est au centre et tout converge ou diverge à partir de lui. Regardons les mains des différents personnages, des hommes de peu de foi qui se bousculent dans le faux jour de gauche, et surtout de la cohorte des *anawim,* des pauvres sortant des ténèbres de droite : mains levées, mains lassées, mains mourantes, ils intercèdent les uns pour les autres, en un impressionnant silence. Et Jésus, au milieu d'eux, bénit. En contemplant « cette Ronde dont la « nuit » est plus éclatante que le jour », on comprend pourquoi Van Gogh disait qu' « on ne peut voir un Rembrandt sans croire en Dieu[28] ».

La main et le visage sont donc l'épiphanie de l'homme. C'est pour cela que les habits laissent presque toujours visibles ces deux parties de notre organisme, alors qu'ils voilent – diversement – les autres. On reconnaît infailliblement une personne à son visage. On reconnaît sans difficulté une personne proche à ses mains. La reconnaîtrait-on à son coude ou à son nombril ?

La caractérologie le confirme, qui se fonde sur le caractère expressif du corps humain. Or, ses principales méthodes font appel au visage – dynamiquement, la phonologie et statiquement, la morphopsychologie – à la main – dynamiquement, la graphologie, et statiquement, la chirologie, à ne pas confondre avec la chiromancie – ou à la totalité du corps – dynamiquement, la gestologie et statiquement, les typologies classiques par exemple de Kretschmer ou de Sheldon[29].

Les fractales réconciliatrices

Le corps humain présente donc une structure fractale, c'est-à-dire une autosimilarité à des échelles diverses : ce que le corps exprime en sa globalité, certaines parties le signifient à leur manière et dans leur ordre propre[30].

28. *Ibid.*, p. 180. Cf. surtout Paul BAUDIQUEY, *Un évangile selon Rembrandt,* coll. « Un certain regard », Paris, Mame, 1989, qui est tout entier consacré à cette œuvre « la plus considérable de sa vie », selon le mot d'André-Charles COPPIER dans son étude fervente *Les Eaux-Fortes authentiques de Rembrandt* (Paris, 1929, 2 tomes), cité par BAUDIQUEY, p. 6.

29. Même si cette liste n'est pas limitative : l'on a pu trouver les corrélations les plus inattendues et plus inapparentes entre les groupes sanguins (A, B, AB et O) et le caractère, corrélations qui se fondent, comble de l'insolite, sur... la musique. Cf. les travaux de Léone BOURDEL, par exemple : *Groupes sanguins et tempéraments*, Paris, Maloine, 1960 et *Les tempéraments psychobiologiques*, Paris, Maloine, 1961.

30. Cf. Benoît MANDELBROT, *Les objets fractals,* Paris, Flammarion, 1975, [3]1989. *The fractal Geometry of Nature,* New York, W.H. Freeman, [3]1983. Que dire de l'auriculothérapie qui a retrouvé la projection du corps humain sur le pavillon de l'oreille ? Certains parlent aussi d'une somatotopie présente sur la plante des pieds...

Je ne parle pas seulement des organes à structures fractales, comme le foie ou les poumons. Mais la fractalité vaut aussi pour les correspondances entre le corps et l'âme, montrant ainsi l'intimité de leur interpénétration et la profonde capacité expressive du corps de chair : il est par exemple très frappant que les trois étages du visage, inférieur, moyen et supérieur, expriment précisément les trois degrés de vie que nous avons parcouru, respectivement : vivant, animal et humain[31]. La loi de fractalité ne pourrait-elle pas conduire à une réconciliation entre la représentation du corps éclaté et la représentation du corps unifié ? Chaque fragment dit et vit quelque chose du tout, mais moins que lui.

3. Corps-cause ou corps qui cause ?

Mais l'approche phénoménologique par le signe ne contredit-elle pas l'approche plus métaphysique, par la cause et la puissance, que nous avons proposée dans le chapitre précédent ? Que le corps cause au sens familier du terme, c'est-à-dire qu'il parle, s'oppose-t-il donc au fait qu'il cause au sens où il joue un rôle actif ?

L'expérience commune le contredit. Une héroïne de roman dit : « Ces sentiments que je pouvais exprimer par des mots s'étaient mis à parler au travers de mon corps[32] ». Le corps est d'abord ce qui n'a pas l'initiative du changement ou, en termes positifs, ce qui est mû. Mais, par un effet de retour, le corps peut exercer une influence sur le mouvement. Il ne saurait se substituer à l'âme, mais il peut influencer son mouvement. Par exemple, se forcer à sourire ne fera pas naître la joie dans le cœur de façon automatique, mais pourra y disposer. Cependant, à trop faire primer le corps sans l'âme, on risque d'aboutir à un geste que l'on dit justement être « sans âme ». En effet, « l'existence se conquiert ; elle est une présence, une présence active et efficace. Le corps est l'instrument de cette présence, qui est présence à soi parce qu'elle est présence à l'univers[33] ».

La philosophie peut rendre compte de la convergence des approches. Si l'âme n'était que le moteur de l'organisme, si l'âme était dans le corps comme un pilote dans sa voiture, le corps ne pourrait signifier que vaguement, très lointainement l'âme. Mais la connexion est beaucoup plus intrinsèque : l'âme est forme, principe d'être du corps. Le corps est à l'âme ce que l'acte est à la puissance. Or la puissance entretient une profonde connivence

31. Cf. Pierre GUIRAUD, *Le langage du corps*, « Que sais-je ? » n° 1850, Paris, P.U.F., 1980, pp. 11 à 16.

32. Batya GOUR, *Le meurtre du samedi matin*. Un crime psychanalytique, trad. de l'hébreu, Paris, Fayard, 1993, pp. 336 et 337.

33. Gabriel MADINIER, *Conscience et Mouvement*, Paris, P.U.F., 1938, pp. 449 et 450.

avec son acte propre. Pour le dire concrètement : je suis ce corps que telle âme a façonné de telle manière et pas d'une autre. C'est pour cela que tout, ma voix, mes gestes, m'évoquent. « Un signe est un geste corporel qui véhicule un sens, explique Jean Mouroux, une attitude corporelle qui manifeste une intention, plus simplement et plus profondément, c'est *le corps traduisant l'âme*[34]. » Autrement dit, plus un corps fait signe, plus se réduit le décalage (vécu) entre lui et l'âme. Combien de personnes, en revanche, vivent dans un corps qui ne signifie plus grand chose[35] ?

Enfin, le signe exerce une fonction de substitut, il doit être plus évident que le signifié ; et plus un signe est proportionné au signifié, plus il le révélera. Or, le corps est plus connaissable que l'âme, puisqu'il est objet de perception. Et il lui est intimement uni.

> « Le corps est le *moyen d'expression* de l'âme. Il est tout entier signe, signe de notre vie intérieure que nous communiquons, signe de la vie intérieure de l'autre et que nous saisissons par notre propre corps. Bien mieux, il arrive que les visages trahissent l'âme : le masque de Pascal et celui de Voltaire, comme le masque du curé d'Ars, peignent les âmes[36]. »

L'analyse métaphysique permet donc de dépasser le plan de l'observation et de la constatation, et de comprendre la raison d'être du caractère signifiant du corps dans sa relation avec l'âme. En retour, l'approche phénoménologique rend mieux compte, pour un esprit contemporain, de leur profonde connivence que les termes devenus lointains et abstraits de la métaphysique.

4. Corps naturel ou corps culturel ?

Le corps humain est signe. Mais l'est-il par nature ou par culture ? Une telle question est un nid d'ambiguïtés, tant les termes de culture et plus encore de nature présentent de sens. Il demeure que cette interrogation est au cœur de la problématique actuelle du corps et plus encore de la sexualité : que l'on songe à la dichotomie sexe biologique-sexe social *(gender)* ardemment défendue à la récente Conférence de Beijing (4-15 septembre 1995). Or, elle hérite de la séparation nature-culture dont nous allons maintenant parler.

---

34. Jean Mouroux, *Sens chrétien de l'homme, op. cit.*, p. 48. Souligné dans le texte.
35. C'est l'une des sources du *double bind* analysé par Bateson (cf. Ire partie, chap. 1).
36. Denys Gorce, « Corps », *Dictionnaire de spiritualité,* Paris, Beauchesne, c. 2352.

Corps culturel...

D'un côté, pour le **culturaliste,** ce qui constitue l'originalité de l'organisme humain vient de la culture. Les parties comme les gestes de notre corps sont connotés culturellement. Souvent, ce qui est présenté comme naturel n'est que du culturel déguisé.

> « La domestication du poil peut apparaître comme le signe d'appartenance à l'humanité dans notre système social, de la différence fondamentale entre l'homme et l'animal, mais aussi et plus précisément de l'appartenance sexuelle : en effet, si l'homme conserve ses poils sur le corps, le visage seul, parce qu'il semble être la partie la plus proche symboliquement du siège de la conscience et de l'esprit, donne lieu à un possible rasage, la femme, quant à elle, doit par élimination accentuer les caractères propres à son sexe (plus faible pilosité). » Or, « ce phénomène de l'élimination de la pilosité féminine est culturel puisque dans d'autres sociétés, en particulier au Maroc, les poils des femmes sont le signe de leur sensualité[37]. »

Mais le culturel est variable : nous avons distingué deux modèles : mécaniste et naturaliste. Il est arbitraire, il dépend de sa classe sociale[38], de la représentation collective caractéristique d'une culture donnée : « ... les rides chez un homme, et on dit qu'il a une gueule, les rides chez les femmes, et on dit que ce sont des vieilles peaux[39]. » Enfin, la perspective culturelle permet de prendre du recul à l'égard des impératifs parfois tyranniques imposés par une époque donnée. C'est ainsi que le corps féminin a toujours évolué. Après les formes menues et effilées de la femme médiévale, l'anatomie n'a fait qu'enfler à partir du XVIIe siècle : la femme opulente et généreuse, aux contours radieux ne s'est achevée vraiment qu'à notre siècle. La couleur de la peau est autant fille de son temps. Le teint hâlé signifie de nos jours ce que signifiait autrefois le teint nacré : une improductivité jouissive. Mais jadis, la plupart des activités professionnelles s'effectuaient au grand air, alors qu'aujourd'hui, prendre le soleil, c'est être en vacances.

Mais n'est-il pas exagéré de faire du corps une pure construction culturelle ? Prenons l'exemple des gestes de l'amour :

> « Des gestes comme « caresser », « embrasser », « pénétrer » ne peuvent signifier n'importe quoi. Leur signification ne dépend pas seulement de l'intention du sujet mais aussi de la structure objective du corps, des membres et des organes : la main articulée-articulante, le bras capable d'entourer, forme et dureté du pénis, forme et réceptivité active du vagin... »

---

37. Michèle PAGÈS-DELON, *Le corps et ses apparences.* L'envers du look, coll. « Logiques sociales », Paris, L'Harmattan, 1989, p. 46. Cf. L. FUTORANSKY, *Cheveux, toisons et autres poils*, Paris, Presses de la Renaissance, 1991, p. 157.
38. Cf. Luc BOLTANSKI, *Prime éducation et morale de classes*, « Cahiers du Centre de Sociologie Européenne », Paris, La Haye, Mouton, 1977, p. 96-118.
39. Simone SIGNORET, interviewée dans *Marie Claire*, octobre 1983.

Conclusion : « Le sens n'est pas seulement inventé ou créé, il est aussi reçu[40] » Le corps n'a donc pas le caractère arbitraire et conventionnel d'un mot.

...ou corps naturel ?

Depuis quelques années, le recul de l'analyse marxiste de la société, l'influence du biologisme anglo-saxon ont en partie discrédité le point de vue culturaliste et valorisé la perspective opposée, que l'on peut qualifier de naturaliste. Celle-ci cherche la source du sens du corps dans le corps lui-même, dans sa structure et son fonctionnement. Le naturalisme fera la liste des particularités morphologiques et gestuelles, que nous avons rencontrées aux chapitres précédents. Telle semble être la position de l'Église, lorsqu'elle affirme : « Par sa structure intime, l'acte conjugal, en même temps qu'il unit profondément les époux, les rend aptes à la génération de nouvelles vies, selon les lois inscrites dans l'être même de l'homme et de la femme[41]. »

Une telle perspective efface la signification culturelle, elle considère un corps chimiquement pur de toute influence extra-biologique. Mais peut-on se passer de toute interprétation ? Tout corps est d'emblée pris dans un réseau de significations reçues de son environnement. Le corps humain n'est pas un donné, mais un construit. Le théologien moraliste Xavier Lacroix, par ailleurs favorable à un certain fondement naturel du sens corporel, adresse trois critiques au naturalisme.

1. La notion de signe se fonde sur la différence existant entre sensible et intelligible : par exemple, l'union physique des corps exprime l'union spirituelle des corps. Or, « un tel schéma de pensée a perdu aujourd'hui de son évidence. »

2. Pour le naturalisme, la relation de signe à signifié est univoque. Mais l'expérience montre combien le corps, la sexualité par exemple, comporte une part de polysémie, autrement dit d'arbitraire et de gratuité (l'acte sexuel peut autant signifier l'amour oblatif qu'un acte utilitaire).

3. Le signe naturel suppose la finalité. « Or, la pensée contemporaine se révèle allergique au finalisme[42]. » Elle préfère le systémisme ou le causalisme : le corps est plutôt en interaction dynamique causant-causé. Pour reprendre toujours le même exemple, le plaisir est-il finalité, effet ou cause de l'acte sexuel ?

40. Xavier Lacroix, *Le corps de chair, op. cit.*, p. 134.
41. Paul VI, *Encyclique Humanæ vitae*, 25 juillet 1968, § 12.
42. *Le corps de chair, op. cit.*, pp. 135 et 136.

Les racines historiques d'une mésentente

La querelle est sans fin. Elle n'est d'ailleurs pas sans précédent : elle rappelle le débat qui a clos la première partie, entre corps mécanique, éclaté, insignifiant et corps naturaliste, unifié, porteur de sens. Il y a différentes manières de sortir d'un débat interminable : revenir à son origine unifiée, si brève soit-elle, montrer que les partis en conflit n'ont pas pris en compte un élément extérieur, trouver une perspective supérieure qui les réconcilie. Ces trois points de vue (antérieur, supérieur et extérieur) sont d'ailleurs complémentaires.

Remontons, selon le point de vue **antérieur,** à l'émergence de la problématique de la culture, au XVIIIe siècle. La culture est ce qui permet de distinguer l'homme de l'animal identifié à la nature. Elle caractérise aussi la sortie de l'état de nature et la confrontation à la réalité politique. D'emblée, culture et nature sont conçues dans une relation dialectique, non réconciliée : l'homme est un être culturel; tout ce qui est naturel lui est étranger. Aussi, face au culturalisme qui n'a fait que grandir en deux siècles, s'est faite jour, de plus en plus puissante, une réaction naturaliste. Contre la « tendance à transcender la nature dans son ensemble dans la direction de la culture », on assiste à « un retour à la conception d'une nature « bonne », mais en entendant par nature la nature brute, les champs, les forêts, les montagnes et les cours d'eau dans lesquels les animaux vivent heureux[43] ». Le naturalisme situe le spécifique de l'homme non plus dans sa conscience et sa liberté, mais en son organisme biologique. Cette réaction matérialiste est de plus en plus prégnante, et elle est typiquement représentée par un Jean-Pierre Changeux en France[44].

Sous les pavés, la plage...

La perspective historique introduit au second point de vue, **extérieur** : la valse-hésitation entre nature et culture, comme la source du débat, viennent de la fracture première opérée entre nature et culture, désormais inconciliables : plus je concède à l'une et moins je peux donner à l'autre. Or, c'est cette rupture qui est discutable[45].

43. Allan BLOOM, *L'âme désarmée.* Essais sur le déclin de la culture générale, avant-propos de Saul Bellow, trad. Paul Alexandre, Paris, Julliard, 1987, p. 206.

44. *Fondements naturels de l'éthique,* Paris, Odile Jacob, 1993. Cf. « D'où vient la morale ? Le mal est cérébral », *Libération*, 22 décembre 1993. Cf. surtout l'annexe I sur Changeux.

45. Elle n'est pas sans relation avec le dualisme du corps et de l'âme – le corps serait à l'âme ce que la nature serait à la culture – et, plus généralement, la rupture entre sciences et philosophie opérée à la Renaissance que nous avons évoquée en première partie. En ce sens, le débat culturalisme-naturalisme remonte donc deux siècles avant les *Lumières.* Une variante de ce débat est le *mind-body problem*, qu'il n'a pas été possible d'aborder ici malheureusement.

Pour le culturalisme, la nature paraît hors d'atteinte; donc l'homme se réduit à la culture[46]. Mais la culture efface-t-elle tout fondement naturel? En fait, la culture et la nature peuvent être distinctes tout en demeurant inséparables. « L'homme est un être culturel par nature parce qu'il est un être naturel par culture[47]. » La vie ne donne-t-elle pas de exemples de couples non exclusifs de notions, par exemple qualité-quantité[48] ? « Acceptation du temps, et du corps, dit le philosophe contemporain François Chirpaz, le vouloir authentique est patience : il sait qu'on ne peut casser le fond de notre être qui est nature, sans se casser soi-même et qu'on ne peut que le faire servir. Une certaine docilité du corps est indispensable pour l'intégrer à la sphère du vouloir[49]. » Il en est du corps naturel par rapport au corps culturel comme de la nature dans sa relation à la ville : celle-ci finit par l'oublier, à force de l'avoir ensevelie, sinon méprisée. Mais la nature peut toujours se rappeler à sa mémoire, parfois de la manière la plus brutale, par une secousse tellurique : « même en ville, la nature reste toujours présente[50]. »

Mais, si le corps naturel peut vivre en bonne entente avec le corps culturel, ne demeurent-ils pas profondément étrangers? Refuser le faux dilemme – le corps humain est-il naturel ou culturel ? – ne suffit pas.

Un corps en promesse

La solution au débat entre corps naturel et corps culturel consiste donc à adopter un point de vue **supérieur**, apte à les réconcilier. Revenons à la question des relations nature-culture.

Nous avons vu dans le chapitre 4 que le corps de l'homme était, par nature, indéterminé, ouvert à tous les possibles. Mais cette indétermination et cette ouverture ne sont pas fantaisistes. Le corps est dynamiquement orienté vers l'acquisition d'un certain nombre de déterminations. Tout parent sait combien l'enfant tend – comme irrésistiblement – à se redresser,

---

46. Par exemple, la problématique lacanienne du corps ne sort pas de l'alternative sujet (langage, sens) sans corps (dont le silence pétrifie langage et sens) ou corps sans sujet. Cf. Jacques LACAN, *Les quatre concepts fondamentaux de la psychanalyse, Séminaire XI*, Paris, Seuil, 1973, pp. 192-193.

47. Edgar MORIN, *Le paradigme perdu, la nature humaine*, Paris, Seuil, 1973, p. 101.

48. Telle est l'une des critiques très juste adressée par Hubert HANNOUN, *L'éducation naturelle*, « L'éducateur », Paris, P.U.F., 1979. Le culturalisme exige aussi que tout passé s'efface, puisque toute trace stable de culture acquerrait un des caractères fondamentaux de la nature, à savoir la permanence. Il doit donc « rejeter l'apport du passé, tout aussi paradoxale que puisse apparaître, ici, une telle conclusion ». (*Ibid.*, p. 172) Cf. aussi Raymond BOUDON, *Le juste et le vrai*. Études sur l'objectivité des valeurs et de la connaissance, Paris, Fayard, 1995, notamment le chap. 11 : « D'où viennent les valeurs morales ? », p. 439-458.

49. François CHIRPAZ, *Le corps*, « Philosophia », n° 13, Paris, Klincksieck, 1988, p. 14.

50. Robert D'ERCOLE et Olivier DOLLFUS, « La mémoire des catastrophes », in *La Recherche* n° 279, vol. 26, sept. 1995, p. 932-934, ici p. 934.

s'asseoir, se lever et marcher, aller de l'avant. De plus, l'homme ne peut pas changer ces orientations : elles sont données. Il ne peut que se dérober à leur épanouissement ou les pervertir, non les nier. En voici trois exemples. Tout visage est expressif, mais en général et vaguement. C'est au contact de ses semblables qu'il apprendra à exprimer ses sentiments : nous le verrons, le sourire est d'abord une réponse. Si personne ne regarde le nourrisson, il ne sourira jamais. À l'instar de l'évolution animale (la phylogénèse), l'homme est, nous l'avons vu, comme attiré vers le haut. Certes, une intervention patiente et éducatrice est nécessaire. Mais loin de contrarier le dynamisme physiologique, celle-ci s'inscrit dans son prolongement et achève ce qui n'est qu'ébauché dans le corps. De même, l'acquisition du langage articulé ne crée pas l'abaissement du larynx, mais le présuppose et exploite les possibilités qu'il ouvre. Mais sans un éducateur attentif et compétent, l'enfant, contrairement au mythe de Tarzan, n'apprendra jamais à parler seul. Le corps humain est donc éminemment perfectible, et seul l'esprit lui permet de transformer en fruit ce qui n'est, au point de départ, présent qu'en germe[51].

Or, la culture n'est rien d'autre que l'achèvement de ce que la nature offre en promesse (mais non pas en friche). C'est ce que remarquait à sa manière Jean-Jacques Rousseau[52].

> « La culture, écrit Jacques Maritain, est naturelle au même sens que le travail de la raison et de la vertu dont elle est le fruit et l'accomplissement terrestre. Elle répond au vœu foncier de la nature humaine, mais elle est l'œuvre de l'esprit et de la liberté ajoutant leur effort à celui de la nature[53]. »

Le terme de culture lui-même l'insinue :

> « Dans les langues européennes, c'est le même mot qui évoque, au sens propre, la culture des champs [...] et, au figuré, la culture de l'intelligence et du cœur humain. [...] Cette analogie entre la culture des fruits de la terre et celle des virtualités humaines ne doit pas être oubliée[54]. »

---

51. Derrière tous ces propos, j'ai bien conscience que se profile toute une conception de la nature qui rompt avec la tradition cartésienne : la nature n'est pas un chaos inerte et dénué de sens, mais une réalité intelligible, dynamique et orientée. C'est à une philosophie de la nature d'en traiter : cf. notamment l'ouvrage de Leo ELDERS déjà cité.

52. « Mais, quand les difficultés qui environnent toutes ces questions, laisseraient quelque lieu de disputer sur cette différence de l'homme et de l'animal, il y a une autre qualité très spécifique qui les distingue, et sur laquelle il ne peut y avoir de contestation, c'est *la faculté de se perfectionner* ». » (*Discours sur l'origine et les fondements de l'inégalité parmi les hommes*, 1re partie, *op. cit.*, p. 142. C'est moi qui souligne).

53. *Humanisme intégral*, in Jacques et Raïssa MARITAIN, *Œuvres complètes*, Fribourg Suisse, Éd. Universitaires, Paris, Saint-Paul, vol. VI (1935-1938), 1984, p. 402.

54. Louis GARDET, *Ouvrir les frontières de l'esprit*, Paris, Le Cerf, 1982, p. 14.

Or, nous le savons, la philosophie donne un nom technique à ces deux états : l'indétermination initiale s'appelle puissance et l'achèvement terminale s'appelle acte. En conséquence, la nature est à la culture en général, **le corps naturel est au corps culturel,** en particulier, **ce que la puissance est à l'acte**[55]. Entre nature et culture, il n'y a ni fusion (tout serait nature et culture sans diversité de perspective), ni conflit (la culture serait le négatif de la nature), ni altérité juxtaposée (la culture serait autre que la nature, un point c'est tout). Il y a union et distinction, comme entre potentialité et actualisation.

Autrement dit, le corps naturel, selon le sens que nous lui donnons, ne s'identifie pas au corps biologique. Celui-ci, héritant de la problématique dualiste, est séparé de l'esprit. Au contraire, corps naturel et corps culturel sont tout pénétrés par l'esprit. Cependant, dans le corps naturel, l'esprit sommeille et n'en déploie pas encore les capacités; dans le corps culturel, l'esprit travaille : il le fait passer des virtualités aux virtuosités. Le corps humain n'est culturel que parce qu'il est naturel et surtout parce que la culture accomplit librement une nature prédonnée à titre de promesse. On comprend aussi pourquoi seul, de tous les corps, le corps humain peut être un corps culturel : seul l'homme conjoint cette indétermination absolue du corps et un esprit apte à l'exploiter[55b].

Bon nombre d'influences culturelles inscrites dans le corps humain s'exercent dans le prolongement des dynamismes naturels et les actualisent. La main est faite pour apprendre la maîtrise technique de mouvements extraordinairement minutieux et complexes, par exemple de l'écriture. Le corps culturel n'est pas en relation de conflit avec le corps naturel, mais de perfectionnement. Du moins, dans l'idéal. Nous avons vu combien il est possible de nier cette continuité dans la double représentation, mécanique et naturaliste du corps. Contre la première, il faut maintenir que le corps est doué d'une nature, donc d'un sens. Contre la seconde, il faut tenir que le corps est éducable et au service de la liberté et de la culture.

---

55. Nous avons déjà rencontré le couple acte-puissance pour penser les relations corps-âme. Il serait toutefois périlleux de croiser les trois distinctions : le corps n'est pas à l'âme ce que la nature est à la culture. Nous retomberions *ipso facto* dans les débats sans fin du naturalisme et du culturalisme. En fait, la distinction nature-culture traverse autant l'âme que le corps.

55b. Il reste que l'histoire des termes nature-culture les a tellement séparés qu'il serait peut-être préférable de les remplacer. Quel couple de notions et de mots pourrait marquer la distinction autant que l'union, sans déchirure ? Peut-être les termes nature et personne, dont le couple **corps naturel-corps personnel.** En effet, toute personne s'enracine dans une nature, en l'intégrant dans une histoire individuelle dont elle est la responsable; en retour, cette nature personnalisée transcende la biologie.

5. Le corps, diab(o)le ou symbole ?

Ce que nous avons dit jusque maintenant du signe vaut pour tout corps, notamment animal. Mais le corps humain est un signe à part, un signe insigne : seul, il mérite d'être appelé **symbole**[56].

Je n'entrerai pas dans le vaste débat soulevé par le sens du terme symbole. Disons seulement que, pour certains, comme C.-S. Pierce, le symbole se distingue de l'indice et de l'icône en ce qu'il est en relation conventionnelle avec leur référence : tel est le cas du mot dans sa relation avec le concept[57]. Or, le corps humain est avant tout un signe naturel et non pas conventionnel, ainsi que nous l'avons vu plus haut. En ce sens-là, il n'est pas véritablement symbole.

Toutefois, cette notion de symbole me semble trop minimaliste. Celui-ci est aussi et d'abord une réalité qui réunit.

> « Le *symbolon* antique est justement un objet coupé en deux dont chacun des deux partenaires d'un contrat reçoit une partie. Chacune des deux moitiés n'a évidemment aucune valeur isolément et peut signifier imaginairement n'importe quoi. Sa valeur symbolique ne tient que de son rapport à l'autre moitié. Et précisément, lorsque, des années ou des générations plus tard, les deux porteurs ou leurs descendants viennnent à les « symboliser » en les ajointant, ils y reconnaissent le gage d'un même contrat, d'une même alliance[58]. »

En ce sens, symbole s'oppose à *diabole* ou diable : celui-ci est bien-nommé, lui dont la devise est « diviser pour régner ».

Or, le corps humain joue un rôle unificateur en donnant réellement à connaître et à vivre l'esprit humain. En lui s'articulent les couples ontologiques qui structurent l'anthropologie : l'intérieur et l'extérieur, le cognitif et l'affectif, le moi et l'autre, la nature et la culture. Il n'y a pas plus unificateur que le corps de l'homme. Rappelons-nous ses trois notes constitutives : le corps humain est la réalité matérielle la plus complexe, la plus ouverte et la plus indéterminée qui soit. Et l'esprit humain est, de toutes les créatures immatérielles, la plus complexe (en facultés) et la plus potentielle et, au sein des âmes (formes d'un corps), la plus ouverte. Joint à la réalité la plus différente, l'esprit, le corps forme donc avec lui l'assemblage le plus unifié qui soit.

---

56. Sur la symbolique du corps, cf. Pierre GUIRAUD, *Le langage du corps*, *op. cit.*, p. 49-70.
57. *Écrits sur le signe*, trad., Paris, Seuil, 1978.
58. Louis-Marie CHAUVET, *Symbole et sacrement*. Une relecture sacramentelle de l'existence chrétienne, « Cogitatio Fidei » n° 144, Paris, Le Cerf, 1987, p. 119. L'étymologie du verbe grec *symballein* est « jeter ensemble ».

C'est ce que Montaigne exprimait admirablement en un texte justement célèbre :

> « Le corps a une grande part à notre être, il y tient un grand rang; ainsi sa structure et composition sont de bien juste considération. Ceux qui veulent dépendre [c'est-à-dire séparer] nos deux pièces principales » que sont le corps et l'âme « et les séquestrer l'une de l'autre, ils ont tort. Au rebours, il les faut s'accoupler et rejoindre. Il faut ordonner à l'âme non de se tirer à quartier, de s'entretenir à part, de mépriser et abandonner le corps [...], mais de se rallier à lui, de l'embrasser, le chérir, lui assister, le contreroller, le conseiller, le redresser et ramener quand il fourvoie, l'épouser en somme et lui servir de mari[59]. »

Plus encore, seul l'esprit de l'homme exploite toute la complexité et l'ouverture du corps humain, seul il joue de toute sa riche palette de sens. En langage métaphysique, seul cet esprit actue toutes les potentialités de l'organisme. Il lui est donc plus profondément uni que n'importe quelle âme l'est à son corps vivant. Le grand neurologue anglais, John Eccles, Prix Nobel de médecine, en donne une preuve éclairante. Il constate d'une part qu'« on peut tirer la conclusion générale suivante : en ce qui concerne les lobes occipitaux, temporaux, pariétaux et frontaux, soumis à divers types d'activation visuelle, il existe un parallélisme remarquable entre les réponses obtenues chez les singes anthropoïdes, macaques et nyctipithèques, [...] et celles fournies par les humains[60]. » D'autre part, les performances simiesques sont très inférieures aux performances humaines. Dès l'origine de son évolution, l'hominien avait hérité d'un système visuel très efficace; mise à part une multiplication par trois de la surface du cortex visuel en totalité, la structure et les performances du système présentes chez le singe anthropoïde n'ont bénéficié d'aucune amélioration essentielle chez l'homme. De même, à partir de l'*homo erectus,* hormis l'acquisition du pouce opposable, l'appareil moteur, tant nerveux que musculaire, avait, au début de l'évolution des hominiens, atteint le degré actuel de son développement chez l'homme. D'ailleurs, une préhension précise n'est nécessaire que pour la fabrication des outils les plus sophistiqués de l'époque solutréenne.

Comment donc comprendre ce hiatus considérable entre la profonde similitude anatomique des équipements visuel et moteur et, plus généralement, des corps animal et humain, et le décalage impressionnant des fonctions, des opérations et des œuvres accomplies? Concrètement, « pour-

59. MONTAIGNE ajoute que « Les Chrétiens ont une particulière instruction de cette liaison ». (*Essais*, L. II, ch. 17, in *Œuvres complètes*, éd. Albert THIBAUDET et Maurice RAT, « Bibliothèque de la Pléiade », Paris, Gallimard, 1962, pp. 622 et 623. J'ai un peu modernisé le français).

60. John Carew ECCLES, *Evolution du cerveau et création de la conscience*. À la recherche de la vraie nature de l'homme, trad. Jean-Mathieu Luccioni, « Le temps des sciences », Paris, Fayard, 1992, p. 178.

quoi les hominiens n'ont-ils pas très tôt acquis l'habileté technique qui rendit possible l'âge de pierre ? »

Déjà, l'anatomie montre que les préhominiens sont doués de lobes préfrontaux peu développés. Or, leur rôle est décisif dans l'élaboration des concepts. Mais cette réponse est insuffisante, car elle n'explique pas que l'évolution a développé des capacités (notamment des aires cérébrales) qui ne trouvent leur plein usage qu'après leur apparition, à savoir chez les hominidés. En effet, le développement évolutif du cortex préfrontal et peut-être, de certaines portions des lobes pariétal et temporal, a permis un emploi plus efficace de ce qui avait déjà été acquis dans l'évolution du système oculomoteur des hominidés.

> « Voici ce qui semble s'être produit : [...] les potentialités de l'ensemble ne purent être exploitées à fond avant une évolution plus tardive des aires préfrontales et pariétales. Nous pouvons considérer le système oculomoteur [...] comme un système admirable que son évolution a porté au-delà des capacités d'utilisation qui étaient celles des pongidés. En revanche, c'était un instrument biologique merveilleusement adapté aux besoins psychiques croissants des hominiens, besoins qui évoluèrent lentement, comme l'indique le rythme des progrès de l'outil. Ce système devait plus tard s'épanouir pleinement dans les activités créatrices de l'*homo sapiens sapiens.* Ce sont celles que nous admirons dans les peintures rupestres et dans les statuettes magdaléniennes, puis tout au long de l'ère mésolithique et du néolithique, jusqu'à la première grande civilisation : la civilisation sumérienne[61]. »

Autrement dit, le corps animal ne trouve son plein achèvement que dans le corps humain.

Enfin, étant une espèce particulière de signe, le symbole doit en conserver sa capacité signifiante. Déjà, le corps est par nature visible. De plus, jamais l'âme n'a autant épousé son corps et le corps n'a librement exprimé son âme que chez l'homme. Selon le sens ascendant et non plus descendant, seul le corps humain, du fait de sa capacité plastique, peut se laisser entièrement façonné par l'esprit : souvenons-nous de ce qui fut dit de la peau glabre du visage. Le corps animal est significatif; seul le corps humain est expressif. Rappelons-nous la bouleversante composition de Giulietta Masima, dans *La strada* de Federico Fellini. Ce visage de femme si vulnérable, si humain, est plus et mieux que beau, il est expressif : la moindre impression de joie, de douleur de son âme innocente trouvait son incarnation la plus fidèle sur ce visage, aussi incapable de trahir son intériorité que Gelsomina de ne pas aimer celui qu'elle avait choisi comme mari, le brutal Zampano (Anthony Quinn), dont le mufle grossier est, en reflet contrasté, tout à l'image d'une âme fermée.

61. *Ibid.*, pp. 187 et 188.

Résumons : le symbole est signe, et signe unificateur. On peut donc dire du corps humain qu'il est **symbole :** « Le symbole, écrit le philosophe Albert Chapelle, englobe ici à la fois l'imaginaire et la rationalité, il enracine le corps, il engage l'homme socio-historique dans une histoire de libertés, il conjoint le verbe et l'esprit de notre devenir spirituel[62]. » Plus encore le corps humain est le symbole par excellence : le « corps vif » est, selon le mot de Dubarle, « comme l'archi-symbole de tout l'ordre symbolique[63]. »

Conclusion

Il y a deux manières de répondre à l'objection récurrente du dualisme. La première est celle, classique, d'Aristote qui voit dans l'esprit, l'acte ou le principe d'information du corps. Une autre approche part non pas de la notion de causalité, mais de celle de signe.

Affirmer que le corps est instrument, compagnon et serviteur de l'âme ou qu'il en est le symbole, c'est dire la même chose, dans deux registres philosophiques différents : l'un dans le langage plus métaphysique de la puissance et de la causalité ; l'autre dans le langage plus phénoménologique du signe. L'on n'a pas l'habitude de faire communiquer ces approches. Pourtant elles me semblent complémentaires, ce qui signifie qu'elles ne sont pas inconciliables, sans pouvoir coïncider et qu'elles sont susceptibles de s'enrichir l'une l'autre.

C'est l'un des mérites de Karol Wojtyla que d'avoir tenté cette double approche[64]. Pour lui, l'analyse phénoménologique des relations de la personne à ses actes se résume en deux mots – transcendance et intégration – qui renvoient à la double expérience suivante : « Que l'homme comme personne soit en même temps celui qui se possède et se domine [transcendance] et celui qui par soi est possédé et à soi subordonné [intégration]. » Or, cette intégration comme cette transcendance concernent autant le psychisme, la vie affective que le corps. Autrement dit, l'homme constate à la fois qu'il transcende son corps et qu'il doit en intégrer les dynamismes et les conditionnements.

62. *Les fondements de l'éthique.* La Symbolique de l'action, Bruxelles, Éd. de l'Institut d'Études Théologiques, coll. « IET », n. 8, p. 176, note 41 ; cf. pour le développement les p. 51-69. De même : « Le symbole des symboles » est « le corps humain » (Paul BEAUCHAMP, *L'un et l'autre Testament.* 2. *Accomplir les Ecritures*, « Paroles de Dieu », Paris, Seuil, 1990, p. 385).

63. Dominique DUBARLE, « Pratique du symbole et connaissance de Dieu », dans *Le Mythe et le symbole*, Paris, Beauchesne, 1977, p. 243.

64. Cf. *Personne et acte,* texte définitif établi en collaboration avec l'auteur par Anna-Teresa Tymienieka, trad. Par Gwendoline Jarczyk, Paris, Le Centurion, 1983, notamment aux chap. 5 et 6, les citations qui suivent sont aux p. 289-293. Cf. Annexe II. Wojtyla a poursuivi son projet en perspective théologique, lorsqu'il est devenu pape (cf. 3e partie).

Or, cette double expérience de la complexité humaine n'équivaut pas « à la découverte du rapport, en l'homme, de l'âme et du corps. » Cette expérience est phénoménologique, vécue, la composition âme-corps est ontologique, théorisée. Aussi « ni l'âme comme telle ni son rapport au corps ne "peuvent" être donnés de façon immédiate dans l'expérience de l'homme », mais ils sont approchés au plus près par la double expérience, dont tout homme a conscience, de la transcendance et de l'intégration. C'est là où la phénoménologie trouve sa limite et demande un éclairage métaphysique qu'en retour elle prépare : « toutes ces catégories de l'intuition phénoménologique préparent le terrain immédiat pour la saisie du rapport de l'âme et du corps en l'homme ; et pourtant cette saisie du rapport elles ne l'opèrent pas. Elle ne peut s'opérer qu'au travers de catégories métaphysiques », celles de corps et d'âme.

L'analyse du corps comme signe naturel a laissé deux questions en suspens : d'où vient ce dynamisme originaire qui oriente le corps humain vers son accomplissement ? En quoi consiste précisément cet achèvement ?

CHAPITRE 7

Le corps-de-don

« L'unité du corps et de l'âme en l'homme est moins donnée que donnante[1]. »

« Le corps est fait pour l'âme, pour la traduire, l'épanouir, et la donner[2]. »

« Si, par mon corps, je suis donné à moi-même, je ne puis devenir véritablement moi-même qu'en me donnant dans mon corps[3]. »

« Ce don véritable, qui est notre adhésion voulue à notre être de don, se traduirait au mieux par notre reconnaissance du don de notre Origine et par notre don à d'autres en avant de nous[4]. »

Rappelons les trois grands acquis des chapitres précédents. Complexe et indéterminé, le corps humain est un corps ouvert et un. Il est l'instrument, le compagnon et le serviteur de l'esprit. Enfin, c'est un corps symbolique, expressif. Faut-il privilégier un point de vue, quitte à laisser tomber les autres ? Ou bien peut-on proposer un nouveau point de vue, mais intégrateur ? Tentons cette dernière hypothèse en nous posant à nouveau la question centrale : un concept unique permettrait-il de distinguer le corps humain, en sa totalité, de tout autre corps ? Mon hypothèse est que **le corps humain est un corps-de-don**[5]. Elle n'est pas une absolue nouveauté, car, chemin faisant, nous l'avons déjà souvent égrenée, notamment en parlant du corps vivant.

---

1. Roger TROISFONTAINES, *De l'existence à l'être.* La philosophie de Gabriel Marcel, « Bibliothèque de la faculté de philosophie et lettres de Namur » 16, Louvain, Nauwelaerts et Paris, Béatrice Nauwelaerts, 1968, 2 tomes, tome I, p. 270.
2. Jean MOUROUX, *Sens chrétien de l'homme, op. cit.*, p. 56. C'est moi qui souligne.
3. Jean-Louis BRUGUÈS, Art. « Corps », in *Dictionnaire de morale catholique*, 37170 Chambray-lès-Tours, C.L.D., 1991, p. 101.
4. Jean-Claude SAGNE, *L'homme et la femme dans le champ de la parole.* Du lien à l'Alliance. Approche psychosociale et théologique, « Chemins ouverts », Paris, DDB, 1995, p. 79.
5. C'est ce que tend à dégager tout un important courant philosophique actuel, notamment phénoménologique. Cf. Annexe II. La présence des tirets (le corps-de-don) signifie le caractère technique de la formule.

Le don comporte deux volets : il est réceptivité et émissivité, don reçu et don offert, *donum* et *datum*. Claude Bruaire l'a montré : double est la pulsation du don, recueillement et extase. C'est là le rythme fondamental que nous allons constamment retrouver et qui, en premier, s'inscrit dans le corps humain. À l'image de ces rythmes naturels qui traversent toute réalité, comme le flux et le reflux, l'activité du jour et l'apaisement de la nuit, le corps humain vit selon ce double temps. Cela est déjà vrai de ses dynamismes élémentaires : la respiration est inspiration autant qu'expiration. Le mouvement du cœur est diastole et systole, contraction et dilatation. La vie hormonale est alternance diurne et nocturne. Et même le cerveau est tantôt en état vigilant (ondes bêta), tantôt en état somnolent (ondes alpha). Enfin, le toucher dont on a vu qu'il fondait l'ouverture du corps, est lui aussi habité par ce mouvement donné-donnant :

> « Le tact est encore le plus rythmique de nos sens, et il offre à la langueur le va-et-vient de temps forts et de temps faibles, de pressions et de détentes, qui la prennent dans juste assez de répétitions et de variations pour la faire jouir du sommeil sans y tomber. Il nourrit même son alternance au rythme le plus profond, presque aussi secret que celui du cœur, en même temps qu'à une étoffe indéfinie : le souffle[6]. »

1. Le corps-de-don et le corps comme ouverture et unité

Nous avons d'abord vu que le corps humain pouvait se caractériser en propre comme un corps ouvert et un. Or, d'une part, la plus grande ouverture est celle du don, car elle est gratuite et sans retour : ouvrir ses bras, ouvrir ses lèvres pour offrir un sourire ou une parole, ouvrir son cœur, c'est se donner. D'autre part, nul ne se *donne* qui ne *se* donne : l'unité fonde l'ouverture. Sans appropriation, l'ouverture n'est que dissémination. Seul le corps propre est à même de devenir corps livré. Et l'on sait combien la pédagogie du corps risque de tomber dans la fuite exsangue et le pire éclatement si elle n'est d'abord la patiente et sage acceptation de soi.

Même si jamais la vie ne s'arrête, elle ne cesse de venir reposer en elle, afin de mieux pouvoir se dévouer à l'achèvement de ce monde. Tout à la fois Marie et Marthe, le corps un et ouvert est identiquement corps-de-don, reçu et offert.

6. Henri VAN LIER, *L'Intention sexuelle*, Bruxelles, Casterman, 1968, p. 17.

2. Le corps-de-don et le corps expressif

Le corps humain, comme corps symbolique et expressif, permet aussi de mieux comprendre qu'il est corps-de-don. Telle ou telle attitude corporelle manifeste davantage l'une ou l'autre polarité du don : l'enfant abandonné, en souriant, dans les bras de sa maman, contemplant son visage, représente le corps naturel, donné, retournant à son origine. Tout à l'opposé, le corps livré représente le corps personnel, donnant.

L'expressivité du corps animal, ébauche du don

Dans l'évolution animale, la forme extérieure prend une importance croissante : elle est de plus en plus significative. C'est donc que l'expressivité est une composante essentielle de l'animal. Les études sur le mimétisme animal confirment à foison cette ressemblance entre l'animal et son milieu. Or, cette expression a pour finalité, non pas directement l'adaptation à un milieu, donc l'utilité – à quoi peuvent servir ces débauches de parure? – comme le néodarwinisme l'a trop répété, mais la relation à l'autre : l'ornement rend perceptible; l'animal voit selon qu'il est visible, il est le miroir de l'autre. Dès lors la notion d'espèce prend une nouvelle valeur ontologique, non plus seulement statique et close, mais dynamique et relationnelle.

Mais là où Merleau-Ponty lit dans l'expressivité animale une confirmation de sa thèse d'un entrelacs de l'être et de l'être perçu, et une anticipation de ce que sera le corps de chair, nous discernons en plus une ouverture à l'autre et, dans la gratuité réfutant l'utilitarisme de l'évolutionnisme néodarwinien, une ébauche de don. « Ce que montre l'animal, ce n'est pas une utilité[7]. »

L'expressivité du corps humain, consommation du don

Nous avons vu que chez l'homme seul, l'expressivité est plénière. D'abord, l'expression notamment verbale, faciale, mais aussi gestuelle, corporelle, est toujours le fruit d'un acte de liberté. Alors que l'animal se pare, exprime ses émotions sans fard possible, et sans grande variation non plus, selon une corrélation nécessaire génétiquement fondée, l'homme décide librement de se donner à voir. Aussi, le fait que l'homme s'exprime est-il toujours un don. Et le don par excellence est la parole qui révèle notre sentiment ou notre conviction, bref, notre intériorité. Les amoureux le savent : déclarer son amour à l'aimé n'est jamais spontané. Cette décision

7. Maurice MERLEAU-PONTY, *La nature, op. cit.*, p. 246. Et : « Il faut critiquer l'assimilation de la notion de vie à la notion de poursuite d'une utilité » (*Ibid.*).

coûte, hors toute considération d'amour-propre : dévoiler le plus intime de notre cœur engage.

Ensuite, cette expression trouve son plus radical épanouissement dans le don de soi. De ce point de vue, le corps humain qui s'expose jusqu'au corps en croix est la figure par excellence de l'expressivité de la personne. L'organisme n'est jamais plus expressif que lorsqu'il s'ouvre à l'autre et qu'il livre sa vie. En effet, nous avons vu que le signe fait connaître autre chose que soi. C'est donc que la valeur expressive d'un signe se mesure d'une part à sa visibilité, d'autre part à son adéquation au fond qu'elle révèle. Or, d'une part, le don de son corps est très parlant : comment passerait-il inaperçu ? Livrant sa vie, il ne retient rien pour lui et il est tout en extase, alors que tous les autres gestes gardent quelque chose pour eux. D'autre part, la livraison de la vie étant le plus grand don – que peut-on donner de plus ? – requiert le plus haut acte de liberté (rompant avec toutes les craintes légitimes et naturelles de périr) et, de fait, l'amour le plus élevé[8]. C'est ce que montrent l'exemple des martyrs. Aussi la donation libre et aimante du corps exprime le plus notre vocation et notre essence d'homme.

Charles de Foucauld, Thérèse de Lisieux et Dorian Gray

Enfin, le corps humain est expressivité : il ne rend pas témoignage, mais renvoie à plus profond que lui. C'est en ce sens que le corps est un donné, et qu'il exprime une origine radicale : l'intériorité de l'homme. Saisissante est de ce point de vue, l'évolution des portraits de Charles de Foucauld. Elle rend à jamais impossible la réduction de l'homme à son corps. Entre le visage bouffi, mou et jouisseur du jeune officier de Saumur et le visage ascétique de l'ermite de Tamanrasset où brillent les deux braises ardentes des yeux habités par la présence du Très-Haut, il y a tout le cheminement intérieur, la conversion et le don total et fou à Jésus. Une différence inscrite de manière aussi palpable dans le corps permet de mesurer combien celui-ci, dans sa vitale union à l'esprit, n'a rien de cette matière inerte ou très tôt figée (mais aussi, fixée) que l'on a souvent imaginée : le corps se remodèle constamment sur les instigations d'une âme qui est sa profondeur.

Et le visage révèle le don : « Il y a un signe infaillible auquel on reconnaît que l'on aime quelqu'un d'amour ; c'est lorsque son visage nous inspire plus de désir physique qu'aucune autre partie de son corps[9]. » Inversement, la banalisation d'un visage signe l'extinction d'un amour. Voilà pourquoi les amants peuvent longuement se contempler :

8. Jn 15,13.
9. Michel TOURNIER, *La goutte d'or*, Paris, Gallimard, 1986, p. 210.

> « Vous savez déjà *lire* dans le regard de l'autre sa fatigue ou sa joie. Vous avez appris à saisir sur son visage son bonheur ou son angoisse. Vous devinez mieux que personne dans le ton de la voix, l'anxiété, le désir, la peur, la lassitude, voire la colère ou le chagrin. Vous avez compris qu'une tête qui s'abandonne sur une épaule, des mains qui se joignent, des lèvres qui s'unissent sont les signes d'une intimité croissante de l'amour qui tend à s'exprimer dans un don plus total. Mais le regard de votre intelligence et l'intuition secrète de vos cœurs sont allés plus loin. Vous savez reconnaître, entre tous, même de loin, le bien-aimé ; entre toutes les femmes, l'unique, la bien-aimée, a des charmes que vous êtes le seul à avoir goûtés. Tous *les signes que vous lisez dans le corps de l'autre, sont les révélateurs de sa personne*[10]. »

L'exemple de Thérèse de Lisieux, à la fin de sa vie, est encore plus frappant. Ses sœurs qui la changent de tunique, sont frappées du contraste entre son extrême maigreur (un véritable « quelette », comme dit Thérèse) et la sérénité de son visage : « Elle a une figure d'ange, dit le docteur de Cornières, à la supérieure, Mère Marie de Gonzagues. Son visage n'est point altéré, malgré ses grandes souffrances. Je n'ai jamais vu cela. Avec son état d'amaigrissement général, c'est surnaturel[11]. » Pour moi, ce décalage entre son corps et sa souffrance physique est le signe de la surnaturalisation de son âme. En effet, il n'y a ici aucune trace de dualisme, nulle domination écrasante d'une volonté d'airain contraignant le corps contre sa nature. Le corps a pour mission de refléter l'intérieur. Mais si le psychisme est laminé par une souffrance effroyable[12], qu'aucune prise de morphine ne viendra jamais tempérer, l'esprit baigne dans la ténèbre lumineuse d'une foi pure, dénuée de toute consolation. Le médecin a donc bien raison de lire dans ce hiatus – répétons-le, au seul plan de la nature – un signe, chez celle qui n'a « jamais l'air fatiguée de souffrir[13] », de l'irruption du « surnaturel » qui assume la nature et la porte à sa perfection.

En regard, la fiction du roman a disjoint cette capacité expressive du visage ou du corps pris dans sa globalité, de l'intériorité qui la fonde et s'y visibilise. Dans *Le Portrait de Dorian Gray,* Oscar Wilde fait d'un tableau le double expressif du *dandy* : sa figure demeure inaltérée, alors qu'elle

10. Aline LIZOTTE, *Le don des époux*. Signe de l'Amour invisible, Chiry-Ourscamp (60138), Éditions du Serviteur, 1992, pp. 18 et 19. C'est nous qui soulignons. L'auteur dit aussi que les corps sont « consacrés à porter les signes d'un mystère divin » (cf. la troisième partie : Jean-Paul II parle du corps humain à partir de la notion de signe).

11. Sainte THÉRÈSE DE LISIEUX, *Derniers entretiens*, 24.9.3, in *Œuvres complètes*, Paris, Le Cerf, 1992, p. 1135.

12. Qu'on se rappelle par exemple les souffrances abdominales « à en perdre la raison », qui sont probablement liées à une péritonite tuberculeuse, voire à une gangrène (cf. les *Cahiers verts*, du 22 août 1897 : p. 1104, n. a). De manière générale, cf. Guy GAUCHER, *La passion de Thérèse de Lisieux*. 4 avril-30 septembre 1897, Paris, Le Cerf, DDB, 1972.

13. 24.9.4, in *Œuvres complètes*, *op. cit.*, p. 1135.

emprunte à sa profondeur de plus en plus pervertie ce qu'il donne à montrer dans l'enlaidissement du visage[14].

Certains objecteront que beaucoup de personnes affichent en leur corps le contraire de ce qui les habite. Or, cette hypocrisie est inimaginable chez l'animal, sauf en cas de mimétisme, qui est génétiquement programmé. C'est donc que le corps peut falsifier sa capacité expressive. Tout au contraire, jusque dans le simulacre, le corps humain vérifie cette possibilité unique : en arborant un sourire radieux à son adversaire le plus acharné, le visage ne ment qu'au devoir moral général de véracité, non à l'intention particulière présente chez l'hypocrite de dissimuler son impression. Le corps en dysharmonie avec le sentiment profond n'est que partiellement disproportionné : ce décalage corps-esprit ne fait que redoubler la duplicité déjà présente dans l'âme qui a, antérieurement, décidé de se montrer autre que ce qu'elle est[15].

3. Le corps-de-don et l'esprit

Il est juste de lire dans le corps humain un corps qui n'est pas sa propre origine (un corps qui se reçoit), un corps donné à lui-même, un corps appelé à se donner et un corps expressif du don. Mais cette explication est insuffisante. La raison essentielle est ailleurs : le corps humain est corps-de-don, d'abord **parce qu'il est dépositaire** du plus grand des dons : l'esprit. C'est là ce qui en fait son unicité comme son originalité.

Le corps-de-don est un corps qui appelle l'esprit

Si le corps humain est don, c'est d'abord que l'homme n'est pas que corps. Le don lui-même appelle l'irréductibilité de l'homme à son corps. En effet, le principe n'est rien de ce dont il est le principe, l'acte n'est pas ce qu'il meut, le donateur n'est pas le don. Or, je suis apte à donner mon corps. C'est donc qu'il existe une distance entre moi et mon corps. Comme le dit élégamment Rémi Brague :

> « Le fait que j'aie mon corps ménage entre lui et moi une distance qui me permet d'en disposer librement. Et le fait que je sois mon corps

14. Le fameux roman *L'étrange cas du Docteur Jekyll et Mister Hyde* de Robert Louis Stevenson dissocie aussi deux expressions radicalement différentes qui ne se réconcilieront qu'au moment de la mort. Cf. de manière générale le thème du double.

15. Certains par exemple, se demanderont si Thérèse dont nous venons de parler est hypocrite. Une résolution tenue depuis sa jeunesse le dément : « Au commencement mon visage trahissait souvent le combat, mais peu à peu cette impression disparut et le renoncement me devint facile même au premier instant. » (*Ms A*, 48 r°, in *Œuvres complètes*, *op. cit.*, p. 148).

> instaure entre lui et moi une continuité telle que je ne puis qu'être entraîné avec lui dans ce qui lui arrive. J'ai mon corps juste assez pour que je puisse le donner. Je suis mon corps juste assez pour que, le donnant, ce soit moi-même que je donne. »

Et de conclure plus généralement, ce qui est tout un programme : « C'est à partir de cette idée du don que l'attitude chrétienne [et humaine, philosophique] envers le corps s'éclaire[16]. » Ce simple raisonnement montre combien une expérience éthique fonde toute une réflexion spéculative, ici d'ordre anthropologique.

Relations du corps et de l'esprit par le don

Le corps est corps-de-don parce qu'il est le corps d'un esprit, l'incarnation d'un esprit. On serait en droit de craindre les pires ambiguïtés, si, isolant cette conclusion, on ne tenait pas compte des développements des chapitres précédents, visant à conjurer non pas la réelle dualité, mais le monstre dualiste.

Il est possible d'envisager la relation du corps et de l'esprit sous l'angle du don, selon une double démarche complémentaire, ascendante et descendante. Jusqu'à maintenant, nous avons largement privilégié la première, à l'instar du monde moderne et des sciences. Selon cette voie, le corps physique, puis le vivant, trouvent un achèvement, une perfection dans l'organisme humain. Il ne s'agit pas, pour l'homme, de faire l'étalage toujours discutable de ses performances. Rappelons-nous simplement ce qui fut montré : le corps humain concrétise, visibilise au plus haut point l'ouverture. La plus complexe des entités matérielles est aussi celle dont l'unité est la plus intégrée. Le corps humain est à la fois habité par le plus profond abîme (l'esprit ou l'âme) et la trace expressive de cette intériorité qui le dépasse.

Plus encore, à parcourir les degrés d'être matériels, à relire l'évolution, on ne peut s'empêcher de songer à une poussée irréversible, à une montée vers le don immérité de l'esprit. Et cette spécificité n'est pas le chaînon transitoire d'une évolution qui le traverse et se poursuit, ni même le point d'aboutissement d'une complexification qui ne présente qu'une différence de degré avec ses préparations. Il n'y a pas corps plus ouvert, plus intégré et plus expressif que le corps humain.

La démarche ascendante n'est cependant pas suffisante : « Le drame de la pensée occidentale moderne, c'est d'avoir oublié la participation au profit de l'émergence, ce qui conduit presque fatalement à vouloir expliquer le

---

16. Rémi BRAGUE, « Le corps est pour le Seigneur », in *Communio*, *Le corps*, déjà cité, p. 4 à 19, ici p. 18.

supérieur par l'inférieur, en quoi consiste, selon Comte, l'essence du matérialisme[17]. » D'ailleurs, le mouvement ascensionnel s'épuise à expliquer sa tendance vers le haut ou vers le plus complexe : cette aspiration n'est-elle pas inspiration, c'est-à-dire causalité d'un esprit ? Et à trop expliquer le plus par le moins, on en oublie toute gratuité. Le don lui-même exige son complémentaire qu'est la démarche descendante. En un mot, le matérialisme autant que la crainte du dualisme – qui finit par ressembler à une chasse aux sorcières – nous ont fait oublier le dynamisme du monde de l'esprit. L'esprit est bon et le bien est diffusif de soi. Il est donc inimaginable que l'esprit demeure clos sur lui-même ; tout au contraire, la joie de l'être d'esprit est de se communiquer.

Voilà pourquoi l'esprit tend, comme naturellement, quoique gratuitement, de se donner dans une matière apte à le recevoir : c'est ce qu'on appelle le corps. Ce regard qui se refuse à mutiler la création en la réduisant à sa seule visibilité n'a rien de gnostique. Il inverse, au contraire, le schéma des gnoses en faisant de l'incarnation non pas une chute et une dégradation, mais une allégresse et une donation. Cela ne signifie nullement non plus que les âmes préexisteraient, mais qu'il existe une « réalité spirituelle, désireuse de se communiquer, d'étendre son rayonnement jusqu'aux plus humbles confins – l'homme[18] ». Cela ne veut pas dire, enfin, que l'âme serait une parcelle de la divine essence en mal de réalisation. La participation est l'autre nom, positif, de la finitude que le moderne, autant avec Spinoza et Hegel qu'avec Heidegger, mais d'une autre manière, a qualifiée négativement. L'amour, s'il est don, est respect de l'altérité. Le don ne regarde pas toujours vers le bas. Aussi l'esprit ne se donne qu'en s'autonomisant ou en se dégradant. L'homme n'est pas un ange déchu qui apprend à faire bon ménage avec son corps. « L'homme est l'enfant chéri, non seulement de Dieu, mais par communion d'amour, de tout le Plérôme[19] », nom que Finance donne aux substances séparées.

La double démarche ci-dessus manifeste donc la bipolarité du don : ce qui est donné, l'esprit humain, et ce qui désire et reçoit l'esprit, le corps humain.

Loin de reconduire subrepticement au dualisme, la philosophie du don permet donc de percevoir sous un autre angle la profonde unité du corps humain et de l'esprit. En effet, une saine philosophie du don nous apprend que celui-ci est toujours corrélé à un désir. N'est donné que ce qui est désiré[20]. On le sait : il n'y a pire cadeau ou plutôt contre-façon du don que

17. Joseph de FINANCE, « Animal raisonnable. Esprit incarné », Art. cité, p. 31. Je lui emprunte cette féconde distinction d'une double démarche ascendante et descendante.

18. *Ibid.*, p. 37.

19. *Ibid.*, p. 30.

20. Ce n'est pas le lieu de développer ce point qui demanderait à être éclairci. Je crois en effet que c'est dans l'articulation très précise du don et du désir que se joue toute l'argumentation. On sait combien le terme de désir a été surchargé, surdéterminé par ses multiples

celui qui est imposé. La générosité du don n'est pas la contingence d'un être que rien ne dispose à le recevoir : ce serait confondre gratuité et absurdité. Mais le don va jusqu'à préparer ou attendre la préparation qui lui permet d'être reçu : non pas en vue d'être reconnu, mais en vue de combler celui qui en est gratifié. Aussi, le don le plus réussi est celui qui achève non pas le donateur, mais le bénéficiaire : le don qui fait le plus corps, le don qui est d'autant plus grand qu'il risque de passer inaperçu, parce qu'il fait un avec celui qu'il comble. Le corps qui reçoit l'esprit lui est donc pleinement uni.

Le corps-don est-il pure relation ?

Une difficulté pourrait s'élever chez le lecteur-philosophe de formation plus classique : le don présuppose l'individu donateur, mais ne le constitue pas. Voir dans le corps un être de don – et cela vaut déjà du corps comme ouverture – ne risque-t-il pas de le dissoudre dans la relation, soit dans la fusion avec son origine, soit dans la livraison à autre que lui ? Formulons la difficulté en fonction des quatre causes qui entrent dans la constitution d'une définition complète, ainsi que nous l'avons vu. Comme donné, le don dit d'abord la destination de l'homme, de l'être d'esprit, donc sa cause finale. Comme reçu, il exprime son origine, sa cause efficiente. Mais finalité et efficience ne constituent que deux causes sur quatre et de surcroît les plus extrinsèques, donc les moins structurantes. Dès lors, il est très partiel de définir le corps humain comme corps-de-don[21].

Il n'est pas impossible de voir dans le don le constitutif intrinsèque du corps humain. En effet, de tous les corps, le corps humain est le plus intimement uni au principe d'être et d'unité qui l'achève. Ensuite, aucun corps n'est réceptacle d'un tel don. Enfin, ce don n'est nullement une aumône consentie à un moins-être, il est une aspiration de bas en haut. « Le monde est la grande matrice de l'esprit incarné », dit Finance[22]. Nous l'avons longuement montré en décrivant le corps humain comme corps physique, végétal et animal. Le corps humain est pleinement corps donné à lui-même.

emplois. Je lui donne ici une valeur métaphysique qui n'est pas loin de celle de potentialité dynamique (la *dunamis* aristotélicienne).

21. Claude BRUAIRE confirme cette remarque à propos, non pas du corps, mais de l'esprit, c'est-à-dire de la liberté : « Défini par sa fin, remarque-t-il, l'être d'esprit qui est substance de chaque personne est ainsi un être-de-don » ; mais il répond que, pour l'esprit, la cause formelle s'identifie à la cause finale : « destination et détermination sont ici inséparables. [...] Le secret de la destinée scelle, pour le discours, l'essence, la forme propre et insubstituable de l'existence spirituelle. » (*Pour la métaphysique, op. cit.*, p. 265 et 266) Une réponse approfondie demanderait de conjuguer les efforts de la phénoménologie du don, de la métaphysique classique et de l'ontodologie bruairienne. Ce travail est encore à faire. Ma réponse n'explorera que la question du corps humain.

22. Joseph de FINANCE, « Animal raisonnable. Esprit incarné », Art. cité, p. 37.

J'insiste : la dignité de ce don dit en retour celle du bénéficiaire. Un tel don ne pouvait faire moins que préparer et susciter ce qui l'accueille. Les processus d'émergence dont la biologie et la psychologie nous parlent si bien, sont la description détaillée et passionnée de l'attente d'un don qui n'étonne plus que parce qu'on connaît déjà la fin de l'histoire.

Ce que la métaphysique classique appelle acte et puissance, se traduit ici dans le vocabulaire du don en émissivité (diffusion) et réceptivité (qui est beaucoup plus que passivité). En effet, la puissance, au sens précis et intégral du terme, n'est pas passivité, mais active réceptivité et, plus encore, appétit, c'est-à-dire très exactement, désir. Or, le corps est à l'âme spirituelle, la cause matérielle est à la cause formelle, ce que la puissance est à l'acte, ce que la réception est à la donation. Le corps humain est donc, **intrinsèquement,** un corps-de-don.

Du corps reçu au corps donné

Ne séparons pas les deux aspects du don – le corps se reçoit du don de l'origine, le corps construit son histoire en donnant – qui sont comme les deux faces d'un même dynamisme. Nous avons vu dans les premiers chapitres combien l'univers était rythmé : inspiration – expiration, systole – diastole.

C'est l'expression de l'une des très profondes lois de l'univers : le don reçu nous constitue débiteur en nous instituant donateur. Loin de nous aliéner, cette réception nous donne à nous-même. Dieu a créé des créateurs : « La fonction essentielle de l'univers », disait Bergson, est d'être « une machine à faire des dieux[23]. » Le corps incarne au plus haut point cette loi ; c'est pour cela qu'on peut le définir comme corps-de-don. C'est parce que le corps humain a reçu l'esprit qu'il est appelé à donner : c'est en se livrant au service de l'amour, sans compter, que le corps conquiert sa dignité. Plus encore, seul le corps qui incarne et exprime l'esprit, permet à celui-ci d'exprimer sa vocation au don. Le corps qui a reçu le don le plus royal de tout le cosmos, à savoir l'esprit, lui donne en retour de pouvoir accomplir sa vocation en se livrant dans un don sans retour. Sans esprit, le corps humain n'**est** rien ; sans corps, l'esprit humain ne **peut** rien. La vraie grandeur ne va jamais sans l'humilité ; le véritable donateur est aussi celui qui sait recevoir dans la reconnaissance le merci du retour. Or, l'esprit reçoit du corps son être dans le monde. Mieux, l'esprit donne au corps une dignité causale insoupçonnée. Nous l'avons vu ci-dessus : rien n'accède à l'intelligence que par la réceptivité sensorielle et la longue maturation préparant l'abstraction

23. Henri BERGSON, *Les Deux sources de la morale et de la religion,* in *Œuvres*, Éd. du Centenaire, Paris, P.U.F., 1959, p. 1245.

dans l'imagination ; aucun mouvement de la plus sublime charité ne devient effectif et tout simplement réel, si l'on ne peut tendre la main, pleurer ou serrer sur son cœur.

On comprend, en regard, combien l'esprit humain peut être tenté de faire l'économie de la lourdeur et des lenteurs physiques : par exemple en demandant à la technique de supplanter le corps. Il revient à chacun de reconnaître le service du corps ou de s'indigner de sa prétendue opacité, autrement dit de choisir entre l'action de grâces ou l'ingratitude. Ce qui est la débilité de l'esprit, à savoir sa nécessaire soumission au corps, devient la gloire de celui-ci. Ainsi s'installe un bouleversant mouvement d'aller-retour, où chaque don reçu appelle un don offert. C'est par le corps que je peux faire mémoire de mon origine et de ma destination : « Le corps, première et dernière mémoire de nos amours, peut-il oublier vraiment[24] ? »

La main est l'obligée du cœur

Prenons l'exemple de la main. La main ne donne que parce qu'elle a reçu. D'un côté, la main fait signe parce qu'elle reçoit son sens d'un autre :

> « Nos mains nous disent autant que nos visages, explique Paul Baudiquey : des choses s'y inscrivent qui sont autant de traces des plis de l'âme et des sillons du cœur. [...] La main fait signe : elle signifie, dévoile, manifeste, tel un « sacrement », sacrement de l'amour, de la création, de la liberté [25]. »

D'un autre côté, la main parle, lorsqu'elle accepte de s'ouvrir et donner :

> « L'amour dénoue les mains crispées. L'homme y devient grand comme une main ouverte ; il ouvre les yeux, il ouvre sa porte, il ouvre son cœur. La main qui aime sait caresser : soyeux parcours où l'âme entière délivre sa présence et s'éprouve comme telle, la caresse inaugure un des chemins de la connaissance. Elle est, à l'égal de la caresse des mots, divination et inscription du spirituel dans le sensible[26]. »

À preuve de ce double mouvement de réception et d'offrande, le tableau de Rembrandt (dont Baudiquey est comme tombé amoureux), *La fiancée juive*. On y voit un homme déposer un lourd collier d'or sur les épaules et la gorge de la jeune femme. Mais la belle main de l'homme, s'engendrant d'une immense coulée d'or, s'est posée « Juste à l'endroit précis où sa poitrine l'a faite femme » : symbole de ce que devrait être toute main humaine,

24. Christiane OLIVIER, *Les fils d'Oreste ou la question du père*, Paris, Flammarion, 1994, p. 200.

25. Paul BAUDIQUEY, *Pleins signes*, « Épiphanie », Paris, Le Cerf, 1990, p. 28. Il faudrait citer tout le beau développement des p. 26-33.

26. *Ibid.*, pp. 28 et 29.

cette « main s'y avoue pour toujours comme *l'obligée du cœur*[27] ». Et il faut prendre le terme « obligé » dans la double acception qui a donné naissance à obligeance et à obligation.

L'asymétrie du don

Le don présente deux faces irréductibles. Pour autant, celles-ci ne sont pas symétriques, comme nous venons de l'indiquer : le don originel fonde le don offert. Le don de l'origine est un don caché. Tous les grands commencements sont secret. Le *donum,* le don offert, en revanche, est la raison d'être du *latum,* du don reçu et, en quelque sorte, son épiphanie. Au mystère du don originel répond la manifestation glorieuse de la donation du corps livré ; l'agir manifeste l'être.

Le don originel est une dot qui, pour être parfaitement individualisé, enracine le corps dans le cosmos et constitue son irréductible patrimoine naturel ; ce don est passif. En retour, le don offert est un acte personnel qui requiert le libre consentement de tout notre être.

Enfin, ces deux dons entretiennent une relation différente au temps. Le corps se reçoit dans l'instant ; c'est immédiatement que le corps est actué par le don de l'esprit. Par contre, c'est dans le temps que le corps apprendra et jouira de se donner. C'est toute sa vie que le don offert monnayera le don de l'origine. Cela ne saurait étonner : nous disions que l'origine est toujours cachée. Or, l'instant est insaisissable en lui-même, il n'est qu'une expérience limite. Seule la durée est objet de perception.

Notons à ce sujet que le corps-de-don répond à la double question posée au terme de l'analyse faite au chapitre 6 du corps naturel et du corps culturel : en tant que don reçu, le corps humain est naturel, en tant que don offert, le corps humain est culturel.

4. Le corps et les trois dons

Résumons les acquis précédents. Le corps humain et lui seul est corps-de-don pour trois raisons : il se reçoit d'un don originaire ; il est destiné à se donner ; enfin, dans sa structure même, il est tout entier informé, actué par le don de l'esprit.

Précisons d'abord la relation à l'origine. Elle est double. Cette relation est externe au corps, dans la mesure où nous recevons notre corps de nos parents, eux-mêmes obéissant aux lois biologiques qui les traversent, la

27. *Ibid.*, pp. 29 et 30. C'est moi qui souligne.

nature étant de Dieu. Mais cette origine est aussi interne : d'une part, car c'est l'âme qui façonne le corps dans sa croissance ; d'autre part, car c'est de la liberté qu'advient l'initiative du don du corps. Le corps qui se *donne* est un homme qui *se* donne. Ce qui nous introduit au second sens.

Ensuite, que le corps soit constitutivement don peut se comprendre dans une perspective soit classique, soit contemporaine. Selon le premier point de vue, le corps doit son être et son unité à l'âme spirituelle qui en est l'acte et informe sa matérialité. Or, le propre de ce qui est en acte est de rayonner, de se donner, et le propre de la puissance est d'être désir, aspiration à l'achèvement. Aussi, l'esprit est-il uni au corps comme le don offert au désir qui le reçoit. L'esprit est au corps ce que le don est à la promesse.

Selon une optique actuelle, l'homme est être de liberté, le corps humain est un corps de liberté. Mais, qu'est-ce que la liberté ?

Il n'est

> « *pas de définition plus claire de l'être libre, sinon l'être donné à soi-même,* explique Claude Bruaire. Or, cela, l'esprit seul le peut. Aucune chose n'est tournée vers elle-même, donnée à elle-même, confiée à elle-même, elle est toujours à la merci des autres et dans un cours de nécessités. Là, ce qui fait un avec soi, ce qui est réfléchi sur soi, ce qui est promis à soi-même, promis à être assumé par soi-même, c'est-à-dire l'être de chacun, c'est un être d'esprit[28]. »

Dans la logique non pas de la métaphysique (par exemple Bruaire), mais de la phénoménologie, le corps est le signe d'une intériorité, d'une profondeur qui se *donne* à voir dans la visibilité d'une parole, d'un visage, d'un geste.

Enfin, le don terminal, le corps donné est ce qui est le plus évident. Encore faut-il voir la connexion entre don originaire et don offert : en effet, ne peut se donner que celui qui se sait reçu. L'obligation à donner est d'abord une obligeance à l'égard de sa source. De même, le corps ignorant de l'esprit qui l'anime est voué à se célébrer dans une monstration narcissique et plate, au sens propre de dénué de profondeur.

Cette triple relation qui conjugue étroitement le corps humain et le don s'éclaire par les trois descriptions ci-dessus. D'une part, le corps humain est ouvert tant à son origine qu'à son terme, mais il n'en demeure pas moins un, par le don de l'esprit qui l'informe. D'autre part, le corps humain exprime ce don originel et ce don terminal. Enfin, comme est triple le lien entre corps et âme, triple est le baiser d'amour opéré par le don. Le corps exprime le triple don de l'âme-esprit au corps : à titre de cause efficiente (don originel), cause finale (don terminal) et cause formelle (don de l'esprit).

---

28. *La force de l'esprit*, *op. cit.*, p. 40. C'est moi qui souligne.

	Le corps comme signe	**Le corps comme ouvert et un**	**Le corps comme causalité**	**Le corps comme don**
Le corps en relation avec son **origine**	Le corps comme signe d'**action**	Le corps ouvert à son origine	Le corps mû par l'âme comme sa cause **efficiente**	Le corps **reçu** de son origine ou **se** donnant
Le corps en relation de communion avec **l'esprit**	Le corps comme signe d'**expression**	Le corps unifié par l'esprit, qui est son principe d'être et d'action	Le corps puissance et matière de l'âme qui l'actue et l'in**forme**	Le corps qui aspire et se reçoit de l'esprit qui lui est **donné**
Le corps en relation avec **son terme**	Le corps comme signe de **communion**	Le corps ouvert à sa vocation, son achèvement	Le corps ordonné à l'âme comme à sa cause **finale**	Le corps **donné** ou se **donnant**

5. De l'ombilic à la parole

Après ces développements ardus, voici quelques confirmations de la thèse du corps-de-don. Tout d'abord, le corps humain comporte deux traces, discrètes mais ineffaçables, qui ne prennent sens qu'en relation avec le don : l'ombilic (en relation avec le don originel) et l'hymen (en relation avec le don terminal).

L'ombilic ou le corps donné à lui-même

Adam avait-il un nombril ? La question est apparemment fantaisiste. C'est à voir. « Sur bien des peintures anciennes, le feuillage ne cache pas seulement les parties génitales d'Adam : une vigne s'égare jusqu'au niveau de son nombril. S'il fallait, par pudeur, voiler le sexe d'Adam, un motif tout différent – un mystère insondable – imposait la présence d'une plante sur son ventre[29]. »

29. Cf. Stephen Jay GOULD, « Le nombril d'Adam », *Le sourire du flamant rose*. Réflexions sur l'histoire naturelle, trad. Dominique Teyssié, Paris, Seuil, 1988, p. 95-108, ici p. 95.

L'artiste ne voulait en effet pas trancher un difficile débat : un Adam sans nulle origine terrestre, ou un Adam qui, tout en recevant de Dieu son âme (Gn 2,7), se serait inscrit dans la continuité d'une histoire biologique.

Au-delà du caractère anecdotique de la question, se profile le problème central de l'origine : le premier homme, qu'il vienne de la glaise du sol ou d'une forme évoluée d'australopithèque, ne s'est en tout cas pas donné la vie et l'être. Qu'il vienne totalement de Dieu ou partiellement de Lui, partiellement de l'évolution, il est précédé. Et son corps en porte le symbole, très visible en sa centralité. Le mammifère ne montre pas son nombril. À peine au-dessus du centre de gravité corporel, s'inscrit l'ombilic humain. Cette glorieuse trace lui rappelle qu'il fut porté par une mère qui lui a donné sa chair et son sang, pour ensuite le donner au monde et se séparer de lui. Certes, l'ombilic n'est pas propre à l'homme, mais sa visibilité l'est, car elle est liée à sa posture verticale de celui dont le corps proclame que son être vient du sol mais aussi du ciel. Cette cicatrice universelle est l'indélébile mémoire de la commune nature humaine, de l'origine et de la donation à soi-même.

L'hymen ou le corps appelé au don de lui-même

Seule la femme, pas la femelle animale, a un hymen[30]. Cette « cloison membraneuse incomplète[31] » dénuée de toute fonction biologique présente-t-elle un sens ? Il est bien difficile aujourd'hui de parler d'un tel sujet, sans s'attirer l'ironie[32], y compris de la part de ceux qui défendent le don de soi et la chasteté. Une telle attitude s'éclaire aussi d'une attitude opposée qui a indûment sacralisé l'hymen. Survalorisation ou mépris[33] sont deux attitudes extrêmes qui amputent le signe d'un des deux pôles étudiés au chapitre 6 :

30. Pierre-Paul GRASSÉ, *L'homme en accusation*, *op. cit.*, p. 131.

31. A. BUCHET et J. CUILLERET, *Anatomie. IV. L'abdomen*, Lyon, Villeurbanne, Paris, 1983, p. 2397.

32. « Il est couramment admis que la jeune génération se moque de son hymen comme de sa première paire de collants », commente W. LEWINO, un sondage d'opinion réalisé au début du printemps 1984 (*Le Nouvel Observateur*, 23 au 29 mars 1984, p. 46). Il demeure, note le même observateur, que les jeunes filles n'acceptent pas si facilement le déchirement de la *membrana virginalis*.

33. Une variante subtile du mépris est la réduction de l'hymen à l'imaginaire : « La membrane indique, comme un carré blanc de censure, une réserve indéfinie de frigidité. N'être pour rien dans sa destruction est donc une précaution à prendre pour recevoir d'une femme l'écho de sa propre jouissance. C'est du moins ce qu'ont pensé, de tout temps, les clans. » (Philippe SOLLERS, *Théorie des exceptions*, Paris, 1986, p. 253) On retrouve la même problématique, longuement développée dans la thèse de Giulia SISSA (*Le corps virginal. La virginité féminine en Grèce ancienne*, « Études de psychologie et de philosophie », Paris, Vrin, 1987). Conclusion : « L'anatomie, dis-je, nous permet de rejeter ces deux signes [la défloration et la virginité] non seulement comme incertains, mais comme imaginaires. » (p. 198).

le signifiant (le visible) et le signifié (l'invisible qui est le sens). La survalorisation de l'hymen a chosifié le signifiant en le désolidarisant du signifié. Que faire en cas de rupture accidentelle de l'hymen ? Comment comprendre que les Pères de l'Église parlent de revirginisation pour Marie-Madeleine ? Le mépris, en revanche, a oublié le signifié, au détriment du signifiant. Mais comment accéder au plus spirituel si l'on se refuse à accueillir la contingence de la matière, à consentir à l'humble médiation du corps ?

Mais *extrema se tangunt,* les extrêmes se touchent. L'hymen tire sa signification de la virginité. En revanche, la virginité du corps n'est pas un titre de gloire qui invite à s'enorgueillir, elle est appelée, dans le combat et l'humilité, à témoigner d'une réserve de soi qui tire tout son sens du don total dans la consécration ou dans le mariage[34]. Le corps humain et lui seul est ordonné au don de lui-même.

Le corps animal est-il un corps-de-don ?

Déjà, le corps humain reçoit le don le plus inimaginable qui soit. Seul il est gratifié d'un esprit qui transcende le monde matériel. En regard, le principe de vie animale reste sinon homogène, du moins immanent au corps qu'il anime. De plus, la valeur de la donation ne se mesure pas seulement au don qui est fait, mais à la préparation et au désir de son bénéficiaire et, finalement, à l'unité conjointe qu'il réalise avec lui. Plus le don est grand, plus il se vérifie dans l'unité qu'il concrétise.

Je vois un signe (et non une preuve) de cette unité dans l'explication du problème suivant. Il est de bon sens de graduer les êtres matériels en minéral, végétal, animal et humain. Il est par exemple indéniable, sauf pour un partisan de la *deep ecology,* que la conscience sensible représente un perfectionnement à l'égard de la vie purement végétative. Chaque règne trouve sa finalité dans l'ordre et les opérations qui lui sont propres, et non dans le règne qui la précède : le vivant n'est pas ordonné au minéral, ni l'homme à l'animal. Or, l'animal constitue une exception inattendue à cette loi : celui-ci est ordonné à la conservation de son être et de son espèce, toutes finalités qui lui sont communes avec le monde biologique. Rien, dans les destinations de la bête ne transcende l'ordre du végétatif. Pourquoi ce paradoxe ?

34. Cf. la délicate explication de l'hymen donnée par un couple aux enfants (Catherine et Bernard SCHERRER, *Des parents racontent à leurs enfants… les mystères joyeux de la vie*, Ouvrage réalisé par l'association PROVIE, Paris, 1994, p. 59 et 60) Le signe de l'hymen est si peu anodin que, chez certaines personnes, il réapparaît miraculeusement. C'est par exemple ce qu'a formellement observé un médecin chez une jeune chanteuse, Souliko, qui avait été violée, lorsqu'elle avait 18 ans. Elle précise : « Mon cas n'est d'ailleurs pas unique, j'ai pu par la suite le vérifier. » (SOULIKO, *Une voix, un cri*, Propos recueillis par Nathalie Viel, « Paroles pour vivre », Paris, Le Cerf, 1994, p. 88, note 1).

Le végétal accède d'emblée à sa finalité qui est la capacité autonome à durer dans l'être le don d'une autre vie. En revanche, il est de la nature de la vie sensitive de servir l'esprit : l'essence de l'animal est *être-pour,* elle est transition, ce qui n'ôte rien à sa valeur[35]. Aussi, ce n'est qu'en l'homme que la sensibilité trouve sa pleine réalisation, portant le sens à son intelligence et donnant chair et sang à son amour. Mais il faut aussitôt ajouter que le corps de désir présente une toute autre profondeur chez l'homme. Le philosophe Maurice Blondel en voit une preuve privilégiée chez l'homme passionné (la passion est, pour lui, le nom du désir humain). L'indice de la présence de l'intelligence et de la volonté est la capacité d'englober le tout, de se porter à la totalité.

Or, les passionnés font de

> « l'objet de leur passion un tout. N'agir qu'en vue du tout et pour le tout, en jouir, c'est être raisonnable, libre, heureux. Et ils s'estiment raisonnables, libres, heureux [...] : à leur sens, il n'y a donc plus de devoirs qu'envers cet un et tout, ni de liberté que dans son esclavage, ni d'amour et de vénération et d'adoration que dans son culte. Hors de là, tout ne leur est rien : c'est le centre, ils y rapportent tout, le prix des choses et le sens des mots; c'est le dieu, ils y sacrifient tout, l'univers, leur vie même[36]. »

Cette originalité de la vie émotive humaine tient à cette participation de la raison. Un signe autant qu'une conséquence en est l'infinité du désir traversant le corps de l'homme :

> « La sensualité n'est insatiable [...] que parce qu'elle est pénétrée d'une force étrangère et supérieure aux sens[37]. » Aussi, estime le philosophe d'Aix-en-Provence, c'est « à tort qu'on parlerait de la vie animale de l'homme comme si elle pouvait être purement animale[38]. »

En conséquence, l'animal, par la perception et le désir, s'ouvre à un autre que lui, sans que cette ouverture accueille pleinement cet autre : c'est seulement en l'homme que le corps devient une terre d'accueil et de donation. Voilà pourquoi l'homme est par excellence être d'unité. Par l'esprit, en son corps, tous les dynamismes trouvent leur raison d'être et leur office plénier.

---

35. « Le paradoxe se résout en l'homme, et du même coup il apparaît que la subordination du psychique au biologique chez l'animal signifie que l'animal n'a pas sa raison d'être, sa finalité en lui-même et que l'homme est vraiment, dans un sens plein » que la vision évolutionniste permet de comprendre, la fin de tout le processus vivant. » (Joseph de FINANCE, « Animal raisonnable. Esprit incarné », Art. cité, p. 35).

36. Maurice BLONDEL, *L'action*, *op. cit.*, pp. 176 et 177. Il faudrait lire toute la description.

37. *Ibid.*, p. 177.

38. *Ibid.*, p. 175. « La bête n'a point de passion. » (p. 177).

Le corps, la parole et le don

La parole, enfin, noue les trois dons constituant le corps humain comme corps-de-don. En effet, l'enfant (*in-fans* : « celui qui ne parle pas ») naît tout écoute. Il faut ici souligner les travaux importants et originaux, quoique contestés, d'Alfred Tomatis[39]. L'enfant se reçoit d'abord de la voix maternelle : ce premier son est aussi le premier don. Durant sa vie intra-utérine, il l'entend, mêlée au rythme du cœur de la mère, de sorte que, à l'accouchement, il reconnaît d'emblée cette voix parmi les autres timbres de voix féminins, et tourne la tête vers elle : c'est ce que l'on appelle le signe de Thomas[40]. Inversement, l'enfant schizophrène qui n'est pas sorti du ventre de sa mère, pourra à nouveau franchir cette barrière symbolique, grâce à ce que Tomatis appelle « l'accouchement sonique », par lequel il écoute la voix maternelle telle que le fœtus la reçoit dans le milieu utérin, puis ses transformations durant l'accouchement[41].

Mais l'enfant est destiné à parler : il va acquérir progressivement la parole, en maîtrisant les sons. La dignité de l'homme réside dans sa capacité à donner une parole. L'autisme est, de ce fait, une blessure profonde. Nous l'avons vu, une relecture de l'évolution considérée sous cet angle, montre que l'animal est comme attiré, plus aspiré vers le haut et vers la parole, et finalement vers Dieu. « La voix humaine devient un lieu de retour du monde à Dieu[42]. » De plus, quelle sagesse doit être déployée pour ciseler – et quelle liberté pour maîtriser – la parole ! Celle-ci est le chef d'œuvre conjoint du corps et de l'esprit. Autant que l'écriture, la voix rend hommage à leur connivence.

Enfin, ce n'est pas l'oreille seule, mais tout le corps qui reçoit le son et c'est avec tout son corps que l'homme écoute, parle, et plus encore, chante. Les professeurs de chant le savent, qui apprennent d'abord à leurs élèves à se tenir. Les moines n'ignoraient pas plus ce rôle de la posture, eux qui avaient installé les miséricordes, non pas d'abord pour les reposer de la fatigue, mais pour permettre au corps de mieux chanter, les genoux légèrement ployés. Les Pères de l'Église ont pratiqué la musicothérapie avant l'heure, constatant

---

39. Pour un premier exposé, cf. *L'Oreille et le Langage*, coll. « Points-Sciences », Paris, Seuil, 1963.

40. Cf. notamment Alfred TOMATIS; *La libération de l'Œdipe ou de la communication intra-utérine au langage humain*, coll. « Science de l'éducation », Paris, E.S.F., 1979. ID., avec la collaboration de Loïc SELLIN, *Neuf mois au paradis*. Histoires de la vie prénatale, s. l., Ed. Ergo-Press, 1989.

41. Cf. le bouleversant exemple rapporté dans le passionnant ouvrage autobiographique, *L'oreille et la vie* (coll. « Réponse Santé », Paris, Robert Laffont, 1977, p. 206 s.).

42. Jean-Louis CHRÉTIEN, « Parole blessée », in Jean-Louis CHRÉTIEN, Michel HENRY, Jean-Luc MARION, Paul RICŒUR, *Phénoménologie et Théologie*, présentation de Jean-François COURTINE, « Idées », Paris, Critérion, 1992, p. 41-78, ici p. 76.

la fonction médicinale, réunifiante du chant[43]. Or, l'âme est principe d'unité et l'esprit ne s'exprime jamais mieux que dans la parole articulée. Aussi, la parole est le symbole même de l'esprit, cause formelle du corps.

Il faut ici laisser la parole (!) à la psychanalyse, notamment relue et pratiquée par Denis Vasse : « La parole est don de l'esprit à la chair. Et quand l'esprit se donne, il ne se reprend pas. » Mais l'homme est plus que la juxtaposition de la parole et du corps. Dans l'optique lacanienne, c'est la mise en relation du corps avec son origine filiale autant qu'avec sa destination qui le fait devenir pleinement humain. En effet, au point de départ, l'enfant se vit en fusion avec la mère. Or, un corps véritablement humain est un corps différencié. Mais la dé-différenciation s'opère par la mise en distance de l'origine. Voilà pourquoi un corps humain est un corps qui est mis en juste relation avec son origine. « À quoi reconnaît-on la chair de l'homme ? À ce que confiée à la parole, elle vit dans la reconnaissance de sa filiation, à ce que, par elle et en elle, se révèle l'origine[44]. »

Or, cette origine est une filiation. Et c'est le rôle de la nomination que de différencier. Par ailleurs, le propre du père est d'assigner l'origine ; aussi est-ce le nom du père qui fait sortir l'enfant du narcissisme[45] : « La nomination, l'acte qui fait de la chair un corps en lui donnant la parole.[46] »

Mais la capacité de parler introduit à la rencontre, à la reconnaissance de l'autre[47]. Aussi, la juste relation à l'origine ouvre-t-elle à l'autre. Voilà pourquoi, le corps de chair est celui qui conjoint les deux dons, celui de l'origine et celui de la destinée, autrement dit de l'histoire : « La chair parlante a deux faces : l'une est tournée vers l'Origine, et l'autre, séparée d'elle qui lui a donné naissance, vers l'histoire[48]. » La parole est donc hautement expressive du corps-de-don.

---

43. Sur la fonction thérapique du son, cf. le dernier ouvrage de TOMATIS, *Ecouter l'univers. Du Big Bang à Mozart : à la découverte de l'univers où tout est son*, « Réponses », Paris, Robert Laffont, 1996, 4e partie.

44. Denis VASSE, *Inceste et jalousie.* La question de l'homme, Paris, Seuil, 1995, p. 54. Cf. le bel article de Jean-Claude SAGNE, « La parole, forme du corps » dont il est impossible de résumer toutes les intuitions (*Psychologie et foi*, Paris, Éd. Cahiers du Renouveau, 1987/4, p. 14-25).

45. Il ne faudrait pas non plus nier le rôle de la mère, rappelé ci-dessus. C'est dans un même mouvement des lèvres, avançant vers le don, que l'enfant désigne l'aliment et la mère, dans la jouissance et la confirmation du redoublement : « Miam-miam » et « Maman ». De ce point de vue, le sourire (cf. dernier chapitre du livre) qui est rétraction des lèvres est un renoncement à la prise immédiate et un signe de l'esprit.

46. *Ibid.*, p. 52.

47. « C'est dans un mouvement [...] d'échange avec l'autre que l'homme s'apprend comme corps, comme forme vide du corps. » (Jacques LACAN, *Le Séminaire.* I. *Les Écrits techniques de Freud (1953-1954)*, Coll. « Le champ freudien », Paris, Seuil, 1975, p. 193).

48. Denis VASSE, *Inceste et jalousie*, *op. cit.*, p. 65. Souligné dans le texte. Il ajoute cette remarque qui ouvre à une origine suprahistorique : « Ainsi se répercute *le* don originaire tout au long de l'Histoire et dans chacune des histoires, jusqu'à la fin. » (*Ibid.* Souligné dans le texte).

6. Le corps sexué

Le corps humain se définit comme corps-de-don. Mais le corps humain peut s'envisager soit de manière générale, ainsi que nous nous sommes efforcés de le faire jusqu'à maintenant, soit sous différents traits plus précis, dont certains sont d'une immense importance : corps sexué, corps souffrant, etc. Parmi les différentes caractéristiques du corps, la toute première distinction au sein de l'unique nature humaine n'est certainement pas la race[49], mais la masculinité et la féminité[50]. Moi, Homme, je me caractérise d'abord comme homme et femme. Dans le jeu du portrait, dont le but est de deviner l'identité d'un personnage illustre en posant des questions dont la réponse est exclusivement « oui » ou « non », la toute première interrogation n'est-elle pas toujours : « Il ou elle »? Notre carte d'identité elle-même en porte la trace. Il faudrait de longs développements pour le montrer, surtout dans un contexte marqué par une tendance forte, quoique contrastée, à réduire le sexuel au culturel (même si certains revirements, parfois excessifs, car réactifs, veulent lui redonner sa fondation naturelle). Notamment, l'homme constitue une espèce unique, sans différenciation intraspécifique : l'interfécondité de tous les hommes en est sans doute un signe, la grande similitude morphologique, physiologique, psychologique, etc. en est un autre.

Or, le corps humain est corps-de-don. C'est donc dans la sexualité considérée en toute son ampleur que se manifeste le plus clairement et le plus éminemment la signification profonde du corps de l'homme. J'ai expliqué dans l'introduction pourquoi je ne parlais guère du corps sexué. Ce court paragraphe n'est ni la réparation d'une omission, ni une manière cavalière de régler la question de la sexualité, mais une confirmation et une illustration de la problématique du corps-de-don.

Nous le savons, le don présente une bipolarité : reçu-donné, médiatisée par l'appropriation (*se* donner). La sexualité signifie et enracine le corps-de-don selon ce triple point de vue.

Le corps sexué donne

Partons du plus évident. Le corps humain sexué donne du plaisir[51]. Manquer la fonction érotique du corps, c'est manquer une dimension de

49. La génétique a définitivement fait justice des théories racistes, prétendument fondées sur la génétique (cf. l'ouvrage classique d'Albert JACQUART, *Éloge de la différence.* La génétique et les hommes, Paris, Seuil, 1978).

50. C'est une division matérielle et non pas formelle, disaient les philosophes scolastiques.

51. Cf. toute la phénoménologie des gestes de tendresse, in Xavier LACROIX, *Le corps de chair, op. cit.* IIe partie, chap. 1, p. 97 s.

donation. Et ce plaisir demande une participation totale du corps, non seulement en son anatomie (la peau est le lieu de la caresse), mais en son dynamisme rythmique.

Plus encore, dans l'acte conjugal, le corps humain exprime la communion et cet engagement des corps est la plus belle et la plus profonde expression du don : « Communion tellement intime qu'elle engage toute la personne, en tout son mystère, et qu'elle est, par suite, un des actes les plus graves que l'homme et la femme puissent poser[52]. » On ne le redira jamais assez.

Enfin, le corps humain sexué donne la vie. C'est ce que disait l'un des couples du Vaudeville achevant le *Mariage de Figaro* de Beaumarchais :

> « Chacun sait la tendre mère
> Dont il a reçu le jour
> Tout le reste est un mystère
> C'est le secret de l'amour. »

C'est dans cette ouverture à la vie que se lit au mieux la capacité de donation du corps, comme nous le disions dans le chapitre 2. En effet, la personne est la réalité la plus parfaite dans l'ordre du cosmos[53]. Dans le vocabulaire actuel, hérité de Kant, on dira que seul l'être humain accède à la dignité de fin; aussi ne peut-il jamais être traité comme un moyen, c'est-à-dire comme une chose. Or, la fécondité inscrite dans le corps de l'homme adulte est source potentielle d'apparition d'un nouvel être personnel. Voilà pourquoi la sexualité est ce qui exprime le plus combien le corps humain est corps-de-don. Certes, le corps de l'artisan ou de l'artiste produit des œuvres admirables : de la roue au plafond de la Chapelle Sixtine, il y a déjà une immense différence. Plus grande encore est la distance (*major dissimilitudo*) séparant l'œuvre d'une fidèle amitié et le don de la vie à une nouvelle personne .

Quoi de plus remarquable, de ce point de vue, qu'une femme qui accouche. Son corps, malgré la souffrance, s'*ouvre* pour *donner* une nouvelle vie. On sait que certaines mères se refusent au travail, et veulent garder leur enfant dans leur ventre, au point de rendre l'accouchement impossible. En même temps, la femme sait que cette vie ne lui doit que l'hébergement : son origine, comme sa croissance, lui échappent de part en part, car elles sont un don antérieur à toute libre décision. Aussi la toute jeune mère ressent parfois le nouveau-né comme un étranger : il lui faut alors l'accueillir et le choisir, ce que favorise le lien privilégié de l'allaitement, qui prolonge le face-à-face avec l'enfant.

---

52. Jean MOUROUX, *Sens chrétien de l'homme, op. cit.*, p. 55.
53. Cf. THOMAS D'AQUIN *ST*, Ia, q. 29, a. 4.

Le corps sexué se donne

Si le corps sexué est donné, s'il existe pour le plaisir, pour l'autre, pour la vie, il n'est proprement humain, que s'il *se* donne. Pourquoi la sexualité dérogerait-elle à ce qui vaut pour le corps et l'homme en général ? L'infinie vulnérabilité de l'accouchement dont il vient d'être parlé est toute au service d'une formidable force de vie. La mise au monde est un mixte de nature (« c'est donné ») et de liberté (« je donne la vie »), mais de sorte que la nature est assumée, acceptée par l'amour de don.

Je vois aussitôt pointer l'objection qui oppose corps physique ou organique à corps social, pulsion à raison et institution, toute intervention d'une norme n'est-elle pas castratrice et n'impose-t-elle pas le point de vue du dominé ? Mais cette objection si souvent entendue ne s'alimente-t-elle pas elle-même de présupposés implicites et considérés comme évidents, à savoir que tout ce qui n'est pas érotique en l'homme ne peut qu'être extérieur, que toute relation de l'homme à la sexualité qui n'est pas jouissance immédiate est frustration et refoulement ? En fait, cette difficulté hérite du schéma dualiste thématisé en première partie, à la différence près que, face au corps-nature, l'institution a remplacé l'âme par la liberté. Or, nous avons vu que ce schéma périlleux est obsolète.

Le lieu propre de l'exercice de la sexualité est donc le lien d'alliance[54] et il n'est pas accidentel au corps sexué d'être corps libre et aimant : chez l'homme, la sexualité n'est plénière que ressaisie par la liberté aimante. Ce qui ne signifie pas qu'elle ignore les défaillances, les retours égoïstes et les blessures narcissiques. Certes, la notion d'alliance conjugale est l'un des axes majeurs de l'éthique chrétienne. Les études de Michel Foucault le montrent *a contrario*[55]. Mais cela n'empêche pas à l'alliance de pouvoir être ressaisie philosophiquement et d'être douée d'un contenu rationnel. Il en est de même, *mutatis mutandis*, de la notion de personne dont on sait qu'il a fallu l'ère chrétienne pour qu'elle soit thématisée. Or, qui dit alliance dit don, comme le montre Xavier Lacroix. Ainsi Marcel Mauss ne craint pas d'appeler *alliance*

54. Cf. les développements de Xavier LACROIX, *Le corps de chair*, *op. cit.*, p. 279-304.

55. Dans la Grèce antique, pour l'homme, le mariage signifie « avant tout être chef de famille, avoir une autorité, exercer un pouvoir » (Michel FOUCAULT, *Histoire de la sexualité. 2. L'usage des plaisirs*, « Bibliothèque des histoires », Paris, Gallimard, 1984, p. 167). Certes, le stoïcisme magnifiera la relation conjugale, notamment en prohibant les relations sexuelles hors le mariage monogame, mais c'est au nom de la relation vertueuse à soi (cf. ID., *Le souci de soi*, *op. cit.*, chap. 5). Or, l'alliance se fonde non pas d'abord sur un principe d'austérité, de refus de la démesure de la débauche ou d'accomplissement de soi, mais sur l'amour, le don : c'est le sens chrétien de la conjugalité que le même Foucault n'a manifestement pas vu. Cf. le remarquable article où Albert CHAPELLE montre, de manière dense et convaincante, que, selon ses propres mots, la famille, fruit tardif de la tradition chrétienne, « est une idée neuve, encore à découvrir. » (« La famille dans la pensée moderne », in *Nouvelle revue théologique*, 118/3, mai-juin 1996, p. 398-409).

le lien créé dans les communautés « primitives » qui se refusent à réduire les relations même commerciales à des échanges de biens[56]; et justement, ces relations interpersonnelles ne sont pas régies par la loi du *do ut des*, mais par le don. Jean-Claude Sagne le résume de manière dense :

> « Le vivant trouve son identité dans le don. Le don est l'acte même de l'amour. Il y a identité pratique entre la vie et l'amour. La vie est présence ouverte sur les opérations de l'échange. Qu'il s'agisse de la vie du sujet ou de la vie du groupe ou de la vie du couple, c'est toujours le don qui est rassembleur comme acte de l'amour[57]. »

Du corps unique au don unique

Le corps-de-don oblige à l'alliance monogame. En effet, désirer donner n'est pas encore donner. Le don est un acte : un cadeau n'est tel qu'une fois offert. Or, nous avons vu que c'est notre corps qui permet notre mise en relation aux choses et aux autres. Aussi l'amour réel est incarné : le plus bel amour du monde est inopérant, tant qu'il ne passe par la médiation corporelle qui le rend visible. Mais mon corps est unique. L'unité de mon corps est donc appel à l'unicité du don. « Si l'amour est don, je ne puis donner que ce corps-ci », dit Xavier Lacroix[58]. Et, en retour, unique est aussi le corps d'autrui. Aussi, « aimer quelqu'un, remarque Emmanuel Lévinas, c'est l'aborder comme unique au monde[59] ». C'est donc au nom même du corps personnel, de sa valeur irremplaçable, irréductible que l'éthique défend la fidélité conjugale et la radicalité du don charnel. La justesse de cet argument n'est d'ailleurs pas exclusive d'autres raisons, telle la valeur et l'unicité de la personne qui mérite d'être aimée pour elle-même définitivement. Si celles-ci sont plus décisives, cet argument a le mérite d'être parlant[60]. Cette unicité est l'une des marques distinctives de l'amour conjugal vis-à-vis de l'amour d'amitié.

> « En contraste avec l'amitié, toujours spécialisée, le coït comporte un abandon ultime, engageant à chaque fois l'individu tout entier. Il est à la fois singulier et total, ne pouvant que se creuser, identique[61]. »

56. « Refuser de donner [...] c'est refuser l'alliance et la communion » (Marcel MAUSS, « Essai sur le don », in *Sociologie et anthropologie*, Paris, P.U.F., 1973, pp. 143-279, ici p. 162). En effet, c'est « bien autre chose que de l'utile qui circule » (p. 267).

57. Jean-Claude SAGNE, *La Loi du don*, Lyon II, Université Lumière, 1990, p. 5.

58. *Le corps de chair, op. cit.*, p. 297.

59. Entretien avec Emmanuel HIRSCH, in COLLECTIF, *Racismes*. L'Autre et son visage, coll. « Recherches morales », Paris, Le Cerf, 1978, p. 95.

60. On peut interpréter le *Cantique des Cantiques* comme l'enracinement dans le corps de cette rencontre unique du bien aimé et de la bien-aimée. Sur ce thème, cf. le beau commentaire qu'en donne Xavier LACROIX, *Le corps de chair, op. cit.*, p. 298-301.

61. Henri van LIER, *L'intention sexuelle, op. cit.*, p. 157.

Un corps sexué est donc un corps qui se donne. Dit négativement : le viol détourne le corps de sa vocation profonde. Mais l'époux (l'épouse) qui n'honore pas son épouse (son époux) ne fait pas plus droit à la destination radicale du corps : il manque une dimension essentielle du don ; il manque aussi un épanouissement et une joie non d'abord pour chaque personne, mais pour leur communion qui demeure incomplète.

Le corps sexué vient d'un don

Pour donner et se donner, il faut déjà être donné à soi-même. Aussi le corps sexué est donné à lui-même. Ce n'est pas un hasard si tant de parents ont de la difficulté à parler de sexualité avec leurs enfants (et vice-versa) mais pas avec d'autres personnes ou d'autres enfants : ils font plus qu'aborder un sujet avec la neutralité d'un discours en troisième personne du singulier. Ils parlent de leur intimité, eux qui sont l'origine concrète de cet enfant qui lui demande de rendre compte de sa source. Il n'empêche que c'est leur responsabilité première de traiter cette question…

Plus encore, le corps humain reçoit sa sexualité. L'être sexué est un don. Et tant que je ne reçois pas ma sexualité, je ne peux à mon tour m'ouvrir à l'amour et à la vie. Or, la psychologie l'a abondamment montré, l'accès à son identité sexuelle se fait par l'identification au parent de même sexe : tout défaut dans ce processus, par exemple en cas de parent déficient ou abusif, se solde par un défaut dans la reconnaissance de sa propre sexualité.

L'origine est le lieu du don. Mais, précisément, l'origine est sexuée et apparaît singulièrement dans la paternité. Lisons à ce sujet une page lumineuse de Jean-Marie Meyer sur la paternité comme lieu du don[62] :

> « Le père ne se définit pas par un rôle ou même par une fonction. Non qu'il n'ait rien à faire. Mais il doit être et être là. En lui, au travers de lui, quelque chose – quelqu'un – doit rayonner. » Comment se concrétise le don du père ? C'est déjà lui qui « a l'initiative de donner le nom, c'est-à-dire, en accueillant l'enfant comme il est ».

Le don du nom par le conjoint signifie bien plus que l'insertion de la personne dans le groupe. De plus, « le père espère pour deux. Pour son fils afin qu'il réussisse, et pour lui-même s'il est vrai que la réussite du fils est la seule vraie réussite du père ».

En outre, seul le père sait que le fils vaut toujours mieux que « ce que les autres pensent ». Enfin, une idéologie erronée de l'enfance nous l'a fait oublier : celle-ci est un état transitoire, marqué au cœur par l'insécurité ;

62. Jean-Marie MEYER, « Philosophie et théologie à partir du Mystère du Père », in COLLECTIF, *Un homme pris par le mystère de Dieu.* Le Père Marie-Joseph Le Guillou, Colloque tenu au prieuré Saint-Benoît, 7-13 janvier 1991, Paris, Mame, 1992, pp. 103 à 120, ici p. 120. « Au fond qu'est-ce que le mystère de la paternité ? C'est le mystère de la fécondité », autrement dit du don (p. 104).

aussi, l'espérance aimante que le père a pour son enfant lui permet de prendre peu à peu *confiance en,* et *conscience de* ses capacités, et d'ainsi entrer dans l'autonomie joyeuse.

> Or, en donnant l'être à son fils, le père reçoit en retour le sens de la vie : « Si l'on ne donne pas, on ne reçoit pas. Or la crise actuelle de l'amour pourrait bien avoir cet aspect : ne donnant pas l'être, je suis privé du sens. » Car le « sens de l'être » est « précisément le don ». Le service du père est de se donner ; la dignité du fils est de reconnaître le don du corps et de la vie qu'il ne s'est pas donnés.

Corps maternel et corps-de-don

Nous venons de voir l'étroite relation entre le père et le don. Il demeure que c'est dans le corps de la femme et de la mère que se déchiffre au mieux le corps-de-don[63]. Le corps féminin se sait, plus que le corps masculin, reçu : qu'elle soit combattue ou acceptée, sa dépendance non pas à la nature, mais à l'égard de la capacité à donner la vie, est beaucoup plus intime que celle du corps masculin. De plus, il est ouvert à la semence fécondante, non pas dans la passivité, mais dans la réceptivité qui est l'une des plus hautes formes de l'activité.

En retour, le corps maternel est, là encore, plus que le corps masculin, corps offert. Le corps de la femme qui attend un enfant exprime au plus haut point le don de la vie, ici d'une personne. Voilà pourquoi, si le corps *maternel* est beaucoup plus qu'un simple *matériel,* comme le pensait le Dr. Simon, la différence est d'un *iota*[64], d'un simple *i* ! Aussi le mystère du corps féminin, dans sa sagesse, comme dans sa fragile dépendance, est le lieu de tous les combats, de toutes les violences et de toutes les résistances. Il appelle un humble respect.

Voilà pourquoi, surtout dans notre société occidentale où le travail se féminise de plus en plus, et la vie est de moins en moins aimée, l'enjeu du don et du corps-de-don passe par la femme[65].

---

63. Il n'est pas impossible de corréler, symboliquement, le don de l'origine au père et le don offert à la mère, d'autant que la représentation mécaniste qui oublie le don reçu est machiste et la représentation naturaliste qui opacifie le don offert. Mais il est préférable de voir présente, mais différemment vécue, la bipolarité du don dans chacun des corps, maternel et paternel.

64. Cf. Mt 5,18.

65. « Toujours l'amante surpasse l'aimé, parce que la vie est plus grande que le destin. Son don veut être sans mesure : tel est son bonheur. Mais la misère sans nom de son amour a toujours été celle-ci : qu'on lui ait demandé de limiter ce don. Aucune autre plainte n'a jamais été poussée par des femmes. » (Rainer Maria RILKE, *Cahiers de Malte Laurids Bridge*, trad. M. Betz, Paris, 1980, p. 180.) Cf. à ce sujet, le courageux diagnostic de l'anthropologue Jeannette KUPFERMANN. S'intéressant au corps de la femme dans la société technocratique américaine, elle constate que les mouvements de libération féministe et marxiste ont privilégié la conception mécaniste du corps sans la critiquer. « Si les femmes deviennent des

Conclusion

Tentons enfin de regrouper les différentes analyses précédentes. L'intuition fondatrice est la suivante : le corps humain est doué d'un sens spécifique et ce sens est lié à son ouverture (unifiée). Or, cette ouverture se décline selon trois points de vue qui eux-mêmes peuvent s'envisager de plusieurs manières : dans une perspective phénoménologique, le corps apparaît comme signe (efficace) ; dans une première perspective métaphysique, le corps apparaît comme causalité et potentialité de l'esprit ; dans une perspective synthétique, le corps apparaît comme corps-de-don, ou « corps-de-don »[66].

Ce nouveau tableau résume l'analyse des chapitres précédents.

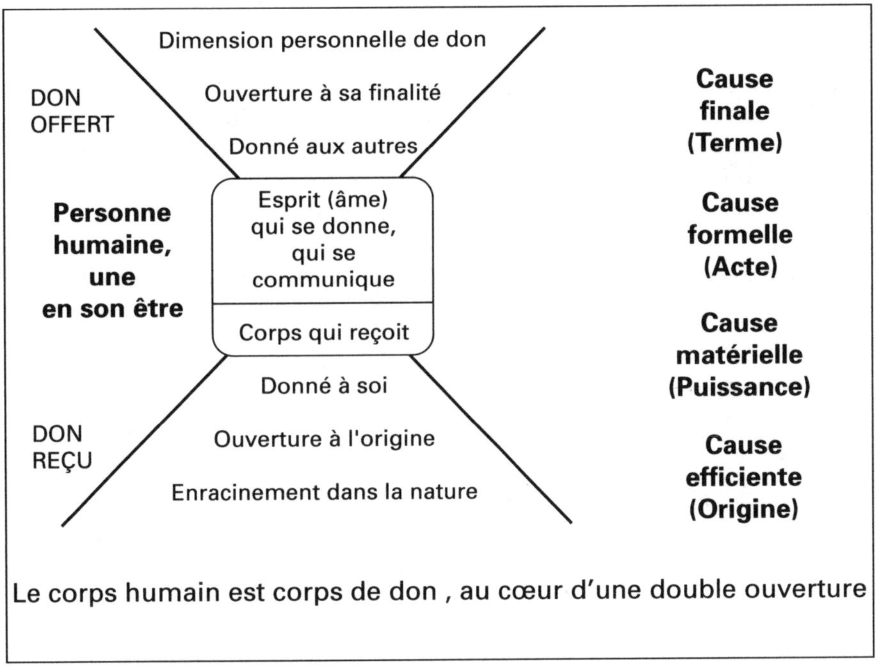

technocrates, nous sommes irrémédiablement perdus. » (*Le corps mal appris*, trad. Mireille Davidovici, Paris, Buchet-Chastel, 1981, p. 173).

66. Peut-on y adjoindre une perspective métaphysique, d'ordre transcendantal ? En effet, en tant qu'il est donné à lui-même, le corps humain est constitué en sa *vérité* ; en tant qu'il se meut pour se donner, le corps humain rayonne d'une *bonté* liée à son automaîtrise ; en tant qu'il est pour le don, le corps humain est constitué en sa *beauté*, qui est comme le résumé et le sommet des autres transcendantaux (cf. Pascal IDE, *Introduction à la métaphysique, op. cit.*, vol. 1, p. 128-136).

Ce que nous avons dit du corps-de-don pourra paraître irénique à certains. L'expérience montre que le corps souvent se dérobe au don : tout-puissant, il se refuse à son origine ; égoïste, il se refuse à sa destination. Clos, il n'exprime plus que son évidente fermeture.

Rappelons-nous l'une des conclusions des analyses proposées en première partie. Nous sommes maintenant à même de situer les manques des deux visions actuellement prégnantes du corps humain : dans la représentation mécaniste, la liberté crée le corps ; dans la représentation naturaliste, le corps se complaît en lui-même. Ces deux modèles occultent chacun l'un des dons constitutifs du corps humain : le premier refuse le don reçu, et le second, le don offert. Demeure un corps fermé, donc tronqué en son humanité.

Il est difficile de voir que le corps humain est un corps-de-don. C'est au milieu de multiples embûches que nous sommes parvenus, en fin de seconde partie, à cette conclusion. Mais il est encore plus difficile d'en vivre. Pourquoi ?

Enfin, le corps humain est corps-de-don car il est un corps qui reçoit, au plus intime, le don de l'esprit. Mais, l'esprit est doué d'une perfection supérieure, ne serait-ce que du fait de son incorruptibilité. Dès lors, comment ne pas déchirer l'homme ni incliner au dualisme dont l'histoire de la pensée montre qu'il est une permanente tentation ? À moins que le corps ne soit promis à la même immortalité que l'esprit... Mais affirmer cela, comme répondre aux questions ci-dessus, c'est faire appel à une toute autre lumière.

TROISIÈME PARTIE

Révéler le corps

Du corps en désaccord au corps accordé

« Ma chair verra le salut de Dieu. »[1]

« La chair est la charnière du salut[2]. »

« Le matérialisme [...] se rencontre avec la théologie là où il est le plus matérialiste. Son désir serait la résurrection de la chair, qui est totalement étrangère à l'idéalisme, au royaume de l'Esprit absolu [...]. La dogmatique chrétienne, qui pensait ensemble réveil des âmes et résurrection de la chair était, en métaphysique, plus conséquente, plus « éclairée » si l'on veut, que la métaphysique spéculative[3]. »

À côté des sciences et de la philosophie, il reste une autre approche du corps humain : celle que propose la théologie. On s'étonnera de ce que l'on fasse appel à une perspective de foi, mais plus encore, on craindra qu'ainsi on spiritualise indûment la perspective. N'est-ce pas évident que plus il y a d'esprit, et *a fortiori* de divin, moins il y a de chair et de corps ? De plus, n'est-il pas massivement évident que l'Église est l'ennemie déclaré du corps, de la chair et de la sexualité[4] ?

1. Jb 19, 26.

2. TERTULLIEN, *Sur la résurrection,* 8. Le latin originel rend encore mieux : *« caro salutis est cardo ».*

3. Theodor W. ADORNO, *Negative Dialecktik*, Francfort, Suhrkamp, 1975, p. 207-393.

4. Un seul exemple, tout récent : « Empêtré dans une tradition répressive tenue pour biblique, Rome continue de s'opposer au libre-arbitre des croyants et poursuit l'œuvre des pères qui ont construit de toutes pièces, au cours des siècles, un fantastique échafaudage moral dont il faut retracer les étapes pour en relativiser l'universalité. » (Christian MAKARIAN, in dossier de l'hebdomadaire *Le Point*, 30 mars 1996, n° 1228, « Les Églises et le sexe. Histoire d'un malentendu », p. 84 s., ici p. 85) Voilà en tout cas un jugement qui incite à relire la Bible...

Ce préjugé tenace ne se nourrit-il pas d'une conception conflictuelle qui est l'exact opposé de la logique de l'union dans la distinction – de l'âme et du corps, de la nature et de la culture – que nous avons défendue jusqu'ici ? Accordera-t-on donc tous les honneurs au corps humain, sauf le suprême qui vient de Dieu ? Ne peut-on fonder la dignité du corps humain sur ce qui est suprêmement digne, Dieu lui-même[5] ? L'éditeur Albin Michel vient d'intituler une de ses collections « L'être et le corps », expliquant qu' « au-delà des amalgames rapides entre la « psycho-somatique » et la « spiritualité », il est possible de « mettre en évidence les divers modes d'implication du corps dans toute quête du sens ». Enfin, la critique adressée à l'Église ne confond-elle pas le christianisme et sa caricature ou, plus encore, son envers : le manichéisme ou le puritanisme ?

Réfuter les arguments, c'est se placer en position défensive et ne rien construire[6]. Demandons-nous plutôt : qu'est-ce que l'Église d'aujourd'hui, en particulier Jean-Paul II, dit du corps humain ? Nous nous contenterons de quelques points[7], en relation directe avec notre perspective anthropologique : que dit la Révélation judéo-chrétienne sur la nature du corps humain ? Comment se concrétise cette conception ?

---

5. « Le Christ transfigurera notre corps de misère en son corps de gloire (Ph 3,21). La foi chrétienne, parce qu'elle confesse la résurrection, ne juge pas le corps indigne de l'Absolu : « de ma chair, je verrai Dieu ». On aurait du mal à se faire du corps une idée plus haute. » (Rémi BRAGUE, « Le corps est pour le Seigneur », art. cité, p. 4 à 19).

6. Je ne proposerai donc pas une histoire chrétienne du corps, ce qui aurait demandé un ouvrage à part entière.

7. Notamment, je ne dirai rien du débat théologique actuel autour de la distinction corps-âme et je considérerai que les acquis de la seconde partie me dispensent de démontrer celle-ci. Sur le détail théologique de la question, je renvoie aux développements documentés et très clairs de Joseph RATZINGER, dans *La mort et l'au-delà.* Court traité d'espérance chrétienne, trad. Henri Rochais, Paris, Communio-Fayard, 1994, la seconde édition comportant une importante annexe. Cf. aussi notre Annexe IV sur la réconciliation des deux visions, grecque et biblique, du corps, chez saint Irénée de Lyon.

CHAPITRE 1

Le corps innocent

« Et, pour qu'il devînt vivant, Dieu souffla sur son visage un souffle de vie,
en sorte que, et selon le souffle et selon la chair façonnée,
l'homme fut en tout semblable à Dieu[8]. »

« Le christianisme a toujours défendu la dignité du corps.
Or, curieusement, on lui fait le reproche de mépriser le corps.
C'est le confondre avec le puritanisme anglo-saxon !
Un tel mensonge ne peut pas durer éternellement[9]. »

« Le christianisme [...] est la religion de l'incarnation et
de la résurrection de la chair[10]. »

1. Le pape : sujet ou objet?

Le 13 mai 1981, sur la place Saint-Pierre de Rome, Jean-Paul II s'écroulait, victime d'une tentative d'assassinat d'Ali Agça. Atteint par deux balles, il fut transporté d'urgence à la clinique Gemelli où il devait rester un mois. Il fallut faire une colostomie excluante, qui nécessite par la suite un rétablissement de la continuité intestinale. Mais une infection à un virus du groupe herpès (le CMV, bien connu des médecins) obligea à réhospitaliser le pape, avant la seconde intervention. Une fois le pape guéri, se posait la question de la date de cette opération. Les médecins voulaient ajourner, mais pas le pape qui expliquait à ceux qu'il appelait, en souriant, son *sanhédrin* :

> « N'oubliez pas que si vous êtes les médecins, je suis le malade, et que j'ai à vous faire part de mes problèmes de malade, surtout de celui-ci : je ne voulais retourner au Vatican que complètement guéri ; je ne sais ce que vous en pensez, mais pour ma part je me sens très bien, même à supposer

8. Saint IRÉNÉE, *Démonstration de la prédication apostolique*, § 11, trad., « Sources chrétiennes », n° 92, Paris, Le Cerf, 1959, p. 49. Il commente Gn 1,26 et Gn 2,7.
9. Cf. Mgr. Jean-Marie LUSTIGER, Interview dans *Paris-Match* du 21 mars 1996, p. 78-81, ici p. 81.
10. Olivier CLÉMENT, *Corps de mort et de gloire., op. cit.*, p. 9.

> que les analyses disent le contraire. Je me sens tout à fait en état de supporter une nouvelle opération. »

Jean-Paul II disait aussi :

> « Qu'a décidé le sanhédrin à ma place ? »
>
> « En fin de compte, commente le professeur Tresalti, directeur des services médicaux de la clinique Gemelli, et qui a opéré le Saint-Père, il cherchait à nous convaincre que dans la relation entre le malade et le médecin, celui-ci ne doit pas être l'oracle qui laisse tomber ses décisions de haut. Celles-ci doivent être prises d'un commun accord, car s'il y a d'un côté le savoir et les connaissances de la médecine, il y a de l'autre ce que la personne sait et connaît d'elle-même. Nous savons cela, mais nous l'oublions quelquefois[11]. »

Cet épisode est riche d'enseignements. Tout d'abord, il montre l'intérêt que le pape porte au corps humain : il fait partie de cette « espèce éprise du corps[12] », que, déjà du temps d'Origène, au IIIe siècle, on reprochait aux chrétiens. Il permet aussi de percevoir que cette attention n'est nullement théorique, mais concrète, expérimentale[13]. Enfin, le pape refuse d'opposer « d'un côté le savoir et les connaissances de la médecine », autrement dit le savoir objectif du corps humain et « de l'autre ce que la personne sait et connaît d'elle-même », autrement dit : la connaissance subjective du corps humain. On demandait un jour à l'humoriste Shaw : « Il paraît que vous savez faire rire sur n'importe quel sujet. Faites-nous rire à propos du roi. » Il leur fut répondu, du tac au tac : « Le roi n'est pas un sujet ! » En revanche, tout homme est un sujet, et aucun n'est un objet. Avant d'être *l'objet* des activités diagnostiques et thérapeutiques du médecin, le malade est le *sujet* de sa maladie.

Mais il y a une autre raison, beaucoup plus décisive, qui nous a fait choisir Jean-Paul II comme guide privilégié de cette découverte biblique et théologique du corps humain.

---

11. André FROSSARD, *« N'ayez pas peur ! »*. André Frossard dialogue avec Jean-Paul II, Paris, Robert Laffont, 1982, Paris, pp. 355 et 356 et p. 365.

12. ORIGÈNE, *Contre Celse*, VII, 36 ; cf. V, 14.

13. Le philosophe Karol Wojtyla, futur Jean-Paul II, a consacré un ouvrage entier (*Amour et responsabilité*. Étude de morale sexuelle, trad., Paris, éd. du Dialogue, Stock, 1978) et une partie d'un autre (*Personne et acte*, *op. cit.*, chap. 5 intitulé « Intégration et soma », pp. 215 à 249 ; pour un commentaire succinct mais fidèle, cf. Rocco BUTTIGLIONE, *La pensée de Karol Wojtyla*, trad. Henri Louette, Paris, Communio-Fayard, 1982, p. 223-230) à ces questions. Sur la perspective de Wojtyla, cf. la bibliographie donnée à la fin de l'ouvrage.

2. Le cœur de la pensée de Jean-Paul II

Plus de cinq années durant, du 5 septembre 1979 au 28 novembre 1984, au cours de ce que l'on appelle les catéchèses du mercredi, le pape a donné un enseignement continu sur le corps humain. Pas moins de cent vingt-huit catéchèses d'environ vingt minutes qui constituent un total de plus de huit cent pages; le plus vaste enseignement du Magistère sur un sujet donné! Bienheureux déjà celui qui en a entendu parler; mais qui les a lues?

Jean-Paul II veut constituer une « anthropologie adéquate », c'est-à-dire une « compréhension et interprétation de l'homme en ce qui est essentiellement humain[14] », en l'occurrence du corps humain. Est adéquat ce qui est conforme à sa mesure. Or, cette mesure est la personne, non pas amputée, mais embrassée en sa totalité. Ce qui signifie qu'est inadéquate une anthropologie qui ne prend pas la mesure de tout l'homme; une telle vision ne sera pas fausse pour autant, mais incomplète; tel est par exemple le cas d'une initiation strictement biologique à la sexualité humaine, comme le proposent la majorité des manuels scolaires français, réduisant l'homme à l'animal. En revanche l'anthropologie adéquate interprète le corps de l'homme en relation avec la totalité de la personne. D'emblée, elle s'inscrit en faux contre la tradition mécanique du corps éclaté et séparé de son esprit.

Allons directement au cœur. Quel est le sens du corps humain? L'intuition fondatrice de cette théologie du corps rejoint d'emblée les conclusions longuement élaborées en seconde partie : **le corps humain est,** en son essence la plus profonde, un **corps-de-don**[15]. Jean-Paul II fait appel à une expression qui prend un sens technique et rigoureux sous sa plume : le corps de l'homme est doué d'une **signification sponsale**[16]. La traduction de la polyglotte vaticane se refuse au néologisme et parle de « signification conjugale » ou « signification nuptiale ». Mais cette option me paraît moins heureuse que « signification sponsale » : tout d'abord, parce qu'elle rend, de manière transparente, l'expression italienne *significato sponsale del corpo*; ensuite, parce que les qualificatifs de « conjugal » et de « nuptial » connotent plus directement le mariage, alors que le corps est appelé à

14. 2-I-1980, 2 et note; I, p. 109. Pour la manière de citer le pape, cf. les indications données dans la bibliographie, en fin d'ouvrage.

15. « Le corps humain – le nu dans toute la vérité de sa masculinité et féminité – a *la signification d'un don* de la personne à la personne. » (22-IV-1981, 1; II, p. 210).

16. Par exemple : « La conscience de la signification [...] « sponsale » constitue l'élément fondamental de l'existence humaine. » (16-I-1980, 5; I, p. 130) La première allusion à ce thème est faite le 2 janvier 1980 (n. 4; I, p. 113); et on trouve le premier développement dans les catéchèses du 9 janvier 1981 et ss. Cette thèse est constamment invoquée dans les six cycles de catéchèse; elle les éclaire et se trouve en retour confirmée par elles.

vivre cette signification sponsale en tous les états de vie, même si le mariage la rend davantage visible[17].

La réflexion du pape part toujours de l'Écriture, en particulier de l'enseignement du Christ, « alpha et oméga » (Ap 1,8; 21,6; 22,13), plus particulièrement encore de ce qu'il dit sur le corps dans un des textes les plus décisifs, à propos de l'indissolubilité du mariage.

> « Des Pharisiens s'approchèrent de lui [Jésus] et lui dirent, pour le mettre à l'épreuve : « Est-il permis de répudier sa femme pour n'importe quelle motif? « Il leur répondit : « N'avez-vous pas lu que le Créateur, dès l'origine, les fit homme et femme? [Gn 1,27] Ce que Dieu a uni, que l'homme ne le sépare point ». Les Pharisiens objectent l'acte de divorce permis par Moïse, mais Jésus répond : « Dès l'origine, il n'en fut pas ainsi. » » (Mt 19,3-8.)

Jésus cite explicitement le début de la Genèse et fait deux fois mention de « l'origine » : le terme doit donc receler une importance particulière. « Origine » signifie d'abord le point de départ temporel. Mais, plus profondément, ce mot désigne aussi le fondement. Or, si nous nous éloignons de plus en plus d'une origine temporelle, nous sommes toujours aussi proches de notre fondement. La cathédrale a enterré ses bâtisseurs, mais elle repose toujours sur ses fondations. Aussi la Parole de Jésus s'adresse et parle autant à l'homme d'aujourd'hui qu'au pharisien contemporain de Jésus :

> « Quand nous parlons des expériences humaines originelles, nous pensons moins à leur éloignement dans le temps qu'à leur signification fondamentale[18]. »

Le Christ nous invite donc à relire et relier notre expérience actuelle de l'homme à l'origine. D'ailleurs, les premiers chapitres de la Genèse s'adressent au premier couple qui est la source de toute la famille humaine. Tout ce qui l'intéresse nous intéresse. Or, nous le reverrons, le péché n'a pas essentiellement changé notre nature, sinon l'homme actuel, pécheur, ne mériterait même plus d'être appelé homme, sauf par équivocité. L'état actuel, historique, est, quoique différent, continu à l'état antérieur d'inno-

17. Sur ce sujet, cf. bibliographie en fin d'ouvrage; cf. notamment Carlo CAFFARRA, « Vérité et éthos de l'amour conjugal » in *Esprit et vie*, 26 avril 1984, p. 241-253 et Georges KALINOWSKI, « La pensée de Jean-Paul II sur l'homme et la famille », in *Divinitas* 26 (1982), p. 3-18. Comme le note Guy de KÉRIMEL dans un mémoire de théologie consacré à ce sujet : « Le thème de la signification sponsale du corps, qui parcourt toutes les catéchèses, est au cœur même de la problématique de Jean-Paul II; il est la clef qui permet de comprendre l'anthropologie adéquate et l'éthos [autrement dit l'éthique ou plutôt le mode de vie] qui en découle [...]. Ce thème est donc le fil conducteur qui nous permet de saisir l'intuition fondamentale du Pape et la nouveauté de son enseignement » (*La signification sponsale du corps dans les catéchèses de Jean-Paul II sur l'amour humain dans le plan divin*, Mémoire pour la Licence de Théologie, Rome, Université Pontificale Grégorienne, 1987, p. 4).

18. 12-XII-1979, 1; I, p. 90.

cence : pour devenir pauvre, il ne faut pas seulement avoir été riche, il faut encore **être** une personne humaine qui, tout en s'appauvrissant, n'en demeure pas moins personne.

Enfin, cette « origine » nous est accessible de deux manières : d'une part, par la considération objective de ce qui est dit dans les premiers chapitres de la Genèse et dans la Tradition de l'Église; d'autre part, et c'est là un apport original de Jean-Paul II[19], par notre expérience intérieure. En effet, nous venons de dire qu'il serait erroné d'établir une solution de continuité absolue entre l'état actuel et l'état d'innocence originelle. Il doit donc demeurer maintenant, mais à l'état de trace, quelque chose du premier état. Précisément, l'homme peut « comprendre le mystère de l'innocence originelle comme à travers un contraste », en l'opposant « à l'expérience de sa propre faute et de son propre état de pécheur[20] ». Nous le comprendrons mieux plus loin, en étudiant la nudité et la pudeur.

Se fiant à la parole du Christ, Jean-Paul II va donc scruter avec attention le récit des origines, les deux premiers chapitres de la Genèse, et surtout le second, qui est le plus tardif[21], dans la perspective de la théologie du corps. Or, « à l'origine », dans l'état d'innocence, le corps humain présente trois caractéristiques : la solitude (originelle), l'unité (originelle) et la nudité (originelle). Ces trois « expériences originelles » forment un tout et expriment « de manière quasi complète l'originalité absolue de ce qui est l'être humain[22] » : elles expriment, avec une précision croissante, ce qu'est le corps humain.

---

19. Elle est liée à sa formation philosophique phénoménologique.

20. 30-I-1980, 4; I, p. 136. Et le pape de longuement citer en note le fameux passage où saint Paul expose l'état divisé, blessé caractéristique de l'homme pécheur (« Je ne fais pas le bien que je veux et commets le mal que je ne veux pas » : Rm 7,14-24; ici v. 15).

21. Je n'entrerai pas dans la question du statut exégétique des premiers chapitres de la Genèse, que Jean-Paul II détaille avec rigueur, mais je renvoie notamment à l'exposé pédagogique de Joseph RATZINGER, *Au commencement, Dieu créa le ciel et la terre.* Quatre sermons de Carême à Munich sur la Création et la Chute, trad. Philippe Dalleur, Philippe Gudenus et Philippe Jourdan, Paris, Fayard, 1986. Jean-Paul II fait allusion à « la résistance que ses développements pourront rencontrer [...] de la part des partisans de l'évolution (même chez les théologiens) ». Pourtant, remarque-t-il, « il serait difficile de ne pas se rendre compte que le texte analysé du Livre de la Genèse, spécialement de Genèse 2, 23-25 démontre la dimension non seulement « originelle », mais également « exemplaire » de l'existence de l'homme » (16-I-1980, note 1; I, p. 124).

22. 12-XII-1979, 1; I, pp. 90 et 91.

3. Les trois caractéristiques du corps innocent

La solitude originelle

Le premier « homme » est « seul » (Gn 2,18). Mais nos traductions françaises sont trompeuses, car un même terme, *homme,* recouvre deux réalités que l'hébreu, plus rigoureux, rend par deux mots. La Genèse parle ici d'*Adam* qui désigne l'homme dans le sens de *homo* (le *Mensch* allemand), donc sans référence au sexe; le terme *ish* qui désigne l'homme dans le sens particulier de *vir,* homme masculin (le *Mann* allemand) n'apparaîtra qu'après la création de la femme[23]. Ainsi, la solitude à laquelle le récit de la Genèse fait allusion est la solitude de l'homme en son humanité, et non pas celle qui découle de la relation homme-femme. Cette solitude de l'homme en son humanité repose sur trois fondements : son intelligence, sa liberté et son corps[24].

La solitude révèle d'abord ce que Jean-Paul II appelle l'« auto-conscience » de la personne, c'est-à-dire son intelligence, sa capacité rationnelle. Or cette capacité permet de dire ce qu'est l'homme, puisque l'homme se distingue de l'animal par la raison; aussi la solitude signifie-t-elle d'abord la nature propre de l'homme : elle est une « auto-définition[25] ». D'ailleurs, Dieu demande à l'homme, et à lui seul, de donner un nom aux animaux (Gn 2,19). Cet acte de dénomination permet à l'homme d'accéder à la conscience de son unicité, tout en lui donnant d'exercer son intelligence : seul un être doué d'esprit peut nommer.

La solitude exprime aussi l'« auto-détermination » de la personne, c'est-à-dire sa volonté et sa liberté. En effet, c'est au premier homme *seul* que Dieu « donne le commandement qui concerne tous les arbres qui croissent le "jardin en Eden" (Gn 2,16-17]) surtout celui de la connaissance du bien et du mal. » Or, c'est le propre de la liberté que de choisir entre bien et mal.

L'homme prend enfin conscience de sa spécificité, donc fait l'expérience de sa solitude, grâce à son propre corps[26]. Certes, par son corps, l'homme

23. « Le fait [...] que l'homme soit "corps" appartient à la structure du sujet personnel bien plus profondément que le fait que dans sa constitution somatique il soit aussi homme ou femme. » (7-XI-1979, 1 ; I, p. 64 ; cf. aussi le développement de 14-XI-1979, 5 ; I, p. 81)

24. Une phrase les rassemble : « L'homme est un sujet non seulement en vertu de son "auto-conscience" et de son "auto-détermination", mais aussi en raison de son propre corps. » (31-X-1979, 2 ; I, p. 58)

25. 10-X-1979, 6 ; I, p. 47.

26. Jean-Paul II prévient aussitôt une difficulté : le texte jahviste ne parle jamais du corps, mais toujours de l'homme (24-X-1979, 3). De plus, la distinction de l'âme et du corps n'existe pas ici : « L'anthropologie biblique distingue dans l'homme moins le corps et l'âme, que corps et vie », dit la note 1 (31-X-1979, 1 ; I, p. 57). Il demeure que le récit jahviste dit en « son propre langage » cette « structure complexe » de l'homme – le corps et l'âme – que précise « l'anthropologie philosophique » (id., p. 56 ; cf. 2, p. 58).

perçoit qu'il fait partie du « monde visible » qu'« il est un corps parmi les corps ». Mais, plus encore, et on peut l'« affirmer avec certitude », la personne « a en même temps le sentiment et la conscience du sens de son propre corps[27] ». Cette expérience est double : d'une part l'homme sait être le seul appelé à soumettre et dominer la terre (Gn 1,28 et Gn 2,5-6). Or, il doit cette capacité à son corps : « L'homme peut dominer la terre parce que lui seul – et pas un seul autre parmi les êtres vivants – est capable de la « cultiver », de la transformer selon ses propres besoins[28]. » D'autre part, le premier commandement de Dieu parle de la mort de l'homme (Gn 2, 16-17), donc de la disparition de la vie et de la vie du corps. Mais seul l'homme a conscience de pouvoir mourir : « L'homme qui avait entendu ces paroles, devait en retrouver la vérité dans la structure intérieure même de sa propre solitude[29]. »

L'unité originelle

Outre l'expérience de la solitude, le premier homme fait l'expérience très profonde de son unité. L'unité originelle, elle aussi, se déploie triplement.

Cette unité est d'abord partage de la même nature humaine, comme l'explicite l'étude précise de la création de la femme. Et l'expérience de cette unité d'espèce met le corps en jeu[30]. En effet, la femme fut formée « avec la côte » soustraite à l'homme (Gn 2,21). La réalité matérielle du fait importe peu, face au sens. La côte dit la partie pour le tout, selon la figure rhétorique de la synecdoque, et ce tout est le corps. Mais nous avons vu que le corps d'Adam lui était propre et qu'il différait de celui des animaux, puisqu'il permettait la prise de conscience de sa spécificité. La création d'Ève à partir d'une côte d'Adam signifie donc l'« homogénéité somatique », et, par-delà, de nature, de l'homme et de la femme. Elle signifie l'unité dans l'humanité. Le cri d'Adam le confirme : « Cette fois-ci, celle-ci est l'os de mes os et la chair de ma chair » (Gn 2,23). Cette expression signifie d'abord la communion dans l'unique humanité. De plus, si la femme est tirée de l'homme, elle ne lui est pas subordonnée : elle n'est sortie ni de sa tête ni ses pieds, elle ne lui est ni supérieure ni inférieure. Elle est issue de son côté (ce qui signifie l'égalité), c'est-à-dire de son cœur : combien elle doit être aimée !

L'unité originelle est aussi communion de personnes humaines diffé-

27. 24-X-1979, 3 ; I, p. 53.
28. *Ibid.,* 4, p. 54.
29. 31-X-1979, 4 ; I, p. 61.
30. À la preuve tirée de la côte, donc du corps, JEAN-PAUL II ajoute celle tirée de l'âme, de la conscience abolie dans la « torpeur génésiaque » (7-XI-1979, 3 ; I, p. 66 à 69). Cf. aussi Jacques BRIEND, « Genèse 2-3 et la création du couple ancien », in *La création dans l'Orient ancien,* Paris, Le Cerf, 1987, notamment p. 128.

rentes[31]. Le cri d'Adam, « Voici l'os de mes os », montre la profonde identité de la nature humaine, que jamais la dualité des personnes ne viendra rompre. Mais il présente un autre sens, éthique et non plus ontologique. On imagine en effet mal Adam murmurer ces mots, avec l'enthousiasme de l'adolescent vous annonçant qu'il a échoué à son baccalauréat. Il a plutôt dû les chanter, les danser. Or, en bon disciple de Scheler[32], Jean-Paul II fait de l'émotion un révélateur de la valeur : l'émotion a un sens qui dépasse la passion et touche l'esprit. Aussi, cette « émotion originelle éprouvée par l'homme, homme devant l'humanité de la femme », est un cri d'admiration, de joie et de reconnaissance à l'égard de la valeur de la femme.

Plus précisément encore, cette unité originelle est communion de personnes de sexes différents[33]. Là, plus que jamais, le corps est médiateur et révélateur de cette communion. Celle-ci « s'exprime et se réalise » d'abord, bien évidemment, « dans l'acte conjugal[34] ». Cette unité se découvre et se concrétise surtout par la « communion des personnes ». En effet, le sexe est « quelque chose de plus que la force mystérieuse de la corporéité humaine », « de l'instinct ». Aussi l'unité « dans une seule chair » intéresse « la pleine dimension de l'homme ».

Enfin, homme et femme s'unissent pour ne faire qu'« une seule chair », selon l'expression biblique reprise par le Christ (Gn 2,24 ; Mt 19,5). Or c'est à la création qu'Adam reconnut Ève pour « la chair de sa chair ». Chaque acte conjugal fait donc mémoire du mystère de la Création de Dieu : c'est ce qui en fait l'indicible grandeur.

La nudité originelle

« Or tous deux étaient nus, l'homme et la femme, et ils n'en avaient point honte » (Gn 2,25). Ce détail « apparemment secondaire », voire « déplacé », est en fait « proprement la clé de la pleine et complète compréhension » d'un « essai biblique d'anthropologie[35] ». Quelques lignes plus loin, après la chute, il est dit : « Alors [...], ils surent qu'ils étaient nus » (Gn 3,7). Et les deux

31. Cf. 14-XI-1979.

32. Pour le phénoménologue allemand, les valeurs morales peuvent être perçues affectivement, ce qui suppose une revalorisation de l'affectivité et de la vie émotionnelle (Max SCHELER, *Le formalisme en éthique et l'éthique matériale des valeurs,* trad. Maurice de Gandillac, Paris, NRF-Gallimard, 1955, p. 266). Mais ces valeurs ne sont pas dépendantes de l'affectivité. En effet, « dans la perception-affective d'une valeur, la valeur elle-même est donnée comme distincte de la perception qu'on a d'elle » (*Ibid.*, p. 257).

33. Cf. 21-XI-1979.

34. JEAN-PAUL II use le plus souvent de l'expression « acte conjugal » pour désigner l'acte sexuel : cette formule déjà éthique se refuse donc à la simple description (et réduction) biologique ou sociologique.

35. 12-XII-1979, 2 ; I, p. 91 et 92.

textes s'articulent, puisque « alors » désigne la rupture autant que la continuité. Or, cette expérience de la nudité est nouvelle, car elle s'accompagne d'un sentiment nouveau : la honte ou la pudeur (que Jean-Paul II emploie comme synonymes). Désormais l'homme craint soi-même et l'autre. Évidemment, l'homme et la femme ont toujours su qu'ils étaient nus. Aussi, dès avant la chute, l'expérience de la nudité dont parle la Genèse est beaucoup plus qu'une connaissance seulement sensorielle de la nudité physique de l'autre. C'est la connaissance de la *signification* de cette nudité, savoir qui fait appel à l'intelligence et renvoie à un au-delà du visible, à l'être profond de la personne.

La nudité originelle présente une quadruple signification positive[36], de plus en plus profonde. Elle permet d'abord à l'homme de connaître son **originalité**[37]. En effet, l'homme n'accède à une connaissance intelligible qu'à travers une connaissance sensible. Or, en regardant son corps, non voilé, en sa nudité, l'homme fait l'expérience à la fois de sa différence spécifique d'avec les animaux – son corps nu n'est pas constitué comme celui des animaux – et de son identité de nature ou d'espèce avec l'autre sexe – pour l'essentiel, la constitution de l'homme et de la femme est la même.

À cette signification anthropologique se joint une signification **éthique**[38]. La nudité originelle signifie la communion des personnes. En effet, « dans notre langage conventionnel, le concept de "communication" a été à peu près aliéné » de sa signification originaire : depuis le XVIe siècle, elle désigne le domaine des moyens et des moyens matériels d'échange – on communique une nouvelle ou une maladie – alors qu'en son sens premier, apparu dans le livre de l'évêque Oresme, en 1361, le terme *communication* mettait en relation les personnes et avait pour fin la « commune union ». Le concept de communication a donc connu une double dérive sémantique : de la fin (qui est la communion) aux moyens, de l'intérieur à extérieur. Mais l'expérience de la nudité originelle est une expérience subjective ou intérieure : nudité et absence de honte sont les deux faces, objective et subjective, d'une même réalité[39]. En conséquence, la nudité « acquiert une signification entièrement nouvelle », celle de l'intériorité de la personne qui est appelée à la communication, donc à la communion. Une vision seulement naturaliste s'arrête au premier sens, tout extérieur, mais une vision personnaliste prend en compte l'intériorité de l'homme[40].

36. Que la formule négative « ils n'avaient pas de honte » ne trompe pas : au contraire, l'apparition de la honte en Gn 3,7 est corrélée à une « perte de cette plénitude originelle ». Or, on ne perd que ce que l'on a.

37. *Ibid.*, 3 ; pp. 101 et 102.

38. id., 4 et 5 ; I, pp. 102 à 104.

39. Cf. 12-XII-1979, 3 ; I, pp. 92 à 94.

40. C'est ce que le naturisme, notamment, a perdu de vue. À quelle profondeur cette pratique renvoie-t-elle ? Cf. Annexe I.

La troisième signification de la nudité est **théologique**[41]. En effet, nous venons de voir que la nudité exprime « la profondeur originale [...] de la personne », son être. Or c'est ce que Dieu voit aussi, l'Écriture ne dit-elle pas que « tout est nu et découvert aux yeux de Celui à qui nous devons rendre compte[42] »? Ainsi la pudeur fait participer à « la vision de l'homme en Dieu ». Autrement dit, la nudité physique exprime l'image de Dieu qui est constitutive de la personne. De plus, se reconnaître nu sans honte exprime la valeur, la bonté de la personne et du corps. En revanche, on le verra plus loin, la honte est perte de l'unité. De ce fait, la nudité ou l'absence de honte signifie que la personne « ne connaît » pas de « rupture intérieure » ni « entre ce qui est spirituel et ce qui est sensible », ni entre ce qui « constitue la personne et ce qui [...] est déterminé par le sexe »; et l'unité est signe de bonté. Or, « Dieu vit tout ce qu'il avait fait et voici que c'était très bon » (Gn 1,31). En conséquence, la vision de la nudité est « participation à la vision du Créateur »; le pape va même jusqu'à dire que « la "nudité" signifie le bien originel de la vision divine ». Comment, après la lecture d'expressions aussi fortes, affirmer que le Magistère de l'Église est encore empreint de jansénisme et qu'il adopte une vision pessimiste du corps, de sa nudité, de la sexualité?

Enfin et surtout, la nudité révèle **le sens** le plus profond **du corps humain,** il en signifie la dimension **« sponsale ».** « La signification originelle de la nudité correspond à cette simplicité et plénitude de vision dans laquelle la compréhension de la signification du corps naît pour ainsi dire du cœur même de leur communauté-communion. Nous l'appellerons "sponsale[43]" ».

4. La signification sponsale du corps

Quelle est la signification du corps humain telle qu'elle se manifeste dans l'état d'innocence originelle, c'est-à-dire dans le dessein du Créateur avant que le péché ne vienne la défigurer? Cette vérité sur nos « origines » serait l'occasion d'une nostalgie stérile ou d'une culpabilité désespérante, si elle n'était rappelée par le Christ au moment où celui-ci nous montre quelle espérance réserve sa rédemption. Le salut est bien plus qu'un simple retour à la case départ : l'état de nature rachetée répare non seulement la nature blessée par le péché, mais surtout le prépare et l'ordonne à la gloire qui est la vision béatifiante de Dieu-Trinité de Sagesse et d'Amour. Sans oublier la

41. 19-XII-1979, 5 à 2-I-1980, 1 ; I, pp. 104 à 108.
42. He 4, 13 cité par Jean-Paul II dans la note 1, p. 105.
43. 2-I-1980, 1 ; I, p. 108.

parole essentielle de Paul : « Là où le péché a abondé, la grâce a surabondé » (Rm 5,19).

Résumons les longues et riches analyses que le pape consacre à la nature du corps humain, c'est-à-dire à sa signification sponsale[44].

Approche descriptive

Repartons de l'analyse de l'état d'innocence originelle en ses trois notes caractéristiques : « La dimension du don décide de la vérité essentielle et de la profondeur de signification de l'originelle solitude-unité-nudité.[45] » Il est d'abord dit de l'homme qu'il est « seul » et que Dieu veut « lui faire une aide » (Gn 2,18)[46]. Ce que la solitude exprime en creux, le besoin d'aide l'exprime en plein, à savoir : l'homme est fait *pour* un autre. Autrement dit, « "seul", l'homme ne réalise pas entièrement cette essence. Il ne la réalise qu'en existant "avec quelqu'un[47]" – et encore plus profondément, plus complètement, en existant "pour quelqu'un". » Enfin, la nudité originelle exprime à la fois la vérité des corps (car aucun vêtement ne les masquent) et la liberté, l'absence de contrainte (là aussi symbolisée par le vêtement qui gêne parfois le mouvement ou l'expression). Or, d'une part, le corps trouve sa vérité dans le don, puisque l'homme y « réalise le sens même de son "être" » : il s'agit donc d'une vérité pratique, à mettre en œuvre; d'autre part, la liberté est la liberté du don : « cette liberté se trouve précisément à la base de la signification sponsale du corps. » En conséquence, à l'origine, « le corps humain avec son sexe [...] comprend [...] la faculté d'exprimer l'amour[48] », c'est-à-dire le don.

Approche anthropologique[49]

Pourquoi le corps humain est-il corps-de-don? Dans la perspective phénoménologique, le corps humain est « signe de la personne ». En effet,

44. Ce thème amorcé le 2-I-1980 est développé au cours de 7 catéchèses. L'entretien du 9-I-1980 est l'un des plus riches de tous.

45. 2-I-1980, 2 ; I, p. 110.

46. Cette parole, de prime abord avilissante, est en réalité ennoblissante (cf. Anne-Marie PELLETIER, « Le signe de la femme », in *Nouvelle Revue Théologique* 113/5, sept.-oct. 1991, p. 665 à 689, pp. 671 et 672).

47. *Ibid.*, p. 115.

48. 16-I-1980, 1 ; p. 122 et 123. C'est aussi ce qu'affirme Pierre GISEL : l'« ordre du corps » fait partie du monde, de la création. Or, la création est un donné, consistant et autonome, qui est offert à l'homme et sollicite sa réponse. Aussi, l'ordre du corps est celui de l'« existence offerte », de la « gratuité », qui demande à être reçu comme un don. (*Corps et esprit*. Les mystères de l'incarnation et de la résurrection, « Entrée libre », Genève, Labor et Fides, 1992, p. 38.)

49. 9-I-1980, 4 ; I, pp. 117 et 118.

à la vue de la première femme, nous l'avons vu, Adam s'est écrié : « Elle est os de mes os et chair de ma chair » (Gn 2,23). Et cette expression semble « dire : voilà un corps qui exprime la "personne" ! » C'est ce que confirme un passage antérieur : Dieu crée l'homme en lui insufflant la vie, ce qui signifie : « ce "corps" révèle l' "âme vivante" » (Gn 2,7). Or, le cri d'Adam montre aussi combien la masculinité est *pour* la féminité et *vice versa* : la vocation de la personne est de se donner à autrui. Le corps humain a donc pour vocation foncière d'exprimer le don réciproque. D'où sa signification « conjugale », « sponsale ».

Approche théologique

Le don réciproque des personnes ne livre pas la lumière ultime sur la signification sponsale du corps[50]. Il faut remonter jusqu'à Dieu. Jean-Paul II le dit admirablement : « Voici ce qu'est le corps : un témoin de la création en tant que don fondamental, donc un témoin de l'Amour comme source dont est né le fait même de donner. » Le pape est précis : « Voici ce qu'est le corps. » Il énonce donc l'être même du corps, il en définit l'essence en quelques mots très denses.

Pour démontrer « la sublime signification sponsale du corps », Jean-Paul II va déployer un raisonnement qui est partout présent, mais n'est nulle part explicité. Il peut se systématiser de la manière suivante. Le corps est signe de la personne (plus encore que de l'âme). Or la personne est par essence être de don. Donc, le corps signifie le don, autrement dit est doué d'une signification sponsale.

Attardons-nous sur chacune des propositions.

Le corps humain est signe de la personne. Nous retrouvons ici la méthode phénoménologique chère à Karol Wojtyla, reprise par Jean-Paul II, qui la préfère à l'approche classique plus métaphysique en termes d'acte ou de causalité, sans nullement nier la complémentarité des perspectives. Or, la phénoménologie privilégie la signification. La notion de corps, signe de l'âme apparaît dès la neuvième catéchèse : « Le corps révèle l'homme[51]. » Et le pape de commenter : « Cette formule contient déjà tout ce que la science humaine pourra jamais dire sur la structure du corps comme organisme, sur sa vitalité, sur sa physiologie sexuelle particulière, etc. » Elle permet aussi d'éviter les deux travers opposés du spiritualisme et du matérialisme. Jean-Paul II dit aussi que le corps est « témoin », ce qui est synonyme de « signe[52] ». Il ne *démontre* pas cette proposition, mais la *montre* de multiples manières. Je

50. 17-IX-1980, 4 ; II, p. 98.
51. 14-XI-1979, 4 ; I, p. 79.
52. 9-I-1980, 4 ; I, p. 118.

n'insisterai pas puisque la seconde partie de ce livre a longuement montré ce point.

Précisons seulement que le pape va jusqu'à affirmer, avec audace, que le « corps est sacrement53 ». Entendue au sens étroit du septénaire sacramentel (baptême, confirmation, eucharistie, réconciliation, onction des malades, mariage, ordre), une telle expression est incompréhensible. Mais il faut élargir la définition du sacrement : celui-ci est un « signe qui transmet efficacement dans le monde visible le mystère invisible caché en Dieu de toute éternité ». Autrement dit, le sacrement conjugue un élément fondamental – être signe et signe visible d'une réalité invisible qui est le mystère de Dieu – et un élément second – être efficace, cause –. Or, le propre de Dieu est d'aimer et de se donner : tel est le mystère invisible. Et trois ordres de réalité rendent efficacement visibles le don de Dieu. Du plus général au plus particulier :

1. L'univers, la création dans toute son extension, mais seulement de manière lointaine, quoique très réelle. En fait, c'est « dans l'homme créé à l'image de Dieu, [qu']a été révélé le caractère sacramentel de la création, [...] du monde ».

2. La personne. Et cela est d'autant plus vrai que, dans l'état d'innocence originelle, l'homme est habité de la vie divine. En effet, « l'être humain apparaît dans le monde visible comme l'expression la plus haute du don divin parce qu'il tient en soi la dimension intérieure du don ».

3. Le corps (et plus singulièrement encore, la sexualité) : « Le corps en effet – et seulement lui – est capable de rendre visible ce qui est invisible : le spirituel et le divin ». Voilà pourquoi le corps est sacrement non seulement de la personne, mais aussi du mystère divin lui-même.

Or, la personne est capacité de don. En effet, l'homme est créé à l'image et à la ressemblance de Dieu : ce principe fondateur de l'anthropologie biblique, se retrouve au tout début (Gn 1,26). Or, Dieu créateur est Don follement généreux. Plus que cela, en son être, « Dieu est Amour » (I Jn 4,8-16) : ce « sommet de la pensée johannique » est aussi celui « de toute la Révélation[54] ». Et le don s'enracine dans la Sainte Trinitée[55]. Donc, l'homme n'est homme que s'il vit en régime de don : « L'homme, seule créature sur terre

---

53. 20-II-1980, 3 à 5 ; I, pp. 156 à 159. Cf. les développements du cinquième cycle des catéchèses qui est consacré au mariage.

54. Ceslas SPICQ, *L'amour de Dieu révélé aux hommes dans les écrits de saint Jean,* Paris, éd. du Feu Nouveau, 1978, p. 127. Cf. aussi André FEUILLET, *Le mystère de l'amour divin dans la théologie johannique,* « Études bibliques », Paris, Gabalda, 1972, notamment p. 179.

55. JEAN-PAUL II remarque dans une note que le fondement du don interpersonnel n'est pas uniquement l'amour du Dieu créateur en l'unité de sa nature, mais l'amour des trois Personnes Divines. En effet, dans la prière dite sacerdotale, le Christ demande à son Père « que tous soient un, comme toi et moi nous sommes un » (cf. Jn 17,21-22) et « nous suggère [donc] une certaine similitude entre l'union des personnes divines et l'union des enfants de Dieu dans la vérité et la charité » (16-I-1980, note 1 ; I, p. 123). Et cela ne saurait nous

que Dieu a voulue pour elle-même, ne peut pleinement se trouver que par le don désintéressé de lui-même[56]. »

Le corps est appelé à vivre et exprimer ce qui constitue l'être le plus profond de l'homme. C'est ce que Jean-Paul II affirme dans un de ses paragraphes les plus splendides :

> « La réalité du don et de l'acte de donner que les premiers chapitres de la Genèse nous présentent comme élément constitutif du mystère de la création confirme que le rayonnement de l'Amour est partie intégrante de ce mystère même. L'Amour seul crée le bien et lui seul peut, en définitive, être perçu dans toutes ses dimensions et sous tous ses profils dans les choses créées et surtout dans l'homme. [...] La félicité originelle, le "commencement" béatifique de l'être humain que Dieu "créa homme et femme" (Gn 1,27), la signification sponsale du corps dans sa nudité originelle : tout cela exprime l'enracinement dans l'Amour[57]. »

Donc, le corps humain est signe sponsal. La création est le fruit et le don du « rayonnement de l'Amour », car seul « l'Amour crée le bien ». Or, non seulement l'homme est l'un de ces biens, mais c'est en lui que transparaît « surtout » le bien[58]. Ainsi, la personne manifeste de manière particulière ce mystère d'amour qu'est le don de la création. Tel est pour la personne le sens de la nudité originelle : se savoir enracinée dans l'amour créateur. Comme le corps exprime la personne[59], l'« expérience du corps témoigne l'enracinement dans l'Amour ». Dieu étant à l'origine de tout, le don « remonte jusqu'aux racines les plus profondes de la conscience et du subconscient, aux couches ultimes de l'existence subjective » de l'homme. Le corps est capacité de don, parce que la personne elle-même est capacité de don[60].

Le pape insiste surtout sur le don terminal, le corps donné. Mais il parle aussi du lien au don reçu dans la création. On peut le formuler autrement,

étonner quand on sait que l'homme est à l'image de Dieu, considéré en son être mais aussi en la Trinité des Personnes : « Faisons » (Gn 1,26). Aussi l'amour de don qui est en l'homme est aussi à l'image de l'amour interpersonnel intra-trinitaire.

56. CONCILE VATICAN II, Constitution pastorale sur l'Église dans le monde de ce temps *Gaudium et spes,* n. 24, § 3. Le texte du Concile joint les deux affirmations constitutives du don, le don reçu (« seule créature sur terre que Dieu a voulue pour elle-même ») et le don offert (« ne peut pleinement se trouver que par le don désintéressé de lui-même »). Mais elle laisse le soin aux théologiens de les joindre, ce que JEAN-PAUL II ébauche ici. Pour l'information, mais non pour l'interprétation, cf. Mgr. P. HAUBTMANN, « La communauté humaine », in *Vatican II. L'Église dans le monde de ce temps.* Tome II, *Commentaire,* « Unam Sanctam », 65b, Paris, Le Cerf, 1967, pp. 267 et 268.

57. 30-I-1980, 1 ; I, pp. 131 et 132.

58. *Ibid.*

59. « Le corps, selon le livre de la Genèse, exprime l'aspect visible de l'homme et son appartenance au monde visible. » (21-VII-1982, 4 ; III, p. 135.)

60. La signification sponsale du corps trouve une confirmation et une incarnation très profonde et très privilégiée dans la seconde signification essentielle du corps humain : la signification procréative ou « génératrice » (26-III-1980, 6 ; I, p. 185). À ce sujet, le pape

en faisant appel au dynamisme décrit par un Père de l'Église, Denys l'Aréopagite, la sortie *(exitus)* de Dieu et le retour *(reditus)* vers lui.

> « L'humanité issue de Dieu par amour retourne à Lui. L'union conjugale participe à ce *reditus* : elle est le "corps" où celui-ci s'opère et s'enrichit de vies nouvelles et éternelles. Dans ce "corps" personnel, tout homme s'expérimente dès le début comme "donné lui-même par Dieu". Il lui est donné de comprendre qu'il ne doit son existence ni au hasard, ni à lui-même, ni à d'autres humains, mais à Dieu seul[61]. »

Cette pulsation *exitus-reditus* qui est, sans doute, le rythme le plus profond de l'univers le structure, là encore, selon la logique fractale : on le retrouve, conservé, à chaque niveau de complexité, du plus élémentaire au plus global (on vient de voir qu'elle concerne le cosmos en entier). Il n'est donc pas étonnant qu'elle soit concrétisée, autant dans le dynamisme de certains organes (cœur, poumon) que dans la totalité du corps humain.

Conclusion

L'approche de Jean-Paul II confirme, dans la perspective théologique qui lui est propre, ce que nos analyses philosophiques avaient longuement et laborieusement élaborées : le corps humain est corps-de-don. Denis Vasse l'exprime admirablement selon la terminologie du désir qui est le décalque en creux de celle du don : « En édifiant son corps, l'homme répond de ce qu'il est : désir de Dieu. Désiré par Dieu, il le désire. Il est l'écho d'un désir qu'il ne peut pas concevoir, mais dont il témoigne[62]. »

Les démarches philosophique et théologique sont bien entendu différentes. La philosophie montre que le corps humain est corps-de-don, notamment car l'esprit lui est donné pour qu'il soit l'instrument de sa donation. Son point de départ est donc la constitution incarnée de l'homme. La démarche théologique part d'une prémisse révélée, inaccessible à la seule raison : l'homme comme image de Dieu[63] et participation à la vie de Dieu.

propose une étude approfondie du terme hébreu *yâda'*, « connaissance » en trois catéchèses (5, 12 et 26-III-1980). Il confirme que la signification sponsale du corps humain et que la sexualité éclairent et s'éclairent par le don : « la masculinité-féminité – c'est-à-dire le sexe – est le signe originel d'une donation créatrice d'une prise de conscience de la part de l'être humain, homme-femme, d'un don vécu, pour ainsi dire, de la manière originelle. » (9-I-1980, 4 ; I, p. 118.)

61. Alain MATTHEEUWS, *Union et procréation,* Paris, Le Cerf, 1989, p. 247.

62. *Le temps du désir.* Essai sur le corps et la parole, Paris, Seuil, 1969, p. 86. « L'ontologie de Vasse est celle du don », remarque Jean Michel MALDAMÉ (« Foi et psychanalyse », in *Revue Thomiste,* xcv (1995), p. 284-312, ici p. 289).

63. Je n'ai pas développé la quesion de la relation entre corps et image de Dieu. Elle est importante, mais elle suppose une compétence, notamment patristique, que je n'ai pas.

Or, Dieu est amour et don diffusif, nous communiquant, par sa grâce, la capacité à donner[64].

Mais, restant sauves l'autonomie et la validité propre des deux démarches, la perspective théologique n'apporte-t-elle rien de nouveau à la démarche rationnelle ? Bien au contraire. Déjà, en désignant l'homme comme fait à l'image de Dieu (cf. Gn 1,26), le corps-de-don trouve un fondement définitif. Elle manifeste aussi mieux le lien entre les deux dons. Un tableau peut essayer de représenter ce nouveau regard sur le corps-de-don. Il est complémentaire du schéma philosophique[65]. Il est à la fois plus dynamique et tout centré sur Dieu.

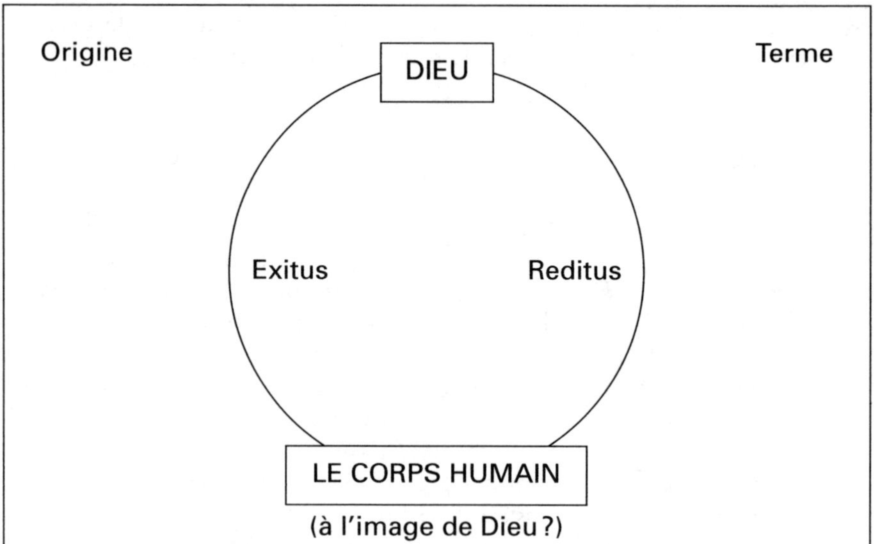

Représentation théologique du corps de don

64. « Ce "donner" cohérent qui remonte jusqu'aux racines les plus profondes de la conscience et du subconscient, aux couches ultimes de l'existence subjective de tous deux, homme et femme, et qui se reflète dans leur réciproque expérience du corps témoigne l'enracinement dans l'Amour. » (30-I-1980, 1 ; I, p. 131 et 132). L'« anthropologie intégrale » proposée par JEAN-PAUL II ne peut finalement qu'être chrétienne, car c'est seulement en Dieu que l'homme est révélé de manière plénière.

65. IIe partie, chap. 7, conclusion.

Surtout, ce que la philosophie montre, à savoir la signification sponsale du corps humain, la Révélation non seulement le garantit, mais elle donne de le vivre. Enfin, la prise en compte des deux grands mystères de l'Incarnation et de la Résurrection de la chair, est riche d'enseignement pour la théologie du corps : de même que seule la présence de l'âme sauve le corps de l'idôlatrie, seule la promesse assurée de l'immortalité du corps sauve celui-ci du mépris. Seule aussi, elle permet de tenir la dualité unifiée corps-âme tout en échappant au dualisme mortellement séparateur.

C'est ce que nous allons mieux comprendre maintenant.

Chapitre 2

Le corps humain opacifié

« Ne laisse dire à personne que ce corps n'a rien à voir avec Dieu. [...] Ne viens pas me dire que le corps est cause du péché, car ce n'est pas le corps qui pèche par lui-même, mais l'âme par le corps. S'il est par elle livré à la fornication, il devient impur; si au contraire il habite une âme sainte, il devient le temple du Saint-Esprit[1]. »

« L'homme jouera alors avec le ciel, la terre, le soleil et toutes les créatures. Toutes les créatures auront du plaisir, de l'amour et de la joie, et riront avec Toi, et Toi de ton côté avec elle, même selon le corps[2]. »

« Le corps humain est plus qu'un élément du monde[3]. »

1. Un moteur à quatre temps

Il était nécessaire de remonter jusqu'à la description de l'état d'innocence originelle pour comprendre la signification sponsale du corps humain voulue par Dieu. Mais cet état, s'il n'est pas hors histoire, est hors des prises de notre histoire. Ayant puissamment montré la vocation et la nature du corps humain, Jean-Paul II va maintenant décliner celles-ci en fonction des différentes situations historiques et existentielles qui sont les nôtres. Or, toujours selon nôtre perspective théologique, l'humanité et le corps humain se retrouvent en deux états différents : l'état de nature déchue et pécheresse; l'état de nature rachetée par la Rédemption acquise dans le Christ et la force de l'Esprit. Dans le premier état, la personne a perdu la conscience de cette signification sponsale du corps qu'elle retrouve dans le second, par la grâce de Dieu[4]. Il demeure que notre vie ne s'achève pas en ce monde, mais, lors de la résurrection des corps, dans l'état de nature glorifiée qui réalisera pleinement la signification sponsale du corps. La gloire présente une

1. Saint Cyrille de Jérusalem, cité par Alex et Maud Lauriot Prévost, *Le mariage, mystère trinitaire,* « Des chrétiens », Paris, Le Sarment-Fayard, 1988, p. 52.

2. Martin Luther à propos de la fin des temps (*WA* 36, p. 600; *Œuvres,* trad., Genève, Labor et Fidès, vol. 45, p. 356).

3. Jean-Michel Maldamé, *Le Christ et le cosmos, op. cit.,* p. 111.

4. Cette grâce est, notamment, offerte dans le sacrement de mariage et la virginité consacrée pour le Royaume des cieux, auxquels le pape consacre de longs développements.

symétrie avec l'innocence en tant que toutes deux sont hors de notre histoire actuelle, mais en diffère en ce qu'elle est irréversible et impeccable : le don définitif de la vision glorieuse est infiniment plus que la grâce, amissible, de l'innocence.

Parcourant les trois derniers états du corps, nous nous demanderons chaque fois ce que devient le corps-de-don. Et tout d'abord, que devient-il dans l'état de nature pécheresse et blessée ? Il est corps de concupiscence[4b]. En effet, le péché entraîne une perte – à préciser – de la signification sponsale. Or de cette carence naît la concupiscence, c'est-à-dire la honte. Aussi, « la concupiscence, "regarder avec désir" [...] est un détachement intérieur de la signification sponsale du corps[5]. »

Le pape se met là encore à l'école de l'Écriture, ici d'un autre texte de la Genèse (Gn 3,1-7[6]). Avant la chute, l'homme était nu et il n'en avait aucune honte (Gn 2,25). Depuis son péché, il a honte de sa nudité. En conséquence, *« les paroles de Gn 3,10 attestent directement un changement radical de la signification de la nudité originelle »*. Quand l'homme se voyait en son corps, il y lisait de manière limpide et immédiate sa capacité à se donner, et notamment à entrer en communion avec les autres personnes, en particulier son conjoint. Mais cette capacité sponsale a été affectée[7].

Or, le corps, qui est signe de la personne totale, est en relation avec le cosmos, avec soi-même et avec les autres personnes[8]. D'où une triple perturbation de la signification du corps dont la pudeur est le témoin privilégié[9] : cosmique, personnelle, interpersonnelle.

2. Perte de la signification « cosmique »

Après la chute, la relation de l'homme à l'univers s'est altérée[10]. La perte du sens cosmique du corps sera ressentie et vécue au triple plan cognitif,

4b. Cf. Pascal IDE, « La concupiscence est-elle un mal ? », in *Sources Vives,* Revue de la Communion de Jérusalem, Paris, septembre 1996.

5. 10-IX-1980, 5 ; II, pp. 94 et 95.

6. Il part aussi de deux versets de l'Évangile (Mt 5,27-28) dont le contenu « donne à réfléchir énormément » (17-IX-1980, 1 ; II, p. 96), puisque leur analyse n'occupera pas moins de vingt catéchèses. Nous ne les étudierons pas car leur objet plus particularisé concerne le corps sexué, à savoir l'obscurcissement de la signification sponsale dans le cadre d'un désir adultère.

7. 14-V-1980, 3 ; II, p. 30 s.

8. Je ne dirai rien de la relation à Dieu qui n'intéresse pas directement notre propos.

9. « Ce "non" initial [du péché] provoque une coupure profonde dans la vie de l'homme, dans l'histoire de l'humanité, dans la société et dans la nature. Là où résonne le "non", apparaissent des tensions, des séparations, de l'insatisfaction. Et l'homme vit dans un régime de liberté blessée. Il n'est en paix nulle part ; ni avec lui-même, ni avec son prochain, ni avec le cosmos. » (Cardinal Gottfried DANNEELS, *Familles, Dieu vous aime.* Entretiens avec des familles, Paris, Nouvelle cité, 1991, p. 11)

10. 14-V-1980, 4 ; II, pp. 31 et 32.

affectif et actif. Tout d'abord, l'homme ne perçoit plus sa participation au monde de la création. En effet, par la faute, il ne participe plus à « la vision divine du monde et de sa propre humanité ». On sait combien l'écologie a insisté sur ce point.

Par ailleurs, l'homme perd sa « paix profonde et la joie de vivre dans la vérité ». Est inquiet celui qui est sans repos (étymologiquement, *in-quies* signifie sans repos). Or, on ne peut se reposer qu'en ce qu'on connaît être son terme apaisant. L'« insécurité » qui est fille de l'ignorance vrille donc le cœur de l'homme. « Aucun bonheur nouveau, écrit André Frossard, n'est venu nous faire oublier le malheur d'être séparés de Dieu[11]. »

Enfin, la nature résiste à l'homme. Par exemple, le labeur lasse le corps humain (cf. Gn 3,17-19). L'homme prend « conscience de sa faiblesse ». Notre complaisance ou notre difficulté à écouter notre fatigue, à « gérer » nos tensions physiques trouvent ici leur racine. Mais complaisance ou difficulté n'ont jamais signifié impossibilité.

3. Perte de la signification personnelle[12]

De prime abord, la honte n'intéresse que la relation à l'autre sexe et au corps. En fait, sa signification plus profonde touche la personne en son intériorité, en son âme[13]. Le pape va nous offrir une vision inhabituellement profonde de la pudeur qu'il emprunte, pour une part, à la phénoménologie[14].

Usuellement, la pudeur est bornée à la dissimulation. Pour Jean-Paul II, la pudeur est beaucoup plus, elle exprime « une certaine fracture constitutive dans l'intérieur de la personne humaine », c'est-à-dire *« quasi une rupture de l'unité spirituelle et somatique originaire de l'homme »*. C'est ce qu'enseigne la théologie classique lorsqu'elle dit que par le péché des origines l'homme a perdu le don de la justice originelle. Or celle-ci harmonisait l'homme, en

11. *Le monde de Jean-Paul II,* Paris, Fayard, 1991, p. 100.

12. 28-V-1980.

13. « Lorsque nous convoitons quelqu'un, nous convoitons son âme bien plus que son corps. Alors ne nous excusons pas en disant que ce que nous aimons en eux, c'est leur âme : c'est justement le domaine le plus interdit, et la *pudeur du corps ne doit être qu'un reflet de la pudeur de l'âme.* » (Marie-Dominique MOLINIÉ, *Le courage d'avoir peur,* « Epiphanie », Paris, Le Cerf, 1975, p. 61. C'est moi qui souligne)

14. Cf. Max SCHELER, *La pudeur,* trad. Dupuy, Paris, Gallimard, 1952. Sur une approche spirituelle de la pudeur, cf. Vladimir SOLOVIOV, *La justification du bien.* Essai de philosophie morale, trad. T.D.M., Paris, Aubier, 1939. Gaston FESSARD, « Le rôle de la Vergüenza dans les Exercices », in *La dialectique des Exercices Spirituels de Saint Ignace de Loyola.* II. *Fondement, péché, orthodoxie,* « Théologie » n° 66, Paris, Aubier, 1966, p. 127 à 253. Hans Urs von BALTHASAR, *La Théologique.* I. *La vérité du monde,* trad. Camille Dumont, Namur, Culture et Vérité, 1994, pp. 216-226. Cf. Annexe I.

soumettant le corps à l'esprit. Mais ce que cette doctrine énonce sur le plan objectif, l'homme l'expérimente intérieurement comme une honte.

Cette première honte se réfracte aussi sur le triple plan cognitif, affectif et actif. Cognitif : elle est perte du sens de l'unité, expérience de la non-soumission du corps à l'esprit. Affectif : la honte nourrit l'« inquiétude de fond de toute l'existence humaine ». Actif : « Le corps, qui n'est pas soumis à l'esprit comme dans l'état de l'innocence originaire, contient en soi un constant foyer de résistance à l'esprit, et il menace en quelque sorte l'unité de l'homme-personne ». Plus précisément encore, toujours sur le plan de l'action, donc de la volonté, la rupture de la personne se traduit par un pouvoir, une seigneurie diminuée de l'esprit sur le corps : *« l'homme de la concupiscence ne domine pas son propre corps de la même manière, avec la même "simplicité" et le même "naturel" que l'homme de l'innocence originaire*[15]. »

4. Perte de la signification interpersonnelle

La pudeur qui est la manière intérieure de vivre l'état de nature pécheresse (puisqu'elle est apparue avec la faute) est le signe que la communion des personnes, donc que la signification sponsale du corps est blessée[16].

Qu'est-ce que la honte ? Selon Aline Lizotte, « la honte sexuelle devient une autre cause de séparation entre les époux[17]. » Elle se manifeste d'abord chez la femme, ensuite chez l'homme, mais d'une manière plus subtile et « plus difficile à affronter », et enfin dans le couple.

– Chez la **femme,** cette honte se traduit par « un radical manque de confiance ». La femme « croit volontiers que la sexualité masculine est fondée sur une recherche exclusive de satisfactions personnelles ». Ainsi, pour le prix de la sécurité, de la tendresse, « elle est souvent plus ou moins consentante à "payer le prix" de cet amour en acceptant que son corps à elle soit l'objet de la satisfaction du corps masculin. »

– « **L'homme,** lui, se méfierait plutôt de sa propre sexualité. » Ainsi, « ayant expérimenté ses exigences, il craint à la fois de ne pas parvenir à la joie qu'il convoite et souvent, surtout dans les débuts de ne pas rendre heureuse la femme aimée ».

– Enfin, la pudeur rend le **couple** opaque. La seule solution serait le partage dans la lumière, la confiance et la responsabilité. Mais la pudeur fait

15. La pudeur exprime en particulier la fracture de la personne en sa sexualité (*Ibid.,* 4 et 5 ; pp. 35 à 37). Mais c'est une conséquence particulière d'une déchirure plus générale.

16. JEAN-PAUL II le développe dans les cinq catéchèses du 4-VI au 30-VII-1980.

17. Aline LIZOTTE, *Le don des époux, op. cit.,* pp. 47 à 51.

que « honteux de leurs échecs et de leurs attentes insatisfaites, ils s'enferment dans un *silence* fait de frustration et de reproches tacites ». L'homme fuit et comble ses frustrations dans son travail et la femme, dans les fonctions maternelles. Le couple expérimente aussi son échec comme une perte de l'unité plénière, désirée mais inaccessible. L'union entre époux est marquée par une « **insatiabilité**[18] ». En effet, l'insatiabilité signifie un manque non comblé. Or, ce manque, cette carence est le sens du corps comme donation des personnes. L'insatiabilité est un trou noir engloutissant jusqu'à la personne, alors que l'amour sponsal est un soleil qui irradie paisiblement et généreusement dans un don sans retour et sans restriction.

Nous avons décrit la honte. Peut-on en préciser la nature ? « À l'origine », l'homme avait conscience que son corps signifiait le don. Depuis la rupture avec Dieu, il s'est coupé des hommes ses frères. Donc, le sens sponsal du corps a lui-même été atteint par le péché originel. Or, la honte, contemporaine du péché originel, en est le retentissement intérieur : sa présence signale que la personne et en particulier le corps ont **perdu leur signification sponsale.** La concupiscence « *prive* le corps de la simplicité et de la pureté de la signification liée à l'innocence originaire de l'être humain[19]. » Comme le propre de la convoitise est de faire de l'autre un objet de plaisir, la concupiscence « dépersonnalise » l'homme.

Jean-Paul II décrit cette perte d'une double manière : comme **limitation** et comme **déformation**[20]. Le corps n'exprime plus qu'une attraction et non pas un don interpersonnel. Le corps, en particulier la sexualité, « limite l'expression de l'esprit et l'expérience de l'échange du don des personnes ». Le corps est vécu comme une « contrainte ». Concrètement, chacun de nous fait l'expérience que son corps le trahit et se dérobe au don, en conséquence à sa capacité expressive.

Cependant **cette honte n'est pas une perte absolue** du sens sponsal du corps, de la communion des personnes : « Le corps humain a "quasi" perdu la capacité d'exprimer » le don, et « si nous ajoutons le terme adverbial "quasi", nous le faisons parce que la dimension du don – *c'est-à-dire la capacité d'exprimer l'amour grâce auquel, par sa féminité ou sa masculinité,* l'être humain devient un don pour l'autre – n'a pas cessé d'imprégner et de façonner l'amour qui naît dans le cœur humain[21]. »

18. 4-VI-1980, 1 ; II, p. 39. C'est moi qui souligne.

19. 25-VI-1980, 1 ; II, p. 47 et 48. C'est moi qui souligne.

20. « La concupiscence « qui vient du monde » [...] limite et déforme cette manière objective d'exister du corps à laquelle l'homme participe » (23-VII-1980, 1 ; II, p. 53). Et avant : « une limitation », « une violation », « une déformation de la signification sponsale du corps » (25-VI-1980, 6 ; II, pp. 50 et 51).

21. 23-VII-1980, 3 ; II, p. 54.

Conclusion

L'état d'innocence impliquait la pleine conscience du corps-de-don. Dans l'état de nature blessée, ce sens est (relativement) perdu, ce qui signifie deux choses : l'intelligence, obscurcie, le déchiffre plus difficilement; la volonté, affaiblie, le met plus difficilement, voire plus du tout, en œuvre dans la vie relationnelle. Or, seule la signification sponsale unifie le corps en lui-même et le réconcilie à l'esprit. Voilà pourquoi la perte de cette conscience entraîne la représentation mécanique, qui fait éclater le corps et le chosifie, ou la représentation naturaliste qui lui subordonne l'esprit. À la relation de mutuelle appartenance de *sujet à sujet* dans le don réciproque, répond la relation d'appropriation de *sujet à objet,* qui transforme la personne en objet.

Ce triste état de honte du corps blessé et éclaté est-il le dernier mot de l'histoire ? On serait tenté de le croire. Mais la représentation du corps éclaté qui est la perte du sens sponsal du corps est aussi appel à une espérance. Or, comment espérer sans être sauvé ?

Chapitre 3

Le corps humain sauvé

« Le corps est pour le Seigneur et le Seigneur pour le Corps. » (I Co 6,13)

« L'homme fut d'abord une argile façonnée, puis l'homme tout entier. J'insisterais volontiers là-dessus, pour que l'on sache qu'absolument tout ce qui a été prévu pour l'homme et lui a été remis par Dieu est dû non pas à l'âme seule, mais aussi à la chair, sinon en vertu d'une communauté de nature, du moins sans doute en vertu du privilège de son nom[1]. »

« L'expansion du Dieu créateur se porte jusqu'aux extrémités de l'être, là où il est au plus bas de sa densité, dans ce que nous appelons la matière[2]. »

L'homme a de grandes difficultés à déchiffrer la signification sponsale de son corps, et l'ayant déchiffré, à en vivre. Ce double déficit est-il insurmontable ? La Parole du Christ est source d'une espérance nouvelle. En effet, tout prend sens à partir du Christ car il est « Celui par qui et pour qui tout a été créé » (Col 1,16). Or, le Christ, Verbe incarné, a assumé un vrai corps humain, l'a racheté et l'a glorifié. Ce qui signifie que toute réflexion chrétienne sur le corps doit d'abord s'interroger sur le corps même du Christ.

1. Le corps de Jésus

L'affirmation centrale de la foi chrétienne est : « Le Verbe s'est fait chair » (Jn 1,14). Précisons. Notamment depuis saint Augustin, le terme *chair* s'est identifié à *corps.* Pour saint Jean, en revanche, *chair* désigne la totalité humaine : le Verbe s'est fait corps et âme. Pourquoi, si ce n'est par amour ? « Celui qui aime veut se rapprocher. [...] L'amour ne supporte pas la distance. » Ainsi Dieu ne s'est pas contenté de créer le monde, ni même de se révéler dans sa Parole ; il a voulu « un contact plus étroit que celui des mots.

1. Tertullien, *De rest. mort.*, 5, 8-9, cité par Adalbert-Gautier Hamman, *L'homme, image de Dieu.* Essai d'une anthropologie chrétienne dans l'Église des cinq premiers siècles, « Relais-études » 2, Paris, Desclée, 1987, p. 84.

2. Marie-Dominique Chenu, *Théologie de la matière,* coll. « Foi vivante », n° 59, Paris, Le Cerf, 1967, p. 12.

Il veut une présence totale, corporelle. [...] C'est pourquoi Il est venu en son Fils Jésus, un homme comme nous. Il a voulu être si près que nous puissions Le voir de nos yeux, L'entendre de nos oreilles, et même Le toucher de nos mains[3]. » Ce sur quoi « les Anges se penchent avec convoitise » (I P 1,12) n'est pas seulement l'Évangile, mais le corps de Jésus : voilà la Bonne Nouvelle !

Jésus s'est fait corps

Jésus, né d'une femme (Ga 4,4), a reçu de la Vierge Marie, son corps qui est un corps humain. L'Écriture nous en parle abondamment[4] :

Les **mains** de Jésus ont travaillé (Mt 13,55 ; Mc 6,3), puis bénis (Mc 10,13-16 ; Lc 14,50-51), avant d'être immobilisées, transpercées par amour[4b].

Les **pieds** de Jésus se sont fatigués sur les routes d'Israël. Ils ont été bénis, oints des parfums de femmes et essuyés par leurs cheveux (Lc 7,36-50 ; Jn 12,1-8 ; Mc 14,1-9), ces pieds seront, eux aussi, cloués sur la Croix.

Les **yeux** de Jésus connaissent tout homme avant qu'il se sache connu (Jn 1,48. 50), aiment le jeune homme riche (Mc 10,21), compatissent, se lèvent vers le Père ou vers l'homme humble (Lc 19,5). Ces yeux font attention aux plus démunis (Lc 21,2-4), versent des larmes sur Jérusalem (Lc 19,41-44) et sur son ami Lazare (Jn 11,40). Ces yeux seront, un jour, une « flamme de feu » (Ap 1,14 et 19,12).

L'Écriture évoque la **parole** de Jésus. Les disciples semblent avoir été impressionnés non seulement par l'autorité de leur Rabbi, mais par la manière dont il parle, et même dont il ouvre la bouche (Mt 5,1-3 ou Jn 17,1). Il n'est pas jusqu'à l'humble style parabolique, si concret, qui ne soit encore un hommage rendu au monde sensible où se meut le corps humain. Jésus a dû se réjouir d'entendre les oiseaux (Mt 6,26), de voir les lys

3. Cardinal DANNEELS, *Le jardin des sept sources.* À propos des sacrements, Noël 1993, Mechelen, Paroles de vie n° 25, p. 8 et 9. D'où la possible souffrance : « L'amour ne supporte pas d'autre sort que celui de l'être cher, même si cela fait mal. »

4. En même temps, la sobriété des détails les rend d'autant plus précieux. Il serait intéressant aussi de faire appel, à un moindre degré, aux mystiques. Sainte Thérèse d'Avila raconte par exemple qu'un jour, Jésus lui a montré ses mains : « leur beauté était si merveilleuse, qu'il me serait impossible de la dépeindre. » Et d'expliquer combien la « beauté des corps glorifiés » est objet de « grande béatitude ». (*Livre de la vie,* chap. XXVIII, 1 et 2, in *Œuvres complètes,* trad. Mère Marie du Saint-Sacrement, Paris, Le Cerf, 1995, p. 207). Elle précise aussi plus loin que « si l'on cherche à considérer quelques détails en particulier » dans une vision, « aussitôt Jésus-Christ disparaît. » Femme, elle avait ainsi un jour « un extrême désir de savoir quelle était la couleur de ses yeux et les proportions de sa stature », mais « jamais je n'ai mérité d'en avoir connaissance » ! (*Ibid.,* chap. XXIX, 2, p. 217).

4b. Il y a comme une trace de l'émerveillement des proches de Jésus dans cette notation étonnamment concrète du Canon ROMAIN : « il prit le pain dans ses mains saintes et vénérables » *(sanctas et venerabiles).*

des champs (Mt 6,28), de sentir l'encens apporté par les mages (Mt 2,11), de goûter les repas auxquels il était invité (Mt 9,10 s; Jn 2,1 s).

L'Écriture évoque enfin la **poitrine** et le cœur de Jésus, sur lequel repose le disciple bien-aimé (Jn 13,23) et qui sera transpercé (Jn 19,34).

En Jésus, les qualités du corps humain sont portées à l'« incandescence » : son âme est pleinement éveillée et maîtresse de son corps. Celui-ci est totalement transparent de la plénitude de la divinité qui l'habite (Col 2,9). Enfin, son corps est particulièrement expressif : « Par l'Incarnation, le corps humain voit sa capacité d'expression portée à l'infini : il *exprime Dieu*[5]. » En effet, « celui qui voit » Jésus, « voit le Père » (Jn 14,9) : Jésus est, en son corps de chair, sacrement de son Père ; et, théophore, le corps du Messie, celui qui fut oint par l'Esprit-Saint (Mt 3,16), est le seul à être pleinement temple de l'Esprit (I Co 6,19).

L'Église a toujours vigoureusement défendu ce que l'Écriture affirme avec tant de clarté. Refuser que Jésus, Fils unique du Père assumant la nature humaine, soit doué d'un corps, est une hérésie connue sous le nom de *docétisme :* c'est dire l'importance qu'elle accorde au corps du Christ. En Lui, par l'union dite *hypostatique,* le corps reçoit le don le plus inouï, la divinité.

Le corps crucifié

Jésus est « vrai Dieu et vrai homme », comme l'affirme le Concile de Chalcédoine[6]. C'est donc que le corps de Jésus est le corps humain par excellence. Or le corps humain est à la fois reçu et donné. « De la Crêche au Crucifiement », comme le chante un cantique célèbre, le corps de Jésus accomplit la vocation du corps comme corps-de-don.

Pour le chrétien, l'homme dans son accomplissement, celui qui est vraiment homme, est celui qu'au cours d'un procès inique, on a pu présenter aux yeux de la foule en prononçant involontairement et ironiquement cette parole prophétique : « *Ecce homo.* Voici l'homme ! » (Jn 19,5). Or, Pilate exhibait ainsi un corps humain couvert de sang et de crachats, un corps qui, quelques instants plus tard, va être élevé de terre et subir l'un des plus barbares supplices inventés par l'homme : la crucifixion. Déjà, le corps de l'Innocent s'est ouvert sous la morsure du fouet ou les griffures de la couronne d'épines. Mais c'est le corps en croix qui est au plus haut point expressif de cette ouverture, de cette unité et de ce don.

Paradoxalement, c'est dans ce déchirement que l'homme Jésus se montre le plus homme. C'est déjà vrai de son âme, puisqu'en cette Heure la plus

---

5. Jean MOUROUX, *Sens chrétien de l'homme, op. cit.*, p. 77. Souligné dans le texte.

6. Cf. l'ouvrage et l'exposé classique d'Aloys GRILLMEIER, *Le Christ dans la Tradition chrétienne.* De l'âge apostolique à Chalcédoine (451), trad. sœur Jean-Marie et Monique Saint-Wakker, « Cogitatio fidei » 72, Paris, Le Cerf, 1975, p. 549 s.

dramatique – je ne dis pas la plus tragique – de l'histoire de l'humanité, Jésus n'a jamais autant donné et montré d'amour à ses frères humains (cf. Jn 13-1). Mais son corps, ici comme durant toute sa vie, ne trahit pas, il traduit le dessein le plus secret de son âme : les bras écartelés et les jambes étendues pour accroître la souffrance, ne font en réalité que mieux ouvrir un corps livré aux autres par amour. Le visage défiguré (Is 53,2) qui interdit de reconnaître les traits du plus beau des enfants des hommes (Ps 45,3) laisse intacte l'ouverture du corps crucifié. Les bras ouverts attirent tous les hommes. Mais cette ouverture n'est pas la dislocation ; elle est le fruit d'une liberté offerte : « Ma vie, nul ne la prend, mais c'est moi qui la donne ». Et l'instant de la mort de Jésus est aussi celui où il livre et transmet le plus haut des dons : l'Esprit (Lc 23,46. Jn 19,30). De plus, les membres s'enracinent dans le tronc et le centre d'un corps crucifié est le cœur. Les bras étendus invitent tout homme à reposer sur ce Cœur. Jusque dans sa mort le côté ouvert de Jésus *donne* du trop plein de son cœur, l'eau et le sang (Jn 19,31-37) qui symbolisent le commencement et le sommet des sacrements, le baptême et l'Eucharistie, Sacrement de l'amour et du don. Méditant sur l'ouverture du côté du Christ, sur la mort de celui qui est la source de toute vie, Jean-Paul II conclut que le Crucifié « proclame que la vie atteint son centre, son sens et sa plénitude quand elle est donnée[7]. »

Le disciple de Jésus n'aura jamais fini de méditer la surprenante beauté de la Croix qui est identiquement la gloire d'aimer. En transfigurant cette machine de mort en instrument d'amour, Jésus fait du sommet de la vulnérabilité le sommet du don. La Croix, par l'élargissement et l'élongation qu'elle impose, dessine le don gratuit du Crucifié de Nazareth ; le corps qui se livre en épouse la forme. Désormais et pour l'éternité, elle est l'expression et la plus haute réalisation du corps humain : « Cette croix a été mortelle non pour moi mais pour la mort, dit saint Pierre Chrysologue. Ces clous ne me pénètrent pas de douleur, mais d'un amour encore plus profond envers vous. Ces blessures ne provoquent pas mes gémissements, mais elles vous font entrer davantage dans mon cœur. L'écartèlement de mon corps vous ouvre mes bras, il n'augmente pas mon supplice. Mon sang n'est pas perdu pour moi, mais il est versé pour votre rançon[8]. »

Et ce don qui semble subi fut anticipé dans l'abaissement (Ph 2,6-8) aimant du lavement des pieds (Jn 13,2-20) et dans le don de l'Eucharistie où le corps est entièrement donné : « Ceci est mon corps livré », « Ceci est mon sang versé ». Plus encore, il fut préparé et comme signifié par le don quotidien sans retour, par une dépense physique inouïe, sans souci autre que la

7. JEAN-PAUL II, Lettre encyclique *Evangelium vitæ* sur la valeur et l'inviolabilité de la vie humaine, 25 mars 1995, n. 51.

8. *Homélie,* citée in *Liturgie des Heures,* Paris, Le Cerf, DDB, Desclée, Mame, 1980, tome 2, p. 595.

consolation et le soulagement des misères humaines. Le Fils de l'Homme a cueilli dans les trois jours de la Passion et de la Résurrection le fruit de trente années d'humble acceptation et de trois années de donation incessante, résumant ainsi les deux volets du don que sont la réception et l'émission.

Le corps de l'enfant-Dieu

À l'autre extrêmité de la vie de Jésus, dans l'humble et joyeuse lumière de la Nativité, se trouve déjà ébauchée cette signification oblative du corps. Ce qui est vrai pour le terme de la vie de Jésus l'est déjà de sa naissance : Noël anticipe la donation totale de Jésus, jusque dans l'attitude corporelle. Le divin enfant manifeste et préfigure, mais plus **passivement,** son don futur et la vocation de tout homme à cette ouverture dont la force se déploie dans la faiblesse, dont la puissance est la vulnérabilité. La coutume veut en effet que la femme juive enveloppe l'enfant dans son propre manteau à sa naissance; mais, Marie, loin de garder l'Emmanuel près d'elle, le livre sans défense dans une crêche. Ce nourrisson sans défense imite l'ouverture de la Croix par la position commune à tout nouveau-né abandonné sur une surface.

De plus, par l'offrande prophétique de la Mère, le corps du nouveau-né est déposé dans une mangeoire; or, contrairement à ce que dit l'expression populaire, l'amour véritable n'est pas dévorant : aimer quelqu'un c'est se donner à lui en nourriture. Voilà pourquoi le geste d'oblation marial manifeste – outre l'extraordinaire abandon de la mère qui, dès la naissance, se dépossède de son enfant, sans que jamais ce détachement soit indifférence – la destination sponsale, inscrite dans le corps humain. Plus encore, les Pères de l'Église ont relevé la proximité entre langes et linceul, myrrhe et onguents du cadavre. Enfin, le don radical signifié par le corps de Jésus n'est pas sans répondant dans l'âme de l'Enfant-Dieu : en effet, l'épître aux Hébreux, reprenant un psaume, attribue à Jésus entrant dans le monde, une parole qui est identiquement un acte d'amour et d'offrande : « Je suis venu, ô Père, faire ta volonté » (Ps 40,8, trad. LXX; He 10,7). Or, aimer, c'est faire la volonté, c'est-à-dire chercher le bien, de celui que l'on aime.

Le corps reçu

Nous avons davantage insisté sur le corps donnant de Jésus. Mais il ne faudrait pas oublier l'autre pôle du don : le corps reçu. Si Jésus a pu se donner sans retour, c'est qu'il s'est reçu sans restriction. Il a d'abord reçu son corps de l'amour créateur de son Père. Mais il a aussi reçu ce don de sa mère. Le dogme de l'Assomption de la Mère de Dieu en est un signe suggestif. Le 1er novembre 1950, le pape Pie XII énonçait la foi catholique de l'Église en affirmant que Marie fut enlevée, corps et âme, au terme de sa vie terrestre, dans la gloire du ciel : elle préfigure ce que le *Credo* nous assure être le lot de tout homme.

Marie a anticipé la loi commune, notamment pour une fort belle raison de convenance[9] : le quatrième commandement demande le « respect » et Jésus qui nous a sauvé par son obéissance (Ph 2,8) a parfaitement accompli la Loi (Mt 5,17) ; or, il a vécu en pleine conscience et action de grâce pour le corps donné par sa Mère. Jésus a donc toujours gardé en lui le souci de rendre tout le bien qu'elle lui avait fait (Ps 116,12). Et sa toute-puissance aimante et sage a pu l'accomplir au terme de la vie de Marie.

> « Il semble donc comme impossible de voir celle qui a conçu le Christ, l'a enfanté, nourri de son lait, tenu dans ses bras et serré sur sa poitrine, séparée de lui après cette vie terrestre sinon d'âme, du moins de corps. Puisque notre Rédempteur est le fils de Marie, il ne pouvait pas, lui, si parfaitement soumis à la loi divine, ne pas rendre honneur non seulement au Père éternel mais aussi à sa bien-aimée mère[10]. »

Corps de Jésus et mon corps

Jésus a montré que le corps de l'homme est corps-de-don. Mais ce qu'il montre, il donne de le vivre. À la suite de Jésus, tous les martyrs, en offrant leur vie par amour, montreront que la vocation du corps humain en butte à la violence injuste des hommes n'est pas de se mettre en boule, mais en croix, pour participer à la divine alchimie qui transforme chaque coup reçu en un acte de don salvateur.

Tout d'abord, notre corps est le chemin obligé vers Dieu. Qu'on ne puisse accéder à Dieu qu'en passant par le corps est l'une des intuitions centrales de sainte Thérèse d'Avila, comme le montre Denis Vasse, jésuite et psychanalyste dont nous suivrons la présentation. En effet, la grande question spirituelle, ainsi que le montrent les mystiques, est de quitter la complaisance dans le narcissisme, c'est-à-dire l'orgueil. Or, celui-ci replie sur soi et se nourrit de fausses images de Dieu et de soi-même[11].

Or, sortir des fausses images, c'est cesser de construire sa vie pour la recevoir comme un don. En effet, « l'homme n'est pas l'idée qu'il a de lui-même. Et Dieu n'est pas davantage la représentation qu'il s'en fait[12]. » L'homme a besoin d'un Autre que lui pour se reconnaître et se recevoir de lui-même. Sinon, il demeure prisonnier de la boursouflure imaginaire du désir spéculaire. L'exaltation projective ne permet pas d'accéder à soi.

9. Elle se fonde, pour une part, sur les travaux du philosophe canadien Charles de KONINCK (*La piété du Fils*, Québec, Université Laval, 1954).

10. *Textes doctrinaux du Magistère de l'Église sur la foi catholique*, trad. et présentation par Gervais DUMEIGE, Paris, Éd. de l'Orante, 1975, n. 408, p. 234.

11. Que l'on songe par exemple à l'illustration donnée par la Madre (Pensées sur l'Amour de Dieu, chap. 2, p. 23).

12. Denis VASSE, *L'Autre du désir et le Dieu de la foi, op. cit.*, p. 21. Je systématise le raisonnement du premier chapitre.

Combien de personnes aiment se raconter, pour reconstituer en fait un passé idéalisé...

Or, le premier don que Dieu fait à l'homme est le corps. En effet, la vie, le corps, est un don, non un dû. « Ce corps de désir est un don de la vie » que l'homme ne peut recevoir de Dieu que dans la louange[13]. Certes, l'esprit, lieu de la liberté, est aussi créé par Dieu. Mais la liberté se déploie d'abord dans notre maîtrise ; la dépendance et la passivité n'y sont pas évidentes. En regard, pour le dire avec le vocabulaire lacanien, « il n'y a dans le monde qu'un lieu où "ça parle[14]" et l'impersonnalité du ça peut être relu comme réception d'une promesse d'un don indû. Le reste est illusion. Rien ne nous est donné que par le corps : notre propre corps et le corps du Verbe fait chair, Jésus. Nous ne rejoignons notre vérité que par les « effets de vie, de repos et de joie manifestés dans le corps, lorsque se trouve dénoncé l'orgueil d'une pensée qui voudrait posséder la vérité avant même qu'elle *se donne*[15]. » Le corps est l'indice de l'invisible et le seul chemin vers plus que soi. Thérèse pour qui cette question est d'« importance » constate que, dans les livres de spiritualité qu'elle a lus, « la contemplation étant une chose entièrement spirituelle, tout objet corporel est capable de l'entraver et de lui faire obstacle. Se considérer comme environné par Dieu de toutes parts, se voir plongé en lui, voilà d'après eux, ce à quoi il faut viser ». Dès lors, on range le « corps divin » de Jésus « au nombre de nos misères ». Et cela, dit-elle, « je ne peux le souffrir[16] ! » Tout à l'inverse, en demeurer aux images que l'on se fait de soi et de Dieu est orgueil parce que c'est refuser de se recevoir d'un autre que soi et ne pas se laisser mesurer par le don de Dieu[17].

Par ailleurs, Thérèse passe son temps à proclamer que, même arrivé au sommet de la contemplation, l'homme n'a pas d'autre route que l'humanité de Jésus, pas d'autre porte d'entrée que la Chair du Fils de l'Homme. Se passer de l'Incarnation, faire du *forcing* spirituel, c'est anticiper le don, se substituer à la sagesse divine, et finalement refuser ce don : « Oui, je le redis encore, il est très important de ne pas élever son esprit avant que Dieu ne l'élève[18]. » Thérèse d'Avila noue avec une force incomparable *l'incorporation* de l'homme et *l'incarnation* du Fils de Dieu :

> « Nous ne sommes pas des anges, mais nous avons un corps. Vouloir faire l'ange pendant que nous sommes sur terre, et sur terre autant que je

13. *Ibid.*, p. 32.

14. *Ibid.*, p. 34.

15. *Ibid.*, p. 21. Souligné par moi.

16. Sainte THÉRÈSE d'AVILA, *Autobiographie*, XXII, 1, in *Œuvres complètes*, trad. Mère Marie du Saint-Sacrement, Paris, Le Cerf, 1995, vol. 1, p. 159.

17. « L'orgueil subtil et caché consiste à réduire l'homme à l'image qu'il a de lui-même. Il lui cache la vérité de son corps. » (Denis VASSE, *L'Autre du désir et le Dieu de la foi*, *op. cit.*, p. 36)

18. Sainte THÉRÈSE d'AVILA, *Autobiographie*, XII, 7, *op. cit.*, p. 89.

> l'étais, c'est de la folie ; notre pensée doit avoir d'ordinaire un point d'appui [...]. dans les affaires, les persécutions, les épreuves, lorsqu'on n'est pas dans la paix coutumière, aux heures de sécheresse, c'est un très bon ami que le Christ, car nous voyons l'Homme en lui, nous voyons ses faiblesses, ses épreuves et il nous tient compagnie ; si on en prend l'habitude, il nous est très facile de la trouver près de nous[19]. »

Voilà pourquoi le chemin spirituel passe nécessairement par l'acceptation du corps et par l'Incarnation : « La porte par laquelle Dieu entre chez nous est celle par laquelle nous sortons de l'ignorance de ce qu'est le corps humain : l'Esprit de Jésus-Christ[20]. » En regard, l'accès spirituel direct à Dieu est une tentation de la superbe d'autant plus subtile qu'elle prend « le froc de l'humilité » et se donne comme une ouverture intérieure. Mais cette inflation de l'esprit dans la vie trop vite qualifiée de spirituelle est un refus de la médiation, et finalement du don. On ne peut accueillir le don (y compris le don divin) qu'en acceptant le corps :

> « Cet évitement de la rencontre et du don s'inscrit dans un vouloir se hausser d'emblée jusqu'à Dieu sans passer par le chemin qui nous conduit à lui et par lequel il vient jusqu'à nous : le corps humain dans l'histoire. Seul avec sa raison et ses raisons, l'esprit de l'homme imagine le don de la vie comme ce qui est dû à l'activité de son esprit ! Tendu d'inquiétude, il ne peut plus concevoir de don gratuit[21]. »

L'on peut donc formuler comme un principe de spiritualité chrétienne que, plus une personne est authentiquement spirituelle, plus elle est incarnée. Plus abruptement encore : **plus il y a d'esprit, plus il y a de chair ou de corps :** « le processus d'évolution de la vie mystique comporterait une imprégnation de plus en plus profonde du sensible par le spirituel[22]. »

Le corps de Jésus, pardon et guérison

Nous venons de voir que le corps de Jésus donne la vie divine à notre âme par le corps. Plus encore, sans la grâce et sans le pardon, l'homme demeure prisonnier du mensonge sur lui-même : seul Dieu qui se fait chair peut venir à la rencontre de l'homme et le **guérir,** en le réconciliant avec sa propre chair[23]. Lorsqu'enfin notre imaginaire se fend « sur l'arête vive de ce qui parle

---

19. *Ibid.*, XXII, 10.

20. Denis VASSE, *L'Autre du désir et le Dieu de la foi, op. cit.*, pp. 31 et 32.

21. *Ibid.*, p. 33.

22. Bernard HÄRING, *La loi du Christ, op. cit.*, I, n. 9, p. 104. C'est l'une des significations de la doctrine trop oubliée des **sens spirituels.** Cf. Mariette CANÉVET, « Sens spirituel », in *Dictionnaire de spiritualité*, Paris, Beauchesne, 1988, tome 14, fasc. XCII, c. 598 à 617. Bibliographie. Cf. aussi Joseph de FINANCE, *Le sensible et Dieu*. En marge de mon vieux catéchisme, Roma, Éditrice Pontificia Università Gregoriana, Paris, Beauchesne, 1988. Romano GUARDINI, *Les sens et la connaissance de Dieu*, trad. Paris, 1981.

23. « La manière dont nous avons été donnés à nous-mêmes dans un corps ne peut ni s'imaginer ni se comprendre, puisque c'est à partir de ce don qu'il nous est donné d'imaginer

en nous de nous-même, de ce qui parle au cœur de notre corps[24] », nous pouvons entendre Dieu en vérité. Le corps résiste, plus que l'esprit, à la tentation prométhéenne de création de soi par soi : non à cause d'une prétendue opacité, mais parce qu'il dit, plus limpidement, son origine et donc le don qu'il est.

Aussi le corps de Jésus guérit notre propre corps[25]. Il est le plus court chemin entre nous et nous-même. Sans quitter le Carmel, citons une autre Thérèse. Thérèse de l'Enfant-Jésus confiait à sa sœur Céline : « Toujours mon corps m'a gênée, je ne me trouvais pas à l'aise dedans... toute petite même, j'en avais honte[25]. » Quelques temps plus tard, l'attitude de Thérèse avait changé, grâce à son amour du Christ, Verbe incarné : « Elle ne se consola d'en avoir un [corps] qu'en pensant à Notre Seigneur qui a bien voulu se faire homme comme nous[26]. » Le chrétien trouve donc dans l'Incarnation la plus belle raison d'aimer son corps. Et cela se vérifie en particulier de l'Eucharistie. Une personne remarquait : « Depuis que j'ai appris à aimer mon corps, je communie dans la main. »

Jésus fait chair seul peut nous guérir de notre haine du corps :

> « Au fond de chaque conscience chrétienne sommeille le cathare, remarque Claude Bruaire, la tentation du mépris pour le corps. » Mais « Dieu serait venu en chair et en os pour rien. Sa compassion pour les affamés serait toute symbolique, son plaisir aux noces de Cana, une métaphore. Surtout, les souffrances du Christ lui seraient demeurées étrangères et vaines, le salut ne serait pas résurrection, mais délaissement de l'enveloppe charnelle. Bref, le christianisme ne serait qu'un platonisme décadent[27]. »

L'incarnation du Verbe désamorce donc les tentatives récurrentes de manichéisme.

> « Tu viens d'apprendre, cher, dans toute la mesure désirable pour le moment, ce qui concerne l'âme : reçois maintenant de ton mieux l'enseignement relatif à ton corps. Ne laisse dire à personne que ce corps n'a rien à voir avec Dieu. Ceux qui, en effet, croient que le corps n'a rien à voir avec Dieu et que l'âme y habite comme dans un vase étranger, en abusent évidemment au profit de l'impureté. »

Et Cyrille en profite pour faire l'apologie du corps humain : « Qu'ont-ils donc à reprocher à cet admirable corps ? Que manque-t-il à sa beauté ? [...]

et de comprendre. » Or, « ce don ne prend acte dans notre histoire qu'à la lumière du pardon qui nous redonne à nous-mêmes ». (*Ibid.*, p. 39). Après avoir parlé de la grâce divinisante *(surelevans)*, nous parlons donc de son second effet : la grâce curative *(sanans)*.

24. *Ibid.*, p. 27.

25. S. Thérèse de Lisieux, *Derniers entretiens*, 30.7.1, in *Œuvres complètes, op. cit.*, p. 1064.

26. *Ibid.*, p. 502.

27. Claude Bruaire, « L'esprit du corps », in *Communio, Le corps*, déjà cité, pp. 2 et 3, ici p. 2.

Ne devraient-ils pas réfléchir à la splendide structure des yeux ? sur la manière dont les oreilles, placées obliquement, reçoivent l'audition sans obstacle[28] ? »

Corps de Jésus, entre don reçu et don offert

Jusque maintenant nous avons traité séparément les deux visages du don distingués en seconde partie : don reçu et don offert. Or, souvent l'Écriture les noue étroitement. Deux exemples parmi beaucoup, mais particulièrement significatifs. Dans la prophétie de Jésus à la Samaritaine : « L'eau que je lui *donnerai* deviendra en lui *source* d'eau jaillissant en vie éternelle » (Jn 4,14), l'eau donnée (don de l'origine), lorsqu'elle est reçue, ici dans un esprit de foi, se transforme en eau donnante (don terminal), autrement dit en source et fontaine. Autre exemple, « celui qui demeure en moi porte beaucoup de fruits » (In 15,5) la fécondité, (le « fruit ») de l'action s'enracine dans une contemplation (un demeurer-avec-Jésus). Or l'action est à la contemplation ce que le don offert est au don reçu. L'homme n'est ni source vive, ni eau stagnante, mais vasque qui, ayant reçu, peut déverser le trop-plein de lui-même, dans un don librement consenti. En voici la contre-épreuve. Le début du livre de la Sagesse parle de l'agir insensé des impies qui ignorent Dieu et disent : « Nous sommes nés du hasard, après quoi nous serons comme si nous n'avions pas existé » (Sg 2,2). La négation du don de la vie (naissance par hasard) entraîne l'absence de finalité et jusqu'à la mort : « Les impies appellent la mort du geste et de la voix » (Sg 1,16).

Ce qui vaut pour l'homme en toute sa nature, se vérifie pour le corps, et d'abord le corps de Jésus ainsi que le montre un célèbre passage de l'épître aux Hébreux (10,1-10). L'auteur traite de son thème favori : l'ancienne Loi est impuissante à rétablir la relation entre Dieu et l'homme. Puis, il poursuit en citant un psaume :

« C'est pourquoi, en entrant dans le monde, le Christ dit : "Tu n'as voulu ni sacrifice ni oblation, mais tu m'as façonné un corps. Tu n'as agréé ni holocaustes ni sacrifices pour les péchés. Alors j'ai dit :

> Voici, je viens, car c'est de moi qu'il est question dans le rouleau du livre, pour faire, ô Dieu, ta volonté." [...] Et c'est en vertu de cette "volonté" que nous sommes sanctifiés par l'"oblation" du "corps" de Jésus Christ, une fois pour toutes » (He 10,5-7.10).

Dans ce passage relatif à la venue de Jésus dans notre chair, la théologie du don discerne les deux moments simultanés, désormais bien connus : 1. le Christ est d'abord tourné vers son origine et reçoit le Don du Père, exprimé par le passage du Psaume : le don du corps, autrement dit de la condition humaine. 2. Il répond à ce don par et dans sa liberté d'obéissance aimante

28. Saint Cyrille de JÉRUSALEM, *Catéchèses baptismales,* IVe, XXII, 484 A, 1, trad. J. Bouvet, Namur, Soleil levant, 1962.

(qui dépasse la Loi) : « Je viens faire ta volonté. » L'Incarnation est donc une prière d'obéissance du Fils à la Parole du Père.

Il y a plus. Le texte du psaume ici cité (40,7-9) n'est pas le texte hébreu, mais la version grecque des Septante. Celle-ci a changé un mot, un seul : l'hébreu « oreille » a été remplacé par le grec « corps ». Précisément, « Tu m'as ouvert l'oreille » a laissé place à « Tu m'as façonné un corps ». L'Incarnation est donc le prolongement visible de la Parole. C'est comme si, dans la logique du traducteur qui est une logique juive, le corps tout entier était oreille[29]. Or, le propre de l'oreille est d'abord de s'ouvrir pour écouter, recevoir la Parole, puis de répondre et de guider la parole de réponse. Ce double mouvement, reçu-offert, devient donc celui du corps : le corps est appelé à s'ouvrir au double don, *datum* et *donum*. En Jésus, l'homme déchiffre la vocation de son propre corps.

Ce texte qui s'entend avant tout du Christ n'est pas dénué de sens pour chaque homme. Le cardinal Ratzinger n'hésite pas à commenter :

> « Nous devenons Dieu en devenant "enfants", "fils", c'est-à-dire en entrant dans le dialogue de Jésus avec son Père et en laissant pénétrer ce dialogue que nous avons avec le Père dans la chair de notre vie quotidienne : "Tu m'as façonné un corps". Notre salut, c'est de devenir "Corps du Christ", comme le Christ lui-même : en acceptant chaque jour de nous recevoir de lui, en nous remettant chaque jour à lui, en offrant chaque jour notre corps comme lieu de la Parole. Nous devenons Dieu en marchant à sa suite : en un mouvement descendant et ascendant[30]. »

2. Le corps de l'Église

Comment le corps de Jésus vient-il rejoindre et guérir le corps blessé de l'homme et le rétablir dans sa dignité sponsale ? Par la double médiation de l'Église et de l'Eucharistie. Ce n'est pas un hasard s'il existe une si étroite corrélation sémantique et réelle entre ces quatre corps : Corps humain du Christ, Corps mystique de l'Église, Corps Eucharistique et le propre corps de l'homme.

L'Église elle-même n'a rien qu'elle n'ait reçu et reçu du Christ (Lc 10,35). Or, Jésus a donné « sa chair pour la vie du monde » (Jn 6,51). Voilà pourquoi le corps de l'Église n'a pas d'autre vocation que d'aller et faire de même

29. Cf. MIDRASH RABBA, *Devarim* 10, cité par Claude Vigée, *La Faille du regard*. Essais et entretiens, Paris, Flammarion, 1987, p. 9.

30. Joseph RATZINGER, « Il descendit du ciel », in *Le Dieu de Jésus-Christ*. Méditations sur Dieu-Trinité, trad. Yves et Marie-Noële de Torcy, Paris, Fayard, 1977, pp. 57 à 68, ici pp. 67 et 68.

(Jn 13,15). Et il serait impossible que la communion des saints, le rassemblement des justes au Ciel soit la juxtaposition de corps étanches les uns aux autres, clos dans une perfection adamantine. La beauté du corps glorieux n'est pas l'éclat froid d'un pur diamant brillant pour lui-même, mais le rayonnement d'un amour né de Dieu et retournant à Dieu par l'amour des frères actuellement chéris.

La liaison étroite du corps humain et du corps de l'Église signe à l'évidence l'ordination du premier à la communion et au don. Qu'un même terme désigne corps physique et corps social rend à jamais inimaginable une séparation entre ces deux corps, et donc entre la possession et la donation de soi. Plus encore, le corps humain prend toute sa dimension en Église qui est le « lieu » où il se reçoit et où il se donne. L'homme est appelé à vivre dans le Corps de l'Église, à faire corps avec elle. Mais, en retour, notre corps est appelé à devenir et vivre ce qu'il a reçu. Or, le Christ aime l'Église comme un époux son épouse, selon l'extraordinaire et audacieux symbole déployé par saint Paul (Ep 5,22-33). Et cet amour conjugal, qui est la plus haute forme de la dilection, se vérifie dans le don total et sans retour de la vie (Jn 15,13) : Jésus est mort pour nous. De même celui qui est incorporé à l'Église est appelé à ce don radical de son corps et de sa personne, à l'offrande joyeuse de son être (Rm 12,1-2). Il faudrait ajouter : et à cet amour sponsal de charité pour sa propre chair. Avant d'épouser qui que ce soit ou de se donner dans la consécration, celui qui s'est laissé enfanter et épouser par le Christ est appelé à épouser son propre corps.

Significatif est de ce point de vue le rôle joué par la dévotion aux **reliques** des Saints. Je n'entrerai pas dans le débat théologique qu'elles soulèvent, mais me limiterai à leur sens anthropologique et sociologique. De prime abord, les *restes* (sens étymologique de *relique*) du corps rebutent. Et ce dégoût n'est-il pas symptômatique de notre difficile incarnation ? La relique n'est éparpillement du corps qu'en apparence : son but est, au contraire, d'assurer la cohésion du corps social et mystique. En effet, chaque relique, chaque soustraction qui dépèce le cadavre et nous choque tant aujourd'hui, est la métonymie du corps. Plus encore, elle est le témoin de toutes ses actions, de la sainteté de sa personne et de celle de Dieu toujours active (Jn 5,19). Elle abolit toute idée de séparation : « Nous sommes aux antipodes des dissections opérées par les premiers anatomistes afin de connaître l'intérieur invisible du corps humain (cette fois détaché du sujet qu'il incarnait), pour qui l'identité du sujet importe peu[31]. » Espérance en acte, la relique guérit, en l'assumant et le dépassant, le modèle du corps éclaté qui faisande l'imaginaire de la modernité[32].

---

31. David LE BRETON, *Anthropologie, op. cit.*, p. 38.

32. Cf. à ce sujet l'original développement de Jacques BRIL, qui estime, à la suite d'une interprétation du mythe d'Osiris, que le corps dissocié est aussi la nostalgie d'« une intégrité à recouvrer » (*Petite fantasmagorie du corps.* Osiris revisité, Paris, Payot, 1994, p. 274).

3. Le corps eucharistique

Il faut encore préciser : comment le corps de l'Église touche-t-il le corps du croyant ? Par les sacrements[33], en particulier par le baptême et l'Eucharistie.

Le sacrement est un geste très humble qui prolonge le geste du Christ et valorise extraordinairement le corps humain. Il manifeste que c'est l'homme tout entier qui est membre du Christ, que celui-ci vient sauver autant le corps que l'âme.

> « Rien de plus faux que de voir dans le corps le principe de la tentation et du péché et, dans l'esprit au contraire, systématiquement, le principe du bien et de la vertu, le vrai bénéficiaire de la rédemption. Contre une telle conception, pleine de réminiscences néoplatoniennes, nous mettent en garde les dogmes de l'incarnation et de la résurrection, et, sans contestation possible, la doctrine des sacrements. Par leur caractère visible, en effet, par leur utilisation de la matière, par leur ordination à notre corps sensible autant qu'à l'esprit, ceux-ci montrent bien que l'homme doit se tenir devant Dieu et lui donner réponse, *selon la totalité de son être*[34]. »

De ce point de vue, nos liturgies ne seront jamais assez expressives, elles n'impliqueront jamais assez notre corps[35]. Aussi certains rituels sont-ils plus parlants que d'autres. Voici par exemple le texte d'un ancien rituel baptismal, pour la signation baptismale :

> « Je te signe le front pour que tu sois chrétien ; je te signe les yeux pour que tu voies la clarté de Dieu ; je te signe les oreilles pour que tu entendes la voix du Seigneur, les narines pour que tu respires la suavité du Christ, les lèvres pour que tu dises les paroles de vie ; je te signe sur la poitrine pour que tu croies en la Trinité inséparable ; je te signe tout entier, au nom du Père et du Fils et du Saint-Esprit, pour que tu aies la vie éternelle, et que tu vives aux siècles des siècles[36]. »

Si le baptême est la porte d'entrée de la vie sacramentelle, l'Eucharistie en est l'achèvement, le sommet. Le Corps eucharistique permet de mieux comprendre mon corps humain. En effet, celui-ci est corps-de-don, car, s'enracinant dans un don originel, il trouve son sens à donner. Or, étymologiquement, *eucharistie* signifie action de grâces. Chaque sacrifice de la messe

33. « Il faut communiquer au Christ. Pour tenir à la tête, il faut être corps. Nous sommes corps de l'Église par notre soumission à la forme, c'est-à-dire aux pasteurs légitimes, et par notre participation à la vie, c'est-à-dire aux sacrements qui en sont les canaux. » (Paul CLAUDEL, *Lettre à Gide,* in Paul CLAUDEL-André GIDE, *Correspondance (1899-1926),* « Bibliothèque de la Pléiade », Paris, Gallimard, 1949, p. 65)

34. Bernard HÄRING, *La loi du Christ, op. cit.,* I, p. 99. Cf. toute la section sur l'homme, corps et âme pp. 99 à 110 ; avec bibliographie.

35. Cf. par exemple Samuel ROUVILLOIS, *Corps et sagesse.* Philosophie de la liturgie, coll. « Aletheia », Paris, Fayard, 1995.

36. Cité par Jean MOUROUX, *Sens chrétien de l'homme, op. cit.,* p. 86.

totalise le temps, est à la fois mémoire du salut qui nous recrée et invitation à suivre Jésus dans le don de sa vie. Voilà pourquoi le Corps eucharistique accomplit la vocation plénière du corps humain, ainsi que nos frères orthodoxes en ont une forte intuition : « L'Eucharistie est le moment et le lieu où tout chrétien comprend ce qu'il est réellement[37]. » Saint Paul le dit en une formule audacieuse que l'on a platement traduit : « Soyez dans l'action de grâces », alors que le sens est : « Soyez, devenez eucharistie. » (Col 3,15).

La réforme liturgique postconciliaire a en effet rétabli l'antique geste de la communion dans la main[38]. Mais parfois, l'habitude, la négligence, le manque de formation défigurent un des gestes les plus admirables dont l'homme soit capable. Les cinq sens du communiant sont convoqués : les yeux ouverts pour adorer, les oreilles pour entendre la parole du prêtre, le toucher pour être « saisi » par l'hostie avant de la saisir et de la goûter, le goût ne pouvant être totalement séparé de l'odorat. De plus, tout l'être corporel participe à cet accueil de l'Amour fait Nourriture : ses pas l'ont conduit jusqu'à la table de communion, sa parole répond clairement l'*Amen* de la foi et les mains s'ouvrent en corolle ou, croisées, constituent un trône en forme de croix, alors que les bras tendus et tout l'être dessinent une mandorle à la Gloire du Très Haut venu mendier notre amour sous les « espèces » eucharistiques. Plus encore, habité par une foi aimante et humblement adorante, ce geste est comme le résumé de l'attitude du fidèle du Christ : d'une part, la concavité de la paume est expressive de la réceptivité propre à la créature face au Don de son Créateur et Sauveur ; d'autre part, les deux servantes que sont les mains sont les médiatrices du torrent suave de Lumière qui est versé dans l'âme. Tout l'être du communiant se recueille et s'incurve face au don

37. Jean MEYENDORFF, *Le Mariage dans la perspective orthodoxe,* Ymca Press, 1986, p. 21. Cf. Olivier CLÉMENT, *Corps de mort et de gloire., op. cit.* « Le corps [...], comme expression hypostatique de la personne humaine, se libère de l'individualisme et de l'égocentrisme, et exprime la communion par excellence : corps du Christ, corps de l'Église, corps de l'eucharistie. » (Jean ZIZIOULAS, *L'être ecclésial,* « Perspective orthodoxe » n° 3, Genève, Labor et Fidès, 1981, p. 54, cf. pp. 42 à 55) « *Dans la liturgie, les choses révèlent la nature propre du don* offert *par le Créateur à l'humanité* : « Dieu vit tout ce qu'il avait fait : cela était très bon » (Gn 1, 31). [...] *Le christianisme ne refuse pas la matière,* la corporéité, qui est au contraire pleinement valorisée dans l'acte liturgique, dans lequel le corps humain montre sa nature intime de temple de l'Esprit et parvient à s'unir au Seigneur Jésus, lui aussi fait corps pour le salut du monde. Mais cela ne comporte pas non plus une exaltation absolue de tout ce qui est physique, car nous connaissons bien le désordre que le péché à introduit dans l'harmonie de l'être humain. La liturgie révèle que le corps, à travers le mystère de la Croix, est en route vers la transfiguration, la pneumatisation : sur le Mont Thabor, le Christ l'a montré resplendissant comme le Père veut qu'il puisse redevenir. » (JEAN-PAUL II, *Orientale lumen,* Lettre apostolique à l'occasion du centenaire de la lettre apostolique *Orientalium dignitas* du pape Léon XIII, 2 mai 1995, n. 11)

38. Du point de vue anthropologique qui est le nôtre, indépendamment des considérations de prudence, reconnaissons combien la communion dans la main est d'une bien plus grande richesse gestuelle.

qui fait tressaillir les galaxies et les Séraphins. En retour, convoqué au don total de sa vie, sûr que tout ce qui n'est pas donné est perdu, il se trouve réconcilié avec tous ses frères les hommes : dire *Amen* au Corps (eucharistique) du Christ, c'est, identiquement, dire *Amen* au Corps (mystique) du Christ qu'est l'Église, remarquait saint Augustin, et au monde entier qui est l'Église en promesse.

4. Une médecine des trois corps?

L'union du corps humain au corps eucharistique de Jésus se fait par le corps mystique de l'Église. Saint Paul l'avait déjà noté : « Le pain que nous rompons n'est-il pas communion au corps du Christ? Puisqu'il y a un seul pain, nous sommes tous un seul corps : car tous nous participons à cet unique pain » (I Co 10,16-17).

La foi est à ce point réaliste qu'on peut parler d'une « quasi-identification » du corps de Jésus, du corps de l'Église et du corps humain, de sorte que se communique au corps de chaque fidèle le don du Fils unique. « L'idée que l'Église est le corps du Christ n'est pas plus une métaphore que de dire que la chair de Jésus incarné ou le pain eucharistique sont le corps du Christ. Aucune de ces trois réalités, Église, chair, pain, n'est *"comme"* son corps (jamais Paul ne dit cela) : chacune est le corps du Christ, parce que chacune est le complément physique, l'extension de son unique et même Personne, de sa vie [...]. Il est à peu près impossible d'exagérer le réalisme et la force crue de la doctrine paulinienne : l'Église est, à la lettre, maintenant, le *corps* ressuscité du Christ[39]. »

Ainsi donc, le corps du chrétien est profondément uni au corps de Jésus par le corps eucharistique que nous donne le corps de l'Église. C'est l'un des enseignements de l'admirable ouvrage de Lubac sur corps eucharistique et corps mystique que d'avoir étroitement resserré le lien entre les trois corps : christique, ecclésial et eucharistique, et par-delà avec le corps physique du chrétien[40]. Au-delà des contingences historiques, cette évolution signe l'impossibilité et l'arbitraire de toute dissociation introduite entre les trois Corps du Christ, de l'Eucharistie et de l'Église. Plus précisément, c'est l'unité du Verbe qui se reflète réellement, quoique diversement, dans les réalismes

39. J.-A.-T. ROBINSON, *Le corps, étude sur la théologie de saint Paul,* Chalet, 1966, p. 86.

40. Cf. Henri DE LUBAC, *Corpus mysticum.* L'Eucharistie et l'Église au Moyen Age. Étude historique, « Théologie » 3, Paris, Aubier, 1949. L'ouvrage montre pourquoi l'adjectif *mystique* a signifié d'abord le corps eucharistique puis le corps ecclésial (l'Eucharistie étant qualifiée de *verum corpus*). Cf. aussi le classique Émile MERSCH, *Le Corps mystique du Christ.* Études de théologie historique, « Museum Lessianum. Section théologique » n° 28, Bruxelles, L'Éd. Universelle, Paris, DDB, 1936.

ecclésial et eucharistique, et les fonde : un passage des Pères montre que « le corps de Jésus-Christ, étant reçu dans les fidèles, produit entre eux une espèce d'union, qui n'est pas seulement morale, mais physique et naturelle, puisqu'elle consiste dans l'union réelle de notre corps avec celui de Jésus-Christ ; en vertu de laquelle on peut dire que tous ces corps avec lesquels Jésus-Christ est uni par le moyen de l'Eucharistie, ne font qu'un corps, parce qu'ils n'ont qu'un même lien individuel, qui est le corps de Jésus-Christ[41]. » Exténuer l'un des trois pôles affaiblit toujours les deux autres.

Or, nous avons vu que le corps de Jésus a pleinement accompli sa vocation au don. Aussi, le corps fidèle qui reçoit son salut du Christ est pleinement corps-de-don. Le Corps de l'Église permet au corps humain de devenir pleinement corps-de-don en le guérissant de ses replis sur soi (et quant à son origine, et quant à son histoire). Le corps humain est par et pour le corps ecclésial, car il vient d'un don et le restitue en don. En effet, le Corps mystique, qui est beaucoup plus qu'une institution, est appelé à vivre tout entier dans la charité. Par le baptême, l'Église nous enfante à la vie. Par l'Eucharistie reçue dans l'humble action de grâces, l'église façonne peu à peu le corps pour qu'il devienne corps-de-don. Habité par le Corps ressuscité de Jésus, notre corps est conduit au don de lui-même. De même que le corps de l'Église « reçoit concorde et cohésion par toutes sortes de jointures » et « se construit dans la charité » (Ep 4,16), de même, peu à peu, par toutes ses jointures et articulations, notre corps opère sa croissance et découvre la joie du don.

Conclusion

Rupert décrit cette pulsation du corps reçu et du corps livré dans un texte extraordinaire qui clôt l'ouvrage de Lubac. Laissons-lui la parole :

> « La chair du Christ qui, avant la Passion, était la chair du seul Verbe de Dieu, a tellement grandi par la Passion, elle s'est si bien dilatée et elle a si bien rempli l'univers que tous les élus qui furent depuis le commencement du monde ou qui vivront jusqu'au dernier d'entre eux, par l'action de ce sacrement qui en fait une pâte nouvelle, il les réunit en une seule Église, où Dieu et l'homme s'embrassent éternellement. Cette chair n'était d'abord qu'un grain de froment, grain unique, avant qu'il tombât en terre pour y mourir. Et voilà maintenant qu'après qu'il est mort, il grandit sur l'autel, il fructifie entre nos mains et dans nos corps, et, tandis que monte le grand et riche maître de la moisson, il soulève avec lui jusqu'aux greniers du ciel cette terre féconde au sein de laquelle il a grandi[42]. »

41. Passage de la *Perpétuité*, L. V, ch. 9, cité par Henri DE LUBAC, *Corpus mysticum, op. cit.*, p. 283.

42. Rupert de DEUTZ, *De divinis officiis*, l. 2, ch. 11, PL 170, 43. Cité par Henri de LUBAC, *Corpus mysticum, op. cit.*, p. 294.

CHAPITRE 4

Le corps humain glorifié

« Il y a en nous un appel urgent et qui est tout à fait conforme au sens même de l'Incarnation – où Dieu précisément se fait chair, se manifeste dans le monde visible –, il y a en nous une vocation impérieuse de glorifier notre corps, c'est-à-dire d'en faire vraiment l'expression d'une vie créatrice et le sacrement de la présence divine[1]. »

« Si la sexualité était sublimée par la grâce, purifiée, c'est-à-dire ramenée à sa finalité première, alors elle pourrait faire du corps un organe d'extase pour l'union éternelle avec le mystère divin. C'est cette idée confuse qui nourrit de siècle en siècle le romantisme de l'amour. Mais peut-être une étude profonde et purifiée du sexe, de sa signification métaphysique et mystique, pourrait-elle permettre d'entrevoir en lui une anticipation de la Résurrection[2]. »

« – Karamakov ! s'écria Kolia, est-ce vrai, ce que dit la religion, que nous ressusciterons d'entre les morts, que nous nous reverrons les uns les autres, et tous, et Ilioucha ? "Certes, nous ressusciterons, et nous nous reverrons, nous nous raconterons joyeusement tout ce qui s'est passé", répondit Aliocha, moitié rieur, moitié enthousiaste. – Oh ! comme ce sera bon ! fit Kolia[3]. »

L'Évangile est, au sens étymologique, une « bonne nouvelle », nous l'avons trop oublié, et la promesse d'un don une excellente nouvelle[4]. Quelle promesse ? Que notre « corps de misère » est appelé à devenir « corps de gloire » (Ph 3,21). La résurrection de la chair est à ce point importante qu'elle constitue un des articles du *Credo* : « Je crois en la résurrection des morts. » Précisément, le latin ne dit pas seulement « je crois », mais « j'attends » *(expecto),* je désire : le chrétien n'attend ni Godot ni le surhomme,

1. Maurice ZUNDEL, « L'expérience de la mort », in revue *Choisir,* repris dans *À l'écoute du silence,* Textes rassemblés par France du Guérand, Paris, Téqui, s. d., p. 61.

2. Jean GUITTON et Jean-Jacques ANTIER, *Les pouvoirs mystérieux de la foi*. Signes et merveilles, « Pocket », Paris, Perrin, 1993, pp. 462 et 463.

3. DOSTOÏEVSKI, *Les frères Karamazov,* tome II, p. 773.

4. La foi en la résurrection de la chair est commune aux trois religions monothéistes : seule la foi en un Dieu Créateur et donc créateur d'un homme à son image peut-elle fonder la confiance en la totalité de l'homme et à sa pérennité ? Cf. Louis GARDET, *Dieu et la destinée de l'homme,* « Études musulmanes » IX, Les grands problèmes de la théologie musulmane. Essais de théologie comparée, Paris, Vrin, 1967, pp. 237-291.

mais le bonheur de la vision de Dieu, la communion des saints et la résurrection glorieuse de son corps qui est la révélation plénière de notre être : « C'est dans l'arc tendu entre sa création corporelle et la résurrection de la chair que nous connaissons théologiquement la vérité de l'homme[5]. »

1. Des pierres d'attente

En écoutant Bach...

La Résurrection des corps est un des dons les plus inimaginables de Dieu. Mais l'absolue gratuité de ce don ne signifie pas qu'il ne soit pas attendu. L'immérité n'est pas l'inespéré, au contraire. Le don comble d'autant plus qu'il ne tombe pas à faux et achève les aspirations les plus radicales de l'homme. Il n'y a rien de moins acceptable qu'un cadeau imposé. Or, le désir de la résurrection est comme inscrit dans l'homme. Certains épisodes de notre vie sont des préfigurations de la Résurrection à laquelle nous sommes tous promis[6]. N'est-ce pas le cas de l'aventure de Maurice Herzog, relatée dans la seconde partie de ce livre ? Cette expérience n'est-elle pas comme le gage de ce que pourrait être le corps ressuscité ? « L'homme en quête de son identité ultime se dépasse, mais dans la ligne exacte que lui trace son corps de chair[7] ». Écoutons Julien Green :

> « Je ne connaissais pas Bach, mais un jour que Kickenscher nous parlait de la Messe en Si, il joua d'une main le thème du Kyrie et quand j'entendis ces simples notes (il y en a exactement dix-neuf), il me sembla que le ciel s'ouvrait. Ce fut une des plus fortes impressions religieuses reçues de la musique. Dans cette phrase qu'un enfant eût reconnue et chantée, quelle foi large et souveraine ! Tout ce qu'il y avait de médiocre dans ma vie, Dieu le balayait de sa grande main. J'éprouvai un tel bonheur que, si je l'avais osé, je l'aurais dit aux personnes qui étaient là, je l'aurais crié. Ce que croyait Bach, je le croyais aussi avec amour et avec violence. Il me fut difficile de rester en place... Il fallait que j'emporte cette phrase et toute sa richesse dans ma chambre et que, sans fin, je me redise entre haut et bas, comme un fou : Kyrie eleison ! Kyrie eleison !

5. Jürgen MOLTMANN, *Dieu dans la création*. Traité écologique de la création, trad. Morand Kleiber, « Cogitatio fidei » 146, Paris, Le Cerf, 1988, p. 314. Cf. les remarques critiques de Jean-Pierre LONGCHAMP, « Vers un nouveau concordisme ? À propos de J. Moltmann », in *Études* n° 3721, janv. 1990, p. 99.

6. La publicité exploite beaucoup ce désir d'« un monde sans carie », comme disait FLUOCARIL. Le refus du corps souffrant est, en plein, désir d'un corps glorieux pour toujours.

7. Ghislain LAFONT, *Dieu, le temps et l'être,* « Cogitatio fidei » n° 139, Paris, Le Cerf, 1986, p. 351. Souligné dans le texte.

Je n'étais pas abandonné. Avec l'humanité entière, je marchais, me semblait-il, vers un monde lumineux où ni la chair ni le péché ne viendraient assombrir l'âme. Pour la première fois, je me sentais uni au monde, sauvé peut-être avec tout le monde[8]. »

L'expérience que décrit Julien Green le **dilate,** au point qu'il veut la crier. La nouveauté balaye toute médiocrité. Elle est même évoquée avec les termes extrêmes de la folie, elle est un véritable état de transe. De plus, cette nouveauté est bienfaisante, rédemptrice, transcendant la chair et le péché dont l'auteur sait la pesanteur[9].

Une psychanalyse de la Résurrection ?

Un auteur original, Norman O. Brown, part de la réflexion freudienne, mais veut la dépasser. Il constate d'une part la menace actuelle de destruction de l'humanité, c'est-à-dire le triomphe des pulsions de mort et d'autre part, l'impuissance du néo-freudisme, trop scolastique, trop théorique, en rupture avec son origine, à trouver la réponse.

Pour Brown, comme pour Reich ou Marcuse, la maladie de l'homme, c'est le refoulement : l'abolir, c'est enfin jouir. Mais, à leur différence, il est amené à penser ce que la foi chrétienne appelle « la résurrection du corps ». En effet, l'une des principales causes de refoulement est la mort, la crainte de la mort; aussi n'est guéri qu'« un corps qui consent à mourir[10] ». Or, un tel consentement n'est possible que si l'on croit à l'éternité, autrement dit à la résurrection de la chair. « La question qui se pose pour l'humanité, c'est donc la suppression du refoulement ou, pour employer le langage chrétien traditionnel, la résurrection des corps. » Entendons-nous bien : il ne s'agit pas, pour Brown, de rétablir le dualisme corps-âme qu'il estime caduc, mais de penser « le corps parfait promis par la théologie chrétienne, jouissant de cette parfaite félicité promise par la théologie chrétienne, est un corps réconcilié avec la mort ». De sorte qu'il conçoit le paradis à la manière de l'Islam, d'abord et avant tout comme un état de jouissance corporelle intense. « Le

8. Julien GREEN, *Terre lointaine,* Paris, 1966, p. 171.

9. Même lorsqu'un auteur aspire à la mort, c'est pour mieux combler son désir infini d'aimer, ce que justement, la gloire apporte : « J'aurais voulu que, comme eux, l'homme accomplît d'abord, à l'état de larve, les travaux dégoûtants par lesquels il se nourrit. En cette phase, il n'y aurait point eu de sexe, et la faim n'aurait point avili l'amour. Puis j'aurais fait en sorte que, dans une transformation dernière, l'homme et la femme, déployant des ailes étincelantes, vécussent de rosée et de désir et mourussent dans un baiser. J'aurais de la sorte donné à leur existence mortelle l'amour en récompense et pour couronne. » (Anatole FRANCE, *Le Jardin d'Epicure,* Paris, Calmann-Lévy, 1921, p. 40 s)

10. Norman Oliver BROWN, (*Life against Death* : the Psychoanalytical Meaning of History, New York, Vintage Books, 1959), *Eros et Thanatos,* trad. Renée Villoteau, « Les Lettres nouvelles », Paris, Denoël, 1972, p. 378. Cf. tout le chap. 16 intitulé « La résurrection du corps ».

corps humain deviendrait ainsi pervers polymorphe, déclare-t-il, prenant plaisir à cette vie ardente de tout le corps qu'il redoute actuellement[11]. »

Certes, le bonheur qui nous est promis est, plus encore que l'épanouissement corporel, la fruition de la Face adorable du Dieu Trinité et la communion avec nos frères les hommes[12]. Mais Brown a raison lorsqu'il affirme que la marque spécifique du christianisme est son refus de l'hostilité platonicienne à l'égard de la matière et du corps. De même la résurrection des corps est un état d'où tout refoulement sera aboli et où le corps, loin d'être mis de côté, sera en état de jouissance maximale : Thomas d'Aquin l'affirme clairement. En ce sens, le ciel sera dyonisien et non pas apollinien. L'intuition de Brown montre combien la résurrection des corps est douée d'une puissance curative, réconciliatrice et que cette aspiration sommeille au cœur de tout homme et de tout penseur. En ce sens, les *convictions* – je ne dis pas les *conceptions* – du freudien rejoignent celles du chrétien.

2. La résurrection des corps

L'homme aspire secrètement à la résurrection du corps humain. Pourtant, celle-ci est hors toute prise rationnelle. On sait par exemple que l'Aréopage d'Athènes ayant écouté, avec tout l'intérêt dont était capable l'âme religieuse grecque, le début du discours de saint Paul sur Dieu, s'est poliment retirée lorsque l'Apôtre a commencé à parler de résurrection de la chair (Ac 17,32). Dès l'origine, les résistances se sont manifestées, et elles se poursuivent aujourd'hui avec la reviviscence des théories de la réincarnation. « Sur aucun point la foi chrétienne ne rencontre plus de contradiction que sur la résurrection de la chair[13]. » N'est-il pas proprement scandaleux d'affirmer que le corps humain puisse un jour revivre ?

Cela ne signifie pas qu'une telle donnée de foi ne donne pas à penser au philosophe : se demandant comment un regard rationnel sur le corps peut faire droit à ce donné de foi, Claude Bruaire en a même fait le pivot de sa philosophie du corps.

---

11. *Ibid.*, p. 377-379.

12. De plus, ignorant par exemple la doctrine des sens spirituels, Brown est victime d'une anthropologie matérialiste, confondant dualisme et dualité (âme-corps) et donne l'impression de tomber dans le tantrisme thibétain. Son attirance vers l'hermétisme est toutefois cohérente : à trop amputer la part spirituelle de l'homme et donc à congédier toute dualité, il ne peut que tomber dans le monisme fusionnel qui est le fond de tout l'hermétisme.

13. Saint AUGUSTIN, *Psal.* 88, 2, 5, cité par le *Catéchisme de l'Église catholique,* Paris, Mame-Plon, 1992, n. 996.

Une controverse

Retrouvons une dernière fois l'analyse de Jean-Paul II. Le pape fonde notamment sa réflexion sur un texte de controverse rabbinique entre Jésus et les sadducéens. Ces derniers forment une secte liée à l'aristocratie sacerdotale que nous ne connaissons qu'indirectement car tous leurs écrits ont été perdus après l'incendie de Jérusalem, en 70. Ils viennent questionner Jésus sur la loi du lévirat (cf. Dt 25,5-10) selon laquelle, si un homme meurt sans postérité, le frère du défunt épouse la veuve du frère mort. Pour cela, ils inventent un cas purement théorique pour montrer l'impossibilité de la résurrection des corps :

> « Il y avait sept frères. Le premier prit femme et mourut sans laisser de postérité. Le second prit la veuve et mourut sans laisser de postérité, et de même le troisième ; et aucun des sept ne laissa de postérité. Après eux tous, la femme aussi mourut. À la résurrection, quand ils ressusciteront, duquel d'entre eux sera-t-elle femme ? » (Mc 12,20-23.)

Voici la réponse de Jésus :

> « N'êtes-vous pas dans l'erreur, parce que vous méconnaissez les Écritures et la puissance de Dieu ? Car lorsqu'ils ressusciteront d'entre les morts, ils ne prendront ni femme ni mari ; mais ils seront comme des anges dans les cieux. Quant au fait que les morts ressuscitent, n'avez-vous pas lu dans le livre de Moïse, au passage du buisson, cette parole que Dieu lui a dite : "Je suis le Dieu d'Abraham, d'Isaac et de Jacob" ? Il n'est pas un Dieu de morts mais de vivants » (Mc 12,24-27).

Et Jésus de conclure : « Vous êtes grandement dans l'erreur ! » (Mc 12,27).

Ce riche texte qui présente « *une signification clé pour la théologie du corps*[14] » nous parle du fait de la résurrection, aussi bien que de l'état des corps glorieux, ressuscités. Quant à la première question, le Christ critique sur deux points l'erreur des sadducéens, ce qui, en positif, fonde doublement la résurrection : il porte sa critique sur les Écritures et la puissance de Dieu (Mt 22,29).

Le fondement scripturaire

Tout d'abord, puisque les sadducéens partent du Pentateuque, le Christ, en bon dialecticien, argumente à partir d'un livre du Pentateuque, l'Exode, qui nomme Dieu « le Dieu d'Abraham, le Dieu d'Isaac et de Jacob », ce qui ne peut se comprendre que si l'on admet la réalité d'une vie qui ne finit pas avec la mort (cf. aussi Lc 20,38).

14. 2-XII-1981, 1 ; III, p. 25.

On pourrait objecter que l'expression « résurrection des corps », souvent mentionnée par Jean-Paul II, n'appartient pas au Nouveau Testament. Mais elle fait partie de la Tradition de l'Église la plus primitive, puisqu'elle « apparaît pour la première fois en saint Clément et en saint Justin ». De plus, on trouve « en de nombreux textes du Nouveau Testament la foi en l'immortalité de l'âme, et son existence également en dehors du corps.[15] » Bref, si le mot n'est pas présent, la réalité l'est.

Le fondement théologique

Les sadducéens se trompent sur un autre point : « Le Christ est venu pour rendre témoignage au Dieu de la vie dans toute sa puissance » parce que l'effet premier de la puissance de Dieu est de donner la vie. Or, dès l'origine, « Celui qui est – Celui qui est vit et qui est la Vie – constitue la source inépuisable de l'existence et de la vie ». Même après le péché de l'homme, on voit *« le Dieu vivant [...] contractant Alliance avec les hommes »*. Mais l'Alliance est « la vie [...] donnée en partage » aux hommes ; aussi Dieu « *renouvelle sans cesse* [...] *la réalité même de la Vie* » et « le Dieu que les sadducéens *privent* de cette puissance n'est plus le vrai Dieu de leurs pères, mais le Dieu de leurs hypothèses et de leurs interprétations[16] ».

Jésus aurait pu argumenter à partir de sa propre Résurrection. Mais il ne veut pas y faire allusion, avant que celle-ci ne se soit déroulée. Il demeure que c'est dans et par la Résurrection du Christ que tout homme ressuscite : en effet, en Dieu « est la source de vie » (Ps 36,10) et Jésus est « la vie » (Jn 14,6). Aussi, « comme le Père ressuscite les morts et leur redonne vie, ainsi le Fils donne vie à qui il veut » (Jn 5,21). Exemplaire et cause de la nôtre, la Résurrection du Christ nous configure à lui, corps et âme. Aussi, de même que Jésus a été pleinement établi fils par sa résurrection d'entre les morts, de même, celle-ci nous donne-t-elle la pleine dignité des fils de Dieu (Rm 8,29).

Le fondement anthropologique

La résurrection des corps comporte un enseignement anthropologique capital qui est la pierre de touche de la vision de l'homme : si le corps est promis à la même éternité que l'esprit, c'est donc que tous deux ensemble, et seulement ensemble, forment une personne unique. Cela signifie, non pas qu'ils sont inséparables, mais qu'ils constituent un être unique d'une dignité

15. 18-XI-1981, note 1, 2 ; p. 19 ; le passage donne quelques références scripturaires.
16. *Ibid.*, 5 à 7 ; pp. 22 à 24.

inouïe. En ce sens, si notre propre résurrection est pure grâce, si elle est d'abord et avant tout un prolongement de la Résurrection du Christ, elle comporte aussi une dimension anthropologique : du point de vue de la logique surnaturelle du salut, elle est, selon le mot étonnant de Jean-Paul II, « une justice rendue au corps ». Saint Paul ne dit-il pas que « l'homme sera jugé selon ce qu'il aura fait au moyen de son corps » (II Co 5,10) ?

Spiritualisme et matérialisme se nourrissent de la même erreur : le corps est une enveloppe provisoire, que l'homme lui survive (spiritualisme) ou non (matérialisme). On pourrait appeler cette erreur « le syllogisme du mépris » et la formuler de la manière suivante. Tout ce qui est temporaire est méprisable. Or, le corps idole du matérialiste, autant que l'enveloppe charnelle du spiritualiste est promis à la pourriture. Donc, méprisons le corps humain : *delendum est corpus.*

Or, la résurrection de la chair nous apprend que le corps est promis à l'éternité, qu'il hérite du même sort que l'immortel esprit. Aussi, ce dogme de foi récuse-t-il toutes les disqualifications qui grèvent les discours négatifs sur le corps aliénant ou idolâtré. En affirmant d'emblée la vocation du corps à l'éternité, il porte le fer au cœur du non-dit secret de toutes les pratiques et discours dévalorisant le corps, son caractère transitoire.

3. Les corps glorieux dans tous leurs états

Le corps de l'homme ressuscitera à la fin des temps, lors du jugement final. Mais quel sera l'état de ce corps ? Que deviendra sa signification sponsale ? La réponse du Christ aux sadducéens soulève un coin du voile, laissant le soin à notre expérience future de découvrir l'essentiel. Pour comprendre cet état dont nous n'avons aucune expérience, la meilleure manière est de le comparer à ce que nous connaissons, à savoir l'état actuel de notre corps. Le corps ressuscité sera à la fois même et autre, cette différence étant négative (certaines caractéristiques disparaîtront) et positive (de nouvelles caractéristiques apparaîtront)[17].

17. Rappelons que les développements proposés par JEAN-PAUL II se fondent uniquement sur l'Écriture ; il va de soi que les développements théologiques proposés par la Tradition de l'Église sont beaucoup plus amples. On peut par exemple se rapporter à ce que dit S. THOMAS dans le *Supplément* de la *ST* (q. 79 à 86, pour la seule question du corps ressuscité). Toutefois, ce *Supplément* est une compilation mal ordonnée d'œuvres de jeunesse de S. Thomas ; on peut penser que le génie arrivé à pleine maturité nous aurait offert une synthèse autre (au moins quant à la mise en ordre).

Ce qui disparaîtra[18]

Il est dit que, lors de la future résurrection, les hommes « ne prendront ni femme ni mari ». En effet, l'« autre monde » (Lc 20,35) est l'accomplissement de l'humanité. Et il ne serait pas achevé si le nombre des personnes n'était pas clos. En conséquence, à la résurrection, le corps humain perdra sa signification et sa fonction procréatives. L'une des finalités essentielles du mariage disparaît et le mariage, dans sa raison d'être, de même.

Ce qui demeurera[19]

L'homme ressuscité retrouve l'unité de son âme et de son corps perdue lors de la mort : en effet, lors du décès, son corps est devenu « poussière » (Gn 3,19) et seule l'âme, spirituelle et immortelle, survit. La résurrection est donc un retour à l'intégrité somato-spirituelle de l'homme. « Dans le paradis, dit Paul Claudel, je ne me servirai pas d'autres yeux que ceux-ci mêmes.[20] »

Par ailleurs, la phrase du Christ : « Ils ne prendront ni femme ni mari », n'a de sens que si la distinction des sexes demeure. En conséquence, « les corps humains retrouvés et en même temps rénovés dans la résurrection, maintiendront leur caractère masculin et féminin », inscrit corporellement. Autrement dit, les corps ressuscités seront ni asexués ni androgynes, mais sexués. Cela ne saurait d'ailleurs étonner, puisque la sexualité appartient à l'ordre de « l'origine » voulu par Dieu, à la création. Or, selon un axiome classique de la théologie, la grâce ne détruit pas la nature – créée – mais la perfectionne. De plus, selon un autre axiome traditionnel, la gloire est la consommation de la grâce. Par conséquent, loin de nier la nature, la gloire l'achève pleinement.

Le corps glorieux est donc de même **nature** que le corps actuel, mais transformé, doué de **propriétés** différentes : le corps de Jésus ressuscité, dit le *Catéchisme de l'Église catholique,* « est le même [que celui] qui a été martyrisé et crucifié puisqu'il porte encore les traces de sa passion », mais « ce corps authentique et réel possède pourtant en même temps les propriétés nouvelles d'un corps glorieux[21]. »

18. 2-XII-1981, 1 et 2; III, p. 25 et 26.

19. *Ibid.,* 4; p. 27.

20. *Cinq grandes odes,* II, in *Œuvre poétique,* « Bibliothèque de la Pléiade », Paris, Gallimard, 1977, p. 242.

21. *Op. cit.,* n. 641. « Ce que nous sommes déjà dans le Christ ressuscité, par le baptême et par le don de l'Esprit, appelle pourtant encore une transformation. L'homme ressuscitera dans sa propre chair, mais dans une chair transfigurée, semblable à celle du Christ glorieux. Saint Paul parle ainsi de corps "spirituel" ou "plein de gloire". » (Les évêques de France, *Catéchisme pour adultes.* L'Alliance de Dieu avec les hommes, Paris, 1991, n. 667, p. 379)

Ce qui sera nouveau

Le Christ parle d'un « autre monde », donc d'un « monde autre » et cette nouveauté (Ap 21,1) est définitive, car la promesse du Christ est définitive. Précisément, le corps ressuscité présente deux nouveautés : la spiritualisation et la divinisation.

Ce nouvel état absolument original est qualifié de **spirituel** par Jean-Paul II[22], à la suite de saint Paul (I Co 15,44). En effet, Jésus dit que ceux qui sont ressuscités « sont pareils aux anges » (Lc 20,36; Mc 12,24-25). Ce qui signifie *« une spiritualisation de l'homme suivant une dimension différente de celle de la vie terrestre »* ou historique et « même différente de celle de l'*origine* même », c'est-à-dire du premier état. Et d'autres passages le confirment, qui comparent l'homme à un être céleste, par exemple : « Et cependant tu l'as fait de peu inférieur aux anges » (Ps 8,6).

Comment le comprendre ? Évitons déjà une méprise qui exciperait d'une compréhension superficielle de la parole de Jésus : cette spiritualisation n'est pas une sorte d'« angélisation ». En effet, l'ange est un être purement incorporel. Or le corps fait partie de l'essence humaine. Aussi, « désincarnation » signifierait « déshumanisation », « victoire définitive de l'esprit sur le corps ». L'homme ne peut changer de nature, à moins de n'être plus homme.

Le terme « spiritualisation » concerne **non pas l'être de l'homme,** entendu au sens de nature, d'essence, **mais son agir,** son opération. Il se rapporte alors aux forces vives de l'*esprit* surélevé par la grâce et intégrant les dynamismes corporels et les passions : « La résurrection signifie une nouvelle soumission du corps à l'esprit. » Il est aisé de le comprendre en comparaison avec notre état actuel. Celui-ci, en l'état anarchique de péché est opposition, conflit du corps et de l'esprit. La rédemption opère une réelle spiritualisation par laquelle « les énergies de l'esprit parviennent à dominer les forces du corps ». Pourtant, même chez le plus grand saint, cette spiritualisation n'est jamais totale, car elle « ne supprime pas la possibilité » de l'« opposition » du corps et de l'esprit, comme le dit saint Paul (Rm 7,23). L'homme ressuscité diffère aussi de l'homme dans l'état d'origine ou d'innocence, car l'homme y demeurait vulnérable, alors que « *l'harmonie entre corps et de l'esprit* » est parfaite et irréversible.

Le corps ressuscité n'est pas seulement spiritualisé, il est **divinisé**[23]. En effet, en saint Luc, Jésus dit que les « fils de la résurrection » sont également « fils de Dieu ». C'est ce qu'explique la comparaison de la grâce et de la gloire. La divinisation est le don de la vie intérieure de Dieu qui se communique à l'homme. Or dans l'état de nature rachetée, la grâce pénètre

22. 9-XII-1981, 2; III, pp. 28 à 31.
23. 9-XII-1981, 3 à 16-XII-1981, 5.

l'âme, mais le corps reste encore pour une part insoumis à l'âme. En revanche, dans l'état glorieux, *« Dieu se communique dans sa divinité même,* non seulement à l'âme mais aussi à *toute la subjectivité psychosomatique de l'homme »* et, loin d'absorber la personnalité, il la fait « ressortir [...] incomparablement ».

La plénitude du corps humain

Qu'apporte la vision glorieuse au corps humain? La vision béatifique à laquelle tout homme est appelé, est le don « le plus personnel de Dieu qui se donne dans sa divinité même à l'homme ». En effet, Dieu est, au plus profond de lui-même, pure effusion d'amour (Jn 4,8.16). Or, aimer, c'est se donner, se livrer sans défense à la contemplation aimante d'autrui. Aussi, Dieu désire-t-il se donner tout à voir, en son intimité[24]. Dans la vision, le « mystère caché de toute éternité » se livre. Dieu n'est plus caché (Is 45,15) dans l'obscurité de la foi (I Co 13,8-13), mais s'offre dans cette vision d'amour qu'est le bonheur des trois Personnes trinitaires. Dieu contemplé, et, plus précisément, « expérimenté » est donc une vision proprement béatifiante[25].

Or, le don de Dieu appelle en retour le don de soi de l'homme. « Le don réciproque de soi-même à Dieu [...] sera la réponse au don que Dieu a fait de lui-même à l'homme », ce don constituant « l'expérience béatifique ». Et l'homme en sa totalité manifestera ce don, en particulier le corps dont la vocation est de signifier toute la personne. En outre, cette signification sera totale puisque plus aucun obstacle ne s'opposera à l'unité psychosomatique en complète communion avec Dieu. En conséquence, la résurrection est une redécouverte profonde ou plutôt approfondie, et désormais achevée, de l'homme et singulièrement de son corps : elle est la réalisation, « **l'accomplissement définitif de la signification sponsale du corps**[26] ». Le corps n'est jamais plus corps que glorieux. Si en effet, la vision béatifique est la réponse au Don total et inimaginable de Dieu par notre ouverture maximale

24. *Tout* ne veut pas dire *totalement* : Thomas précise que, dans la vision béatifique, Dieu est donné « totum sed non totaliter » (cf. *ST,* Ia, q. 12, a. 7). Même l'infinité de l'intellect ne peut embrasser l'Etre divin, et encore moins le dire. Non que Dieu se dérobe, mais parce que la créature ne peut égaliser son Créateur.

25. *Ibid.,* 4 à 16-XII-1982, 1 ; p. 33 à 35. Ces deux éléments, de connaissance (vision) et de fruition (béatifique), se retrouvent dans l'importante définition qui fait partie de la foi, proclamée par le pape Benoît XII : « Nous définissons que [...] tous les saints [...] voient l'essence divine d'une vision intuitive et même face à face [...] La divine essence se manifeste plutôt à eux immédiatement à nu, clairement et à découvert et, par cette vision, ils jouissent de cette même essence. » (Constitution *Benedictus Deus,* 29 janvier 1336, in DUMEIGE, *La foi catholique, op. cit.,* n. 961 et 962, p. 511)

26. 16-XII-1982, 2 et 3 ; pp. 36 et 37.

et le don de notre action de grâce, dans l'autre monde, le corps se trouve comme dilaté et parfait dans sa vocation de corps à la fois reçu et offert : dans sa paisible lumière, s'attardent et se lisent, sans plus jamais se lasser, son origine et sa destination divines.

À cette signification personnelle et verticale, se joint une signification interpersonnelle et horizontale. Quand nous proclamons le *Credo,* « nous professons la foi en la communion des saints [...] en connexion organique avec la foi en la résurrection des morts ». Cette communion est relation entre personnes. « **Nous devons [donc] penser à la réalité de l'autre monde » comme « redécouverte d'une nouvelle et parfaite intersubjectivité de tous**[27] », même si le contexte de notre individualisme actuel rend difficilement imaginable qu'au Ciel, il n'y ait plus de regards indifférents, selon le mot de sainte Thérèse de Lisieux. Or, le corps est médiateur privilégié de la relation entre les personnes. Dans l'état de vision béatifique, le corps humain accomplira donc aussi pleinement sa vocation à la communion. Et par les relations interpersonnelles que le corps humain tissera, brillera sans retard ni restriction l'image de l'incessante circulation d'amour des trois Personnes divines, qui l'ont modelé : « Faisons l'homme... » (Gn 1,26)

Aussi, des deux significations du corps humain, sponsale et procréatrice, il ne demeure, dans la gloire et totalement, que la signification sponsale dont on a vu qu'elle est première et fondamentale[28].

Âme insatisfaite demande un corps

Pourquoi l'âme bienheureuse ne se satisfait-elle pas de la vision béatifique, loin de son corps ? En effet, la foi nous garantit que l'âme séparée, en attendant le Jugement dernier, durant ce que l'on appelle l'eschatologie intermédiaire, ne moisit pas dans l'espérance du salut, mais jouit déjà du bonheur du face-à-face. Jésus lui-même ne l'a-t-il pas promis au bon larron : « Aujourd'hui, tu seras avec moi au paradis » (Lc 23,43) ? L'objection est forte. Il y va du réalisme même de notre incarnation : un bonheur sans corps est un corps sans bonheur. Et nous voyons poindre les mythes gnostiques qui font de l'union de l'âme au corps une chute et un châtiment. On songe aussi au philosophe Plotin qui faisait du corps l'aire de repos d'une âme lassée par la contemplation du divin.

27. *Ibid.,* 4 ; pp. 37 et 38.

28. « Le mariage et la procréation ne déterminent pas définitivement d'eux-mêmes la signification originaire, fondamentale » du corps ni même, ajoute Jean-Paul II, de la sexualité. Le sens du mariage et de la procréation est borné à la « réalité concrète » de l'histoire. 13-I-1982, 4 ; pp. 42 et 43)

Les développements de la seconde partie permettent de répondre avec certitude. Un homme sans corps (l'âme séparée) n'est pas pleinement un homme. L'incarnation fait intrinsèquement partie de notre dignité de personne. Or, l'agir suit l'être et le bonheur est l'activité la plus haute de l'homme. **L'âme** isolée, **séparée ne saurait** donc **être pleinement heureuse.** Dans les termes de la philosophie articulant don, être, personne : le corps est l'expression, mais aussi l'instrument du don qui met la personne en relation avec tout autre. Or, l'homme ne se trouve que par le don désintéressé de lui-même. Il faut donc affirmer que, par nature, l'âme séparée ne peut être pleinement épanouie en son être. Certes, Dieu subvient à ce manque ontologique, comme nous allons le montrer. Mais ce n'est pas de la nature même de l'homme que naît ce retour, ce don. Certes ainsi, l'âme séparée fait retour sur elle et voit Dieu face-à-face. Mais tout autre sera l'état de l'homme après la Résurrection. Certes enfin, les saints passent leur Ciel à faire du bien sur la terre. Mais cette communication est sans commune mesure avec la communion de charité que permettra à nouveau le corps.

L'objection peut prendre une forme plus entêtante. Thomas se demande en effet si l'âme séparée du corps peut faire acte d'intelligence[29]. Il semble que oui : quel que soit son état, l'intellect conçoit des idées qui sont universelles, donc spirituelles. Nous voilà donc retombés dans l'objection dualiste : de quoi sert un corps à une intelligence déliée de toute attache charnelle ? Inversement, dans l'hypothèse (qui est vérité) de l'âme informant son corps, l'intelligence ne peut connaître qu'en ayant recours aux connaissances sensibles dont elle extrait ses idées, comme le minéralogiste extrait le diamant de sa gangue de charbon. Nous le savons d'expérience : l'intelligence humaine naît *tabula rasa,* dénuée de toute idée innée. Par la médiation du corps, des sens, elle va quêter auprès des réalités sensibles sa pitance. Par un puissant labeur d'abstraction, elle tire de cet humble matériau la substantifique moëlle. Dès lors, séparée, l'âme est encore plus triste que la pierre, puisque celle-ci est au moins au contact de son entourage immédiat.

Résumons une lumineuse réponse où Thomas sait que se joue la vérité de l'union de l'âme et du corps. Dans une anthropologie dualiste, telle qu'elle est représentée, pour lui, par le platonisme, « l'âme ne serait pas unie au corps à son propre avantage, puisqu'elle connaîtrait moins bien, unie au corps que séparée de lui. Cela serait seulement à l'avantage du corps, ce qui est contraire à la raison, puisque la matière est pour la forme, et non inversement ». Notons en passant l'intéressant retournement de l'argument spiritualiste : il oblige à valoriser indûment et contradictoirement le corps.

29. *ST,* Ia, q. 89, a. 1. J'adapte parfois la traduction par souci de clarté.

Mais Thomas défend une vision de l'homme héritée d'Aristote où l'âme est beaucoup plus que moteur du corps. Elle en est le principe d'être, la forme (cf. 2e partie, chapitre 5). Il vaut la peine de le citer longuement :

> « Chez les anges et les hommes, la faculté de connaître provient d'un influx de la lumière. Cette lumière est parfaitement une et simple dans le premier principe ; et dans la mesure où les créatures douées d'esprit sont éloignées du premier principe (Dieu), dans cette mesure même cette lumière se divise et se diversifie, comme c'est le cas pour les lignes qui sortent d'un point central. En conséquence, Dieu, par sa seule essence, connaît toutes choses ; les anges les plus élevés [Chérubins et Séraphins], tout en connaissant au moyen de plusieurs idées n'emploient cependant que des idées en plus petit nombre, plus universelles, et d'une plus grande puissance pour comprendre les choses, en raison de l'efficacité de la vertu intellectuelle qui est en elles. Mais chez les anges moins élevés, il y a des idées plus nombreuses, moins universelles, et moins efficaces pour comprendre le réel, parce que n'atteignant pas à la puissance intellectuelle des êtres supérieurs. Donc, si les anges inférieurs possédaient des idées de la même universalité que les anges supérieurs en possèdent, ces idées, n'ayant pas autant de puissance intellectuelle, ne leur donneraient pas une connaissance parfaite des choses, mais seulement une connaissance générale et confuse. C'est ce qui se voit en quelque façon chez les hommes : ceux qui ont l'intelligence plus faible ne pénètrent parfaitement les conceptions universelles des intelligences plus vigoureuses que si on les leur explique en détail. Or il est évident que, parmi les êtres doués d'intelligence, les âmes humaines sont, dans l'ordre de la nature, au degré le plus bas. »

Nous l'avons vu en seconde partie.

> « Donc, si les âmes humaines avaient reçu de Dieu une telle structure qu'elles eussent connu à la manière qui convient aux substances séparées, elles n'auraient pas une connaissance parfaite, mais confuse et générale. Donc, pour qu'elles puissent avoir une connaissance parfaite et directe des réalités, leur structure naturelle les rend aptes à s'unir à un corps, et de la sorte elles reçoivent des choses sensibles elles-mêmes une connaissance propre de ces choses à la manière dont les hommes simples ne peuvent être instruits que par des exemples concrets. »

Thomas conclut avec rigueur : « Il est donc évident que c'est pour son plus grand bien que l'âme est unie à un corps et qu'elle comprend par recours aux images. Elle peut cependant être séparée du corps, et posséder un autre mode d'activité intellectuelle. » L'âme séparée n'est pas privée de toute activité, car il est naturel à l'intelligence de penser, mais elle le fait ici avec un net déficit de clarté et donc de lumière. Pour filer la métaphore, l'âme exilée du corps que Dieu enseigne ressemble fort à un élève de maternelle qui se glisserait sur les bancs d'un cours de physique particulaire donné à l'École polytechnique. Il se passionne pour les petits dessins faits au tableau, mais ne lui demandez pas de restituer ce qu'il a entendu... Au fond, nous avons une difficulté extrême à nous « représenter » ce que peut être une âme en attente de la résurrection de son corps. Seule la foi atteste une vérité, qui est raisonnable sans être rationnelle, et défie toute explication exhaustive.

Il y va donc de l'unité de l'homme que l'âme séparée peine à comprendre : si l'intelligence n'expérimentait aucun déficit dans son acte cognitif, cela signifierait que son union au corps serait une vaste mascarade et que le Créateur enjamberait les lois que sa Sagesse a édictées. Tout au contraire, en parfaite conformité avec la vision très incorporée de l'homme qu'il a héritée d'Aristote, l'Aquinate, à la suite de saint Paul, parle de la souffrance de l'homme en attente de la Résurrection. On ne peut annuler ces très fortes paroles :

> « La création en attente aspire à la révélation des fils de Dieu [...] toute la création jusqu'à ce jour *gémit en travail d'enfantement*. Et non pas elle seule : nous-mêmes qui possédons les prémices de l'Esprit, nous *gémissons nous aussi* intérieurement dans l'*attente de la rédemption de notre* **corps** » (Rm 8,19-23.)

C'est la personne, dans l'unité de son corps et de son âme, qui est sujet de ses actes proprement humains. Pour saint Bernard, c'est non pas la présence, mais l'absence de corps qui empêche les âmes de « totalement s'exposer et passer en Dieu ». Et le philosophe Jean-Louis Chrétien de commenter :

> « Car tout doit être glorifié. [...] Avec notre corps, nous pourrons lui rendre aussi tout ce en quoi notre corps porta son image, tout ce devant quoi, debout, il se tint, signe de l'esprit, les montagnes et les fleuves, les arbres et les sources, le monde matériel tout entier sanctifié par l'incarnation de Dieu[30]. »

4. « Je visiterai Bételgeuse »

Superman théologien

Quelles sont les propriétés des corps glorieux ? Là encore, partons de nos aspirations secrètes. Trois exemples les dévoileront. La première partie constatait l'importance prise aujourd'hui par le corps imaginaire dont les médias font leur choux gras. Ne se joue-t-il pas là un désir réel ? L'homme et la femme d'aujourd'hui rêvent d'un corps qui ne peut être autre que jeune, preste et beau, donc inaltérable. « S'il (elle) se laisse tenter par le marché des produits de beauté, c'est parce qu'il (elle) éprouve des pulsions très profondes qui attribuent au corps une valeur essentielle : non seulement le

30. « La vision et l'amour », in COLL., *Réincarnation, immortalité, résurrection, op. cit.*, pp. 169 à 211, ici pp. 210 et 211. Il cite le *Traité de l'amour de Dieu* de saint Bernard.

désir de bien-être, la volonté de plaire, mais aussi, surtout, le souci de rester jeune, de refuser la mort[31]. » Pourtant, dès avant vingt ans, chaque cerveau perd un neurone par seconde ! Cette impérialisation de la jeunesse et de la beauté promues valeurs suprêmes est un refus de l'humaine finitude et de la corruption, mais est aussi l'ébauche d'un légitime désir de dépassement.

Les propriétés du corps idéalisé – rayonnant, agile, incorruptible – se retrouvent aussi chez Superman, le héros de la bande dessinée promu vedette de cinéma : son corps forgé sur la planète Krypton rit et se rit autant des limites du temps que de la maladie. Si l'homme rêve sur ces corps à la Super (wo) man, ne serait-ce pas à cause de leur promesse d'éternelle jeunesse et de succès ? Or, il s'agit là des qualités du corps glorieux. Certes, tout le monde se récrira d'ainsi fantasmer, mais c'est au nom d'un prétendu réalisme qui doit se contenter d'yeux myopes, d'une acné et d'une obésité rebelles aux régimes. Aussi n'est-il pas faux d'affirmer : « Ce que la mort détruit, ce n'est donc point l'individu, mais son immaturité[32]. »

Enfin, pour le naturiste, le vivre nu est le signe et la réalisation de l'unité humaine : « Les nudistes sont porteurs d'un message pour l'humanité : accéder à la vérité de son image, c'est se réunifier individuellement et collectivement[33]. » À nouveau, le désir est bon, mais la réalisation terrestre est irénique, utopique : cette unification était la dot de l'innocence et sera celle de la gloire ; entre les deux, le temps de l'histoire est celui de l'opacité indisciplinée mais joyeuse de la chair. En revanche, la nudité dévoilera la beauté du corps glorieux, comme elle manifestait celle de l'homme innocent, avant la chute[34].

Les quatre qualités des corps glorieux

La théologie classique se fonde sur un texte de saint Paul pour affirmer que les corps glorieux sont doués de quatre qualités que j'indique entre crochets :

> « Ainsi en va-t-il de la résurrection des morts : on est semé dans la corruption, on ressuscite dans l'incorruptibilité [impassibilité] ; on est semé dans l'ignominie, on ressuscite dans la gloire [clarté] ; on est semé dans la

31. Gérard Badou, *Le Corps défendu, op. cit.*, p. 130.

32. Dr Roger Godel, *Essais sur l'expérience libératrice,* Paris, Gallimard, 1962 (Présence, 1976), p. 29.

33. Marc-Alain Descamps, *Ce corps haï et adoré, op. cit.*, p. 189. Cf. *Id., Vivre nu.* Psychosociologie du naturisme, Paris, Trismégiste, 1987.

34. Dans un profond roman symbolique, Clive Stapes Lewis fait visiter le paradis à quelques mortels qui rencontrent des personnes anticipant la résurrection : « Les uns étaient nus, les autres vêtus de longues robes ; mais les premiers ne semblaient pas moins parés que les autres, et chez ces derniers le vêtement qui les couvrait ne dissimulait aucunement leur puissante musculature et la douceur nacrée de leur peau. » (*L'autobus du paradis,* trad. Jacques Winandy et Dominique Barrios-Delgado, Paris, Le Cerf, 1980, p. 33)

> faiblesse, on ressuscite dans la force [agilité] ; on est semé corps psychique, on ressuscite corps spirituel [subtilité]. » (I Co 15,42-43.)

En donnant à la mort, « un corps alourdi, nous le récupérons plein d'agilité, un corps faible, nous le recevons inaltérable ; un corps déformé, nous le recevons lumineux ; un corps matériel, nous le recevons réduit jusqu'à confiner avec l'esprit[35]. »

Il est aisé de critiquer l'étroitesse du fondement exégétique et l'arbitraire de ces développements. Mais ce serait manquer la belle compréhension que cette interprétation livre du corps humain dans ses étroites relations avec l'âme[36].

L'**incorruptibilité** ou impassibilité signifie l'assomption par l'esprit de la vulnérabilité constitutive de la matière : sa capacité de dégradation. Cette première qualité est encore toute négative. Les trois autres sont positives et retrouvent les trois causalités que l'âme exerce à l'égard du corps.

La **subtilité** ne signifie surtout pas une raréfaction de la matière, mais le mariage du corps et de l'âme, qui lui est unie comme sa forme. Or, cette union s'expérimente comme unité plénière, à laquelle l'homme a aspiré toute sa vie terrestre. Le corps glorieux a définitivement conjuré le corps éclaté du mécanisme. Cette subtilité s'éprouve et s'ébauche dans le désir d'une parfaite intégrité, de la santé identifiée au silence des organes dont parlait le professeur Leriche : être en santé, c'est ignorer que l'on a un corps, non pas par mépris mais par intégration. Je reviendrai plus loin sur la subtilité du corps glorieux.

Mireille Nègre, ex-danseuse étoile, convertie à la foi catholique, vierge consacrée qui, après avoir passé dix ans au Carmel, est retournée dans le monde afin de danser pour Dieu, a cette remarque lumineuse : « J'aimerais tant me passer de mon reflet, être non pas un pur esprit — imagine-t-on une danseuse sans corps ? — mais une femme dont l'attrait résiderait dans sa simplicité[37]. » Mireille Nègre ne refuse pas son corps mais aspire à un corps que la subtilité des corps glorieux nous promet.

Ensuite, l'**agilité** est la conséquence de la parfaite soumission du corps à l'âme comme à son moteur. Le grand compositeur contemporain Olivier Messiaen a longuement médité sur les corps glorieux auxquels il a consacré,

35. Padre F. ZUCCARONE, « Les dons des corps glorifiés, Sermon du jour de Pâques », in *Sermons de Carême,* Venise, Paolo Baglioni, 1671, p. 325.

36. En effet, on peut rapporter la fine analyse que saint Thomas donne de la quadruple propriété des corps glorieux aux quatre causes, même s'il ne parle explicitement que de la double causalité formelle (fondant la subtilité) et efficiente (fondant l'agilité). La subtilité fonde les autres propriétés des corps glorieux (cf. *ST, Supplément,* q. 83, a. 1. Sur les qualités des corps glorieux, cf. sq. 82 à 85).

37. Mireille NÈGRE, *Une vie entre ciel et terre,* avec la collaboration de Mireille Taub, « Le livre de poche » n° 4365, Paris, Balland, 1990, p. 87.

en 1939, sept pièces d'orgue aussi poétiques que chargées d'enseignements théologiques :

> « Après la résurrection, écrit-il, les qualités des corps glorieux : subtilité (plus de faim, plus de soif, plus de sommeil) – agilité (abolition des distances et des obstacles) – impassibilité (plus de souffrance, plus de maladie, plus de mort) – clarté (nous serons notre propre lumière) – nous délivreront de toutes les servitudes actuelles. Plus d'hypothèses ! Les astronomes comprendront enfin le fonctionnement de l'univers. Les retrouvailles avec tous ceux que nous avons aimés, et la merveilleuse compagnie des Anges, s'ajouteront à toutes ces splendeurs. Mais le plus haut point de tant de joies sera la vision béatifique[38]. »

Messiaen disait, dans un entretien, qu'il avait la ferme espérance, lorsque son corps ressusciterait, de visiter enfin, les plus belles étoiles du ciel, d'Aldébaran à Bételgeuse. Il parlait aussi des « facultés [...] de transport immédiat dans l'espace » des corps glorieux.

Enfin, la **clarté** du corps, sa transfiguration n'est rien d'autre que le reflux somatique de la gloire qui inonde l'âme. Ici, c'est la finalité du corps et plus encore, sa valeur expressive qui est mise en valeur : transfiguré de l'intérieur, le corps trouve la gloire à laquelle il a toujours aspiré. Il abandonne définitivement au miroir incertain et changeant des modes mondaines toutes les quêtes tristes et narcissiques d'une gloire venue de l'extérieur, tant par les techniques qui le sculptent que par le souci anxieux de l'opinion d'autrui qu'il ausculte. La résurrection révèle la propriété la plus secrète de notre corps, qui est aussi sa vocation la plus profonde : être divinisé, révéler la gloire, en vivre et la communiquer à autrui.

La Transfiguration du Christ nous apprend, de plus, que la clarté du corps glorieux est rayonnement de lumière[39]. Risquons l'interprétation suivante. La lumière, sur laquelle les grands physiciens de ce siècle (ceux qui ont fondé les théories de la relativité et la mécanique quantique) ont beaucoup médité, apparaît comme la réalité physique la plus parfaite : la vitesse de la lumière est la vitesse limite ; et l'énergie est intrinsèquement liée à la masse. C'est donc que la lumière – et toute onde électro-magnétique – est le corps le plus subtil de la création matérielle. Or, la gloire est la plus haute réalité créée : elle est *gratia consummata,* la vie divine dans son plein achèvement et épanouissement. Dieu ne peut octroyer don plus parfait à la créature. Aussi est-il hautement convenant que la lumière du corps glorieux exprime la gloire

38. Cité dans le COLLECTIF, *Olivier Messiaen, homme de foi.* Regard sur son œuvre d'orgue, Paris, Trinité Média Communication, 1995, p. 40. Cf. p. 38 à 40. Messiaen trouvait en ce point de doctrine théologique une fructueuse source d'inspiration musicale, mais surtout, il en vivait, car il y adhérait du plus profond de son âme d'enfant émerveillé. Ce témoignage est d'autant plus intéressant que Messiaen était passionné par les découvertes scientifiques de son temps.

39. Il est dit de Jésus que « son visage resplendit comme le soleil, et ses vêtements devinrent blancs comme la lumière ». (Mt 17,2) Cf. *ST,* IIIa, q. 45, a. 1, ad 3um et a. 2, ad 3um.

inondant son âme[40], ce qui est, en retour, un témoignage rendu à la correspondance très profonde du corps et de l'âme[41].

Peu importe le détail de ces analyses qui fera sourire plus d'un. L'essentiel est, pour notre problématique, de montrer le parfait domaine de l'âme sur le corps, ou mieux, la profonde unité existant entre eux. Le corps glorieux est donc le seul corps pleinement humain : loin de tout docétisme, la théologie de la gloire corporelle assure que Dieu, ami incomparable, prend le corps humain au sérieux et l'accompagne, avec une vigilance et une inventivité jamais démentie, depuis la Création jusqu'à la Parousie[42].

Il est enfin possible de tenter une réinterprétation des quatre qualités des corps glorieux dans les termes du corps-de-don : impassible, le corps humain témoigne de la stabilité éternelle de son Origine, Source sans source de tout don. Subtil, il reçoit, sans résistance ni trahison, le don unique de son âme qui est esprit. Glorieux, le corps humain est parfaite possession de soi, enfin apte à exprimer, sans ombre, la capacité à se livrer. Agile, le corps trouve toute sa joie à se *donner* dans la communion et dans la danse que Fra Angelico a immortalisées (sic !) dans sa jubilante *Ronde des élus.*

Transparence ou mystère ?

C'est aussi en ce sens qu'un saint Augustin a pu rêver à un corps totalement transparent qui manifesterait ses *viscera,* entendez « les parties cachées, voilées à nos regards comme les réseaux enchevêtrés des veines, des nerfs, des viscères[43] », plus efficacement que toute endoscopie : « Tous les membres, tous les organes intérieurs du corps incorruptible [...] concourront aux louanges de Dieu ». Alors qu'ils étaient ici-bas « cachés », au Ciel ils « seront visibles, répartis extérieurement et intérieurement dans toutes les parties du corps, et [...] ils enflammeront les intelligences spirituelles par le charme de leur intelligible beauté[44] », au point même que « l'esprit qui se sert des yeux »

40. La théologie parle d'ailleurs classiquement de *lumen gloriæ,* lumière de gloire, qui n'est pas une lumière objective extérieure, mais une disposition infuse disposant l'âme à recevoir l'essence divine : elle est, en quelque sorte, une vertu théologale d'une particulière perfection (cf. *ST,* Ia, q. 12, a. 5).

41. Dans la vie terrestre, le corps humain est capable de « traiter », de s'ouvrir aux trois éléments que sont la terre (la nourriture solide), l'eau (l'alimentation liquide) et l'air (la respiration) ; par la gloire, il devient feu.

42. On s'étonnera ou plutôt on se réjouira de ce qu'un auteur si spirituel que saint Thomas ait pu longuement s'attarder sur les cinq sens des corps glorieux. Il estime, par exemple, que l'homme, délié de tout empêchement organique, pourra, au Ciel, percevoir « les odeurs jusque dans leurs nuances les plus subtiles ». (*Ibid.,* q. 82, a. 4, ad 3um)

43. *La Cité de Dieu,* L. XXII, ch. 24, Ed. par G. BARDY et G. COMBÈS, « Bibliothèque augustinienne » 37, Paris, Desclée, 1960, p. 669.

44. *Ibid.,* ch. 30, *op. cit.,* p. 707.

les jugeront préférables « à toute forme visible agréable aux yeux[45] ». La subtilité devient identification de l'intérieur et de l'extérieur[46].

Telle aussi la conviction, très belle de Romano Guardini :

> « Ici-bas nous parlons de l' "intérieur" de l'âme, de la sensibilité, du cœur, et de l' "extérieur" des choses, des événements, du monde : cette différence sera absorbée dans une unité plus haute. » La cause en est l'amour du Christ : « Le cœur de l'homme-Dieu sera l'espace qui renfermera toutes choses. [...] cette intériorité jaillira au dehors et se manifestera. Tout sera transparence, lumière. Il n'y aura plus ni intérieur ni extérieur, mais simplement présence et actualité. L'actualité de l'amour : l'amour comme état permanent de la création, l'identité de l'intérieur et de l'extérieur, voilà ce que sera le ciel [47]. »

Pour autant, on peut préférer à l'opinion d'Augustin et de Guardini qui veut faire remonter vers Dieu en action de grâces toute la beauté jusqu'ici voilée de la création, l'opinion selon laquelle la distance jamais comblée de l'intérieur et de son apparition, est le témoignage du mystère toujours partiellement caché de Dieu au-delà de tout, qui se reflète jusque dans les réalités corporelles : l'expressivité du corps n'est alors pas abolie par la gloire, mais accomplie[48].

Le corps glorieux est-il blessé ?

Il s'élève ici une polémique qui pourrait apparaître stérile et relever du dessein scolastique de ne rien laisser au hasard. D'un côté, la Tradition a pour une large part emboîté le pas à saint Augustin qui montre longuement que le corps glorieux sera purifié de toute diminution. La perfection du corps devenu incorruptible et spirituel exige l'effacement de tous les stigmates. De même que le corps glorieux doit être transparent, de même doit-il être intègre : « Toute malfaçon sera corrigée, tout ce qui manque par rapport à la mesure convenable sera complété [...], tout excès par rapport à la mesure convenable sera retranché [49]. » D'ailleurs, l'intégrité ne fait-elle pas partie des critères canoniques de la beauté ? De l'autre côté, il y a le témoignage, incontournable, de l'Écriture : Jésus ressuscité apparaît avec ses plaies (Jn 20,

45. *Ibid.*, ch. 24, *op. cit.*, p. 671.

46. On retrouve ce désir d'étalement de la profondeur viscérale dans les nouvelles techniques de numérisation du corps ; à deux différence près : la multiplicité des viscères est totalement assumée dans l'unité harmonieuse du corps glorieux et cette transparence du corps ne fait que redoubler celle de l'âme inondée par la lumière de gloire.

47. *Le Seigneur.* Méditations sur la personne et la vie de Jésus-Christ, trad. R.P. Lorson, Paris, Alsatia, 1945, p. 268. Olivier Messiaen a mis cette parole en exergue de la huitième pièce (« Les ressuscités et le chant de l'étoile Aldébaran ») de *Des canyons aux étoiles...* (1974)

48. Cf. ce qui a été dit du mystère en IIème partie, chap. 1. Sur ce double regard possible, cf. Pascal IDE, *Etre et mystère, op. cit.*

49. *La Cité de Dieu*, L. XXII, ch. 19, *op. cit.*, p. 633.

24-29) ; plus encore, c'est par ses blessures, dans la foi qui ébauche la vision, que Thomas parvient non seulement jusqu'au Vivant, mais jusqu'à Dieu.

Qu'en penser ? La discussion est ouverte. À mon sens, la blessure du corps glorieux n'est pas imperfection, et cela, pour deux raisons qui sont liées aux deux faces du don, reçu et offert. D'abord, le Fils fait chair n'est pas une Parole qui donne et se reprend. Les dons de Dieu sont « sans repentance » (Rm 11,29) et c'est pour toujours que l'humanité est hypostatiquement unie à la divinité; mais l'histoire n'est pas indifférente au corps. Or l'histoire sainte de Jésus n'a pas d'autre raison d'être que cette Heure où son corps fut élevé de terre et transpercé pour nos péchés. Voilà pourquoi la chair où s'inscrivent ces stigmates d'amour fait mémoire.

Par ailleurs, le corps humain est corps-de-don. Or, les plaies du Christ furent ouvertes par amour; le corps blessé manifeste donc plus que le corps intègre la vocation du corps. Le Serviteur souffrant, défiguré, sans visage, est aussi le plus beau des enfants des hommes (cf. Is 53,2). De même, notre corps humain ressuscité ne cachera pas ses blessures, mais les laissera resplendir dans la lumière glorieuse de l'amour.

> « Si la vertu rayonne dans les blessures qui l'attestent, pourquoi l'esprit, comme il le fait souvent déjà en cette vie, ne transfigurerait-il pas toutes les difformités, tout ce par quoi un corps s'écarte des canons ? [...] Plus essentielle que la conservation de sa matière [du corps], qui suscita tant de débats, est l'assomption dans la gloire même de son secret, devenu manifeste et ouvert, et non pas disparu. La vie éternelle est acte de louange par tout notre être, et non un spectacle à jamais étalé[50]. »

Voilà pourquoi, comme le dit Thomas d'Aquin, sans l'expliquer, le corps blessé de Jésus n'est pas « moins intègre, mais plus parfait[51] ». Ce que la réflexion thomasienne sur le corps constate, la théologie du corps-de-don en propose une ébauche d'explication. Dans le corps glorifié, la blessure qui nous obtient la guérison (cf. I P 2,24, renvoyant à Is 53,5) devient action de grâces; elle fait le corps eucharistique.

5. Le corps glorieux, hommage rendu à l'âme...

Le réalisme de la résurrection finale, autant que les différentes qualités des corps glorieux, sont l'une des preuves les plus éclatantes de l'impossible identification de l'homme à son âme et l'une des plus assurées réfutations du complexe angélique. Aussi, « la résurrection a eu une signification clé pour la formation de toute l'anthropologie théologique ». En effet, « la résurrec-

50. Jean-Louis CHRÉTIEN, « La gloire du corps », art. cité, p. 30.

51. *ST,* IIIa, q. 54, a. 4, ad 2um. Cf. Pascal IDE, *Connaître ses blessures, op. cit.*, pp. 249-250.

tion affirme clairement que la perfection [...] et la félicité de l'homme ne sauraient être » le fait « de l'état de l'âme seule », libérée du corps, mais requièrent l'union de l'âme et du corps, « *définitivement et parfaitement "intégrée*[52]*"* ». L'âme humaine dénuée de corps, même béatifiée par la vision face-à-face, demeure inachevée. Elle ne mérite pas d'être appelée personne.

Mais que l'on n'aille pas opposer la réalité, philosophiquement établie, de l'immortalité de l'âme spirituelle à la Révélation de la résurrection des corps :

> « Notre espérance est d'abord espérance en la résurrection, comme plénitude de la vie divine qui nous vient par Jésus-Christ. Mais cette espérance n'exclut pas la conviction selon laquelle notre âme est par nature immortelle. Bien plus, elle l'exige. Cette immortalité, l'intelligence humaine peut déjà la pressentir, mais seule la Révélation en donne la certitude et en dégage tout le sens. »

Et le père Bonino de citer le testament spirituel du cardinal Marty : « Que mes obsèques soient très simples, sans fleurs ni couronnes ; mon cercueil sera posé sur le pavé, entouré de deux cierges, rappelant l'un l'immortalité de l'âme et l'autre la résurrection du corps[53]. »

À côté du Mystère des Mystères qu'est le Verbe fait chair, la dignité chrétienne du corps humain se fonde sur la promesse de la résurrection. Tel est le deuxième « lieu » à partir duquel le chrétien médite sur l'importance inouïe du corps. Et c'est à nier cette résurrection que se retrouvent de la manière la plus étonnante adorateurs et contempteurs du corps humain. En effet, selon le syllogisme du mépris énoncé ci-dessus, platoniciens et adeptes à la réincarnation, autant que libertins, cathares ascètes ou hédonistes, se réjoignent dans une conviction commune : le corps est denrée provisoire et bien consomptible. L'implication pratique est immédiate : on peut en user comme on veut. Aussi, Michel Henry a-t-il grandement raison de préciser qu'en croyant critiquer la conception chrétienne du corps,

> « Nietzsche est dupe d'une confusion grave dont sa philosophie n'est certes pas l'origine, mais qu'elle a grandement contribué à renforcer. Cette confusion consiste à attribuer au christianisme des thèmes qui lui sont tout à fait étrangers et relèvent au contraire de la tradition gréco-humaniste[54] ».

---

52. 2-XII-1981, 5 ; III, p. 28. D'où la préférence marquée de saint Thomas (et de l'Église) pour l'anthropologie d'Aristote contre celle de Platon. Cf. Endre von IVANKA, *Plato Christianus.* La réception critique du platonisme chez les Pères de l'Église, trad. Elisabeth Kessler, « Théologiques », Paris, P.U.F., 1990.

53. Serge-Thomas BONINO, « Résurrection de la chair ou immortalité de l'âme ? », in *Nova et Vetera,* 1995/4, pp. 5 à 15, ici p. 15.

54. *Philosophie et phénoménologie du corps, op. cit.,* p. 290. Henry continue en remarquant que le christianisme s'élève jusqu'à la notion de corps propre (subjectif), alors que Nietzsche en est encore à la conception dualiste hellénique du corps objectif, hétérogène à la conscience (p. 291).

En retour, l'immortalité du corps promise par la résurrection rejaillit sur l'immortalité de l'âme et valorise celle-ci. Seule la Révélation qui promet efficacement l'incorruptibilité au corps le réunit profondément à l'âme et congédie tout risque de dualisme, en les appelant à partager la gloire de l'éternité. Distinguer le corps de l'âme conduit tôt ou tard au dualisme si Dieu ne vient sceller leur union par le don de la Résurrection.

Plus encore, confesser la résurrection de la chair, comme nous y invite le *Credo,* c'est affirmer la personnalisation de l'âme et donc le caractère profondément singulier, irremplaçable et irrépétable du corps humain. Les Grecs ont toujours eu du mal à concevoir une existence séparée de l'âme qui ne soit pas une perte de ses frontières individuelles et un élargissement-fusion aux dimensions universelles. C'est aussi rappeler combien l'homme n'est pleinement homme que dans une existence corporelle. Enfin, en termes éthiques, il y a dans la doctrine de la résurrection comme une mémoire et une piété de l'âme à l'égard de son corps. L'âme veut témoigner au corps, et selon sa mesure, d'une fidélité qui transcende tous les conditionnements. À ce corps qui lui a rendu tant de services, qui lui a permis de recevoir l'amour autant que de le donner, l'esprit, avec gratitude, désire ardemment se joindre, afin que rayonne sur ce corps la gloire dont toute la joie est de se communiquer en lumière.

Conclusion

La première partie a montré que notre vision du corps se partageait entre une représentation majoritaire, de type mécanique et, en réaction, une représentation naturaliste. Chacune d'elles amputait le corps humain, la première de son terme, la seconde de son origine.

La seconde partie a, peu à peu, dégagé la véritable conception du corps humain qui est corps-de-don : donné à lui-même (telle est son origine oubliée par le mécanisme), il est fait pour se donner (tel est sa destinée occultée par le naturalisme). Mais restaient deux difficultés majeures : pourquoi cette vérité du corps humain est-elle si difficile à percevoir ? Pourquoi, une fois vue, est-elle si difficile à vivre ?

Ce fut, notamment, le travail de la troisième partie, que de répondre à cette double question. La **vérité** et la dignité du corps-de-don s'éclairent à la quadruple lumière de la Création, de la chute originelle, de l'incarnation rédemptrice et de la promesse de la Résurrection de la chair : ces vérités qui sont au cœur de la foi chrétienne, seule véritable religion du corps, disqualifient définitivement tout dualisme. Et le corps humain, temple de l'Esprit, ne peut **vivre** de don, qu'uni au corps du Christ, en se nourrissant du Corps eucharistique, transmis par le Corps mystique de l'Église. En revanche, coupé de Dieu et du Christ, Révélateur et Rédempteur de l'homme, le corps humain n'a que deux choix : soit retourner à l'état d'innocence – c'est la tentation natur(al)iste –, soit rêver à l'état glorieux – c'est la tentation mécaniste –; dans tous les cas, c'est le corps-de-don perdu et racheté qui est enjambé. L'analyse que propose Jean-Paul II de la signification sponsale du corps humain évite donc d'une part le désespoir – cette signification ne disparaît jamais totalement –, d'autre part, la présomption – seul le Christ réconcilie l'homme avec Dieu, avec son esprit, avec son corps. Le regard théologique permet donc de jeter un regard non pas de juge mais de discernement et d'espérance sur l'expérience contemporaine du corps humain : les racines de la crise que nous vivons aujourd'hui viennent d'un refus massif à recevoir son corps de Dieu et donc de le donner : on ne peut donner que ce que l'on a reçu d'un autre que soi.

Autrement dit, sans Dieu, le corps ne peut que se défier ou se déifier. Une parabole l'expliquera mieux que de longs discours. En 1840, dans un petit roman, *l'Adolescent,* Dostoïevski évoque combien les hommes ont froid et sont devenus orphelins depuis qu'ils ont perdu leur père qui est Dieu. Notamment, écrit-il, ayant froid, les personnes se rapprocheront les unes des autres, ou plutôt tenteront de créer une fraternité sous le signe de l'union sexuelle; sans père, ils demanderont à l'érotisme cette paternité. Mais, déçus, ils se retourneront vers la nature : car ils sont comptables du cosmos. Dostoïevski prophétise ainsi deux des marques les plus spécifiques de notre époque privée de Dieu : l'érotisme débridé et l'écologisme outrancier[55]. Autrement dit, ayant troqué le vrai don de l'origine qu'est Dieu contre la nature, l'homme ne sait plus reconnaître sa vocation au don et l'échange contre le facile et décevant érotisme.

Retrouver le corps-de-don demande donc non seulement de le réconcilier avec lui-même, mais de le réconcilier avec l'esprit et d'abord avec Dieu : la fracture d'avec la Source de tout don ne peut que le faire éclater. C'est seulement au terme de sa vie que sainte Claire d'Assise, digne compagne de ce grand amoureux de la nature réconciliée qu'est le *Poverello,* put dire, en action de grâces : « Merci, mon Dieu, parce que Tu m'as créée. » Or, « la corporéité est la fin de toutes les œuvres divines »[56].

---

55. Cf. le résumé qu'en donne Cardinal G. DANNEELS, *L'humanité de Dieu.* Entretiens avec Gwendoline Jarczyk, Paris, DDB, 1994, pp. 38 et 39.

56. Friedrich ŒTINGER, cité par Jürgen MOLTMANN, *Théologie de la création, op. cit.*, p. 311.

QUATRIÈME PARTIE

Vivre son corps

Du corset au corsaire

« Nos talents essentiels sont le corps et l'âme, étroitement unis, étroitement dépendants l'un de l'autre ; notre premier devoir est d'en tirer parti pour l'honneur de Dieu et le bien du prochain[1]. »

« Le chrétien doit aimer son corps comme une image vivante de celui du Sauveur incarné, comme issu de la même tige avec celui-ci et, par conséquent, lui appartenant en parentage et consanguinité[2]. »

« Quand je regarde un corps humain, cet outil unique qu'est chaque individu, alors, je crois en Dieu[3]. »

La représentation mécaniste du corps l'a corsetée, asservie ; d'ailleurs, autrefois on appelait *corps* le corset. En revanche, la représentation naturaliste clôt le corps sur lui-même. Or le corsaire (que l'on songe à Surcouf) se différencie du pirate, en ce que le premier est au service du Roi et le second à son propre service. Aussi, ni corset ni corps qui ne sert pas, le corps qui sert est-il un corsaire, au service du bien de l'esprit. Comment vivre cette belle vocation ?

Plus que jamais cette quatrième partie ne prétendra à l'exhaustivité. Il aurait fallu parler des ombres du corps (le corps las, le corps souffrant, le corps malade, le corps mourant) et de la fête du corps (le corps dansant, le corps remerciant). Je n'aborderai que deux pratiques du corps : les objectifs d'une éducation du corps (chapitre 1) et la reconstitution de l'image du corps blessée (chapitre 2), avant de parler de deux figures contrastées du corps : le corps fatigué (chapitre 3) et le corps souriant (chapitre 4).

1. PIE XII, *Allocution au Congrès de gastro-entérologie,* le 26 avril 1952, in SOLESMES, *op. cit.*, p. 173.
2. *Traité de l'amour de Dieu,* L. III, ch. 8, Ed. de Genève, tome IV, p. 193.
3. Marc GENTILINI, *Tempérer la douleur du monde,* entretiens avec Jean-Philippe CAUDRON, Paris, Centurion, Bayard Éd., 1996, p. 208.

CHAPITRE 1

L'éducation du corps

« Ceci est du jogging, Percy, pas de la course. La course, c'est du sport. Le jogging, c'est une punition. –Vous voulez dire que vous n'aimez pas ça ? "Aimer ça ? Vous voulez rire ! Je fais ça pour ma santé, c'est tout. Ça me fait tellement mal que je suppose que ça me fait du bien[4]". »

« Notre corps sera compagnon d'esclavage ou compagnon de liberté dans le vrai service[5]. »

C'est parce que le corps est signe qu'il est insigne. Il faut maintenant rajouter : c'est parce qu'il est signe qu'il est digne. Et c'est le rôle de l'éducation du corps que de respecter et cultiver cette dignité. Pour être humain, le corps n'en a pas moins à s'humaniser et acquérir un supplément... d'âme !

1. Les trois objectifs

Quels sont les objectifs d'une saine éducation du corps humain ? Nous avons vu que le corps humain est corps-de-don, dans un triple sens : il se reçoit d'un don originaire ; il est fait pour donner ; informé par l'esprit, il est appelé à l'exprimer librement. Une éducation complète du corps répond donc à trois critères : un corps proprement humain est un corps qui se reçoit, un corps qui se donne et un corps qui signifie la liberté de l'esprit l'habitant.

Recevoir, donner, exprimer

Un corps qui se reçoit est d'abord un corps qui s'accueille, un corps dont on accepte le sens, parfois le plus humble. Rappelons-nous ce qui a été dit du corps pesant. Certains apprentis skieurs se refusent à tomber : ils devront aussi se refuser à apprendre le ski ! Précisément, dans le contexte de trans-

4. David LODGE, *Small World*, Penguin, 1984, p. 42. Cité par Vincent CARRAUD, « Sois sage, ô ma douleur... », in *Communio* n° XIII/6, *La souffrance*, novembre-décembre 1988, pp. 11 à 14, ici p. 13.

5. Bernard HÄRING, *La loi du Christ*, *op. cit.*, I, p. 105.

gression des limites qui est le nôtre, c'est un corps qui accepte, dans une joyeuse patience, ses limites : de l'adolescent qui, découvrant le patinage, est déjà agacé de ne pas réaliser un double axel, au quadragénaire qui nie devoir corriger sa presbytie naissante. Nous en reparlerons au chapitre 2.

Ensuite, un corps qui se donne est un corps qui s'ouvre à l'autre. Et il se donne, par excellence, dans la relation amicale. Le corps humain incarne et exprime beaucoup plus le don dans le cadre de la vie relationnelle, familiale ou amicale que dans le cadre d'une activité sportive, professionnelle[6], ou même artistique. En effet, le don dans l'amitié est plus plénier que le don d'une œuvre, si unique ou géniale soit-elle. « L'œuvre demeure l'œuvre *de* l'artiste, tandis que l'aimé est *pour* l'aimé et *vers* lui, jamais *de* lui[7]. » Il y a quelque chose de la personne et de son corps qui ne se trouve intégrée que dans la relation d'amour. En retour, le corps ne dévoile toute sa capacité expressive que dans l'amitié.

Enfin, le corps humain est celui qui reçoit le plus magnanime des dons : l'esprit. Il est donc appelé à en vivre et le signifier, en l'exprimant. Le terme d'expression corporelle est un tube dont il peut aussi bien sortir du ketchup que du dentifrice. Il demeure que l'homme doit apprendre à donner à son corps toute sa capacité expressive. Une anecdote en dira plus que de longs discours.

> « Marianne a onze ans. Elle se refuse à improviser. Recroquevillée sur elle-même, elle reste dans son coin et suce son pouce en regardant les autres. Cela dure plusieurs leçons. Je respecte cette inhibition. Chaque fois, je fais écouter aux enfants une musique au rythme berceur et me contente d'observer. [...] Un jour, enfin, je vois Marianne se détendre. Elle s'allonge sur le sol et, pouce dans la bouche, se berce elle-même. Au cours suivant, ses bras s'arrondissent autour d'un poupon imaginaire. Les mamans se montrent leurs "bébés". Marianne se joint au groupe... Les nuages passent, l'eau coule. La petite fille s'est tout à fait intégrée, simplement parce qu'on l'a laissée repasser par des étapes de croissance psychologiques nécessaires, sans la déranger ni émettre la moindre critique. Sa mère, étonnée du changement de son comportement, me demande plus tard : "Que lui avez-vous fait? Elle commence à avoir des amis[8]" »

---

6. Dans un ouvrage inutilement jargonnant (*Le corps.* Rôle et parole, coll. « Synthèse », Lyon, Chronique sociale, 1991), Mireille-Lucile LATOUR, assistante de service social, montre qu'il faut valoriser la place du corps dans le travail social. La discrétion (du corps) est souvent son discrédit.

7. Samuel ROUVILLOIS, *Corps et sagesse, op. cit.*, p. 68. Souligné par l'auteur.

8. Yvonne BERGE, *Vivre son corps.* Pour une pédagogie du mouvement, Paris, Seuil, 1975, pp. 118 et 119. Cf. notamment le chap. 4 auquel nous empruntons un certain nombre d'idées : « Connaître et "accorder" son corps », pp. 47 à 62. Cf. aussi tous les exemples du chap. 8 : « De l'expression », qui montrent que la fécondité de la libre improvisation corporelle vaut autant pour les enfants ne présentant pas de difficultés. L'ouvrage, mis à part quelques tendances syncrétistes, présente un intéressant itinéraire pédagogique pour que l'enfant (et pourquoi pas l'adulte) découvre son corps, par ses gestes.

Déverrouiller le corps peut ouvrir l'âme. Une éducation ajustée joint donc trois dimensions : l'humilité (le corps qui se reçoit), la charité ou l'amour (le corps qui s'offre) et la sagesse (le corps qui exprime).

Le corps libertin

La contre-épreuve du lien entre les deux pôles du don est fournie par la conception libertine du corps qui est née au XVIIIe siècle, mais est de toutes les époques. D'une part, cela est bien connu, le corps libertin est un corps qui veut jouir de lui, et est donc tourné vers lui-même : il nie toute signification oblative. D'autre part, et cela est moins connu, le corps libertin doit se couper de tout don originel. En effet, apprendre à jouir demande toute une éducation, si l'homme libertin ne veut pas devenir un débauché aliéné à ses passions. Mais l'éducateur ne risque-t-il pas d'étouffer la liberté de l'éduqué ? Il doit donc disparaître, même si c'est le père qui se charge de cette éducation[9]. Toute relation à l'autre est transférentielle : si elle-même est réussie, elle est vouée à disparaître. Le corps libertin est donc l'inversion la plus achevée de la bipolarité propre au corps-de-don : amputé de son origine, il manque sa destination. N'ayant pu se recevoir de la vie d'un père, il ne saurait devenir père d'une vie[10].

2. Du bon usage des cosmétiques

Donnons une double illustration concrète de ce que peut être une pédagogie du corps-de-don, l'une plus féminine – la cosmétique –, l'autre plus masculine – le bodybuilding. Un bon usage des cosmétiques, « bon » s'entendant ici dans un sens non pas esthétique, mais éthique, fait appel, me semble-t-il, à trois critères[11].

---

9. Tel est par exemple le cas dans *Le Rideau levé* ou *l'Éducation de Laure,* du comte de Mirabeau. Cf. l'analyse d'Alain-Marc RIEU, « La stratégie du sage libertin. Éthique et moralité au XVIIIe siècle », in *Éros philosophe.* Discours libertins des Lumières, Etudes rassemblées par François MOUREAU et Alain-Marc RIEU, Paris, Honoré CHAMPION, 1984, p. 57-69.

10. Il n'est pas étonnant que l'éthique libertine confondant liberté et indépendance, revendique l'athéisme. En effet, l'homme n'est que matière ; aussi, refusant l'esprit en l'homme, le libertin confisque aussi le don.

11. La question n'est pas sans importance : le seul Paris *intra muros* de cette fin de siècle, ne compte pas moins de 2500 salons de coiffure.

La vérité

Le soin corporel doit respecter la signification expressive du corps. Un ouvrage du spécialiste Kevyn Aucoin montre la différence entre l'avant et l'après maquillage. Tantôt celui-ci respecte et valorise réellement le visage de madame tout-le-monde : le simple épilement « en suivant la forme naturelle des sourcils » rend grâcieuse une figure ingrate. Tantôt le maquillage métamorphose à ce point le visage qu'on ne reconnaît même plus la personne. Que la top model Linda Evangelista soit la « quintessence du mannequin » car « elle a autant d'aspects différents qu'il y a de jours dans l'année[12] » peut à la rigueur se comprendre du point de vue professionnel. Mais comment concilier les caractéristiques de la reine du *make-over* avec l'expressivité impermutable qui caractérise le corps de la personne ?

Nous avons noté en première partie, qu'à côté de sa fonction esthétique ou hygiénique, le maquillage sert souvent à donner l'illusion sur la réalité de l'âge et de l'état du corps de la personne : permet-il donc une relation en vérité avec soi-même et avec les autres ? L'usage des cosmétiques doit suivre et non pas précéder le véritable « oui » à mon corps : laisse-t-il parler la profondeur du corps qu'est son âme ? Un corps se façonne d'abord de l'intérieur, par l'éthique qu'il exprime, et non de l'extérieur, par la technique qui l'imprime. Aujourd'hui, la question la plus importante pour la femme est l'acceptation de son âge. Trop d'habillements et de maquillages ne sont que des dénis de l'inévitable vieillissement et, finalement de la mort. Le marché actuel des produits anti-vieillissement est une fantastique aubaine : il augmente de plus de 20 % par an. On n'hésite pas à conseiller des cures antirides de... trois mois[13] !

Aussi, l'usage du cosmétique doit-il varier au cours du temps : assez discret chez le jeune, il prend souvent plus d'importance chez le célibataire et aux alentours de la trentaine, pour devenir plus discret lorsqu'arrive la décennie suivante, ce qui ne signifie surtout pas qu'il doive disparaître.

La mesure

L'usage des soins corporels doit être mesuré : mesuré à son budget, à son état de vie, à sa situation, etc. Cet homme qui transpire et se refuse à utiliser un déodorant, ne devra pas s'étonner que certains aient parfois du mal à le... sentir. Cette épouse qui se néglige depuis son mariage autant qu'elle se

12. Kevyn AUCOIN, *L'Art du Maquillage,* Paris (169 rue de Rennes), Vade Retro, 1994, pp. 83 et 110.

13. Sans parler de l'astuce des campagnes publicitaires qui déculpabilisent l'acheteuse : « Les femmes de trente ans l'utilisent. »

soignait durant ses fiançailles, expliquera (ce qui ne signifie pas : « excusera ») un déclin d'intérêt de son mari à son égard[14].

Peut-on davantage préciser les critères de mesure ? Cela ne semble ni possible ni souhaitable. C'est impossible, car le goût, la sensibilité sont des caractéristiques individuelles : les odorats qu'offusquent ou qu'enchantent les senteurs d'autrui sont extrêmement divers ; telle personne a naturellement une peau de pêche, telle autre une peau rêche. Ce n'est pas souhaitable, car la substitution d'une morale de la règle ou du code à une éthique de la construction de soi est la porte ouverte à toutes les déresponsabilisations et les injustices. Les limites trop rigides du permis et du défendu sont souvent l'occasion d'une démission de la liberté, d'un oubli d'un réel examen de conscience, voire une tentation de contourner la règle, toutes pratiques perverses desquelles la psychologie nous a amplement averties : on ne peut assigner *a priori* un pourcentage de budget à consacrer à ses soins de toilette, mais renvoyer aux critères énumérés. Il faut d'ailleurs compter avec le poids des habitudes personnelles : telle femme a toujours eu l'habitude de se laver le visage avec un lait et ne supportera pas l'eau qui lui tire les traits. « Habitude bien coûteuse », jugera le mari ou l'amie qui ne perçoivent pas qu'ils dépensent proportionnellement bien davantage pour des frais tout aussi subjectifs de manucure ou de vêtement.

Il faut donc refuser la critique trop entendue selon laquelle le cosmétique est hypocrisie. L'usage d'un anti-cernes ou d'une robe large camouflant une obésité localisée n'est pas forcément un refus de la vérité de son corps, mais peut être le signe d'un véritable souci d'autrui. À celui qui objectera que l'autre doit apprendre à nous accepter comme nous sommes, il faut répondre que cette prise de position individualiste fait injustement fi de notre insertion dans un milieu donné. Or, celui-ci comporte un certain nombre de critères, certes conventionnels, mais inévitables. Certes, il n'est pas moralement nécessaire que la femme porte une jupe, se maquille et se parfume. Ce n'est pas la peine de remonter aux dix mille Immortels formant la garde perse ; qu'on se souvienne seulement que la France est encore le centre de la cosmétique, parce que celle-ci est née avec le roi Louis XIV. C'est là une habitude culturelle arbitraire. Il demeure que l'universel se concrétise dans le particulier : accepter son humanité, c'est accepter son appartenance, non figée, à un groupe social donné.

14. Ajoutons pour le chrétien : « Ne nous étonnons pas de voir s'enfuir des jeunes, pourtant intéressés par notre foi, mais qui ne supportent pas de retrouver parfois en nous les obstacles qui les empêchent de vivre : une humanité désordonnée, un corps tendu et incertain de lui-même, une gestuelle hésitante. » (Luc PAREYDT, *La peur de la séduction, op. cit.*, p. 76)

La finalité

Ce dernier critère n'est pas le moins important. On ne se maquille pas, on ne s'habille pas pour soi, mais pour l'autre. Cela est *a fortiori* vrai dans un couple, mais ce critère se vérifie déjà chez le célibataire en mal de reconnaissance. Tout usage narcissique ou séducteur du cosmétique détourne de sa finalité profonde celui-ci et le corps de la personne. Ne vivre que du regard de l'autre, suivre toutes les modes est aussi aliénant, car c'est s'identifier à ce qui n'est pas soi et se nier soi-même. Si la première attitude oublie que le corps est pour le don de soi, cette seconde attitude oublie que seul se donne celui qui s'est reçu et accepté lui-même.

Comment donc se positionner? L'usage du cosmétique est à l'image de la relation à l'autre qui en est la raison d'être : recherche soucieuse de soi, il est déshumanisant; don paisible de soi, il est libérant. Il nous faut redécouvrir non pas ce que l'on appelle « beauté intérieure », ce prétendu compliment n'est qu'une cuistrerie déguisée, mais une beauté qui naît de l'intérieur. Une beauté qui fuirait le corps pour se réfugier dans la seule intériorité témoigne en faveur de la conception dualiste de l'homme que nous avons constamment refusée. En revanche, une beauté artificiellement plaquée de l'extérieur témoigne d'une conception matérialiste refusant la vraie profondeur de l'homme qui est aussi sa vraie permanence.

Il existe deux sortes de beauté : les **beautés plastiques** et les **beautés expressives.** On pourra réserver le terme de beauté aux premières et celui de **grâce** pour les secondes. Les plastiques sont habillées (plus ou moins...), les expressives sont habitées. La beauté plastique est très aristocratique; la beauté expressive est éminemment démocratique. C'est sans doute la dissociation de ces deux types de beauté qui permet de comprendre en quoi elles consistent. Nous avons tous rencontré des personnes « bénies des dieux », aux traits fins et réguliers, mais aux expressions durcies, hypocrites, ou vides, amères. En revanche, combien de personnes au physique parfois ingrat, reflétaient une véritable vie intérieure. Aussi, l'expression par excellence, celle qui épanouit tout visage est le sourire, comme le redira le dernier chapitre. « Tout corps, même le plus parfait, est laid, dès lors qu'il n'offre plus au regard que des formes désertées par l'esprit, dont un geste suffit à provoquer l'exode[15]. »

Voici ce que l'on a pu dire, à la fin de sa vie, de cette exceptionnelle servante de Dieu, toute paisiblement donnée aux autres, que fut, en ce siècle, Mère Yvonne-Aimée de Malestroit :

> « Reflétait-elle aussi la beauté de Dieu? Oui, une beauté austère, car Yvonne avait été dépouillée de sa beauté d'adolescente par la maladie qui

15. Jean-Louis CHRÉTIEN, « La gloire du corps », art. cité, p. 14.

gonflait et empâtait son corps. Il restait la beauté de la parole, du regard, des attitudes; et je ne sais quelle légèreté survivait à son obésité, qui n'était point adipeuse mais aqueuse. Jusqu'à la fin de sa vie, Yvonne restait capable d'esquisser, sans pesanteur, un pas de danse [16]. »

L'usage humanisant du cosmétique doit donc faire appel aux trois dimensions du corps-de-don : le corps expressif (critère de vérité) ; le corps reçu (critère de la mesure) ; le corps donné (critère de finalité).

3. Body-building ou « soul building » ?

Il est indéniable que certains trouvent beau le corps sculpté par ce que l'on appelait le culturisme. Il ne s'agit pas d'évaluer des canons esthétiques dont on connaît la part de subjectivité. Il est tout aussi indéniable que cette pratique est une école de volonté et d'ascèse. Il est enfin indiscutable que le body building est, pour certains (et certaines), un chemin vers la libération et l'occasion d'être vraiment mieux dans sa peau et dans sa tête. Je parle donc ici de la pratique excessive du body building, ou des critères permettant de repérer les excès. Trop souvent, les jugements négatifs portés contre eux se cantonnent dans une esthétique rudimentaire : « Que c'est laid, ces paquets de muscles ! ». Ils peuvent aussi relever de l'affectif répulsif : « Ces montagnes de viande me dégoûtent ! » La perspective tout autre du corps-de-don pose quatre questions à l'adepte du body building :

– Les exercices qui éclatent le corps en une multitude de groupes musculaires n'en font-ils pas perdurer une image dispersée ? L'harmonie des organes n'est qu'artificiellement obtenue par une juxtaposition de pratiques qui menacent à chaque instant de déséquilibrer un ensemble instable de développements musculaires hypertrophiés[17].

– Quels moyens le culturiste met-il en œuvre pour construire son corps ? À l'instar du corps de la (du) top model, celui de l'adepte du body building se façonne de l'extérieur. Dès lors, à quelle profondeur peut-il renvoyer ? N'épuise-t-il pas tout son mystère par l'exhibition appelant le voyeurisme d'une nudité qui, pour ne pas être érotisée, au moins explicitement, ne court pas moins le risque de « chosifier » le corps et le désolidariser de l'intériorité de la personne ? La dépense d'argent, d'énergie, de temps, de mental, d'ali-

16. René LAURENTIN, *Yvonne-Aimée de Malestroit Maître de vie spirituelle.* Discernement. Formation. Lecture d'âmes, Paris, O.E.I.L., 1990, p. 273.

17. « Ce rapport au corps musclé révèle souvent des personnalités ayant un caractère psychotique », dont on sait que l'image du corps est morcelé (Tony ANATRELLA, *Le sexe oublié*, *op. cit.*, p. 63). De même chez le corps homosexuel qui est immature, non unifié (cf. René CREVEL, *Mon corps et moi,* Paris, Jean-Jacques Pauvert, 1974).

ments (jusqu'à 5000 calories quotidiennes d'un régime très étudié) laisse-t-elle harmonieusement la place et la meilleure place au corps-de-don ?

– Ce corps sculpté est-il au service d'autrui ou de lui-même ? La puissance développée par l'entraînement du body building, pour ne pas être de la « gonflette », comme le suspectent certains, est une énergie statique et peu « utile », peu mobilisable. Enfin, le corps culturiste exprime-t-il la personne, cherche-t-il à dire plus que lui ou n'est-ce pas plutôt la personne qui s'efface au profit de la manifestation des seuls muscles reluisants ?

Toute différente est l'éducation du sportif qui cultive son corps pour mieux l'employer. C'est le propre de l'art que de façonner le marbre de l'extérieur pour en extraire la statue, mais c'est le propre de la vraie construction de soi, vitale ou vertueuse, que d'accéder à soi, dans le respect de l'unité et de la profondeur intérieure : « Le body building, comme l'expression le dit, sert souvent à compenser, par une construction corporelle externe, une défaillance interne[18]. » Le psychologue discerne sans mal dans la volonté démesurée d'exhiber son corps, un besoin de vivre sous le regard d'autrui, de trouver une harmonie intérieure, de rechercher un corps prétendu parfait, d'où toute trace de la graisse honnie aurait disparu (au moins en apparence). Sans parler du culte de la vedette dont on affiche partout les photos, il y a dans cette recherche inquiète de l'apparence, un retour ou une persistance du narcissime adolescent, parfois une ambivalence sexuelle[19], voire une quête infantile et régressive d'omnipotence. En tout cas, dans la perspective philosophique qui est la nôtre, la représentation du corps humain offerte par les Schwarzenegger et autres M. ou Mrs. Olympia fait perdurer le modèle du corps éclaté. Elle est au minimum un effacement et parfois une inversion caractérisée de sa vocation à l'ouverture et au don[20].

Le seul body building libérant est celui qui conduit au *soul building.*

18. Guy CORNEAU, *Père manquant, fils manqué, op. cit.*, p. 40.

19. Cf. le « cas » raconté par Willy PASINI, *La qualité des sentiments,* trad. Mario Pasa, Paris, Payot, 1992, pp. 220 et 221.

20. On pourrait enfin s'interroger, quoi qu'en disent les « pratiquants », sur le caractère masculinisant du body féminin. Comme toujours, participe à cette dégradation du corps humain, toute une industrie, qui associe autant les Clubs de body que *Muscle & Fitness* et autres revues. La mouche vit du fumier. « Dans l'aérobic, des femmes voulant demeurer femmes s'emparent spectaculairement des attributs symboliques du rôle masculin, tel qu'il était ressorti du XIXe siècle. » (P. YONNET, *Jeux, modes et masses,* Paris, Gallimard, 1985, p. 139) Il en est de même de l'*executive woman* (femme occupant un poste de décision) dont la stratégie notamment vestimentaire emprunte au double registre masculin et féminin (cf. B. OUVRY-VIAL, « L'executive woman : nouvel androgyne », in Paris, *Autrement,* n° 62, pp. 195 à 210).

Conclusion

« S'agit-il de *faire le beau* ou de *provoquer la beauté* comme expérience vécue de l'amour[21] ? » Le psychanalyste, mathématicien et philosophe Daniel Sibony pose admirablement la question : dans le premier cas, le corps se célèbre lui-même ; dans le second, le corps accepte de se recevoir de l'autre, sans se nier lui-même[22]. Mais il n'est pas si aisé de vivre du corps-de-don. N'est-il pas souvent blessé, par les aléas de notre trajectoire, par les représentations proposées par notre société ?

21. Daniel SIBONY, *Le corps et sa danse,* « La couleur des idées », Paris, Seuil, 1995, p. 45.

22. Frédéric NIETZSCHE parle de « l'égoïsme intact et sain qui a sa source [...] dans l'âme puissante, à laquelle appartient un corps accompli, beau, victorieux, plaisant aux yeux, dont toutes choses souhaitent de devenir le miroir. Un corps souple et séduisant, un danseur qui a pour symbole et pour somme l'âme qui se complaît en elle-même ? » (*Ainsi parlait Zarathoustra, op. cit.*, III, p. 376).

CHAPITRE 2

Le corps blessé et reconstruit

« Ayant abandonné la « tendre intimité du corps » médiéval, l'homme est enfin prêt au désespoir et au nihilisme[1]. »

« Notre époque, après avoir voulu libéré l'homme de ses contraintes corporelles, aboutit, paradoxalement, à un « mépris du corps «. [...] Le corps n'appartient plus à ce qui est caractéristique de l'être humain, mais il est considéré comme un instrument dont on se sert[2]. »

Tout le monde connaît le célèbre épisode biblique (Gn 33,25-32), immortalisé par la peinture à l'huile et à la cire d'Eugène Delacroix (1861) que l'on peut admirer dans la chapelle des Saints-Anges à l'église Saint-Sulpice à Paris, où le patriarche Jacob lutta une nuit durant contre un ange, avant d'abandonner, blessé à la cuisse. Il faudrait inverser ce combat pour comprendre notre attitude habituelle à l'égard du corps : chacun de nous est un ange combattant un corps trop charnel qui l'encombre. Ne nous étonnons pas d'en sortir blessé et boiteux, cette attitude cloche et fait clocher...

1. Le corps blessé

Le corps n'est pas blessé

Il faut oser ce paradoxe, extrêmement révélateur de l'obscurcissement de notre intelligence du corps : ce n'est pas notre corps qui est blessé, mais la manière dont nous le vivons. Nous projetons sur la distinction du corps et de l'âme un conflit qui est interne à notre psychisme. Ce faisant, nous rejoignons l'intuition nodale de la psychanalyse.

On pense souvent que notre corps est opaque. Il n'en est rien. C'est au contraire l'esprit qui résiste et qui est opaque. Rappelons-nous la démonstra-

1. Philippe CASTAN, *Naissance de la dissection anatomique.* Deux siècles à l'apogée du Moyen Age autour d'Henri de Mondeville et Gui de Chauliac. Intérieur et extérieur du corps humain à l'apogée du Moyen Age, Montpellier, Hopital Gui de Chauliac, 1985, p. 193.

2. Cardinal Joseph RATZINGER, Présentation de la Lettre apostolique *Ordinatio sacerdotalis,* in *Osservatore Romano* n° 25, du 21 juin 1994, p. 7.

tion que fait Maurice Blondel du caractère non pas physique, mais psychique de l'effort (IIe partie, chapitre 1). Un corps sain et bien traité n'oppose aucune résistance à notre désir : l'immense majorité du temps, nous ne songeons jamais à la manière dont nous mettons en œuvre nos gestes et plus encore notre physiologie. La grande réussite du corps est ce silence qui n'est qu'humble service de nos désirs et de nos projets : quel chercheur a mis au point l'équivalent de cet infatigable muscle cardiaque qui, toute une vie, dans le secret de notre poitrine, pompe le sang vital? Notre arrogance méprise le corps parce qu'elle n'a appris à reconnaître que ce qui, bruyamment, lui fait peur ou violence[3]. Je ne nie pas que la matière, qui est du côté de la puissance, ne comporte un manque d'être. Mais la dignité du corps humain est d'être parfaitement ajointée à l'esprit. À l'opacité par défaut de la matière que l'esprit résorbe, pour une bonne part, dans le corps humain, il faut opposer l'opacité bien plus grande et par excès, de la liberté qui se dérobe à ses limites.

C'est ce que montre le philosophe allemand Gustav Siewerth dans un excellent ouvrage : l'opposition du corps et de l'âme, dit-il, vient en fait de ce que l'on projette sur eux l'opposition vécue de la sensibilité et de la raison (volonté)[4]. L'exemple de la conversion d'Augustin en est la frappante illustration : l'impuissance qu'il éprouve à changer de vie ne vient pas d'une chair mauvaise en révolte contre l'esprit, mais de la division interne de l'esprit[5]. L'origine de cette illusion dualiste, trop méconnue, est là encore la conception cartésienne de l'homme. Voici ce que Descartes écrit dans le *Traité des Passions de l'âme :*

> « Ce n'est qu'en la répugnance qui est entre les mouvements que le corps [...] et l'âme par sa volonté tendent à exciter en même temps dans la glande, que consistent tous les combats qu'on a coutume d'imaginer entre la partie inférieure de l'âme qu'on nomme sensitive et la supérieure, qui est raisonnable[6]. »

Avec Descartes, le conflit migre de l'intérieur d'une âme forcément simple vers l'extérieur; le corps est le premier être qu'elle rencontre et va transformer en bouc émissaire, en le chargeant de ses faiblesses et de ses déchirures.

3. Dans le même ordre d'idée, faisons le deuil d'un monde angélique qui a enfin accédé à la pure transparence : cette conception secrètement matérialiste et imaginative des purs esprits fait fi de l'esssentiel, la liberté. Traitant du langage des anges, saint THOMAS observe que ceux-ci ne communiquent entre eux que s'ils le veulent; sans la volonté de communiquer, un ange demeure hermétiquement opaque à l'autre (cf. *ST,* Ia, q. 107, a. 1. Cf. Jean-Louis CHRÉTIEN, « Le langage des anges selon la scolastique », in *La voix nue, op. cit.,* pp. 81 à 98).

4. « L'être de l'homme, comme unité du corps et de l'âme passe ainsi au second plan derrière la hiérarchie de ses facultés. Ce sont celles-ci qui constituent au sens propre ce que nous appelons notre réalité corporelle livrée à l'expérience. » (Gustav SIEWERTH, *L'homme et son corps,* trad. Robert Givord, Paris, Plon, 1957, pp. 51 et 52)

5. *Confessions,* L. VIII, IX, 21, in *Œuvres,* trad. Aimé Solignac, « Bibliothèque Augustinienne », Paris, Desclée, tome 14, 1962, pp. 51 et 53.

6. Art. 47, in *Œuvres et lettres, op. cit.,* pp. 718 et 719.

Autrement dit, la division de notre être est bien réelle. Elle correspond à une expérience universellement vécue. Mais c'est l'interprétation qui est erronée. **La réconciliation à opérer n'est pas entre l'âme et le corps, mais entre l'âme elle-même et sa manière de vivre le corps.** Précisément, en quoi consiste cette blessure dans le vécu du corps, d'une part du côté de l'objet représenté (le corps), d'autre part du côté du sujet qui la vit ?

Quelle représentation blessée du corps ?

La première partie l'a longuement montré, la représentation dominante, qui est celle du corps mécanique, envisage le corps comme insignifiant, objectivable, et, en définitive, éclaté. Cet éclatement, notamment, est lié à un ensemble de facteurs convergents : la nouvelle vision du corps induite par l'anatomie, puis par la philosophie du corps considéré comme une machine et les sciences humaines, notamment psychanalytiques ; le désir qui, anarchique, privilégie les pulsions partielles sur l'intégration décidée dans le projet de vie ; enfin, les techniques médicales classiques qui, intervenant de l'extérieur, ne peuvent que transformer le corps, organe après organe.

Du regard blessé à l'agir blessé

Cette représentation faussée du corps va modeler tout le comportement de l'homme. Elle se décline selon un ordre d'extériorisation croissant : le regard, l'imaginaire, la parole et, enfin, l'action.

Nous avons vu que le corps actuel est d'abord un corps vu (Ire partie, chapitre 1). C'est d'abord le regard qui est blessé. En retour, ne soyons pas hypocrites, la libido est complice de cette représentation jouissive. Lorsque les hommes – et les femmes – commencent à rêver aux filles en les contemplant sur du papier glacé, c'est le sang – et l'âme – qui se glace : cela signifie que l'imaginaire s'appauvrit et les relations de même. La représentation véhiculée par les médias est ici de première importance. Voici une lettre écrite à Patrick Poivre d'Arvor, par quelqu'un qui, comme sa fille Solenn, a souffert d'anorexie :

> « Depuis que je commence à sortir de cette maladie, j'ai eu plusieurs fois envie d'écrire aux médias pour crier : "Fichez-nous la paix avec vos régimes, votre image de la femme svelte et parfaite... Vous êtes un peu responsable de ce que nous sommes." Je dis nous car je me sens solidaire de Solenn et des autres[7]. »

---

7. Patrick POIVRE d'ARVOR, *Elle n'était pas d'ici,* Paris, Albin Michel, 1995, p. 29. Encore à propos de la relation de Solenn à son corps : « Nier son corps au point de le trouver beau alors qu'il n'est que squelette. » (p. 26) Et : « elle ne s'aimait pas, elle n'aimait pas son corps ». (p. 133)

De même, les salles de cinéma sont un des lieux où a commencé la « chosification » du corps : en effet, leur obscurité a aboli les réflexes de pudeur du spectateur qui, justifiant son voyeurisme par la complicité de ses voisins, détaille telle anatomie étalée avec complaisance et provocation. Les vidéocassettes (plus de la moitié de celles qui sont vendues et louées sont classées X) et maintenant le cybersexe dont certains disent qu'il constitue 20 % du contenu Internet ont pris le relais[8].

Ce regard qui façonne l'imaginaire, décide de l'attitude ultérieure. Par exemple, un regard qui n'est plus attiré que par les valeurs sexuelles du corps de l'autre devient inapte non seulement à la beauté, mais à une relation humanisante. Face au trouble engendré par le corps désirable d'autrui, la personne n'a plus le choix qu'entre la fuite et la séduction. La réduction au corps érotique interdit une relation respectant la personne de l'autre. Le reste du comportement suit, à savoir la parole et enfin l'action. Celle-ci fait intervenir la technique dont on va parler dans un instant.

2. Étapes pour une guérison

Après le diagnostic, les remèdes. Les étapes qui vont être proposées sont aussi celles d'une pédagogie du corps : si le corps naît humain, il doit aussi s'humaniser, ce qui est l'œuvre de l'éducation. L'attitude qui permet de pleinement vivre son corps se résume en trois « A » qui sont comme les trois marches d'un escalier : accueillir son corps, accepter son corps, aimer son corps[9].

Accueillir son corps

Accueillir, c'est reconnaître. Est-ce que je vis avec mon corps ou sans mon corps ? Est-ce que je tiens compte des besoins élémentaires de mon corps en matière d'hygiène, d'alimentation, de sport et de sommeil ?

L'accueil commence par le **regard.** Toute rééducation du corps doit commencer par le regard posé ou jeté sur lui, on l'a toujours su[10]. Comment est-ce que je regarde mon corps ? Et d'abord, est-ce que j'ose me regarder ?

---

8. Certains films ont influencé de manière décisive le regard porté sur le corps de l'autre, notamment de l'autre féminin. Sorti le 25 août 1974, le film érotique de Just Jaecklin, *Emmanuelle,* fut joué 553 semaines sans discontinuité dans la capitale ; il y eut 3 269 187 entrées à Paris, et pas moins de 8 890 000 entrées en province. Succès avoisinant pour *Histoire d'O.* (cf. J.-M. FRODON, in *L'âge moderne du cinéma français.* De la nouvelle Vague à nos jours, Paris, Flammarion, 1995, pp. 402 et 403 ; cf. pp. 397 à 429)

9. Et ce qui vaut pour mon corps (le corps-je), vaut aussi, bien entendu pour le corps de l'autre (le corps-tu) et le corps en général (le corps-il).

10. Cf. par exemple PLATON, *Banquet,* 217 a et 218 a. Jb 31, 1. Mt 5, 28. *Le Coran,* sourate 33, v. 57. Cf. Ire partie, chap. 1.

En revanche, la vertu étant un juste milieu, est-ce que je ne dépense pas trop de temps à me regarder, voire à m'admirer? L'accueil se poursuit par la **parole** : comment est-ce que je parle de mon corps et de celui d'autrui? Comment est-ce que je les traite? Puis-je dire « mon corps »? Il y a une manière de parler du corps d'autrui qui est en réalité un refus de la différence, de l'infinie variété des corps, et donc de sa propre différence. Le jugement est parfois évident dans sa dureté (« le boudin »), mais il peut aussi, plus subtilement, se camoufler sous le vêtement de la compassion (« oh, la pauvre, avec ses grosses jambes! »).

Accueillir son corps, c'est, plus généralement, redécouvrir qu'il est doué de sens et d'unité, ainsi que nous le disions. De ce point de vue, **les images de synthèse** dont la première partie a montré l'importance croissante constituent une chance à saisir. Le fascinant voyage intérieur auquel nous convient les techniques d'imagerie virtuelle introduit à un nouveau regard sur le corps humain. Le corps qui se donne à voir présente différents caractères révolutionnaires. 1. Il est doué de mouvements, fascine par les multiples opérations qui l'habitent et échappent à notre perception. 2. Plus séduisante encore est la merveilleuse harmonie ainsi contemplée : le corps n'est pas la justaposition d'organes éclatés, mais une harmonieuse œuvre d'art dont chaque partie est ouvragée, un prodige d'ingéniosité. Et le plus étonnant vient de ce que cet ordre se retrouve, quelle que soit l'échelle d'observation adoptée – macroscopique, micrométrique, atomique – ce à quoi aucun travail humain ne pourra jamais prétendre car il s'arrête tôt ou tard et utilise un matériau prédonné. Bref, le corps présente une unité intelligible. 3. La structure de ce corps est universalisable : tous les poumons respirent de la même manière, les muscles se contractent identiquement, les bébés parcourent les mêmes stades de croissance.

Or, ces trois traits – dynamisme, unité objective, universalité – montrent que le corps humain n'est pas d'abord un matériau à disposition, mais une réalité douée de signification.

Aussi notre saisie du corps est par certains côtés, en cette fin de siècle, dans la même situation révolutionnaire que la représentation du corps, il y a plus de quatre cents ans, lorsque Vésale inaugurait les dissections publiques de cadavre. Nous sommes là encore à une période charnière, à deux différences près. Nos moyens de communication sont infiniment plus rapides et performants que ceux de la Renaissance. Surtout, alors que Vésale initiait notre regard au corps-cadavre ou mécanique, l'imagerie de synthèse renouvelle notre capacité d'admiration, notre enthousiasme à l'égard de cette merveille encore méconnue qu'est le corps humain. Saisirons-nous cette chance de retrouver un corps doué de sens[11]?

---

11. Cf. par exemple le dossier du *Figaro-Magazine* du samedi 9 mars 1996, p. 68 à 73. « Le sentiment que procure la vision de son propre corps, le fait de pouvoir y plonger en mode

Mais ne nous leurrons pas sur la foncière ambivalence de ces techniques : vu de l'intérieur, le corps de Sharon Stone ne présente guère de différence avec celui de Madame Tout-le-Monde ! En dévoilant son intérieur, le corps s'anonymise. Plus exactement, cette vision de l'intérieur ne peut être globale : elle est découverte des organes et de leur fonctionnement jusqu'ici ignoré. Or, la logique de la science est celle de la réduction à l'élémentaire et, nous l'avons vu, plus l'on descend dans l'atomique, moins on observe de différence. Si le plan du corps humain est profondément original, les briques qui le composent sont prélevées à l'univers. En conséquence, pénétrer dans le corps, c'est risquer de faire le jeu du biologisme et effacer notre spécificité. Ce que le corps gagne en vitalité, il le perd en spiritualité et en unité. L'approche digitalisée et le voyage intérieur doivent être doublés d'une approche extérieure respectueuse du sens de la totalité[12]. Plus encore, ils ne sauraient se substituer à l'expérience du corps-sujet, du vécu du corps, antérieure à toute objectivation du corps, si respectueuse soit-elle de son sens.

Accepter son corps

Autre chose est d'accueillir et reconnaître son corps, ce qui est une attitude de l'**intelligence.** Autre chose est de l'accepter, avec toutes ses caractéristiques, et notamment ses défaillances, ce qui est une attitude de la **volonté.** Un test très révélateur de mon accueil du corps est la réponse à la question : est-ce que je sais accepter les compliments que l'on adresse à mon propre corps, à mon habillement, ma parure ?

Dire oui à son corps, c'est aussi accepter son tempérament. On le sait, chaque personne a son caractère psychologique, on ignore plus que cela vaut aussi pour le corps. Par hérédité, il y a des personnes qui sont plus portées que d'autres à l'obésité ou à l'anorexie. Il est donc faux de s'imaginer qu'« avec un petit effort », toute femme aura le ventre plat de Miss Monde et chaque homme la carrure de Monsieur Olympe.

En négatif, consentir à son corps, c'est prendre du recul à l'égard des représentations culturelles qui s'imposent à nous. Il est urgent de prendre

virtuel et visiter la moindre cavité, comme si l'on était à la barre d'un sous-marin miniature, est [...] envoûtant. » (p. 71)

12. Il existe aussi d'heureuses initiatives, concrètes, pour permettre de redécouvrir son propre corps. Je pense aux techniques corporelles qui fleurissent aujourd'hui, dont il a été question en première partie et dont certaines sont l'occasion de réconciliations bienvenues. Tel est par exemple le cas de la danse dite naturelle. Je pense aussi au programme *teen-Star* (S comme sexualité, T comme teaching, et AR pour « in the context of Adult Responsibility ») qui a pour but, aux États-Unis, dans un pays où 400 000 avortements annuels d'adolescentes sont pratiqués, de leur faire redécouvrir le sens du corps et de la sexualité humains (Florence BRIÈRE-LOTH, « La pédagogie du corps selon sœur Hanna Klaus », in *Famille chrétienne,* du 2 juillet 1992, n° 755, pp. 18 et 19).

conscience des modèles que notre imaginaire véhicule et entretient dans son épluchage scopique du monde qui l'entoure. Entrer dans l'estime de son corps, c'est se détacher de l'image toute-puissante du modèle et en refuser l'obsession. Pourquoi feuillette-t-on les magazines de modes à la recherche de techniques de lifting, de liposuccion, de musculation ? Il y a une réelle différence entre soigner son corps et vouloir le changer, entre améliorer son corps et le refuser. Comment vit-on le corps de l'autre ? Sur le mode de la comparaison (que ce soit pour se dénigrer ou se porter au pinacle) ou du respect et de l'accueil de la différence ?

Consentir à son corps, c'est accepter sa finitude. En effet, l'esprit, *a fortiori* la vie théologale sont, dans leur ordre propre, infinis : plagiant saint Bernard, on dirait que la mesure du don de soi est de se donner sans mesure. Mais le corps est fini, situé dans l'espace, la matière parfois opaque, l'humanité inscrite dans le temps, soumise à ses rythmes et à ses usures. Aussi, le corps est souvent vécu comme une limite aux désirs de l'esprit, y compris aux désirs surnaturels. La tentation est donc forte de transgresser les limites de ce corps, en ne refusant aucune demande, en dormant moins, en se dérobant à l'entretien de la santé (hygiène de vie, gymnastique, sport, etc.), au nom de la dignité supérieure des fins surnaturelles. Or, accepter le conditionnement du corps, ses débilités, ses incapacités, c'est consentir à son état de créature, c'est se refuser au vœu prométhéen de dérober à Dieu l'impunité qui lui est propre. Aussi, toute transgression des limites de son corps, quel qu'en soit le motif, nourrit nos velléités d'indépendance et peut même disposer, secrètement, à la révolte contre Dieu ; en un mot, elle est un acte d'orgueil. L'attitude à l'égard du corps se résume en une vérité déjà rencontrée : plus il y a d'esprit, plus il y a de chair. En termes plus prosaïques : **le corps fait partie de la vie spirituelle.** Non pas seulement au sens où il appartient à l'homme de domestiquer ses pulsions, d'accepter la maladie[12b], la mort, de prendre soin de sa santé, mais en un sens plus profond qui manifeste la valeur profondément symbolique du corps. Le sens du corps est révélateur du sens de Dieu. Tel je me comporte envers mon corps, tel je suis face à Dieu.

Aimer son corps

Accueillir et accepter son corps sont deux étapes – indispensables – qui préparent à l'amour du corps. Si mon corps est un compagnon (cf. IIᵉ partie, chap. 5), un frère de vie et d'éternité, il appelle notre amour.

Chaque personne déteste une partie de son corps, même les stars les plus universellement célébrées. Est-ce que j'essaie d'apprendre à aimer mon

12b. Comment ne pas rappeler ici ce grand texte de Blaise PASCAL qu'est la *Prière pour demander à Dieu le bon usage des maladies* (in *Œuvres complètes, op. cit.*, p. 605 à 615) ?

corps ? Si l'amour se nourrit non pas d'abord de sentiments, mais d'actes, l'amour de soi passe par le légitime souci de soi. Et cela, quel que soit l'âge et l'état de vie. Un trait savoureux dans la vie de l'une des sœurs religieuses de sainte Thérèse de l'Enfant-Jésus montre que « pour être dévote, je n'en suis pas moins femme ». Léonie Martin, visitandine, de physique un peu ingrat, était dans le monde, assez coquette. Or, sous son habit de visitandine, elle s'inquiète tout simplement d'un duvet qui lui couvre le menton. Il lui a été remis une pince à épiler, mais elle n'est guère experte dans son maniement, puisqu'elle l'avoue humblement au Carmel. Sa sœur aînée, Marie, lui répond, après des phrases plus célestes :

> « Maintenant, ma petite sœur chérie, je veux te donner un moyen pour que tu ne te fasses pas de mal en te servant des fameuses pinces. On ne s'en aperçoit même pas quand on sait s'y prendre. Pour cela, il faut avec la main gauche, ou plutôt entre le pouce et l'index, tenir bien raide la partie du menton où l'on veut enlever la fameuse barbe. Même sans ce moyen, on peut se raidir le menton et la chose devient très facile, cela ne fait du tout de mal ; c'est parce que tu ne sais pas t'y prendre. »

Et d'ajouter avec un clin d'œil :

> « Pour te donner des renseignements si précis, tu penseras que je pratique le métier. C'est vrai ! Mais je n'attends pas trop longtemps, aussitôt que l'herbe paraît, je la sarcle dans une minute. Je ne suis pas jardinière pour rien ; à propos de jardin, nous vous enverrons des pâquerettes à la prochaine occasion[13]. »

Délicieuse féminité qui non seulement ne disparaît pas au couvent, mais garde toujours ses droits. Avis à ceux et celles qui sont dans le siècle...

Agir avec son corps

Les trois premiers temps tournent le corps vers le don originel et guérissent de la représentation mécanique. Mais le corps humain est corps-de-don seulement s'il se donne. Un corps réconcilié est un corps qui n'est pas ordonné à lui-même, mais à autrui. C'est ce que la représentation naturaliste doit découvrir. Nous en avons déjà parlé, aussi n'insisterai-je pas.

Accueillir, accepter et aimer son corps, autant qu'agir avec lui **prend du temps.** Cette lenteur à vivre son corps en harmonie n'est pas d'abord le signe d'une blessure originelle, mais la rançon de notre humanité. Dénué d'instinct (au sens propre du terme), autre que celui de succion, l'homme est le seul animal qui doit domestiquer son corps. Notre corps s'inscrit dans une histoire.

---

13. Marie BAUDOIN-CROIX, *Léonie Martin*. Une vie difficile, « Épiphanie-Carmel-Biographies », Paris, Le Cerf, 1993, pp. 157 et 158.

L'homme doit donc peu à peu apprivoiser son corps, en prendre conscience et l'intégrer, selon le mot cher à Karol Wojtyla[14]. Les parents ont ici un rôle immense à jouer : c'est à eux qu'il incombe, en priorité de faire découvrir à leurs enfants quelle merveille est ce corps qui leur est donné.

3. Deux autres acteurs

Nous avons vu (Ire partie, chapitres 3 à 6) que la représentation mécanique du corps humain fait appel à un regard sur la liberté et la technique. Redonner le sens du corps sans rééduquer la liberté et humaniser la technique serait aussi illusoire que de soigner une tuberculose en luttant contre la fièvre.

Une liberté surveillée

La Ire partie a clairement montré que l'insignifiance du corps est proportionnelle à l'outrecuidance de la liberté. Le Nouvel Âge le sait qui, dans une réaction dont l'excès est irrecevable, a rabattu les prétentions de l'esprit en le soumettant au joug humiliant de la nature.

Si aucune de ces représentations de la liberté ne convient, il demeure une seule solution : sauver la transcendance de l'esprit, tout en lui refusant sa prétention à l'absolu. Celle-ci, explique Jean-Paul II, « finit par traiter le corps humain comme un donné brut, dépourvu de signification et de valeur morales tant que la liberté ne l'a pas saisi dans son projet ». Le mépris engendre « une division à l'intérieur de l'homme lui-même[15] ».

Si la liberté n'est pas un absolu, c'est qu'elle est relative. À quoi ? D'abord à la vérité : comment être libre sans savoir ce qu'est le corps, le recevoir comme un donné et l'ouvrir à plus grand que lui, en donnant ? Mais cette vérité elle-même, d'où vient-elle ? La sagesse du corps reçu, donné à lui-même, quelle en est l'origine ? Et je ne parle pas de l'esprit. Comme le montre constamment et puissamment Claude Bruaire, il est impossible de désolidariser le regard sur le corps d'une vision métaphysique. Toute anthropologie, même la plus neutre, la plus prétendument objective et dédouanée de toute appartenance philosophique, est une théologie masquée. Même la représentation du corps, apparemment si scientifique, si objective, est une métaphysique – et de la pire sorte : matérialiste.

---

14. Il faudrait reprendre les développements passionnants du chapitre 6 (« Intégration et psychisme ») de *Personne et acte, op. cit.*, p. 250 s.

15. JEAN-PAUL II, Encyclique *Splendor Veritatis* sur quelques questions de l'enseignement moral de l'Église, 6 août 1993, n. 48. Cf. le développement des n. 48 à 50.

En effet, si « l'homme n'est plus donné à lui-même par le Créateur », il

> « n'a plus à se recevoir. Il se crée lui-même à partir de sa liberté indéterminée conçue comme pure spontanéité ou créativité, opposée au corps propre qui est la détermination, la situation donnée à sa liberté. La liberté ainsi conçue en arrive logiquement à nier le corps : elle le ressent comme hostile ou étranger, car le corps est pour la liberté le signe sensible de sa dépendance à Dieu. Opposer la culture à la nature revient à opposer la liberté de l'esprit à la détermination du corps propre. La limite que constitue le corps pour la liberté devient alors insupportable. L'homme se conçoit comme liberté pure, qui peut faire de son corps ce qu'il veut, comme s'il s'agissait d'un simple matériau... Une telle liberté se considère comme son propre principe : elle ne peut que nier Dieu. Accepter Dieu serait reconnaître sa propre finitude, sa dépendance de créature[16]. »

Déplacement de l'éthique vers la technique

L'histoire du corps depuis la Renaissance est parallèle à une emprise croissante de la technique. Le mot déjà cité de Francis Bacon : *scire est posse,* « savoir, c'est pouvoir », est inscrit au frontispice de la mentalité technologique moderne. L'homme dispose depuis peu d'un immense pouvoir d'action sur son propre corps, notamment par le biais du génie génétique, des techniques de procréation assistée, mais aussi par la cyberculture et les techniques d'intelligence artificielle (cf. Ire partie, chapitre 1). L'avenir est devenu imprévisible. Mais il serait aussi absurde qu'illusoire de diaboliser la technique. La technophobie souvent présente dans le naturalisme est l'erreur symétrique engendrée par l'idolâtrie du progrès technique.

Or, si la technique en venait à transformer le corps humain et la nature humaine elle-même, ainsi que les biotechniques et les sciences cognitives menacent de le faire, c'est les progrès de la technique elle-même qui en pâtirait. C'est ce que montrent les intéressants développements de l'ingénieur et philosophe Michel Tibon-Cornillot sur l'évolution des techniques du corps. Il constate qu'elle est animée par un double mouvement contraire. Le premier, celui de la raison observante, jusqu'ici majoritaire, est conservateur : les hommes ont de plus en plus occupé et transformé leur environnement. Mais ils l'on fait en projetant hors d'eux, par les outils et les machines, les instruments de leurs performances, de sorte qu'ils ont maintenu leur intégrité corporelle, donc l'indétermination qui les spécifient; s'ils avaient progressé

16. Thierry DEJOND, « Contraception, problème de société », in *Nouvelle Revue Théologique* 109/2 (mars-avril 1987), p. 255 s. Jean-Paul II met en relation cette vision matérialiste et l'éclatement du corps. Dans le « matérialisme pratique [...], le corps n'est plus perçu comme une réalité spécifiquement personnelle, signe et lieu de la relation avec les autres, avec Dieu et avec le monde. Il est *réduit à sa pure matérialité, il n'est rien d'autre qu'un ensemble d'organes,* de fonctions et d'énergies à employer suivant les seuls critères du plaisir et de l'efficacité. » (*Evangelium vitæ, op. cit.*, n. 23. C'est moi qui souligne)

comme les animaux, ils se seraient spécialisés et auraient perdu la puissance qui naît de leur généralisation (cf. IIe partie, chapitre 4). Mais récemment, un second mouvement, celui de la raison militante, fait refluer sur le corps humain lui-même, la volonté de transformation. C'est donc non pas au nom du corps humain, mais de la technique et de la mentalité utilitaire qu'il faut tirer la sonnette d'alarme et refuser l'activisme prométhéen qui pousse l'homme à donner à la technique, et aujourd'hui le génie génétique, le pouvoir – non pas d'améliorer – mais de métamorphoser son corps : « Peut-être n'est-il pas absurde de voir resurgir au cœur du mixte scientifico-technique auquel les techniques participent et qui s'oriente irrésistiblement vers une transformation profonde de l'*Homo sapiens,* des tendances de plus en plus fortes à ne pas changer[17] ? »

Là encore, si on se refuse à la double représentation, machinique et New Age, de la technique, que faire ? Le débat n'est pas : technique ou pas technique, ni même plus ou moins de technique, mais la présence d'une instance éthique régulatrice. La maîtrise psychologique, éthique et spirituelle du corps est devenu l'une des urgences essentielles de notre temps. Le sociologue David Le Breton émet un principe qui est une précieuse clé de lecture de notre monde. Éthique et technique (ou esthétique) et son corollaire économique fonctionnent en sens inverse. Appliqué au corps, le schéma donne : « Plus le corps, envisagé virtuellement distinct de l'homme qu'il incarne, perd sa valeur morale et plus s'accroît sa valeur technique et marchande[18]. » Le désintérêt éthique entraîne toujours un investissement économique, et vice-versa.

Or, aujourd'hui, le corps technicisé est un corps éclaté dénué de toute signification. Voilà pourquoi le corps passé à la moulinette de la raison analytique devient un marché intéressant : « La production, la vente, l'installation et le service après vente de *pièces humaines détachées* ont des chances de devenir l'industrie qui connaîtra la croissance la plus rapide dans le monde. En termes de chiffre d'affaires, elle va faire concurrence à l'industrie des pièces détachées pour automobiles... Il y aura des magasins de pièces détachées dans les hôpitaux, exactement comme dans les garages[19]. »

Aussi, la redécouverte de l'éthique qui considère l'homme en sa globalité est-elle une chance non seulement pour le corps, mais pour la technique elle-même. Précisément, une technique respectueuse du corps humain est une technique symbolique qui la réconcilie en ses diverses parties organiques, avec son intériorité, avec les autres, avec la nature et avec l'Absolu, Dieu.

---

17. *Les corps transfigurés.* Mécanisation du vivant et imaginaire de la biologie, Paris, Seuil, 1992, p. 287.
18. David LE BRETON, *Anthropologie, op. cit.*, p. 231.
19. Vance PACKARD, *L'homme remodelé,* Paris, Calmann-Lévy, 1978, p. 283. C'est moi qui souligne. Cf. Russel SCOTT, *Le corps, notre propriété, les greffes d'organes, et leur commerce,* trad., Paris, Balland, 1982.

Conclusion

Pour différentes raisons, notre corps est devenu un étranger. Il nous faut donc à nouveau l'apprivoiser et le guérir en l'accueillant, l'acceptant et l'aimant. Une réconciliation réussie fait du corps une partie essentielle de la personne. L'anglais, plus empirique, aide à le comprendre : le *body* (corps) appartient au *somebody* (quelqu'un).

La reconstruction de l'image du corps devrait aussi revaloriser certaines attitudes. Je pense particulièrement à deux d'entre elles : la pudeur et la sobriété. Dans un monde où le nu est non pas premier comme le veut le naturisme, mais toujours dénudement et dénudement violent, seule la **pudeur** sauve le mystère et la fragilité de l'homme et de son corps[20]. Dans un monde où 40 % des achats en grandes surfaces sont impulsifs, seule la vertu de **sobriété** permet de librement maîtriser le plaisir sans le mépriser[21].

20. Le sujet demannderait un ouvrage à part entière. Cf. IIIe partie, chap. 2.

21. De grands observateurs de l'âme humaine ne s'y sont pas trompés. Cf. saint JEAN CLIMAQUE, « De la gourmandise », in *L'échelle Sainte,* trad. Placide Deseille, « Spiritualité orientale » n° 24, Abbaye de Bellefontaine, 1987, pp. 151 à 157. Saint Ignace de LOYOLA, « Pour s'ordonner désormais dans le manger », in *Les exercices spirituels.* Texte définitif (1548), trad. et commentaire de Jean-Claude Guy, coll. « Sagesses », Seuil, 1982, n. 210-217, pp. 111 et 112. Nous avons noté en première partie, avec Michel Foucault, l'intérêt scrupuleux des Grecs et des Romains pour la diététique, survalorisée par rapport à la sexualité.

CHAPITRE 3

L'humilité du corps ou le corps fatigué

« L'âme qui brûle d'amour ne fatigue, ni ne se fatigue[1]. »

« L'homme n'est pas [...] le maître absolu de son corps, il en est seulement l'usufruitier[2]. »

« O mon Dieu, donnez-moi le courage et la vaillance. Donnez-moi la vigueur du corps et la patience de l'âme[3]. »

Parler de la fatigue du corps, c'est parler du corps. « Dans chaque philosophie, décrire ce qu'est la fatigue, c'est déployer [...] sa pensée propre de l'être du corps[4]. » Tout le monde fait, d'une manière ou d'une autre, l'expérience, voire l'épreuve, de la fatigue. Nous l'avons déjà rencontrée (notamment dans la IIème partie, chapitre 5) et nous avons vu qu'elle pouvait constituer un lieu d'expérimentation de l'âme. En effet, la lassitude nous identifie à notre corps. Or sous deux angles différents, l'homme transcende cette fatigue : en lui résistant, en la domptant (exemple de Brika), et en la transfigurant au service d'un dessein supérieur (exemple d'Herzog). Le corps de l'homme est donc habité par un esprit qui en est le moteur et le terme.

La lassitude prend des figures et a des sources indéfiniment variées. Certaines sont tristes, d'autres peuvent être joyeuses ; certaines sont du matin, d'autres du soir, etc. Il n'est pourtant pas impossible de discerner trois grandes sortes de fatigue. Ces figures irréductibles ne sont toutefois pas d'arrogants concepts qui délivrent des explications plus détaillées.

---

1. Saint JEAN DE LA CROIX, cité par Jean-Louis CHRÉTIEN, *De la fatigue,* « Philosophie », Paris, Minuit, 1996, p. 153.

2. PIE XII, *Allocution à l'Union médico-biologique Saint-Luc,* le 12 novembre 1944, in SOLESMES, *op. cit.*, p. 37.

3. Ernest PSICHARI, Prière de Vincent dans L'*Appel aux armes.*

4. Jean-Louis CHRÉTIEN, *De la fatigue, op. cit.*, p. 11. Je m'aiderai grandement de cette remarquable étude qui est beaucoup plus qu'une mine topique ou historique. Je m'inspire notamment de sa distinction des trois types de fatigue (qu'il qualifie respectivement de grecque, nihiliste et chrétienne), mais la réinterprétation dans les catégories du don n'est pas de lui.

1. « Je ne suis jamais fatigué »

Une fatigue mortelle

Il y a des personnes qui – apparemment, illusoirement – ne sont jamais fatiguées. En réalité, elles ne savent pas écouter en elles les signes d'épuisement. Les experts estiment à près d'un tiers (31 %) les accidents liés à la fatigue sur autoroute. Or si on ne compte plus les mises en garde relatives à l'alcool au volant, aucune campagne de prévention contre l'endormissement au volant de quelque ampleur n'a été entreprise. Refuser d'entendre sa fatigue résulte d'une manière de vivre son corps qui s'interdit de la mesurer[5]. « Il y a une théorie, remarque Fritz Zorn, qui dit que le corps n'est jamais fatigué et qu'il ne peut d'ailleurs jamais se fatiguer, mais que seul l'esprit se fatigue et que seule la fatigue de l'esprit provoque la prétendue fatigue corporelle[6]. »

Dès lors, la personne ne pourra percevoir son intense lassitude qu'à travers un signal d'alarme plus inquiétant, qui va d'une infection intercurrente, à un traumatisme ou un syndrome dépressif réactionnel. Ces maladies sont alors révélatrices d'un état de fatigue installé depuis un certain temps, mais dont on avait négligé l'importance et les signes avant-coureurs. « Qui ne veut pas prendre le temps de se soigner, devra prendre le temps d'être malade », disait un médecin.

La fatigue de l'origine refusée

Pour le philosophe grec, la fatigue est ce qui marque toute la différence entre l'être fini, l'homme en particulier et le premier principe qui, par définition, est infatigable. Pour Aristote, l'homme est voué à la fatigue, parce que son corps, matériel, passe de la puissance à l'acte. Or ce passage coûte toujours. Pour Plotin, c'est au contraire la fatigue de la contemplation qui pousse l'âme à prendre corps. Mais, dans les deux explications contrastées, la fatigue est l'indice indélébile de notre finitude : elle est, au fond, « l'inscription corporelle de la finitude[7] ».

Or, être fini, c'est ne pas être sa propre origine. En termes positifs : c'est avoir reçu son existence. La fatigue dont il est ici question signifie donc ma distance à l'égard de mon origine que je ne suis pas. Le déni de cette fatigue – qui est, en réalité, la fatigue de l'agité, du suractif permanent effrayé de se

5. Peu importe ici la cause de cette autocensure et ses variations culturelles (par exemple, le milieu rural est plus dur à la souffrance que le milieu urbain).

6. *Mars, op. cit.*, p. 152.

7. Albert CHAPELLE, *Anthropologie*, Syllabus, Bruxelles, Institut d'Etudes Théologiques, 1990 (60 bd. Saint-Michel), p. 226.

coucher de peur de ne plus se relever – traduit donc le corps qui se dérobe au don reçu.

Il y a donc une manière de ne pas l'enregistrer qui est refus, plus ou moins conscientisé, de sa condition humaine. La fatigue est, au même titre que toute expérience de limite, le rappel, parfois heureux, de ce que notre esprit n'est pas tout-puissant. Accepter d'être fatigué, c'est plus fondamentalement consentir à mourir un jour[8]. C'est, en retour, accepter de vivre et se donner la joie de célébrer le don de la vie.

2. « Je suis toujours fatigué »

Fatigué de traîner son ombre

À côté de ceux qui « ne savent pas s'écouter », il y a, en revanche, ceux qui « s'écoutent trop ». L'expérience de la fatigue est universelle. Pour autant, son apparition est-elle le signe qu'il faut arrêter d'agir, que ce soit par paresse ou par identification de la vérité à la spontanéité jouissive ? Certaines attitudes rappellent cet homme dont le *César* de Pagnol disait qu'elle ne passait pas au soleil pour ne pas avoir à traîner son ombre ! La personne se sent incapable de fournir un effort au-delà de leur désir immédiat, ou du mécontentement introduit par la résistance du corps et le rechignement de l'organisme. La contrariété de la fatigue rend alors le corps étranger, en fait un obstacle et un ennemi.

Or, c'est le propre de l'animal que de ne pouvoir résister à sa fatigue. À moins d'être contrainte, la bête s'arrête dès que la lassitude survient. En revanche, c'est le propre de l'homme que de pouvoir dépasser ce que son corps « veut » de son propre mouvement. Et la dignité du corps humain consiste parfois à être conduit là où son seul dynamisme ne pouvait le faire. Dans cette expérience de la fatigue surmontée se dessine, en creux, comme un au-delà de l'être du corps, à savoir son âme spirituelle. Il nous faudrait toujours méditer l'extraordinaire exemple de ce pionnier de l'Aéropostale, Henry Guillaumet, qu'admirait tant son ami Saint-Exupéry. Une tempête oblige l'aviateur à atterrir en catastrophe dans la Cordillère des Andes. Il fait – 40° C, Guillaumet doit escalader six cols de 4 500 mètres, sans équipement ni vivres. Un moment, il tombe d'épuisement et de découragement. Mais l'image de sa femme le fait se relever. « Une fois debout, tu marchas deux nuits et trois jours, écrit Saint-Exupéry. Ce qui sauve, c'est de faire un pas.

8. « Ma lassitude me représente [c'est-à-dire : me rend sensible, me rappelle] que je suis mortelle », disait Madame de Maintenon (Françoise CHANDERNAGOR, *L'Allée du Roi*. Souvenirs de Françoise d'Aubigné marquise de Maintenon épouse du Roi de France, « Presses Pocket » n° 2227, Paris, Julliard, 1981, p. 9).

Encore un pas. C'est toujours le même pas que l'on recommence... » Au total, Guillaumet marchera cinq jours et quatre nuits. "C'est alors que tu exprimas, et ce fut ta première phrase intelligible, un admirable orgueil d'homme : "Ce que j'ai fait, je te le jure, jamais aucune bête ne l'aurait fait." [...] Cette phrase, la plus noble que je connaisse, cette phrase qui situe l'homme, qui l'honore, qui rétablit les hiérarchies vraies[9]. » L'homme est cet animal dont la limite est de ne pas en avoir.

La fatigue du don refusé

La lassitude prend diverses formes : de la fatigue de vivre, caractéristique du nihilisme que Nietzsche a souvent fustigée, à la redoutable acédie ou paresse spirituelle dont les Pères du désert ont longuement parlé, sans parler de la morosité ambiante. Son odeur de cadavre en décomposition caractérise les civilisations moribondes. C'est en ce sens qu'Ernest Hello pouvait dire que « notre siècle est épuisé, saigné à tous les membres [...], usé, blasé, fatigué[10] ».

Mais, sous ces figures très variées, on trouve une même logique. Ici, le corps n'est pas fatigué de sa finitude, mais au contraire de son infinie ouverture à l'autre. Il existe une subtile mais réelle fatigue à être aimé, parce que cet amour est un appel, pas d'abord au retour, mais à la communion. Or cet appel est une tâche. Marie de Hennezel, psychologue dans une unité de soins palliatifs, a fait cette lumineuse constatation que la résistance à donner est plus fatigante que le don, lorsqu'on a découvert la joie de se livrer :

> « On s'épuise moins, je crois, à s'engager, si l'on sait par ailleurs se ressourcer, qu'à se protéger derrière une attitude défensive. Je l'ai souvent observé, les soignants qui se défendent le plus sont ceux qui se plaignent le plus d'être épuisés. Ceux qui se donnent, au contraire, semblent en même temps se ressourcer.[11] » Cette remarque vécue illustre la loi profonde du don, inscrite dans notre être : celui qui se défend, se défend de donner, et donc contrecarre l'inclination *naturelle* de l'esprit humain. L'auteur cite une des premières femmes à avoir pratiqué la psychanalyse dans le sillage de Freud, Lou Andreas-Salomé : « C'est en se donnant qu'on s'obstient complètement. » En effet, « l'amour, loin d'être un

---

9. Antoine DE SAINT-EXUPÉRY, *Terre des hommes,* in *Œuvres,* « Bibliothèque de la Pléïade », Paris, Gallimard, 1959, p. 160-167. Dans le film en technique Imax-3D, *Guillaumet ou les ailes du courage* (présenté au Futuroscope de Poitiers, 1996), Jean-Jacques ANNAUD montre dans une comparaison symbolique avec une fourmi que l'homme transcende l'animal et se trouve perdu tant qu'il s'identifie à l'animal. Cf. l'exemple de Rémi Bricka (IIe partie, chap. 5).

10. *Physionomie des saints,* Paris, 1875, p. 208.

11. Marie de HENNEZEL, *La mort intime.* Ceux qui vont mourir nous apprennent à vivre, « Aider la vie », Paris, Robert Laffont, 1995, p. 170.

> réservoir qui se vide dès qu'on puise dedans, se renouvelle tout en se prodiguant[12]. »

Cette fatigue est donc un refus d'aimer. Certes, elle se présente souvent sous la forme du refus d'être aimé, car l'amour reçu est non pas une exigence – ce serait nier la gratuité du don — mais un implicite appel au retour, et, plus précisément, à la communion. Celui qui est toujours fatigué, est fatigué d'aimer, donc de vivre, donc d'être. « La fatigue d'être aimé, c'est la fatigue d'être soi, et d'avoir à être soi.[13] » Le refus du terme boucle sur le refus de l'origine. Cette seconde sorte de fatigue est celle du corps qui se dérobe au don offert.

3. La fatigue du corps-de-don

À côté de la fatigue de l'origine refusée et celle du don refusé, on trouve la lassitude de celui qui accepte d'être parfois fatigué.

« Je suis parfois fatigué »

Quelle est la juste relation à la fatigue? S'incliner dès l'apparition de la fatigue, c'est, jouant la bête, esquiver l'exigence du don offert. Se croire infatigable, c'est, jouant l'ange, refuser la finitude et le don reçu.

Mais nous sommes des esprits incarnés. Il nous appartient de faire du corps et de sa fatigue un ami ou un ennemi. À nous de savoir si nous donnerons un sens à la fatigue du travail ou si nous la laisserons sombrer dans l'absurdité, cousine germaine de la révolte.

Dans un parc de New York, deux vieillards discutaient sur l'influence du hasard dans leurs vies. L'un estimait que le hasard ne lui avait jamais souri et l'autre qu'il avait gâché sa jeunesse. Vint à passer le milliardaire Henry Ford : « Voilà un homme chanceux, s'écrit l'un des hommes. Tout lui a réussi dès le premier jour. – Oui, renchérit l'autre, il a eu la grande chance de travailler et étudier seize heures par jour pendant trente ans[14]. »

La lassitude est soit l'occasion de nous replier sur nous-même et de nous refuser à la fécondité, soit appel à une désappropriation et un dépassement

12. *Ibid.* Aussi Marie de Hennezel, qui pratique l'haptonomie, c'est-à-dire l'approche tactile affective, se refuse à la fameuse distance thérapeutique, la règle d'or d'abstention chère à la psychanalyse freudienne : « ne pas toucher, ne pas parler » (*Ibid.*, p. 169).

13. Jean-Louis CHRÉTIEN, *De la fatigue, op. cit.*, p. 155.

14. Rapporté par José M. PARRAMON, *Comment dessiner le corps humain.* Étude théorique et pratique des dimensions et des proportions. Perspective, anatomie et différents aspects du dessin du corps humain, trad. Marie-Claude Moreau, « Activités artistiques » n° 9, Paris, Bordas, 1990, p. 112.

de tout égoïsme. L'expérience nous apprend vite qu'aucune grande œuvre ne s'accomplit sans effort et donc sans fatigue : « Mon fils, sois averti [...] que beaucoup d'étude fatigue le corps[15]. » Cela signifie-t-il qu'il faille renoncer à tout travail onéreux? En même temps, l'expérience de la fatigue permet à la personne de percevoir combien ce qu'elle dit ou fait lui échappe, combien son œuvre ne lui appartient pas.

La liberté « découvre comment intégrer cette fatigue qui, à première vue, est un obstacle au travail, mais dont il est tout de même possible de tirer une énergie supplémentaire ». Or, la fatigue du corps s'intègre à la discipline et à la persévérance. Ainsi, lorsque survient la fatigue, la liberté dépasse cette première contrariété. « La capacité d'intégration, dont la liberté est le principe, ne s'exerce que dans la mesure où le corps a été discipliné à répondre.[16] »

Ne risque-t-on pas alors de tomber dans le volontarisme? La fatigue naît de l'effort et celui-ci ne prend son sens, chez l'homme, que du projet qui a été décidé. C'est donc à l'aune de cette finalité que peut s'évaluer la lassitude. On ne jugera pas de la même manière la fatigue de celui qui s'étourdit jusqu'à quatre heures du matin dans une soirée, et celle de la mère qui se relève huit fois dans la nuit pour son enfant qui a de la fièvre. Jean Vanier donne humblement son propre exemple :

> « En 1976, je suis tombé malade et j'ai dû passer deux mois à l'hôpital. Mon corps criait car je l'avais maltraité. Je ne lui avais pas donné le repos et la nourriture dont il avait besoin. Cela m'a servi de leçon. Après la maladie, j'ai retrouvé un meilleur équilibre humain et un meilleur rythme de vie[17]. »

Auparavant, il énonçait un critère plus général :

> « Pour croître vers une identité plus profonde et s'ouvrir aux autres, il faut aussi savoir prendre du recul, être en forme et détendu. Si on est rempli de projets et de besoins compulsifs de réussir et d'être apprécié, ou si on est fatigué, tendu, stressé, il est difficile de s'arrêter pour accueillir les autres et les écouter [18]. »

Comme souvent dans notre métier d'homme, c'est la finalité qui sert de critère : un corps qui ne peut plus se donner aux autres, doit se donner à soi. Autrement dit, le repos est la condition, mais non le but du service. Le corps doit autant pouvoir vivre cet amour que l'exprimer. Un éminent psychiatre anglais affirmait : « La majeure partie de la fatigue dont nous souffrons est d'origine mentale, un épuisement d'origine purement physique est en fait

---

15. Qo 12,12.

16. Albert CHAPELLE, *Anthropologie, op. cit.*, p. 225. À noter que cette typologie (fondée sur la distinction de la liberté par excès et par défaut) ne reconnaît que la relation écologique, négligée et non pas la relation volontariste, excessive due à la fatigue.

17. Jean VANIER, *Toute personne est une histoire sacrée,* Paris, Plon, 1994, p. 184. Cf. p. 183 s.

18. *Ibid.*, p. 177.

très rare. » Aussi, nombre de nos fatigues sont d'abord le fruit de tensions intérieures, d'angoisses, d'états émotifs liés à la précipitation, etc., et non pas d'abord comme on le croit trop souvent à des causes organiques. Aussi Dale Carnegie n'hésitait pas à en tirer le conseil paradoxal : « Reposez-vous avant d'être fatigué[19]. »

La relation libérante à la fatigue demande donc un discernement entre deux fatigues dépressives, celle de l'agité qui se voudrait inlassable et celle du narcissique qui voudrait n'être jamais lassé. Concrètement, il appartient à chacun de répondre à la question : pourquoi suis-je fatigué ? Suis-je fatigué de trop donner ou suis-je fatigué de trop me fuir ? La juste fatigue accepte les limites du corps, consent au repos réparateur. Mais elle découvre aussi la joie infatigable du don. Certes, le corps s'use à se donner jusqu'à mourir, car « il n'y a pas de plus grand amour que de donner sa vie » (Jn 15,13). Mais cette fatigue transfigurée par le don est non seulement source de bonheur, mais désir, sinon espérance et promesse d'un corps infatigable qui ne sera plus que resplendissement d'amour : le corps de gloire. Entre le corps crucifié par amour et le corps glorifié par grâce, il n'y a que l'épaisseur d'un cristal.

Du plus prosaïque au plus héroïque

À son confessionnal où, les dernières années de sa vie, il allait prodiguer la miséricorde quinze heures par jour – à raison de trois minutes par pénitent ! – le curé d'Ars s'est complètement épuisé de fatigue : il est mort non pas d'avoir trop donné, mais d'avoir tout donné. Ou plutôt, c'est parce qu'il a vécu d'avoir donné jusqu'au bout qu'il n'est pas mort mais entré dans la vie par excellence, la vie éternelle : qu'espérer de mieux ?

Mais cet exemple d'inimaginable héroïsme pourrait décourager. Voici un exemple plus quotidien, là encore sacerdotal :

> « En l'abbé Goémine, ils sont deux : Go et Mine. Quand c'est Go qui ouvre la porte, attention, il va grogner ! Mais quand c'est Mine, c'est tout bon ! » Les personnes trouvaient en lui comme un Mister Hyde (Go), grognon et un Docteur Jekyll (Mine), tout bon. Or, continue-t-il, « à la réflexion, je me suis aperçu que j'étais Go lorsque je souffrais de manque de sommeil. Étant un grand sommeilleux, ayant besoin de beaucoup dormir pour être en forme, j'ai compris que pour toujours être Mine au bénéfice de tous, *il me fallait tenir compte de ma biologie :* être humain avec moi-même pour être humain envers les autres. Que de confrères feraient bien de se reposer davantage et d'organiser mieux leurs fatigues, afin que les fidèles n'en souffrent pas[20] ! »

---

19. *Comment dominer le stress et les soucis.* Prenez la vie du bon côté !, trad. mise à jour par Didier Weyne, Paris, Flammarion, 1993, p. 176. Cf. le chap. 26 qui multiplie les exemples et cite le psychiatre.

20. Père Marcel GOÉMINE, « La solitude vaincue », in *Feu et Lumière* n° 128, avril 1995, 50140 MORTAIN, pp. 12 à 18, ici p. 14.

Ce qui est vrai du prêtre peut l'être tout autant de la mère de famille, du travailleur, de l'étudiant ou du bénévole.

Le Dieu fatigué

L'attitude du Christ est un chemin privilégié vers le vécu de la fatigue. D'une part, Jésus fut fatigué, de par la commune condition humaine qu'il partageait. L'Évangile le dit, à une seule reprise : « Jésus, fatigué par la marche, se tenait donc assis près du puits » (Jn 4,6), où il rencontre la Samaritaine. Et la liturgie le chante, dans le *Dies Iræ* : « *Quærens me, sedisti lassus.* En me cherchant, tu t'es assis, fatigué. » Si Jésus est Dieu et qu'il est fatigué, on peut et on doit, au nom même du réalisme de l'Incarnation[21], affirmer que l'Infatigable, Dieu, est fatigué. Le Père a fait le Christ péché, dit saint Paul (II Co 5,21). Il l'a aussi fait fatigue.

Or, continue l'Écriture, « c'était environ la sixième heure », c'est-à-dire midi. La fatigue du don originel est une fatigue du **soir,** car elle ne se dévoile que dans l'humiliation de l'inachevable ; la fatigue du don offert est une fatigue du **matin,** car la personne se réveille déjà lassée de vivre : d'ailleurs, les moroses du crépuscule sont ceux qui n'ont pas voulu s'arrêter à midi et les lassés du réveil vous disent souvent se coucher plus reposés... La droite fatigue, quant à elle, est fatigue de **midi** : se refusant à la dérobade de l'acédie et de l'ombilication sur soi, autant qu'à l'illusion de l'activiste qui se croit inusable, Jésus consent à sa finitude. Au milieu du jour, qui est le symbole de notre être entre pure passivité et acte pur, il accepte de prendre du repos, pour mieux se donner jusqu'au terme du jour ; ce juste fatigué n'est ni toujours allongé, ni toujours debout, mais accepte de s'asseoir un temps pour donner à son corps et à son esprit le repos.

Mais Jésus est aussi celui qui vivra la fatigue jusqu'à l'agonie. La sueur de sang, à Gethsémani, est le témoin d'une souffrance inouïe qui laisse le corps dans un absolu épuisement (Lc 22,44).

Or, tant la lassitude consentie près du puits de Jacob que la lassitude offerte à Gethsémani sont transfigurées par l'amour et pour le salut du monde. Le Dieu inlassable qui a créé le monde, devient fatigable, en s'incarnant, pour recréer un monde usé, fatigué par le péché. Saint Augustin le dit avec bonheur dans son commentaire de l'Évangile de la Samaritaine : « Ce n'est pas sans raison que Jésus est fatigué ; car ce n'est pas sans raison qu'est fatiguée la Force de Dieu [...]. La force du Christ t'a créé, la faiblesse du Christ t'a recréé [...]. Il nous a créés par sa force, il nous a recherchés par sa faiblesse[22]. »

21. Plus précisément, c'est au nom d'une loi théologique appelée « communication des idiomes ».

22. *Homélies sur l'Évangile de saint Jean,* VI, 6 et 7, éd. et trad. M.-F. Berrouard, « Bibliothèque augustinienne », Paris, Desclée, 1969, p. 763-767. Et JEAN SCOT ERIGÈNE de

La première fatigue (au puits de Sychar) fait signe vers l'Incarnation, la seconde (au jardin des Oliviers) vers la Rédemption. Mais les deux sont unies dans la même geste aimante. C'est en Jésus d'abord et avant tout que le corps fatigué exprime totalement le corps-de-don, en devient l'un des symboles privilégiés. La première fatigue est celle, consentie, liée à la finitude du corps reçu : ce Jésus qui s'asseoit, réellement fatigué, sait s'octroyer un nécessaire repos, alors que les disciples vont chercher de quoi le sustenter.

La seconde fatigue est celle qui naît de l'amour offert « jusqu'à l'extrême » (Jn 13,1). En un sens, Jésus est mort d'épuisement, parce qu'il est mort d'amour. Mais la première fatigue nous assure que la seconde est non seulement celle d'un homme, mais d'un homme qui nous sauve, non pas en transgressant ses limites, mais en les acceptant humblement (Ph 2,6-9). Jésus ne s'est consumé durant les trois années de sa vie publique que parce qu'il s'est recueilli à l'ombre de Nazareth pendant trente ans. Il y a un temps pour le repos réparateur, il y a un temps pour la fatigue réparatrice (mais en un tout autre sens). À sa suite, tous les missionnaires et les martyrs font d'un cœur consumé par le zèle d'amour, un corps consommé par la fatigue. Jésus assume toutes nos fatigues et les rajeunit par l'éternelle jeunesse du don : quelle vitalité brille dans le visage frippé d'une Mère Teresa ou d'une sœur Emmanuelle ! La sainte fatigue devient saine fatigue.

Nul masochisme chez Jésus : la meilleure preuve est son permanent souci de soulager une de ses formes les plus communes des souffrances des hommes, à savoir la fatigue (Mc 6,30-32). Jésus qui « est passé en faisant le bien » (Ac 10,38), et qui, comme tout homme, a appris à aimer autrui, en s'aimant lui-même, ne pouvait pas « haïr sa propre chair » (Ep 5,29).

La juste mesure

Concrètement, comment vivre, avec mesure, sa fatigue ? Écoutons l'un des maîtres de la vie spirituelle, saint François de Sales. L'évêque de Genève a toujours eu un extrême souci de la culture de tout l'homme, pas seulement de l'esprit et du cœur, mais aussi du corps[23]. Réaliste, il sait que toute fatigue du corps, loin de libérer l'âme, la contraint et l'aliène en la fatiguant. Aussi adresse-t-il un reproche ferme et doux à Jeanne de Chantal qui retranche sur son temps de sommeil, matin et soir : « Pourquoi faites-vous cela, ma chère Fille ? Non certes, il ne faut pas accabler l'esprit à force de travailler le

préciser : « La fatigue de Jésus est son incarnation : c'est notre nature fatiguée par les labeurs et les souffrances de ce monde à cause du péché originel qu'il a assumée. » (*Commentaire sur l'Évangile de Jean,* VI, II, éd. et trad. E. JEAUNEAU, Paris, 1972, p. 288)

23. Cf. par exemple, Francis VINCENT, *Saint François de Sales Directeur d'âmes.* L'éducation de la volonté, Paris, Beauchesne, 1925, p. 264-290, notamment 264-281.

corps. » François avoue lui-même que, lorsqu'il fatigue outrancièrement son corps par des veilles excessives, il s'en excuse comme d'une faute :

> « Je fais cela, il est vrai, mais c'est par vive force : autrement, je dors fort bien ce qui m'est nécessaire, et je veux que vous en fassiez de même. La lettre ci-jointe vous fut écrite à minuit, mais il y avait longtemps que je n'avais tant veillé. Il ne faut pas pour peu de chose, se détraquer comme cela, notamment les femmes : car après on ne vaut rien tout le long du jour[24]. »

Monsieur de Genève ajoute un argument qui montre son expérience :

> « Ma chère Sœur, écrit-il à l'Abbesse du Puits d'Orbe, il n'est pas croyable combien les longues veilles du soir sont dangereuses et combien elles débilitent le cerveau. On ne le sent pas en jeunesse, mais on le ressent tant plus par après, et plusieurs se sont rendues inutiles par ce moyen-là[25]. »

Une sage culture du corps est donc pour lui la condition d'une bonne éducation de la volonté. En creux, il s'oppose à la conception néoplatonicienne selon laquelle plus on exténue le corps, plus on revigore l'âme. Aussi, dans *l'Introduction à la Vie dévote,* François de Sales préconise-t-il récréations, jeux, sports, et multiplie-t-il des conseils mesurés et judicieux sur les danses, les toilettes et l'hygiène. À bon entendeur...

Conclusion

La fatigue de celui qui consent à son état fini de créature (le don reçu) et ne se dérobe pas à l'aimé qui appelle son don (offert), est une fatigue qui dilate le corps de don, comme l'agir déploie l'être. Mais le dernier mot n'est pas à la fatigue : je ne peux être fatigué d'agir que si je me réjouis d'être. La bonne lassitude qui naît de l'offrande sans mesure, n'est juste qu'ajustée à son origine reconnue qui est le don mesuré de l'être inspirant la gratitude, donc la réponse émerveillée d'un sourire. Le corps souriant servira de contrepoint au corps fatigué. La lassitude est école d'humble sagesse, le sourire, école de joie paisible.

24. *Lettre à la baronne de Chantal,* 5 mars 1608, Éd. d'Annecy, tome XIII, p. 367.
25. *Lettre à Mme Bourgeois,* 22 novembre 1604, tome XIII, p. 391.

CHAPITRE 4

La Joie du corps ou Éloge du sourire

« Quand tu souris, le monde entier sourit avec toi[1]. »

Le sourire est « geste au-delà du geste[2] ».

« Ton sourire et ton regard, ta démarche et ta voix étaient-ils matière ou esprit? L'un et l'autre, mais inséparables[3]. »

1. Le sourire, signe de la personne

Peu de gestes sont aussi humains qu'un sourire, sauf peut-être les pleurs[4]. D'abord le sourire est **propre** à l'homme. C'est vrai au plan anatomique : le *risorius* est un muscle inconstant, très mince, qui s'étend de la région massétérine à la commissure des lèvres. Sa fonction est d'attirer celle-ci en dehors et en arrière. Or, estime le grand anatomiste Rouvière, « le risorius serait tout à fait spécial à l'homme comme son nom l'indique, il est le muscle du rire ou mieux du sourire, lorsqu'il combine son action à celle de l'orbiculaire des lèvres. » Précisément, le grand zygomatique, popularisé par Raymond Devos, est « le muscle de la joie de Duchenne, en exprimant suivant le degré de contraction le sourire ou le rire franc. » À noter que la fossette du rire observée chez certaines personnes serait due à un intervalle particulièrement grand entre le grand zygomatique et le risorius se contractant simultanément[5]. Le visage est la partie la plus expressive de notre corps et le sourire, en sa fluidité, est le meilleur signe de la mobilité et de la disponibi-

1. Chanson finale de *Maudite Aphrodite,* comédie américaine de Woody ALLEN (1995).

2. Samuel ROUVILLOIS, *Corps et sagesse, op. cit.*, p. 206. Il précise qu'il est « le symbolisme à la fois lumineux – à cause du regard – et aimant – à cause de la bouche – de cette communion ultime ». *(Ibid.)*

3. Anne PHILIPPE, *Le temps d'un soupir,* Paris, Julliard, 1948, p. 48.

4. « Un animal ne pleure pas parce qu'il n'est pas une personne, quelque développée que soit son intelligence pratique et ses relations affectives avec l'entourage. [...] Dans l'acte de pleurer, l'homme témoigne de son existence personnelle. » (F. J. J. BUYTENDIJK, *De la douleur,* trad. Reiss, Paris, B.P.C., P.U.F., 1951, p. 129)

5. H. ROUVIÈRE, *Anatomie humaine descriptive, topographique et fonctionnelle,* Paris, Masson, 11e édition revue et augmentée par A. Delmas, tome 1. *Tête et cou,* 1974, p. 159 et p. 162.

lité du visage ; la perte de cette plasticité, l'incapacité de sourire est l'une des principales souffrances du malade parkinsonien.

C'est *a fortiori* vrai au plan psychique : « Le boa repus ne sourit pas, remarque André Frossard. Le sourire du tout petit enfant est l'un des plus grands et des plus ravissants mystères du monde. [...] Il exprime beaucoup plus que la réplétion gastrique d'un bébé bien nourri. Il est une preuve voltigeante de l'existence de l'âme, un appel muet à l'amour, un passage furtif de la grâce et un léger trait d'ironie tiré sur le matérialisme[6]. » Par ailleurs, sourire humanise le visage et, partant, tout le corps. Le sourire naît de ce qui est humain en nous : il est la trace de l'esprit. Les Pères de l'Église ont toujours préféré le sourire au rire[7]. Est-ce parce que son caractère impalpable permet de lire l'esprit en filigrane ?

Ensuite, le sourire est l'expression de l'homme en sa **totalité.** L'apparition du sourire est aussi le révélateur de la coordination, donc d'une unité en voie d'intégration de son corps (le sourire suppose la maîtrise des muscles peauciers commandant cette mimique) et de son âme dans sa globalité, cognitive (l'enfant doit pouvoir discerner un certain aspect du visage humain) et affective (le sourire est signe d'une joie). Autrement dit, le sourire est la première expression du corps comme ouverture et comme unité.

Françoise Dolto l'exprime d'une autre manière. Selon elle, le sourire est une expérience frontière croisant les deux dimensions du désir (qui témoigne de l'intériorité, de l'esprit) et du besoin (qui s'enracine dans le corps).

> « Il y a un exemple de désir bien avant la satisfaction du besoin, c'est ce sourire [...] qui obéit à la parole humaine, parce que la parole de la mère s'est croisée avec une perception viscérale. Ce sourire du nourrisson est une communication à la mère et la perception auditive qui avait recouvert cette perception viscérale permet au sourire de se reproduire sur le visage[8]. »

---

6. *L'homme en questions,* Paris, Ed. Stock, 1993, pp. 74 et 75.

7. Par exemple : « Car détendre le visage modestement, harmonieusement, comme un instrument, cela s'appelle sourire, si le sourire s'épanouit, il éclaire le visage – c'est le rire des sages. » (Saint CLÉMENT D'ALEXANDRIE, *Le Pédagogue,* trad. Bernadette Troo et Paul Gauriat, Ed. A.-G. Hamman, « Les Pères dans la foi », Paris, Migne, 1991, L. II, v, « Du rire », p. 155)

8. Le sourire est donc le signe et de l'apparition de ce que Lacan appelle la « fonction symbolique » (c'est-à-dire la raison) et « surtout de la rencontre interhumaine entre ce nourisson et sa mère » ; aussi « un sourire [...] est un langage de communication. » Et la précocité de ce sourire tient à ce que l'enfant, et cela est propre à l'humanité, « a été conçu dans le langage et qu'il est accompagné tout le temps de sa vie de cette nécessité de la fonction symbolique » (Françoise DOLTO, « Au jeu du désir les dés sont pipés et les cartes truquées », Débat après l'exposé, in *Bulletin de la Société française de philosophie,* Paris, Armand Collin, octobre-décembre 1972, p. 159) La présence du sourire traduit la présence de l'esprit. Propre à l'homme, le sourire est pure grâce qui s'inscrit en rupture avec la biologie.

Aussi, explique un autre psychanalyste chrétien, dans un beau chapitre consacré au sourire, cette ouverture se traduit-elle au plan le plus prosaïquement organique : il « brise la dureté de marbre de l'œil. Il assouplit les lèvres sous la motion de la voix. Il dilate les narines dans l'accélération du souffle. Il « prouve » que les pulsions diverses se trouvent libérées, exprimées et organisées dans le champ du désir. » Autrement dit, le sourire est le signe de la transcendance ou plutôt de l'incarnation de l'esprit : « Le sourire est le signifiant visible de l'invisible parole. Il est le premier signe de l'alliance qui fait parler le silence[9]. » Le sourire est le « lien entre chair et parole[10] », corps et âme.

Enfin, le sourire n'est pas limité dans le temps et la géographie. Il n'y a pas un temps du sourire, car le sourire accompagne **toute la vie.** « On observe, remarque T.G.R. Bower, des sourires d'un certain type dès les premiers jours qui suivent la naissance[11]. » Daniel Stern[12] a montré que, pendant les deux premières semaines de sa vie, l'enfant sourit, mais davantage durant le sommeil. Notons d'ailleurs que ce sourire ne semble en lien ni avec le monde extérieur, ni avec des phénomènes viscéraux. Aussi Stern le qualifie d'endogène ou réflexe. Ne peut-on y lire, à nouveau, une première trace de l'esprit[13] ? Le nouveau-né sourit aux anges et le vieillard ne sourit plus « de toutes ses dents[14] ». Il n'y a pas plus de spécialistes du sourire, car tout le monde sourit, du ravi au dément grabataire qui se détend et sourit lorsque vous lui caressez la main.

9. Denis VASSE, *La Chair envisagée, op. cit.*, p. 172 et 173. Cf. tout le chap. VII : « Le sourire et la promesse ».

10. *Ibid.*, p. 188.

11. *Le développement psychologique de la première enfance,* Bruxelles, Margada, 1986 (1e éd., 1978), p. 52.

12. Cf. *The first relationship infant and mother,* Londres, Open Books, 1977.

13. C'est à la sixième semaine que le sourire devient complet et durable. Quelle est la cause de cette apparition progressive d'un sourire durable ? Est-elle liée à l'entourage ou à la maturation ? Il semble que ce soit la seconde cause qui prédomine, car le sourire complet apparaît à six semaines chez l'enfant né à terme (quarante-six semaines d'âge conceptionnel), plus tard chez le prématuré, plus tôt chez les enfants nés après terme. Autrement dit, le caractère tardif du sourire n'est pas lié à un conditionnement culturel, mais à la présence de l'esprit.

14. À la suite d'une homélie radiodiffusée du père BESNARD, le 2 février 1975, il y eut plus de 13000 demandes du texte... Le titre de cette homélie était « La Rencontre » et le texte était tissé de témoignages de vieilles personnes (A.-M. BESNARD, *Quand les vieux parlent,* Témoignages, « Épiphanie », Paris, Le Cerf, 1976, pp. 111 à 124). Voici l'un d'eux : « Vois, Seigneur, comme je suis vieille, ridée, édentée, mes tempes dégarnies, mes cheveux blancs. Qu'as-tu fait, Seigneur, à quoi penses-tu de me donner tant de joie et de bonheur dans ma vieillesse ? » (p. 112)

2. Le sourire, signe de l'ouverture

Le sourire, ouverture de la personne

Si l'esprit informe le corps, il le finalise : le corps est destiné à autre que lui ; le sourire aussi. Que signifie le sourire ? Pourquoi le sourire est-il un signe universel d'accueil et attire-t-il davantage qu'une figure soucieuse aux sourcils froncés, sinon parce qu'il est le signe d'une ouverture ? Le sourire est ouverture, donc s'accompagne de joie. Bartillat le définit : « L'expression de la joie, du bonheur ou du plaisir dans l'étalement du visage et le rayonnement du regard[15]. » Or, dans cette heureuse définition qui conjoint la double ligne matérielle et spirituelle, le sourire apparaît comme ouverture : la joie est signe de l'ouverture intérieure et l'étalement est la dilatation toute physique de celui qui s'offre plus à l'autre.

En revanche, le premier signe de la fermeture est l'effacement du sourire. Plus encore, cette disparition est une « destruction du visage », selon le mot de Denis Vasse[16]. « Réprimer un sourire équivaut à un refus d'entrer en contact. Rester impassible ou avoir une « tête de constipé » caractérise un processus de rétention qui cherche à annuler les effets de la parole dans la chair[17] », c'est-à-dire la trace de l'esprit invisible qui se dit dans la visibilité du corps. Nous retrouvons ce qui fut dit au paragraphe précédent : le sourire signifie l'accueil intérieur du don de l'esprit par le corps, l'intime unité de l'un et de l'autre.

Mais à quoi ouvre le sourire *ad extra* ? Le sourire naît lorsque la personne goûte un plaisir, lorsque le corps s'ouvre à une jouissance. Il est donc ouverture au bien. Il est aussi ouverture au vrai. Le sourire prépare la parole et parfois la remplace. Le sourire exprime cette surabondance qu'est la délectation du vrai contemplé, la joie du bien partagé. Cette ouverture est libre et consciente d'elle-même : le sourire n'est pas le rire ; il est spontané, mais point abandon de l'écoute et de la maîtrise.

Le sourire, ouverture à la vérité

Le sourire naît de la joie d'une présence. On pense spontanément à la présence d'autrui. Mais Bower fait état de plusieurs recherches selon lesquelles, dès six semaines, le bébé sourit pour manifester la joie d'une découverte.

15. Christian de BARTILLAT, *Le livre du Sourire.* Sourire des dieux Sourire des hommes, Monaco, éd. du Rocher, 1995, p. 7. Souligné dans le texte.

16. *La Chair envisagée, op. cit.*, p. 53 s.

17. *Ibid.*, p. 174.

> « Les bébés sourient avec vigueur quand ils découvrent la solution d'un problème nouveau[18]. » Aussi « le sourire de ces bébés traduit un plaisir intellectuel, le plaisir d'avoir découvert quelque chose de la structure causale de l'univers, et le plaisir de contrôler une partie. À première vue, ce genre d'affirmation semble dépasser les limites de la crédibilité. Qui irait imaginer que les nouveaux-nés soient susceptibles de plaisir intellectuel ? Qui songerait même à les traiter comme des êtres intellectuels ? Pourtant je pense qu'il existe des preuves évidentes de ce que les bébés tirent un grand plaisir de la solution de problèmes, de la maîtrise intellectuelle d'une fraction de leur environnement, de la compréhension de quelque aspect de la structure causale du monde qui les entoure[19]. »

Le sourire est donc l'indice d'une ouverture, très précoce, à la quête du sens. Mais il est plus encore ouverture aux personnes.

3. Le sourire, signe du don

Le sourire, ouverture et don à l'autre

Le sourire, enfin, est plus qu'« une éphémère revanche sur les espoirs déçus » ou « sur la rareté des choses belles et vraies dans ce monde », dont parle Andreï Makine au début d'un de ses romans[20]. Sa prime destination est ouverture à l'autre[21]. C'est un signe social[22]. Spontanément, le visage de l'aveugle ne sourit pas, plus encore son regard paraît mort[23] : notre mimique est donc réponse à un regard. De ce point de vue, sourire est déjà un acte de **justice** : « Le sourire, dit Simone Weil, dans *La pesanteur et la grâce,* est la

18. *Le développement psychologique, op. cit.*, p. 141.
19. *Ibid.*, p. 59.
20. Andreï MAKINE, Le testament français, Paris, Mercure de France, 1995, p. 13.
21. Le sourire manifeste le « désir des autres » (Philippe et Suzanne MALRIEU, « La socialisation », in H. GRATIOT-ALPHANDÉRY et René ZAZZO, *Traité de psychologie de l'enfant,* Paris, P.U.F., tome 5, 1973, p. 5 à 234, ici p. 50). Il est l'indice d'une rencontre (Jean CHÂTEAU, *L'humanisation,* Bruxelles, Margada, 1985, p. 171) ; aussi, et nous retrouvons la conclusion déjà aperçue, le sourire est-il propre à l'homme (*Ibid.*, p. 172).
22. Le message social du sourire a une connotation « antiagressive, antihiérarchique et cohésive ». (Fabio CECCARELLI, *Sorriso e riso.* Saggio di antropologia biosociale, Turin, Giulio Einaudi Ed., 1988, p. 77. La 1ère partie porte sur le sourire. Avec bibliographie)
23. Jacques LEBRETON a perdu ses mains et ses yeux à cause d'une grenade qui a éclaté dans ses paumes. Il s'est marié plus tard avec une femme qu'il n'a jamais vue. « Tous mes enfants, je les ai tenus dans mes bras. À trois, quatre, cinq ou six mois, je ne sais, ils ont voulu m'ôter les lunettes. Au début, j'ai cru que c'était pour jouer avec elles, mais très vite j'ai remarqué, en leur passant un hochet à la place, que ce n'était pas le jeu, l'objet de leurs désirs. Aujourd'hui, je suis intimement convaincu qu'ils cherchaient mon regard : un visage d'aveugle, c'est un visage mort, à moins que, dans la conversation, par le sourire ou le jeu des paupières, il n'entre en communion. » (« À quoi ça sert ? », in *Communio, Le corps,* déjà cité, pp. 61 à 63, ici p. 61)

seule récompense véritablement juste ; ni trop, ni trop peu, chacun y trouve ce qu'il y veut. » Il est reconnaissance de l'autre.

Sourire est, plus encore, une entrée dans une relation d'**amour**. Là encore, il convient de distinguer trois étapes – pour mieux unir. Le sourire est d'abord **réponse**. « N'oublions pas que nos enfants apprennent à sourire en nous regardant », disait une maman[24]. Or, ce sourire-réponse constitue une première communion, source de toutes les communions ultérieures :

> « Cette unité dans l'amour, commente le théologien suisse Balthasar, se maintient même lorsque le visage de la mère sourit à distance à l'enfant. Là se produit le miracle : un jour, l'enfant reconnaît dans le visage de sa mère son amour rassurant et y répond de son premier sourire ; l'intuition plénière et directe qui s'affirme là – avant tout jugement et toute déduction – mérite l'étonnement réservé au miracle. L'amour, commencement de tout, est compris, il défroisse chez l'enfant la fleur endormie de la conscience[25]. »

En 1946, R.-A. Spitz et K.-M. Wolf publièrent des travaux devenus historiques[26] sur le sourire-réponse à partir d'un groupe de cent quarante-cinq enfants âgés, de la naissance à douze mois[27]. Le sourire-réponse est la première manifestation active, intentionnelle du comportement enfantin. Il apparaît entre deux et six mois. Il est réponse non pas à un objet matériel, si gratifiant soit-il, mais à un visage humain, précisément à un visage contemplé de face et mobile[28]. Il est donc passionnant que la première sortie de la passivité soit orientée vers la personne, ouverte à ce qui chez elle est le plus personnel[29]. Daniel Stern, déjà cité, s'est intéressé à la naissance du sourire chez l'enfant aveugle de naissance. Leurs sourires sont relativement normaux jusqu'à quatre ou six mois, puis deviennent moins éblouissants. Or les premiers sourires répondent à la voix humaine et le *feed back* visuel est l'un des

---

24. Christine PONSARD, « Rien qu'un verre d'eau fraîche », in *Famille chrétienne* n° 915, 27 juillet 1995, pp. 48 et 49, ici p. 49.

25. Hans Urs von BALTHASAR, *Si vous ne devenez comme cet enfant,* trad. Jean-Louis Schleger, Paris, DDB, 1989, p. 22.

26. « Tout est déjà dans Spitz. » (Bernard GOLSE, « Le sourire, le rire et la gaieté chez le jeune enfant », in COLLECTIF, *Bonjour gaieté*. La genèse du rire et la gaieté du jeune enfant, quatorzième Journée scientifique du Centre de guidance infantile de l'Institut de puériculture de Paris, « La vie de l'enfant », Paris, Ed. ESF, 1987, pp. 15 à 32, ici p. 24)

27. « The smiling response : a contribution to the autegenesis of social relations », in *Genetic Psychology Monographs,* 1964, 34, p. 57-125. Cf. le classique R. SPITZ, *De la naissance à la parole.* La première année de la vie, Paris, P.U.F., 1968.

28. Pour l'anecdote, les bébés ne souriaient pas à Spitz car il était chauve ; aussi porte-t-il un béret sur toutes les photos qu'on a de lui !

29. En effet, par la suite, influencé par la *Gestaltpsychologie* et l'éthologie (Lorenz et Tinbergen), Spitz chercha quel était le *gestalt*-signe déclenchant le sourire et découvrit qu'il s'identifie à la partie *supérieure* du visage. Cette métonymie du corps maternel deviendra métaphore de l'amour.

principaux éléments de la communication interpersonnelle. Ce qui confirme combien le sourire est réponse et signe de la relation.

Peu à peu, l'enfant va découvrir que le sourire est aussi **initiative.** Celui qui sourit ne se voit ni ne s'écoute, il n'est pas distrait de son attention à l'autre. Sourit non seulement celui qui est aimé, mais celui qui aime. Le manque de disponibilité empêche de sourire. Dans un beau livre qui est une hymne à la paternité, Virgil Gheorghiu remarque : « Mon père souriait rarement. Quand on est fatigué, on ne sourit pas[30]. » Le sourire est donc tendre symbole de l'amour interpersonnel. La source du sourire est le don d'un cœur qui chérit. Il est l'une des plus profondes communions de l'intérieur et de l'extérieur, une manière pour autrui de respirer, au bord des lèvres, notre amour.

Le sourire, enfin, est le fruit d'un amour **échangé.** Il introduit à une relation d'alliance symétrique. Alors, le sourire est un gage et, plus encore, une concrétisation de l'**amitié,** c'est-à-dire de l'amour réciproque. Comme le dit Denis Vasse dans le chapitre cité ci-dessus, le sourire « est marque de reconnaissance, promesse de rencontre ». Le sourire n'introduit pas seulement à l'autre, mais à une relation de réciprocité. Si la merveille est de répondre à une personne par un sourire, la merveille des merveilles est la communion d'amour réalisée en « un seul sourire[31] ». Dans un poème intitulé « Le Sourire », Cécile Sauvage noue ces deux actes des lèvres que sont baiser et sourire, montrant ainsi combien le sourire est une expression d'amour :

> « Certain mot murmuré
> Par vous est un baiser
> Intime et prolongé
> Comme un baiser sur l'âme.
> Ma bouche veut sourire
> Et mon sourire tremble[32]. »

Un photographe portraitiste (qui a photographié Jeanne Moreau, Paul-Émile Victor, le mime Marceau), François Boschat, disait que tout visage, même le plus disgrâcieux, est beau, lorsqu'il sourit, c'est-à-dire lorsqu'il se

---

30. *De la vingt-cinquième heure à l'heure éternelle,* suivi de *Pourquoi m'a-t-on appelé Virgil ?,* « Presses Pocket », n° 1439, Paris, Plon, 1965 et 1968, p. 87.

31. C'est le titre d'un poème de Paul ELUARD : « Un seul sourire disputait/Chaque étoile à la nuit montante/Un seul sourire pour nous deux. » (*Le dur désir de durer. Le temps déborde,* Paris, Seghers, 1960, « Un seul sourire », p. 18)

32. Le fils de Cécile Sauvage, le célèbre organiste-compositeur Olivier Messiaen, a mis ce poème en musique (voix et piano, 1930). Comment alors ne pas évoquer à l'autre bout de la vie de Messiaen, une de ses dernières œuvres, pour orchestre, intitulée *Un sourire* (1989) : cette pièce, commandée par Radio-France pour célébrer le bicentenaire de la mort de Mozart, porte ce titre car, explique Messiaen : « Malgré les deuils, les souffrances, la faim, le froid, l'incompréhension, et la proximité de la mort, Mozart souriait toujours. Sa musique souriait aussi. C'est pourquoi je me suis permis, en toute humilité, d'intituler mon hommage : « Un sourire ». »

donne sans défense. Or, ce sourire ne surgit pas aisément. Il faut parfois très longtemps le guetter. Il y a là comme un effleurement de l'âme. Précisément, ce sourire est toujours une réponse; il n'est jamais spontané. Aussi pour le susciter, faut-il créer un réel climat de confiance, d'échange, de communion. Alors, à un moment *donné* (au sens le plus propre et profond du terme), jaillit la grâce d'un sourire. Le photographe qui veut l'immortaliser doit demeurer l'appareil en main et, sans jamais rompre le fil si fragile du regard et de la conversation, saisir le sourire au vol, comme surprendre sans chercher à prendre, fixer sans viser.

Voilà pourquoi le sourire présente différentes profondeurs : il peut toujours s'approfondir et davantage rayonner, comme le don de soi-même se creuser. Voilà aussi pourquoi cette grande amoureuse qu'est Thérèse de Lisieux souriait constamment. Certes, les photos la montrent rarement en train de sourire. Mais c'est uniquement pour des raisons techniques :

> « Aucune photographie n'a pu saisir le merveilleux sourire de Thérèse. À l'époque, il fallait rester immobile devant l'objectif durant au moins sept secondes. La physionomie très vive de la carmélite se prêtait difficilement à ses longues poses[33]. »

Ce qu'elle exigeait de ses novices[34], elle était la première à le pratiquer. On a toujours vu sur son visage ce sourire d'accueil et de don à Jésus et à autrui, jusque dans les plus profondes épreuves du corps et de l'âme[35].

Cette permanence du sourire, expliquait-elle à sa novice, naît du regard d'amour que le Père pose sur son enfant. Et Thérèse ajoutait, en écho à la parole du Psaume 50 (« Rends-moi la joie d'être sauvé ») : « Nous nous réjouissons de ce qu'ils servent à glorifier la miséricorde du bon Dieu[36]. » Le sourire est donc le fruit et le résumé de toute une profonde théologie de l'amour, exprimant autant la bonté miséricordieuse du Père que la Rédemption du Fils. Il est ici le témoignage d'une relation d'action de grâce

33. Sur le sourire de Thérèse, cf. l'ouvrage au sous-titre évocateur du Père Pierre DESCOUVEMONT, *Sur la terre comme au ciel.* Le sourire de sainte Thérèse, Paris, Le Cerf, [3]1990. La citation ouvre le livre, p. VII.

34. Thérèse faisait du sourire un devoir d'amour pour les novices qui lui étaient confiées. Sœur Marie de la Trinité témoigne : « Elle me reprenait chaque fois qu'elle me voyait plisser le front ou contracter mon visage : « Le visage est le reflet de l'âme, affirme-t-elle. Il doit toujours être calme et serein comme celui d'un petit enfant toujours joyeux; et cela même lorsque vous êtes seule, car vous êtes constamment en spectacle à Dieu et aux anges. » » (Père Pierre DESCOUVEMONT, *Sœur Marie de la Trinité, Carmélite de Lisieux*. Une novice de sainte Thérèse, « Épiphanie », Paris, Le Cerf, 1985, p. 102)

35. D'aucuns objecteront que ce sourire permanent est hypocrisie; on sait combien, au pays dit du sourire, celui-ci pouvait camoufler de profondes souffrances. En fait, pour reprendre la réponse déjà faite, qui dit hypocrisie dit séparation intentionnelle, donc perverse, entre deux volontés : la volonté extérieure, apparente qui est miel et la volonté intérieure, profonde qui est fiel. En revanche, chez celui qui sourit dans et malgré l'épreuve, la distinction passe entre la sensibilité qui grimace et la volonté qui se surpasse, dans et par l'amour.

36. Pierre DESCOUVEMONT, *Sur la terre comme au ciel, op. cit.*, p. 105.

rendue à l'Origine au-delà de toute origine humaine. Thérèse de l'Enfant-Jésus a longuement dû contempler, à la crèche, le sourire de Celui dont elle porte le nom.

Le sourire, enfin, emprunte au don sa vulnérabilité et sa force. Un rien l'efface ou le transforme en grimace. Mais il peut aussi durer, dans les pires épreuves, sans jamais se contracter en rictus, comme la même Thérèse en a donné l'héroïque témoignage, à la fin de sa vie.

Le sourire, don de l'origine

Le sourire exprime la relation à l'autre et au don : c'est là sa finalité. La cause efficiente, quant à elle, signifie à la fois l'origine et le moteur. De ce point de vue, le sourire ne trouve pas en lui son origine. Nous l'avons dit, avant d'être initiative, il est d'abord une réponse. Mais il faut creuser pour en comprendre tout le sens. Le sourire exprime la provenance d'une source. En effet, le sourire de sa mère est pour le nouveau-né la première expérience de l'amour d'une personne, expérience qui lui permet de se découvrir à son tour comme personne digne d'être aimée[37]. Même si les premiers mois sont principalement centrés sur la survie et la mise en œuvre des activités les plus physiologiques, le sourire, qui apparaît au cours du troisième mois, est réponse à un visage :

> « ... pendant l'allaitement [...], le nourrisson ne regarde pas le sein de sa mère mais ses yeux. Ce qui démontre à travers l'irradiation du sourire que les liens essentiels entre les êtres humains dans leur plus grande dimension est de caractère spirituel. Ah ! ce sourire qui, à travers la Vierge Mère, va désormais enfanter une part essentielle de l'Art occidental[38] ! »

Certains m'objecteront – j'imagine en souriant... – qu'un des portails de la cathédrale de Reims exhibe un ange au sourire : mais la pétrification de la statue manifeste combien celui-ci nécessite le relais de l'incarnation. Le sou-

37. Le je de l'enfant « s'éveille grâce à l'expérience du Tu : le *sourire* de sa mère, par lequel il apprend qu'il est admis, reconnu, aimé dans un milieu inconcevable, déjà réel, protecteur et nourricier ; le corps, contre lequel il se blottit, sorte de coussin doux, chaud et nourrissant, est un coussin d'amour, dans lequel il peut s'abriter, parce qu'il y a toujours été abrité. L'éveil de sa conscience est quelque chose de tardif, comparé à ce mystère insondable et antérieur. L'enfant ne voit finalement que ce qui était toujours déjà là, et il ne peut donc que le constater. Une lumière toujours déjà présente mais comme endormie s'éveille à un moment donné et se fait plus vive, se connaissant elle-même. Mais elle s'éveille par l'amour du Tu. [...] C'est pourquoi il est exact de dire que l'enfant aperçoit d'abord dans sa mère, dans ses parents, l'absolu, « Dieu », et que c'est seulement dans un deuxième et troisième temps qu'il doit apprendre à distinguer l'amour de Dieu de l'amour éprouvé. » (Hans-Urs von BALTHASAR, *La Gloire et la Croix*, IV. *Le domaine de la métaphysique*. 3, *Les héritages*, trad. R. Givord et H. Englemann, coll. « Théologie » n° 86, Paris, Aubier, 1983, pp. 371 et 372)

38. Christian de BARTILLAT, *Le livre du Sourire*, *op. cit.*, p. 14. Spitz le reconnaît.

rire dit donc la filialité et d'abord la relation à la mère[39]. Voilà pourquoi, à l'instar de Balthazar, Claude Bruaire insiste tant sur le sourire comme signe de ma donation dans l'être, sans d'ailleurs jamais la désolidariser de ma vocation à me donner[40]. Inversement, la disparition du sourire qui est aussi disparition du visage, notamment chez le psychotique, « *correspond à un refus inconscient de filiation humaine, enraciné dans le fantasme de n'être pas l'enfant de ses propres parents*[41]. » Un psychologue disait avoir trouvé un regard d'anorexique « métallique », dénué de toute relation humaine. Cette dénégation de la relation à l'autre s'enracine dans le refus-rejet de toute génération et dépendance.

Plus encore, le sourire naît de la louange, de l'action de grâces. Aussi, selon le dernier mot de l'ouvrage de Bartillat, « le sourire, c'est ce Dieu qui rêve en l'Homme[42] ». Voilà pourquoi, en définitive, le sourire exprime l'origine de toute origine, le Père de toute bonté. Laissons la parole à une mère :

> « Autant il y a de joie pour une mère [...] quand elle remarque le premier sourire de son petit, autant il y a de joie chez Dieu, chaque fois que du haut du ciel il voit un pécheur qui se tient devant lui en le priant de tout son cœur. » Cette pensée « résume toute l'essence du christianisme : à savoir que Dieu est notre propre Père, et qu'il se réjouit en regardant l'homme, comme un père qui regarde son enfant[43]. »

En retour, on comprend que celui qui ne s'est jamais reçu d'un sourire (parental) ne peut sourire à la vie. Ou sourire, ou soupir... À moins qu'un sourire rencontré, gratuitement donné, ne vous réveille à la vie et à la valeur de notre personne. Mais ce sourire reçu appellera un sourire à donner, le sourire-réponse demande le sourire-initiative. La « sourirothérapie » est remède. Gai-rire par le sourire ? C'est ce qu'il reste à voir.

Le sourire décidé

Le corps humain est signe du don (reçu et offert) ; il est aussi instrument, serviteur de l'esprit qui en est la cause efficiente (c'est le second aspect). Le sourire signifie donc la bipolarité dans laquelle s'inscrit l'homme et le corps de l'homme : **donné** à lui-même, la personne ne se trouve qu'en se

39. On se souvient du vers célèbre de VIRGILE : « Commence, petit enfant, à reconnaître ta mère à son sourire *(risu)*. » (*Bucoliques,* IV, 60) Mais n'oublions pas la suite, deux vers plus loin : « Celui à qui ses parents n'ont pas souri/N'a pas été jugé digne de partager la table d'un dieu ni le lit d'une déesse. »

40. « Le repos natif sur soi de l'enfance abouchée à son origine, en manifeste de surplénitude spirituelle, dans le recueillement paisible qui s'exhale en sourire, atteste cette déposition à soi où germe la disposition de soi. » (Claude BRUAIRE, *L'être et l'esprit, op. cit.*, p. 59)

41. *Ibid.* Souligné dans le texte.

42. Christian de BARTILLAT, *Le livre du Sourire, op. cit.*, p. 202.

43. DOSTOÏEVSKI, *L'idiot,* IIe partie, chap. 4, cité in *Pour que l'esprit ne meure,* coll. « Les maîtres de vie spirituelle », Paris, Téqui, s. d., p. 27.

donnant à nouveau. Et le sourire exprime tant cette tache aveugle de l'origine que ma tâche éclairée, libre au don.

Le sourire est signe et cause du don : à la fois, il symbolise la joie, l'action de grâce pour le don reçu et il cause le plus beau des dons. Quel plus beau don faire à l'aimé que son sourire ? En effet, qu'y a-t-il de plus gratuit, de moins exigible qu'un sourire ? Qu'y a-t-il de plus personnel que le sourire adressé ? Car le véritable sourire s'accompagne d'un regard et d'un geste de tout le corps qui ne peut s'adresser qu'à une personne à la fois, pour lui signifier de quelle tendresse unique nous la chérissons. Sourire à quelqu'un, c'est donc lui dire qu'il a du prix à nos yeux. On pense bien entendu au sourire de la maman à son nourrisson qui, à quelques mois, lui rend si bien. Mais je pense aussi à la relation impromptue que le sourire peut établir entre deux inconnus, dans les lieux les plus surpeuplés et donc les plus séparateurs : les transports dits en commun. Alors sourire prend toute la force transformante d'une décision gratuite, courageuse et féconde.

Violette d'André raconte qu'elle se trouve un jour dans le métro, près d'une jeune femme inconnue dont le visage exprimait une incommensurable détresse. La jeune femme la regarde ; elle répond par un sourire ; la jeune femme détourne aussitôt les yeux. Le jeu se reproduit. Puis, une nouvelle fois, la jeune femme se tourne vers Violette d'André qui ne cesse de lui sourire : elle scrute son visage, se demandant si elle ne l'a pas déjà rencontrée et doit conclure par la négative. Mais pourquoi ce sourire incongru, à la limite de l'indiscrétion ? La jeune femme se détourne, se mure à nouveau dans son mutisme. Mais elle ne peut résister et croise à nouveau le regard et le sourire de sa voisine. Elle n'est plus hostile ni inquiète, mais curieuse : « Pourquoi me souriez-vous ? » semble-t-elle dire. Violette d'André accentue son sourire. Et le miracle s'accomplit chez la jeune femme, que la gratuité d'un sourire vient rejoindre dans sa désolation :

> Avait-elle compris que mon sourire était tout ce que je pouvais lui donner, puisque précisément je ne la connaissais pas ? Avait-elle lu dans ce sourire, la prière que j'avais faite à Dieu pour elle ? [...] Toujours est-il qu'elle se tourna cette fois franchement vers moi, le visage illuminé, semblant dire : « Même si nous ne nous connaissons pas, nous sommes quand même des sœurs... même si nous ne devons plus jamais nous rencontrer, vous m'avez quand même donné quelque chose de vous et cela m'a fait du bien, je vous en remercie[44]. »

Et Violette d'André sentit ses yeux se remplir de larmes.

44. Violette d'ANDRÉ, *Cette histoire d'amour entre Dieu et moi. Les prémices,* Paris, Téqui, 1977, p. 55 et 56 : « La victoire du sourire ». Cf. deux autres plaidoyers décidés pour le sourire désintéressé chez Guy de LARIGAUDIE (*Étoile au grand large,* suivi du *Chant du vieux pays,* Paris, Seuil, 1943, p. 15 et 16) et Docteur Christian Tal SCHALLER et KINOU-LE-CLOWN (*Rire pour gai-rire,* Chêne-Bourg/Genève, Éd. Vivez Soleil, 1994, p. 173).

Conclusion

Le sourire résume les différentes caractéristiques du corps humain : il est symbole expressif de la personne. Il est aussi ouverture au vrai et à 'autre. Enfin, il est don, sous tous ses aspects : le sourire est reconnaissance obligée de mon origine, cadeau fait à l'autre et décision-expression, signe-instrument du don. Il résume et incarne les trois dimensions du corps-de-don.

Mais on ne peut comprendre le sourire que si l'on n'oublie pas que le corps humain est doué d'un **cœur.** Et celui-ci dit aussi le corps-de-don. En effet, le cœur est d'abord un organe reçu (des parents), il est même le premier don, puisqu'il est le premier organe à apparaître : le tube cardiaque se forme entre le 21e et le 23e jour. Plus encore, le cœur est un résumé d'univers : son histoire (passage du tube cardiaque à une cavité au cœur final, constitué seulement à la naissance, à quatre cavités) est à elle seule un stupéfiant comprimé de l'évolution des êtres vivants, des mollusques aux mammifères[45]. Plus encore, le cœur est comme le « soleil » intérieur de l'organisme[46].

Par ailleurs, le cœur humain exprime symboliquement le don[47], en son rythme qui alterne non pas ouverture et fermeture, mais ouverture et recueillement (d'unité), émissivité et réceptivité. Or, le battement du muscle cardiaque présente un double mouvement, diastolique, d'élargissement, d'accueil et systolique, d'émission, d'éjection du volume sanguin.

Enfin, le cœur signifie l'homme qui, librement, se donne. Certes, le mouvement du cœur ne dépend en rien de la volonté : heureuse initiative de la nature, prévenant l'étourderie de ceux qui oublieraient de remonter leur cœur chaque matin ! Mais, à y regarder de près, le cœur de l'homme souligne aussi une rupture et peut en exprimer l'originalité par rapport à l'animal. D'une part, le rythme cardiaque n'est pas rigidement déterminé par la nature : il connaît des fluctuations importantes en fonction de la sensibilité.

---

45. L'organe cardiaque a connu une évolution constante qui, sans jamais perdre de vue le « projet » mis en place initialement (le cœur comme pompe autonome), procède par complexification et cloisonnement (séparation), mais aussi par « concentration », ce qui accroît l'efficacité.

46. Cf. la découverte de Pierre CRUIZIAT et Melvin T. TYREE, « La montée de la sève dans les arbres », *La Recherche* n° 220, avril 1990, pp. 406 à 414.

47. Et il ne faudrait pas effacer trop vite l'enracinement corporel du symbolisme du cœur : « Une expression comme un mot se réfère d'abord à une réalité concrète avant d'être transposée. L'emploi métaphorique n'a pu naître qu'après un usage non métaphorique. » (B. COUROYER, « La tablette du cœur », in *Revue Biblique,* 90 (1983), p. 434) De sorte que l'on peut distinguer : « Le cœur de chair, c'est l'organe matériel : le cœur symbolique c'est ce même organe matériel impliquant une signification morale ; l'idée de l'amour, de la vie affective ; le cœur métaphorique, c'est l'amour signifié. » (C. V. HÉRIS, in Saint THOMAS d'AQUIN, *Somme Théologique. Le Verbé Incarné,* Paris, Le Cerf, 1954, tome 3, p. 361)

L'expression des amoureux (« Je te donne mon cœur ») ne prétend certes pas exprimer une vérité physiologique ! Mais la vie de l'esprit elle-même n'est pas indifférente à l'organe du cœur[48].

En conséquence, si le sourire, gloire du visage, symbolise **visiblement** le corps-de-don, le cœur l'exprime de manière intérieure et **cachée**[49].

---

48. Saint THOMAS D'AQUIN a cette intuition fulgurante qu'en Jésus, l'Homme Parfait, chez qui tout mouvement sensible est gouverné par sa raison, il en est, d'une certaine manière de même *(« aliqualiter »)* de ses opérations naturelles, donc corporelles. Or, le mouvement du cœur en fait partie. En effet, « la volonté de Jésus est que, dans sa chair, il agisse et subisse tout ce qui lui revient en propre », à savoir de sauver les hommes par miséricorde. (*ST,* IIIa, 19, 2) C'est par et pour l'amour qu'il y a « beaucoup plus d'unité dans l'opération du Christ que dans celle d'aucun autre homme. » (*Ibid.,* et ad 1um) Cette remarque ouvre des perspectives considérables sur la blessure d'amour, la *transverbération,* le stigmate du cœur et l'amour chez les mystiques : désormais, la mort n'est pas seulement un événément naturel subi, mais se prépare par le libre don qui peut aller jusqu'à la rupture du cœur par excès d'amour.

49. L'emplacement caché du cœur dans la poitrine explique qu'on l'utilise pour désigner l'intériorité (cf. A. GUILLAUMONT, *Le Cœur,* Paris, 1950, pp. 42, 49-51 et 65-66).

ÉPILOGUE

« La corporéité est la fin de toutes les œuvres divines[1]. »

« C'est bien fait pour vous si vous êtes aussi bien[2]. »

« Les ressorts de notre machine sont des mystères, jusques ici, où les hommes ne voient goutte[3]. »

Nous avons d'abord fait état du corps à corps caractéristique de notre époque, et dont elle hérite d'une longue tradition. L'actuelle conception du corps est née de la rencontre de l'insignifiance du corps, de la toute-puissance de la liberté faite du désir et des possibilités offertes par la technique. Aussi la signification de notre corps est-elle blessée.

Comment en guérir ? Notre monde propose une autre voie de compréhension (au double sens du terme) qui conjugue les acquis des disciplines biologiques, humaines, philosophiques et théologiques. Après avoir compris, avec notre époque, le **corps à contre-cœur** (Ire partie), nous avons découvert, par la réflexion rationnelle (IIe partie) et par la Bible (IIIe partie), que, si je puis dire, le **« corps a cœur »** : le corps humain est un corps-de-don. Dès lors, il est possible de prendre notre **corps à cœur** (IVe partie) : parce que le corps se reçoit d'un cœur qu'il révèle, il en est l'obligé.

Platon nous a appris que les mythes expriment, parfois mieux que la raison, la vérité que celle-ci essaie de balbutier. Voici une parabole sur l'origine des vivants qui renouvelle un mythe bien connu.

Dieu créa tous les animaux sous forme d'embryons et les convoqua un par un pour leur proposer d'ajouter à leur anatomie tout ce qu'ils désiraient. Le lion choisit des griffes, le cerf choisit des bois, etc., de sorte que chacun désigna pour lui-même des caractères adultes. L'embryon humain s'avança en dernier et parla :

> « Mon Dieu, je pense que Vous m'avez donné la forme qui est la mienne pour des raisons connues de Vous seul et qu'il serait malséant de vouloir en changer. Si je dois effectuer un choix, je souhaiterais rester comme je

1. Friedrich ŒTINGER, cité par Jürgen MOLTMANN, *Théologie de la création, op. cit.*, p. 311.
2. Publicité pour les bas BOMO.
3. MOLIÈRE, *Le Malade imaginaire,* Acte III, scène 3. La dernière citation boucle donc avec la première de l'ouvrage...

suis. Je ne changerais aucun des organes que Vous m'avez donnés. [...] Je resterais toute ma vie un embryon sans défense, en m'ingéniant à me fabriquer quelques faibles outils à partir du bois, du fer et des autres matériaux que Vous aurez jugé bon de mettre devant moi [...].

« Bien joué, s'exclame le Créateur ravi. Approchez, vous autres embryons, venez, avec vos becs et vos machins, venez regarder Notre premier Homme. Il est le seul à avoir deviné Notre énigme. [...] Quant à toi, Homme, [...] tu ressembleras à un embryon jusqu'au jour de ton enterrement, mais tous les autres seront des embryons devant ton pouvoir. Éternellement immature, tu demeureras toujours en puissance à Notre image, capable de voir certains de Nos chagrins et de ressentir certaines de Nos joies. Nous sommes en partie désolé pour toi, Homme, mais en partie rempli d'espoir. Va donc ton chemin et fais de ton mieux[4]. »

4. T. H. WHITE, *The Once and Future King,* Rapporté par Stephen Jay GOULD, in *La mal-mesure de l'homme.* L'intelligence sous la toise des savants, trad. Jacques Chabert, « Biblio-essais », Paris, Ramsay, 1983, p. 424.

ANNEXES

ANNEXE I

Le corps humain nu

« Et toi, plus chaste d'être plus nue. »

La nudité humaine est trop vaste pour être traitée dans le cadre d'une annexe. Je poserai seulement une question : est-il convenant, bon, voire nécessaire que l'homme vive nu ? Et comme nous ne vivons pas seul, à cette question se superpose une autre : peut-on vivre nu sous le regard de l'autre ? Par souci de clarté, j'adopterai le schéma médiéval de la question disputée :

a) État de la question

Il semble qu'il est bon que l'homme vive nu, pour lui et sous le regard des autres.

1. En effet, le corps humain est le corps dans sa vérité naturelle, le vêtement est invention culturelle ; or, le corps dénué de vêtement est, par définition, un corps nu. Donc, la nudité seule est la vérité du corps, voire sa vertu : « Et toi plus chaste d'être plus nue.[1] »

2. Ce qui est originel n'a pas encore été perverti par la raison humaine. Or, le corps nu est premier : l'enfant ne naît-il pas nu ? « La nudité est l'acte par lequel l'homme, en se mettant dans son état originel et naturel, rejoint la nature[2] ».

3. Ce qui est dernier est dépouillé des prestiges illusoires de la culture. Or, le corps nu est aussi ce à quoi je suis toujours reconduit, ce que je ne peux jamais nier : « Mais l'homme porte avec lui sa nudité, dit le philosophe Jean Brun, comme l'escargot sa coquille et le rocher auquel Prométhée demeure enchaîné n'est autre que lui-même. L'homme aura beau parler de changer de destin culturel [...], de toute manière, chaque soir, et plus précisément, le dernier soir, il retrouvera son être nu au milieu de ses avoirs luxueux ou dérisoires, vivant dans une surabondance de parade ou dans le désespoir d'un dénument sans nom. » La nudité qui lui colle à la peau comme la tunique de Nessus à celle d'Hercule est donc « la mesure de l'homme[3] ».

4. Est vrai ce qui est révélé, dévoilé : l'étymologie du terme grec vérité, *aléthéia,* le montre. Or, un corps nu est un corps sans voile, un corps qui ne se dérobe pas. Seul le corps nu est donc le corps en vérité. « Le fait de pouvoir se passer de vêtement, quand on n'en a plus besoin, est un indice d'équilibre et de domination de soi. Il est une victoire sur toutes les hantises intérieures et un instrument de rapprochement, d'égalisation. [...] Cet immense

1. SAINT-JOHN PERSE, *Amers* II, 2, in *Œuvres complètes,* « Bibliothèque de la Pléïade », Paris, Gallilmard, 1972, p. 328.
2. Marc-Alain DESCAMPS, *Vivre nu.* Psychosociologie du naturisme, Paris, Éd. Trismégiste, 1987, p. 218.
3. *La nudité humaine,* « Évolutions », Paris, Fayard, 1973, p. 10.

phénomène collectif du nu marque une victoire de l'humanité qui ose se regarder en face[4]. » La diffusion du naturo-nudisme est donc, remarque pompeusement notre auteur, *« le miroir par lequel l'humanité accède à la Vérité de sa Présence*[5]. »

5. Le corps est fait pour s'exprimer en vérité; or le vêtement gêne le plus souvent cette expression : il est hypocrisie et entrave.

6. Au-delà de la fonction hygiénique, le vêtement présente la fonction proprement métaphysique de nier la commune appartenance au monde animal. En effet, l'homme est le seul être de la nature à se vêtir; ainsi l'habit marque-t-il sa différence. Par le vêtement, l'homme a le pouvoir et le désir prométhéen de « nier et oublier son origine animale et se prendre pour un dieu[6]. »

7. La pudeur masque la nudité; or, la pudeur est une invention, un tabou introduit par le judéo-christianisme, qu'ignorent les enfants et bon nombre de sociétés qui n'ont pas été évangélisées.

8. Le corps humain ne doit-il pas se dénuder en certaines circonstances, notamment à l'occasion d'un examen médical? Or, la médecine cherche la vérité sur le corps.

9. Dieu a créé l'homme dans la vérité; or, Adam et Eve étaient nus; plus encore, ils n'en avaient aucune honte (Gn 2,25). Et à celui qui objecte que le péché des origines fut source de la honte et de la pudeur (Gn 3,10), il faut répondre que « là où le péché a abondé, la grâce a surabondé. » (Rm 5,20)

10. L'art a le beau pour finalité et surtout la plus belle réalité matérielle qu'est le corps humain; or, « c'est le minimum ou l'absence complète de vêtements qui rend la beauté corporelle le plus facilement intelligible et visible[7] ». D'ailleurs, certaines représentations de corps nu ne sont-elles pas universellement célébrées?

b) Réponse à la question

Écartons en premier lieu (comme nous l'avons fait à propos du body-building) les réactions de dégoût spontanées à l'égard de la nudité : « Les plages sont devenues des étals de boucherie répugnants! » Le refus du corps avachi, frippé, stigmatisé, d'une part, justifie *a contrario* le déshabillage du top model, d'autre part, nourrit la thèse naturiste du droit à la différence, de l'acceptation de son image corporelle, enfin, s'atténue (« Au début, cela me choquait, maintenant, cela ne me fait plus rien », dit la personne qui se croit libérée) par la force d'une habitude qui n'est pas relayée par une véritable conception de l'homme et du corps.

Dépassons le plan viscéral et esthétisant pour envisager la question au plan anthropologique et éthique. Sur cette question, on rencontre trois opinions différentes.

- *Puritains et naturistes*

Pour le **puritanisme**, toute monstration du corps nu est exhibitionnisme et toute visualisation de ce même corps voyeurisme. La nudité du corps est donc perverse. Mais pourquoi le puritain permet-il le dévoilement de certaines parties du corps (visage, mains), et même

4. Marc-Alain DESCAMPS, *Vivre nu, op. cit.*, p. 225. Reprend une partie de la conclusion de *Le nu et le vêtement*, « Encyclopédie universitaire », Paris, Éd. Universitaires, 1972, p. 349-350. Certains vont même jusqu'à proposer une psychothérapie nudiste (ID., « Les thérapies nudistes », *Annales de psychothérapie*, E.S.F., 1971/3, p. 146-150. M.-A. GUILHOT et M. LETUVÉ, *Sexe, corps et groupe*, Paris, E.S.F., 1980).

5. *Ibid.*, p. 226.

6. Marc-Alain DESCAMPS, *Le nu et le vêtement, op. cit.*, p. 348.

7. Arthur SCHOPENHAUER, *Le Monde comme volonté et comme représentation*, trad. A. Burdeau, nouv. éd. de Richard Roos, Paris, P.U.F., 1966, III, 47, p. 294.

de tout le corps en certaines circonstances, par exemple médicale? C'est que toute nudité n'est pas mauvaise. Il faut donc faire appel à un autre critère, non corporel.

Pour le **naturisme**, tout au contraire, le vivre nu et la présentation du corps nu sont seuls vraiment épanouissants. Je ne reprendrai pas les raisons énumérées ci-dessus. Pourtant, le camp naturiste n'ignore pas la pudeur : les lieux d'aisance ne sont pas publics. Prenons l'exemple des seins nus apparus hors des enclaves pour nudistes en 1964, d'abord à Saint-Tropez (plage de Pampelune), puis sur tout le littoral. Quoi de plus 'naturel'? Ils semblent maintenant acceptés partout. En réalité, cet acte individuel est soumis à un ensemble de rites et de normes très précis. Notamment, les seins nus sont limités, tant dans l'espace que dans les comportements (gestes et regards) : ils sont exclus hors de la bande de sable que représente la plage; ils sont mieux tolérés allongés ou lors de certains gestes (baignade, réglage d'un parasol) qu'assis ou en promenade. De même, la gêne croît en fonction de la familiarité de l'entourage et diminue en fonction de son anonymat. De plus, le dénudement n'a rien de démocratique : le fripé, le vieux, le disgracieux sont implicitement disqualifiés. Les normes du sein nu sont à l'image de celles que la société dicte au corps en général[8]. Plus encore, la gêne face au dévoilement, surtout lorsqu'elle se manifeste face aux intimes, dit la pudeur.

Les positions naturiste autant que puritaine présentent un point commun : elles conçoivent un corps humain dénué de toute profondeur, de toute signification. C'est le corps qui, en lui-même, hors toute intériorité, est soit exalté, soit dévalorisé. Or, puritains et naturistes restituent dans leur pratique ce qu'ils nient dans leur discours. Pour reprendre l'exemple ci-dessus, le visage et les mains ne sont-ils pas seuls, dans leur unité à signifier? Pourquoi, de son côté, le naturiste se fait-il reconnaître à son visage et non pas par le reste de son corps, pourquoi résiste-t-il à s'unir physiquement devant tous, sinon pour qu'autrui n'objective cet acte d'amour?

Or, nous avons longuement montré que le corps humain est doué d'une signification, et que celle-ci n'est pas arbitraire. Plus précisément encore, le corps humain est, dans sa nature la plus profonde, corps-de-don : pour reprendre le vocabulaire de Jean-Paul II, il est doué d'une signification sponsale. La question devient dès lors : le corps nu exprime-t-il le don, reçu autant qu'offert?

- *Corps nu et corps reçu*

La nudité du corps de l'enfant qui vient de naître est, par excellence, le signe de sa donation : aucune industrie humaine ne l'a encore couvert. Mais cette nudité est subie. Qu'en est-il chez l'adulte qui utilise sa raison libre? Pour certains, prendre par exemple nu un bain de mer peut être l'occasion d'une profonde expérience de son corps, et précisément de son corps comme don; la relation avec un élément comme l'eau, en dépendance ou non avec une régression, réinsère le corps dans le cosmos d'où il se détache sans arrachement violent[9]. La nudité voulue peut donc être l'occasion de recevoir son corps dans la douceur et la jubilation et de se réconcilier avec le corps que maltraite la représentation mécanique.

Vient la question corollaire : ce corps dénudé peut-il ou doit-il vivre, avec d'autres, sous le regard d'autres, cette expérience privilégiée où il se reçoit? On sait que dans un certain nombre de communautés New Age (par exemple Essalem, en Californie), les personnes se baignent nues, ensemble, sans connotation érotique. Mais les relations entre personnes ne sont-elles pas fusionnelles, donc régressives? Ce que l'on appelle paix, fraternité, respect de l'autre, est en réalité refus d'affrontement des conflits, effacement des véritables engagements.

8. Cf. Jean-Claude KAUFMANN, *Corps de femmes, regards d'hommes.* Sociologie des seins nus, coll. « Essais et recherches », Paris, Nathan, 1995. Cf. Jean-Didier URBAIN, *Sur la plage, op. cit.*, p. 297.

9. Voilà pourquoi l'Indien, dont la mystique est mystique d'immanence, prie nu : « Il faut n'avoir aucun intermédiaire, aucun vêtement entre le Tout et soi-même, ne sentir aucune division du corps. » (Henri MICHAUX, *Un barbare en Asie*, Paris, 1967, p. 49).

On craint que le vêtement soit un uniforme qui camoufle la vérité du corps, mais, plus subtilement, ici, c'est le corps nu qui devient un uniforme qui fond chaque personne dans un grand Tout indistinct.

- *Corps nu et corps offert*

Par le corps nu, l'homme peut, en certains cas, vivre son corps comme corps-de-don, corps reçu. La nudité exprime-t-elle aussi l'autre face, *destinale* de la donation ? Sans aucun doute : il n'y a pas plus grand don que celui des époux unis par l'amour. Or, ce don des cœurs s'exprime de manière privilégiée dans le don des corps qui, en outre, ouvre à la fécondité, à la venue d'une nouvelle vie ; et ce don des corps est don de tout le corps : « le nu dans toute la vérité de sa masculinité et féminité », constate Jean-Paul II, « a *la signification d'un don* de la personne à la personne[10]. » Le don des corps, dans l'abandon de la nudité, sans honte ni pudibonderie, suppose la confiance en l'autre : « Lorsqu'aux heures de l'offrande mutuelle selon le plan de Dieu, tombent les derniers voiles, nul acte de confiance, nul acte d'abandon humain ne peut être plus total. L'époux, comme l'épouse, accepte d'être connu avec son charme, avec ses imperfections aussi. [...] S'ils n'ont pas, en vérité, à cette heure, et pour toujours, un seul cœur et une seule âme, c'est le plan même de la miséricorde divine qui est compromis. [...] C'est l'heure par excellence où nul reproche, nulle critique même imperceptible, nulle dureté même fugitive n'ont de place[11]. »

Dans le même temps, on conçoit combien le don du corps dans sa nudité ne prend sens que vis-à-vis de celui qui a reçu, dans la libre confiance, le don du cœur. Pour celui-là seul, le don du corps n'est pas dissocié du don intérieur ; pour tous les autres, la visualisation de l'acte sexuel est voyeurisme. Il est impossible qu'un film ou une publication pornographique ne chosifient pas l'autre et ne lèsent pas, très profondément, la dignité non seulement de la personne mais de son corps dont la vocation est d'exprimer la personne.

Les réponses aux opinions vont préciser ces conclusions.

c) Réponse aux opinions

1. Cette première opinion se prévaut d'une relation conflictuelle entre nature et culture. Le naturisme, comme le Nouvel Age, estime que plus on donne à la culture, plus on ôte à la vérité naturelle. Or, nous avons vu, longuement (IIème partie, chap. 6), que la culture ne s'oppose pas à la nature, mais l'accomplit ; certes, elle la trahit parfois : par exemple, l'adolescent - de tout âge - s'habille pour camoufler ses nouvelles formes ou au contraire, pour les montrer et séduire. Mais cette défection, si fréquente soit-elle, est une trahison : le vêtement est là non pour dissimuler ou contraindre, mais pour servir, exprimer le corps humain.

À l'instar du dualisme corps-âme, mais pour des raisons historiques à la fois semblables et différentes, le dualisme nature-culture s'enracine dans une même conception erronée des niveaux de causalité[12].

10. 22-IV-1981, 1, II, p. 210.

11. Marcel Clément, *Un seul cœur, une seule âme, une seule chair*, Paris, Éd. de l'Escalade, 1977, p. 64. Cf. tout le chapitre, remarquable de délicatesse, sur « L'intimité de l'amour ».

12. Sur l'origine de cette tendance à uniformiser (ce qui n'est pas unifier) les causes, on peut se reporter aux passionnants travaux du philosophe suisse André de Muralt : si, par exemple, « la psychophysiologie tend à interpréter le phénomène de la conscience en termes exclusifs de causalité physique ou chimique, *la raison doit en être cherchée dans la critique systématique dont la notion de causalité a été l'objet dans les siècles médiévaux.* » (*L'enjeu de la philosophie médiévale.* Études thomistes, scotistes, occamiennes et grégoriennes, Leiden, New York, Kobenhavn, Köln, Éd.E. J. Brill, 1991, p. 32-33. C'est moi qui souligne).

2. Cette opinion se nourrit, là encore, d'une fausse conception de la nature identifiée à l'origine. C'est oublier que la nature se dit aussi de l'achèvement : ne dit-on pas d'un mouvement grâcieux qu'il est *naturel*? Or, tout danseur sait quel travail a permis d'enfanter ce mouvement. Mais que le même mot désigne le point de départ et le point d'arrivée montre la profonde parenté existant entre le germe et le fruit, entre la potentialité naturelle et l'accomplissement culturel, entre le corps et le vêtement qui le parachève.

3. La nudité peut s'entendre dans son sens propre, physique ou dans un sens symbolique; selon ce dernier, la nudité signifie la nature de l'homme, ce qui lui est propre, par opposition aux falsifications des uniformes, aux dénis de notre vérité profonde. Or, Jean Brun, pessimiste, pense que la « nature », en l'homme est « corrompue[13] ». Lorsqu'il affirme que l'homme est un être qui demeure toujours nu, il veut surtout « nous inciter à comprendre que cette nudité radicale, qui demande sans cesse à être revêtue, fait, à travers les vêtements successifs dont elle jalonne l'histoire, l'expérience que son désir d'accueil et d'ouverture trouve seulement, dans le monde où elle a surgi de quoi protéger sa vie mais non de quoi combler son existence[14]. »

C'est donc pour une raison diamétralement opposée au naturisme que Brun prône un retour à la vérité de la nudité, et cette vérité symbolique est habillée.

4. Cette identification de la vérité et de la nudité ou plutôt du dénudement se retrouve en tout domaine : au déshabillage du corps correspond le *reality show*, comme confession du cœur, allégorie d'une quête impossible de la pure transparence. Denys Chevallier a proposé en 1960, une *Métaphysique du strip-tease*. Le titre qui, de prime abord, fait sourire, montre que le spectacle va en effet au-delà de la grossière relation érotique unissant un bref instant voyeuriste et exhibitionniste : le strip-tease ne se propose-t-il pas souvent de parvenir à l'essence nue de la vérité, ou plutôt d'en être la parabole? Or, la vérité est mystère, autant que dévoilement. La conquête du nu, en tout cas, marque bien une « défaite du sexe, de l'imaginaire et du symbolique; le culte du corps, un facteur supplémentaire d'anxiété, d'incertitude et de frustration[15]. »

Cette volonté d'atteindre la vérité du corps est présente jusque dans les pratiques les plus telluriques et les plus perverses, comme la pornographie. Mais de quelle vérité s'agit-il? Cette vérité illusoire est volonté de toute-puissance : le « porno » (ce terme exprime mieux ce qui n'est qu'avilissement) qui est « bruitage viscéral sur gros-plan coïtal » vit de la volonté de « tout faire passer dans l'évidence absolue du réel », écrit Jean Baudrillard; il est fixé au stade infantile d'omniscience; or, cette volonté régressive « de haute fidélité » se retourne dialectiquement : elle est « tout aussi obsessionnelle et puritaine que l'autre, la conjugale[16] ».

5. Le corps naît humain et demande à être humanisé. Or, justement le corps humanisé est un corps habillé. On ne le constate pas assez : « toute nudité résulte d'une dénudation[17]. » Je ne parle pas seulement du corps que l'on déshabille pour l'humilier, ainsi qu'on le pratique couramment dans les camps de concentration : « Rien ne désoriente plus un prisonnier que de se trouver nu devant son geôlier[18]. » La question que l'on doit se poser est donc : quel sens donne-t-on au dénudement et, en retour, à l'habillement? Certes, Marc-André Ducamp, philosophe du nudisme, distingue le *déshabillé* qui est érotique, car il cache pour dévoiler, le *dénudé* qui prive autrui de ses vêtements par force ou violence, afin de l'humilier, et la

13. *La nudité humaine, op. cit.*, p. 226.

14. *Ibid.*, p. 10.

15. Philippe PERROT, *Le corps féminin XVIIIe-XIXe siècle*. Le travail des apparences, Paris, Seuil, 1984, p. 206.

16. *De la séduction, op. cit.*, p. 47 à 57. « L'*obscénité* même brûle et consume son objet. C'est vu de trop près, on y voit ce qu'on n'avait jamais vu - votre sexe, vous ne l'avez jamais vu fonctionner, ni de si près, ni en général d'ailleurs, heureusement pour vous. » (p. 48).

17. Cf. le bel article de Jean-Louis CHRÉTIEN, « L'âme nue », in *La voix nue, op. cit.*, p. 31 à 60, ici p. 33.

18. Larry COLLINS, *Fortitude*, trad. Jacques Charpier, « Le livre de poche », n° 6215, Paris, Robert Laffont, 1985, p. 566.

gymnité qui est la nudité sans complaisance ni provocation[19]. Mais encore faut-il s'interroger positivement sur la signification de cette gymnité : manifeste-t-elle le corps de don ?

6. On peut symboliquement résumer la triple fonction du vêtement en trois *P* : protection, parure et pudeur, ces trois fonctions correspondant d'ailleurs, pour une part, aux trois dimensions, vivante, sensible et spirituelle de l'humanité, auxquels participent le corps, comme le vêtement. C'est un usage perverti du vêtement qui en a fait le masque de notre corps. « Il est simpliste, par exemple, de dénoncer le port du vêtement comme un « signe de l'hypocrisie sociale » : qui ignore que, loin de dissimuler notre personnalité, celui-ci l'affirme et la met en valeur[20] ? »

De même que le corps est le signe de l'âme, de même le vêtement est le signe du corps, ainsi que le montre Hegel. Il propose aussi une remarque suggestive, en comparant l'habit moderne et l'habit ancien. Celui-ci, par exemple le manteau, est doué de sa forme propre : « Certes, il est porté, mais seulement en un point ; il est attaché, par exemple, à l'épaule ; mais dans tout le reste, il développe sa forme particulière d'après les déterminations de son propre poids [...]. Non seulement nous n'y voyons rien de serré et d'artificiel, dont la forme montre partout la contrainte et une gêne extérieure, mais la forme est indépendante et cependant reçoit l'initiative de l'esprit par la pose du personnage. » En revanche, le vêtement moderne « est entièrement supporté par le corps et lui est assujetti, de sorte que tout en exprimant de la maière la plus frappante, la position du corps, il ne fait que contrefaire les formes des membres ; ou bien là où il peut obtenir, dans le jet des plis, etc., une configuration indépendante, il est abandonné uniquement au tailleur, qui le façonne suivant le caprice de la mode[21]. »

7. La pudeur est aujourd'hui connotée très négativement, surtout depuis les critiques que Nietzsche adresse à l'animal « à joues rouges » et le soupçon exercé par certains courants psychanalytiques. Elle est en fait confondue avec son excès caricatural qu'est la pudibonderie, comme la conception chrétienne du corps l'est avec le puritanisme. De même, on réduit la pudeur à n'être que le résultat d'un conditionnement. Je ne peux répondre dans le détail[22]. De plus, quelqu'effort que l'on fasse, la pudeur ne peut pas être abolie, elle ne peut qu'être déplacée, notamment du bas vers le haut, vers la vie intérieure que l'on n'ose plus dévoiler[23]. En outre, le sens de la pudeur est éminemment positif. Elle exprime son mystère, la crainte qu'il ne soit violer : « La pudeur n'est rien d'autre que cette retenue consubstantielle à l'émotion et qui la garde du dedans[24]. » Et cette retenue est signe de l'invisibilité, dirait Maurice Merleau-Ponty[25], c'est-à-dire de l'esprit.

Constatons enfin que si la pudeur est universelle, le vêtement ne l'est pas. C'est donc que l'impudeur du corps ne s'identifie pas à sa nudité. Cette différence est en faveur du caractère signifiant du corps : si certains corps nus sont impudiques et non pas d'autres, c'est en fonction de la signification qu'ils se donnent ou que notre regard leur octroie.

8. L'acte médical doit souvent déshabiller le corps, mais non pas n'importe comment. D'abord, le dénudement prend son sens de ce qu'il est finalisé, par la recherche de la santé qui permet de se donner. Mais la bonté tirée de la finalité ne justifie pas, de manière machiavélique, l'usage de n'importe quels moyens. Certes, c'est en vue de leur guérison que, dans

19. Propos tirés d'une émission télévisée sur le naturisme, sur France 1, le 5 mai 1995.

20. Jean-Louis BRUGUÈS, art. « Naturisme », in *Dictionnaire de morale catholique*, Chambray-lès-Tours, C.L.D., 1991, p. 288.

21. Georg-Wilhelm Friedrich HEGEL, *Cours d'Esthétique*, trad. S. Jankélévitch, Paris, Aubier, 1945, vol. III, 1re partie, p. 147.

22. Cf. notamment Inès PÉLISSIÉ DU RAUSAS, *La pudeur, le désir et l'amour humain*, Thèse en vue du doctorat de philosophie, Paris-IV, 1992. Va être édité très bientôt aux Éd. des Béatitudes.

23. Cf. Viktor E. FRANKL, *Le dieu inconscient*, trad. Marcel Neusch et Joseph Feitshauer, Paris, Le Centurion, 1975, p. 48 et 49.

24. Patrick HOCHARD, « L'espace intime », in *La pudeur*. La réserve et le trouble, coll. « Morale » n° 9, Paris, Éditions Autrement, 1992, p. 199.

25. *Phénoménologie de la perception*, *op. cit.*, p. 193.

la solitude et le froid, ces corps dénudés attendent longuement tels examens, par exemple radiologiques. Mais au prix de quelles humiliations? On ne saurait trop dénoncer certaines pratiques médicales qui ne diffèrent des pratiques concentrationnaires que par le contexte et l'inconscience (qui ne rime pas avec innocence) des praticiens. Abandonner le corps nu d'un patient à l'examen, visuel et tactile, des apprentis-médecins, se justifie par la nécessité d'apprendre, mais le chosifie, tant que le consentement du malade n'a pas été expressément requis : il y a abus de pouvoir médical et mépris de la personne[26].

9. Je renvoie aux longues analyses de Jean-Paul II sur la nudité et sur la pudeur résumées ci-dessus (3e partie, chap. 1 et 3). En ce sens, le vêtement ne fait pas qu'exprimer le corps, il le protège du regard d'autrui qui, par la concupiscence ou le mépris, menace toujours de le réduire à l'état d'objet. Aussi le naturisme fait-il trop vite fi de la blessure de l'homme, ne prend-il pas la mesure de sa fragilité et de sa concupiscence. Les statistiques de viol sont là, alarmantes, et on n'a jamais guéri un violeur en l'excitant érotiquement. Que le naturisme convoque à l'exigence d'un respect redoublé ne crée pas miraculeusement la disposition, mais la présuppose. La chasteté est-elle la vertu la mieux partagée aujourd'hui? À moins que cette pratique régressive qu'est souvent le naturisme ne rende finalement indifférente à l'autre, et donc à son corps.

10. Le corps artistiquement présenté est soumis au même discernement que le corps nu en général. Jean-Paul II lui consacre un long et passionnant développement[27]. Le dénudement du corps humain sous le regard du spectateur n'objective-t-il pas le don des corps qui ne trouve pleinement son sens que dans la relation intersubjective des époux? Cependant, estime le pape, « il n'en résulte nullement que le corps humain ne puisse, dans sa nudité, devenir le thème d'une œuvre d'art ». Il fait pour cela appel à deux critères - éthiques -, positif et négatif. Le critère positif est le respect de la vérité totale du corps, donc de sa signification sponsale; le critère négatif, tout opposé, nie cette signification et se caractérise par l'apparition de la pudeur : la pudeur naît en effet de ce que « l'homme refuse de devenir par sa propre nudité anonyme un objet pour les autres et il n'accepte pas que l'autre le devienne pour lui. » De ce point de vue, un certain nombre d'œuvres d'art invitent le spectateur à s'approprier le corps et en nient la dimension de don; ainsi, la pornovision, explique-t-il, nie « le droit à l'intimité du corps » et « la profonde harmonie du don ». En revanche, d'autres œuvres d'art respectent réellement la signification du corps, et il nomme « la grande période de l'art grec classique ». Pourquoi? Car elles *« renferment - presque secrètement - un élément de sublimation »*, ce terme de sublimation devant s'entendre non pas au sens psychanalytique, mais philosophique de chemin vers le sublime[28].

Songeons par exemple au *Bethsabée* de Rembrandt (Louvres, 1665) : « loin d'être impudique, ce nu est une célébration de la chair, précieuse aux yeux du peintre aimant. Si le titre porte le nom d'une femme dont la beauté a entraîné le roi David au crime, le corps est celui de Hendrickje Stoffels, la bien-aimée de l'artiste, humble servante, consolatrice de son veuvage. » Ici, « le corps tout entier est visage, il nous regarde autant que nous le regardons[29]. »

---

26. « La participation de certains médecins à la torture n'est pas une aberration sans lien aucun avec la pratique médicale honnête, mais qu'elle constitue le pôle extrême d'une gamme continue de compromissions, dont l'autre pôle se confond précisément avec la pratique médicale « normale »; tout commence, en effet, sur ce plan, dès l'instant où cette pratique se réduit à une technique, certes scientifiquement instruite, mais dissociée d'une éthique de la sollicitude, attentive à la souffrance d'autrui et respectueuse du droit à la vie et aux soins du malade en tant que personne. » (Paul RICŒUR, Préface à Valérie MARANGE, *Médecins tortionnaires, médecins résistants, op. cit.* Repris dans Paul RICŒUR, *Lectures 1. Autour du politique,* « La couleur des idées », Paris, Seuil, 1991, p. 398.

27. Du 22-IV au 6-V-1981.

28. 6-V-1981, 4 et 5; II, p. 221-223. Sur ce nouveau sens de sublimation, cf. Karol WOJTYLA, *Amour et responsabilité, op. cit.*, p. 185-186.

29. Xavier LACROIX, *Le corps de chair, op. cit.*, p. 90. Cf. aussi le passionnant et trop peu connu ouvrage de Leo STEINBERG, *La sexualité du Christ dans l'art de la Renaissance et son refoulement moderne,* trad. Jean-Louis Houdebine, Paris, Gallimard, 1987. Cf. aussi le commentaire de Dominique PONNAU, directeur de l'Ecole du Louvre, sur la nudité du Christ enfant dans *La Madonne des Palefreniers* du Caravage (*Caravage, une lecture*, « La voie esthétique », Paris, Le Cerf, 1993, p. 94).

Peut-on en dire de même de la monstration de l'acteur-mannequin Brad Pitt, entièrement dénudé pour louer les charmes de la Peugeot 106 Kid?

Une nouvelle fois, affirmons contre le jansénisme puritain, et tout autant contre le naturisme, que le critère de moralité de la nudité ne tient pas à sa présence ou à son absence, mais à la signification qui lui est donnée.

ANNEXE II

Petite histoire philosophique du corps-de-don

La nature humaine « a une largeur et une envergure plus grandes[1] ».

« Tout grand amour est doux enfantement[2]. »

Nous l'avons longuement vu : le corps humain est un corps-de-don. Or, faute de place, nous avons intentionnellement occulté tout un pan de la récente histoire de la philosophie du corps qui montre un intérêt divers et grandissant pour le corps-de-don. Cette brève annexe se contente d'en fixer les principales étapes.

Le corps constitué

Chez les Anciens, le corps émerge de la sagesse du cosmos ; chez les médiévaux, le corps est, plus encore, un **don,** reçu des mains du Créateur qui l'a modelé (Gn 2,7). Cependant, la notion de don n'est jamais thématisée jusqu'au bout. À l'orée de la modernité, le corps humain n'apparaît plus comme donné, mais comme **constitué.** La problématique de la constitution du corps est au cœur de la philosophie cartésienne (cf. Ire partie, chapitre 3). Pour Descartes, l'homme est celui qui maîtrise la nature et son propre corps. Incontestablement, le corps appartient à l'homme. De même, ce regard nouveau a permis l'éclosion de savoirs et plus encore de techniques dont on sait aujourd'hui l'extension et les bienfaits. Mais désormais, le corps humain est plus construit que reçu, ce que signifie le terme de constitution[3] ou de discipline[4]. La phénoménologie contemporaine, et avant celle-ci, François-Pierre Maine de Biran, réagiront vivement contre cette façon de (dé)considérer le corps.

Du corps constitué au corps donné

Le corps propre chez Maine de Biran[5]

Le philosophe français spiritualiste Maine de Biran s'oppose à la tradition cartésienne et, en positif, met en chantier ce que l'on appellera le **corps propre.** L'aperception du corps est,

1. *ST,* Ia, q. 54, a. 2.
2. Philippe CASPAR, Poème « Prière », in *Miserere,* Paris, L'Harmattan, 1994, p. 39.
3. Si Descartes est le père de la philosophie moderne, Emmanuel Kant en est son pédagogue. Or, le penseur allemand n'accorde qu'un intérêt marginal à la question du corps. Pour lui, le corps empirique n'est que la reconstruction, le mode de représentation que l'homme s'en fait. Cf. « Lettre à Sömmerling », 10 août 1795, *AK,* XII, n° 636, annexe, pp. 34-35.
4. Cf. Toute l'analyse de Michel FOUCAULT dans *Surveiller et punir, op. cit.,* notamment IIIe partie.
5. Outre les ouvrages cités ci-dessus de ROMEYER-DHERBEY, Bernard BAERTSCHI et Michel HENRY, *Philosophie et phénoménologie du corps*) : F. AZOUVI, « Genèse du corps propre chez Malebranche, Condillac, Lelarge de Lignac et Maine de Biran », *Archives de philosophie XLV* (1982), p. 85-107. Maurice MERLEAU-PONTY, « Biran et les philosophes du Cogito », *in L'union de l'âme et du corps chez Malebranche, Biran et Bergson,* Paris, Vrin, 1978, p. 72 s. Xavier Tilliette, « Nouvelles réflexions sur le *cogito* biranien », *Revue de Métaphysique et de Morale,* 1983, 88/4, pp. 436-446.

pour notre auteur, sans objet. La certitude que l'homme prend de son corps est non représentative. En effet, pour un Descartes, ce qui prime est l'activité de l'*ego*. Maine de Biran veut redonner ses droits à la passivité du corps qui fait face à l'activité du moi. Cette passivité se présente sous plusieurs aspects, comme résistance à l'effort, comme mouvements de la vie passionnelle, affective, comme l'extériorité des choses présentes dans le monde. Or, la passivité est l'autre nom de la donation : être passif, c'est n'être pas constitué, c'est donc être reçu.

Le tournant phénoménologique

La phénoménologie emboîtera le pas au philosophe de Bergerac. Le mot d'ordre de l'école phénoménologique est le retour aux choses mêmes. Or, la toute première expérience de l'homme est celle de la présence au monde. Et cette présence aux choses s'opère non pas directement, par je ne sais quelle instance intérieure, par exemple pensante, mais par le corps, par mon corps. La phénoménologie ne nie toutefois pas la vérité du corps constitué. Elle invite à distinguer *corps-objet* et *corps-sujet* (ou corps-propre). Le corps-objet est le corps étudié de l'extérieur par l'anatomie, la physiologie. Le corps-sujet est le corps qui est au centre de mon existence, ma capacité de connaître et d'agir, bref d'être au monde. Ce corps n'est connu que de l'intérieur : seul je sais que mon corps vit et est mon corps. Il est illusoire et contre-nature de faire du *cogito,* de la pensée, le point de départ de la philosophie.

C'est l'inestimable apport de la phénoménologie d'avoir montré que le corps humain, avant d'être constitué, était donné à lui-même ; ce qui n'est pas construit est donné. Je ne donnerai que quelques grands noms qui sont aussi les étapes d'une réflexion[6].

Le corps de chair chez Husserl[7]

Edmund Husserl, le fondateur de la phénoménologie a esquissé une philosophie de la chair, et, cela, paradoxalement, dans son œuvre la plus profondément marquée par l'idéalisme transcendantal, *Les Méditations cartésiennes.* Au terme de la réduction phénoménologique, Husserl distingue *Leib* et *Körper,* chair et corps[8]. En effet, pour faire court, le corps constitué est postérieur au corps propre dont je fais d'abord l'expérience et qui m'est donné. Concrètement, je ne peux dire « je veux », ce qui relève de la prise de décision sur le corps, que si je puis affirmer « je peux » : la passivité fonde l'activité. Or, pour marquer nominalement cette différence primordiale et première, Husserl nomme « **chair** » – en sa différence avec le corps proprement dit – ce pôle de référence, ce corps qui est originairement mien : seul le corps humain peut en effet être éprouvé comme corps, affecté par un autre que soi et qui le sente. Or à ce titre, il mérite d'être appelé « chair ». La chair précède donc ontologiquement le corps actif, elle en est aussi l'origine et le support[9] ». Une phénoménologie de la constitution

6. Je ne dirai rien de la conception du corps comme passivité chez Karol WOJTYLA (*Personne et acte,* Texte définitif établi en collaboration avec l'auteur par Anna-Teresa TYMIENIEKA, trad. par Gwendoline Jarczyk, Paris, Le Centurion, 1983. Ici, nous intéresse surtout le chap. 5 intitulé « Intégration et *soma* », pp. 215 à 249). Sur un commentaire succinct mais fidèle, cf. Rocco BUTTIGLIONE, *La pensée de Karol Wojtyla,* trad. Henri Louette, Paris, Communio-Fayard, 1982, p. 223 à 230. Cf. aussi la bibliographie à la fin de l'ouvrage.

7. Cf. Didier FRANCK, *Chair et corps.* Sur la phénoménologie de Husserl, « Arguments », Paris, Minuit, 1981. K. HEDWIG, *« Zur Phänomenologie des Leibes bei Husserl »,* in *Concordia,* 3 (Aix-la-Chapelle, Paris, Valencia), pp. 87-99.

8. Le résidu de cette réduction est « la sphère de ce qui m'appartient ».

9. « Parmi les corps proprement saisis de cette *nature,* je trouve, dans une distinction unique en son genre, ma chair, à savoir comme l'unique corps qui n'est pas simplement corps mais précisément *chair,* l'unique objet à l'intérieur de ma couche abstraite de monde auquel, conformément à l'expérience, j'ajoute des champs de sensations, et ce sous divers modes d'appartenance (champ des sensations tactiles, champ du chaud et froid, etc.) l'unique objet *sur* lequel je *règne et domine* immédiatement, et en particulier dont je domine chaque *organe* ». (Cité par Didier FRANCK, *Chair et corps, op. cit.*, p. 93-94. Sa traduction est sensiblement différente de celle de Gabrielle Pfeiffer et d'Emmanuel Lévinas (in Edmund HUSSERL, *Méditations cartésiennes.* Introduction à la phénoménologie, « Bibliothèque des textes philosophiques », Paris, Vrin, 1980, § 44, p. 80-81) qui, notamment, disent « corps organique » pour *Leib,* que Franck traduit légitimement par « chair »).

échoue à rendre compte de l'idée de corps propre. La donation est plus originaire que toute constitution.

Depuis Husserl, on appelle **incarnation**[10], l'investissement du corps propre par une auto-affection : Voilà pourquoi Husserl parle d'incarnation et voilà aussi pourquoi notre monde notamment érotique met en scène des corps, un amour étrangement désincarné, dénué d'autre. Seul un corps éprouvé comme chair ne peut plus être substituable, objet de marchandise ou de consommation sexuelle[11].

Du corps donné à la donation originaire

Toute la phénoménologie nous enseigne qu'il faut passer du corps-objet (constitué) au corps-sujet (donné). Mais elle nous invite aussi à remonter en amont, dans ce don de l'origine. D'où vient ce don ? D'un monde plus originaire que notre conscience et que notre corps. De notre histoire, de notre culture, de l'autre corps. Mais Michel Henry estime qu'il faut aller plus loin[12].

En effet, chaque être vivant n'est lui-même que parce qu'il ne s'est pas donné la vie. Déjà, nous savons que nous ne sommes pas notre propre origine. La vie est auto-affection et c'est cela être chair. Or, cette chair s'accroît de l'intérieur grâce la nourriture. Mais cette nourriture, je ne la suis pas, ni ne suis cette capacité de croissance qui est donnée à mon propre moi. Aussi, « dans ma chair vivante je suis donné à moi-même et ainsi je suis un moi, je suis moi-même. Mais ce n'est pas moi qui me suis donné à moi-même, ce n'est pas moi qui me joins à moi-même[13] ». En conséquence s'éprouver comme chair, être vivant, c'est savoir que notre origine est ailleurs, au-delà de nous[14].

Du corps donné au corps donnant

Nous avons laissé de côté l'intersubjectivité propre au corps de chair. On la retrouve en s'interrogeant non plus sur son origine, mais sur sa destination. La phénoménologie s'est

10. Le terme est dénué de toute connotation théologique, ainsi que le rappelle Gabriel MARCEL : « Je ne prends pas ici, bien entendu, ce terme dans son acception théologique. Il ne s'agit pas de la venue au monde de Notre-Seigneur, mais de l'acte infiniment mystérieux par lequel une essence prend corps, acte qui déjà faisait cristalliser autour de soi la méditation d'un Platon, et dont les philosophes modernes ne tendent à détourner leur attention que dans la mesure où ils ont perdu la grâce essentielle de l'intelligence, qui est celle de l'émerveillement. » (*Le mystère de l'être,* tome 1. *Réflexion et mystère,* « Foi et réalité », Paris, Aubier, 1951, p. 117) Cf. notamment le passionnant chapitre « L'Être incarné repère central de la réflexion métaphysique », in *Du refus à l'invocation,* repris sous le titre *Essai de philosophie concrète,* Paris, Gallimard, 1940, p. 21 à 61. Cf. aussi Vincent BOURGUET, « Être, corps, avoir », *Revue thomiste,* XCIII, 1993, pp. 375 à 393.

11. Le plus brillant disciple de Husserl, Martin HEIDEGGER, ne parle qu'indirectement du corps humain, et cela à propos de son analyse de la spatialité du *Dasein* (*Etre et temps,* § 23). Heidegger suggère (plus qu'il ne développe) que l'orientation (qui n'est pas l'espace) s'enracine dans le corps propre : les distinctions gauche-droite, etc., bien qu'elles aient peu de sens dans le monde des objets, en ont une immense pour l'homme et sa relation au monde. La corporéité est le vrai support de la spatialité existentiale du *Dasein* (cf. aussi Marcel JOUSSE, *Anthropologie du geste, op. cit.,* pp. 207 à 330). Ici, se dessine le lieu d'un développement d'une analytique du corps que Heidegger n'a jamais tentée. Mais Heidegger ne développe pas davantage une ontologie de la chair (Sur la raison de l'étouffement du thème de l'incarnation dans *Etre et temps,* cf. Paul RICŒUR, « Vers quelle ontologie », in *Soi-même comme un autre,* Paris, Seuil, 1990, p. 345 à 410, ici pp. 378 à 380 et Didier FRANCK, *Le corps de chair, op. cit.,* p. 35).

12. « Le Berger et ses brebis », in *Les cahiers du Nouveau Commerce,* Printemps-Été, 94-95, pp. 13 à 31. Cf. surtout son dernier et remarquable ouvrage *C'est moi la Vérité.* Pour une philosophie du christianisme, Paris, Seuil, 1996. Sur sa philosophie de la vie comme auto-affection, je renvoie au rapide exposé donné en seconde partie, chap. 2.

13. *Ibid.,* p. 19.

14. On pourrait aussi faire appel ici aux développements de Jean-Luc MARION sur l'appel constitutif de l'être de l'homme. En effet, le processus épochal aboutit, en dernière instance, au couple de l'interloqué qu'est l'homme et de celui qui l'appelle, gratuitement. « La dernière réduction réduit à l'interloqué, donc donne tout ce qui peut s'appeler et appeler. » (*Réduction et donation.* Recherches sur Husserl, Heidegger et la phénoménologie, « Epiméthée », Paris, P.U.F., 1989, p. 305)

intéressée à l'ouverture du corps humain à l'autre, au monde. En fait, Husserl n'a guère qu'ébauché cette question[15]. Il faut attendre Maurice Merleau-Ponty pour qu'apparaisse une telle réflexion.

Dans la *Phénoménologie de la perception,* celui-ci dépasse Descartes en incarnant la vie cognitive, dans la perception. Celle-ci fait accéder à un sens donné et non pas fait ; et c'est le corps qui permet ce rapport au monde « antérieur à tout *Cogito*[16] ». Mais cette première approche demeure encore trop marquée par le dualisme et la thématique de la constitution du corps.

Dans un écrit posthume, *Le Visible et l'Invisible,* Merleau-Ponty veut tout reprendre à frais nouveaux pour fonder une ontologie. Son point de départ est un lieu où la spéculation n'a pas encore distingué sujet et objet. Qu'observe-t-on ? La connivence, « l'harmonie préétablie », la « parenté » existant entre le regard et les choses visibles, en un mot la chair : « La chair n'est pas matière, n'est pas esprit, n'est pas substance », dit-il. Elle est "élément" de l'Être[17]. » Merleau-Ponty revient constamment à une expérience qui, manifestement, a valeur fondatrice pour lui, celle du toucher par la main ou plutôt du double toucher : d'une part, la main droite touche un objet ; d'autre part, la main gauche touche la main droite en train de palper l'objet. Or, ces deux touchers sont semblables et réversibles :

« Quand une de mes mains touche l'autre, le monde de chacune ouvre sur celui de l'autre parce que l'opération est à volonté réversible, qu'elles appartiennent toutes deux, comme on dit, à un seul espace de conscience, qu'un seul homme touche une seule chose à travers toutes deux[18]. »

Le corps propre est donc un corps d'ouverture : « Je suis ouvert au monde parce que je suis dedans par mon corps[19]. » Autrement dit, le corps humain est un corps qui accueille le don. Il demeure que si Descartes identifiait l'*ego* au *cogito,* Merleau-Ponty semble l'avoir identifié au *percipio.* Il ne peut donc pas penser l'homme comme être d'esprit, donc fonder l'être de don. Merleau-Ponty s'arrête en chemin, mais il a courageusement déblayé la route.

Le corps humain comme corps-de-don

Il reste à considérer le corps dans son être même. Il me semble qu'on pourrait en trouver l'ébauche chez un autre philosophe contemporain, déjà rencontré, dont il est regrettable qu'il soit moins connu que Merleau-Ponty, Claude Bruaire. Je ne veux pas parler de sa riche étude sur le corps, plusieurs fois citée : trop tributaire de la dialectique en général et de la dialectique de l'Esprit et de la Nature en particulier, ce livre de 1968 ne s'est pas encore approprié explicitement son intuition fondamentale : le don. À partir de 1976, Bruaire développe cette métaphysique du don sous le nom d'**ondotologie**[20]. Là, il montre la profonde connexion entre le don de l'origine et la donation de soi ; plus encore, il montre que l'être d'esprit est constitutivement un être de don. Malheureusement, Bruaire n'a pas pu appliquer son travail au corps humain. Il avait le projet d'écrire un ouvrage sur la résurrection lorsque la mort l'a ravi[21].

---

15. Se fondant sur des *Inédits* de Husserl, Paul RICŒUR ébauche une phénoménologie du corps dans sa constitution intersubjective : « Ma chair n'apparaît comme un corps parmi les corps que dans la mesure où je suis moi-même un autre parmi tous les autres, dans une appréhension de la nature commune, tissée, comme le dit Husserl, dans le réseau de l'intersubjectivité » (*Soi-même comme un autre, op. cit.*, p. 377. Cf. pp. 376 et 377). De même Heidegger l'évoque à travers la catégorie existentiale du *Verfallen,* de l'être-jeté.

16. Maurice MERLEAU-PONTY, *Phénoménologie de la perception, « tel »,* Paris, Gallimard, 1945, p. 172. Cf. toute la première partie.

17. ID., « L'entrelacs – le chiasme », in *Le Visible et l'Invisible,* suivi de notes de travail, Claude LEFORT (éd.), « TEL », Paris, Gallimard, 1964, pp. 172 à 204, ici p. 184.

18. *Ibid.*, p. 185 et 186. Cf. ID., *Signes,* Paris, Gallimard, 1960, p. 215.

19. ID., *La Nature.* Notes, *op. cit.*, p. 279.

20. Je renvoie aux trois ouvrages déjà cités, surtout le second : *Pour la métaphysique* (p. 253-269), *L'être et l'esprit* (p. 51-63), *La force de l'esprit* (chap. 2).

21. Un prolongement dans le sens théologique est proposé par la thèse d'Alain MATTHEEUWS, Les « dons » du mariage. Recherche de théologie morale et sacramentelle, Bruxelles, Culture et Vérité, 1996 (non parue au moment où je rédigeai cet ouvrage) ; cf. ID., « Les "dons" du mariage », in *Nouvelle Revue Théologique,* 118/2, mars-avril 1996, p. 219-236, notamment les pp. 227 à 229.

Conclusion

La phénoménologie nous livre donc, en ordre dispersé, les différents aspects du corps-de-don : don initial (Maine de Biran, Husserl, Marcel, Wojtyla, Henry), don terminal (notamment Merleau-Ponty), don constitutif (Bruaire).

Mais il demeure plusieurs chantiers. La trop longue séparation de l'éthique et de l'anthropologie a peu invité à explorer le corps donné. Et le thème d'un corps constitutivement don fut à peine effleuré. D'autre part, il convient de penser de manière unifiée les trois faces du corps-de-don. Enfin, cette réflexion anthropologique présuppose constamment une métaphysique du don qui est, au moins partiellement, présente chez Bruaire. Mais il serait intéressant de la corréler à la phénoménologie du corps comme signe, et à une métaphysique de la puissance. C'est à cette tâche que notamment, le chapitre 7 de la IIème partie a tenté d'apporter sa modeste contribution, réservant la fondation métaphysique à la question des relations de l'être et du don.

Il resterait, alors, à incarner et vérifier la philosophie prometteuse du corps-de-don aux différentes modalités de la vie, à commencer par le corps sexué et le corps souffrant.

ANNEXE III

Le corps, phénomènes spirites et paranormaux

« Aussi l'âme intellectuelle est dite comme un horizon et une limite entre les réalités corporelles et incorporelles, en tant qu'elle est une substance incorporelle, mais aussi la forme d'un corps[1]. »

Ce que nous avons dit du corps-de-don et de ses relations à l'âme permet d'éclairer, sans nécessairement faire appel à la foi, un certain nombre de questions en vogue aujourd'hui : télépathie, télékinésie, spiritisme, décorporation, réincarnation. Une mise au point préliminaire permettra de poser les fondements de la réflexion et de l'éclairer par les sommets.

Un point commun : la tentation d'angélisme

Les créatures spirituelles que les religions monothéistes appellent « anges » sont aussi des réalités pour les penseurs grecs : par exemple, le philosophe Aristote les nommaient substances séparées[2] ; c'est-à-dire séparées de toute matière[2b].

L'actuelle amnésie des anges

Ce n'est pas le lieu d'entrer dans le détail, mais une vision d'ensemble de l'univers, qui intègre les anges, est mieux à même de comprendre la place et la dignité insigne du corps humain. L'oubli des anges dans nos modernes visions du cosmos ont précipité l'esprit de l'homme dans l'orgueil : l'homme a cru qu'il était seul à partager le privilège de l'intelligence et de la liberté face à un Dieu tellement lointain et silencieux qu'il était aisé d'en décréter la mort. Cet oubli a également condamné le corps au mépris, puisque l'esprit constitue la marque distinctive de l'homme à l'égard des autres êtres naturels. En revanche, redonner leur juste place aux anges permettrait à l'homme de faire mémoire de son corps : ce qui caractérise justement son esprit, c'est l'abstraction et la discursivité liée à l'incarnation. En retour, le corps humain se trouve extraordinairement valorisé par la présence de ces cousins éloignés de l'homme que sont les anges : tabernacle d'un don immérité, le corps humain en est aussi le porte-parole qualifié.

---

1. *Somme contre les Gentils*, L. II, ch. 68. Cf. ch. 81. Cf. François MARTY, *La perfection de l'homme selon Thomas d'Aquin*, Rome, 1962, pp. 163-170.

2. Les philosophes contemporains les ont, malheureusement, oubliés : « dans la vision moderne du système de l'être, la disparition de l'étage supérieur – celui du pur esprit – a amené une sorte de tassement. La transcendance divine risque de se réduire à la transcendance sur le sensible, comme l'éternité à la transcendance sur notre temps. » (Joseph de FINANCE, « Animal raisonnable. Esprit incarné », art. cité, p. 40)

2b. Saint AUGUSTIN réconcilie les deux sens : « *Ange* désigne la fonction non pas la nature. Tu cherches le nom de cette nature, il est *esprit*. Tu cherches quelle est sa fonction, il est ange. Selon son être, il est esprit, selon son action, il est ange. » (*Ennaratio in Psalmos*, 103, 1, 15).

Aussi l'actuel regain d'intérêt de notre monde pour les anges[3] pourrait témoigner du désir de resituer l'homme dans le cosmos à une place qui n'est pas forcément première, tout en lui redonnant ce corps dont il avait trop vite voulu se débarrasser.

Comparaison de l'ange et de l'âme humaine

Mais une question majeure demeure : on comprend que l'homme diffère de l'ange par son corps. Mais qu'en est-il de l'âme ? Nous avons déjà rencontré cette question décisive en traitant de l'âme séparée, en attente de corps glorieux (cf. IIIème partie, chapitre 5). Rappelons sous un autre angle ce qui a été dit. Au seul plan créé, l'âme humaine se trouve au dernier degré de l'intellectualité et de la spiritualité. L'ange a directement accès à la connaissance, en contemplant les idées qui sont déposées en lui[4]. L'esprit humain, quant à lui, ne comprend le monde (et lui-même) que par l'entremise du monde[5]. Ce que l'esprit pur trouve en lui-même, l'homme doit le trouver hors de lui. On voit, de ce point de vue, combien l'idéalisme et le dualisme sont un tentation d'angélisme, comme l'empirisme et le matérialisme, une tentation d'animalité. Or, l'homme n'est ni ange ni bête...

Dans les termes de la causalité, notre raisonnement revient à dire que l'âme incarnée est principe formel et moteur de son corps. L'ange, étant immatériel, n'est pas cause formelle du corps qu'il meut, il n'en est que cause efficiente. Mais n'étant pas lié à un corps donné, il peut en mouvoir d'autres, sans être apte à transgresser les capacités naturelles présentes dans ce corps[6]. Enfin, l'âme séparée, n'étant plus cause formelle de son corps, n'est plus cause motrice de quoi que ce soit. En effet, l'agir suit l'être *(operari sequitur esse),* l'efficience est consécutive à la formalité qui lui donne sa détermination. Or l'âme humaine, pour être esprit, est principe d'être et d'unité de son corps, et de nul autre. Voilà pourquoi ce corps ne lui est nullement indifférent, contingent. Son pouvoir ne s'étend donc pas au-delà de son corps, si ce n'est pas par la médiation du corps qui lui donne son être-au-monde. On conçoit qu'inversement, un dualisme plus cartésien ou plus platonicien qui réduit à l'efficience la relation de l'âme au corps soit beaucoup moins embarrassé à expliquer les expériences psy. Mais c'est au prix de l'unité de notre être humain.

Or, pour le dire abruptement : prêter à l'homme la capacité d'intervenir, par son seul psychisme ou sa seule âme sur une chose (télékinésie), un autre esprit humain vivant (télépathie) ou un esprit défunt (spiritisme), c'est jouer à l'ange, c'est-à-dire mépriser le corps et faire méprise sur l'âme.

Les pouvoirs parapsychologiques

La question de la parapsychologie est assez anecdotique, mais elle est populaire. Je l'aborde du point de vue de la philosophie du corps qui est le nôtre, et non du point de vue de la validité scientifique[7] ou de la foi[8].

3. Je ne parle pas que de la littérature Nouvel Age dont il n'y a pas besoin d'être grand clerc en psychologie pour comprendre qu'elle est commandée par une logique sécuritaire et régressive, mais par exemple, en philosophie, du beau livre de Michel SERRES, *La légende des Anges* (Paris, Flammarion, 1993).

4. Cf. *ST,* Ia, q. 55, a. 2.

5. Si l'on voulait préciser cette doctrine classique chez saint Thomas, il faudrait distinguer entre contenu et lumière : les deux sont innés chez l'ange ; par contre, si la lumière est bien innée à l'homme (c'est son intelligence), ce n'est pas le cas du contenu qu'il doit trouver dans le monde auquel il n'a accès que par son corps.

6. Cf. *ST,* Ia, q. 51 et 52.

7. Elle est assez contestée (cf. Michel de PRACONTAL, *L'imposture scientifique en dix leçons,* Paris, La Découverte, 1986, notamment la leçon 6 (p. 143 à 169) qui porte sur les effets psy. Il réfute certaines expériences célèbres, constamment invoquées par les partisans de leur existence).

8. Cf. notamment les intéressants critères de discernement proposés par Carlos ALDUNATE, *Les phénomènes paranormaux.* Regard chrétien, trad. Alexis Semts, Bruxelles, Fidélité, 1993.

La télékinésie

Thomas d'Aquin le montre, au seul plan philosophique, avec une force de conviction sans pareille : « L'âme est incapable, par sa puissance naturelle, de modifier la matière corporelle, sauf par l'intermédiaire de quelques corps. » Comparons-la à l'ange[9] :

> « Il est des substances spirituelles [anges] dont la puissance n'est pas déterminée à des corps : et c'est ainsi que des corps différents peuvent leur obéir quant au mouvement. Si par contre la force motrice de quelque substance séparée [toujours l'ange !] est déterminée à mouvoir tel corps, cette force ne pourra mouvoir un corps plus grand, mais seulement un moindre. [...] Dès lors, puisque l'âme est de par sa nature déterminée à mouvoir le corps dont elle est la forme, elle ne peut mouvoir aucun autre corps par sa puissance naturelle[10]. »

En termes négatifs : l'âme humaine est incompétente pour entrer en relation ou en communication, par elle-même, avec tout autre corps que le sien : « Il n'y aurait pas d'autres pour moi, ni d'autres esprits, si je n'avais un corps et s'ils n'avaient un corps[11]. » L'un des mérites de la phénoménologie est d'avoir rappelé fortement que l'incarnation est la condition de mon « être-au-monde » (cf. Annexe II) : sans parole, donc sans corps, l'autre ignorera toujours ce que je veux lui dire, ce qui ne veut pas dire que la pensée se réduise au sensible.

Une sympathie pour la télépathie ?

Si l'esprit ne peut agir, immédiatement, directement, sur un autre corps que celui qu'il informe, *a fortiori*, est-il impuissant à l'égard d'un autre esprit humain — et j'évoque ici la télékinésie ? L'homogénéité du récepteur et de l'émetteur masque leur indispensable médiateur corporel. Les obstacles sont deux, dont chacun est à lui seul définitivement infranchissable : mon propre corps et le corps d'autrui. Mais comprenons bien. Si le passage par le corps est ontologiquement obligatoire et intransgressible, cela ne tient pas à son opacité, comme un spiritualisme plus imaginaire que conceptuel pourrait le faire croire, mais au contraire à sa transparence : c'est parce qu'il est l'*écrin* de cette âme, que le corps fait *écran* à l'invasion d'une autre âme. Le refus de la télépathie et de la télékinésie, au sens strict et propre du terme[12], est un hommage rendu au corps et donc à la personne.

Une vie après la vie ?

La parapsychologie s'intéresse à l'homme vivant ; mais certaines personnes semblent dans un état intermédiaire entre la vie et la mort.

Un voyage peu ordinaire

Qui aujourd'hui n'a pas entendu parler de ces expériences étranges de décorporation, appelées *Near Death Experience* (NDE) et que popularisèrent un ouvrage au contenu passionnant mais au titre ambigu, *La vie après la vie*[13] *?* Moody prend bien soin de dire que le récit

9. ST, Ia, q. 117, a. 3.

10. Ibid., a. 4, ad 1um. Cf. Ia, q. 51, a. 1 à 3. Le grand texte est la QD *De Anima*, a. 7 (*Quæstiones Disputatæ*, Turin-Rome, Marietti, vol. II, 1965, pp. 305 et 306).

11. Maurice MERLEAU-PONTY, *La prose du monde*, Claude Lefort (éd.), « tel », Paris, Gallimard, 1969, p. 192.

12. En effet, rien n'interdit de penser que certaines expériences psy sont interprétables en termes de communication préverbales, infraconscientes et sensoriellement infraliminales. Auquel cas, le corps humain interviendrait avec une telle discrétion qu'il semblerait nécessaire de faire appel à la fonction supplétive et tellement plus communicative de l'esprit !

13. Cet engouement pour les NDE fut précédé par les études du psychologue américain Charles Tart sur les OOBE (*Out of Body Experience*, expériences au cours desquelles la personne présente des perceptions et des expériences, au gré de ses pensées et non des contraintes corporelles).

d'expérience de NDE qui va suivre est un modèle idéal et complet, composé à partir de cent cinquante témoignages qu'il a soigneusement recueillis, et dont aucun ne correspond à ce tableau-robot.

> « Voici donc un homme qui meurt, et, tandis qu'il atteint le paroxysme de la détresse physique, il entend le médecin constater son décès. Il commence alors à percevoir un bruit désagréable, comme un fort timbre de sonnerie ou un bourdonnement, et dans le même temps, il se sent transporté avec une grande rapidité à travers un obscur et long tunnel. Après quoi il se retrouve soudain hors de son corps physique, sans toutefois quitter son environnement physique immédiat. Il aperçoit son propre corps à distance, comme en spectateur. Il observe, de ce point de vue privilégié, les tentatives de réanimation dont son corps fait l'objet. Il se trouve dans un état de forte tension émotionnelle.
>
> Au bout de quelques instants, il se reprend et s'accoutume peu à peu à l'étrangeté de sa nouvelle condition. Il s'aperçoit qu'il continue à posséder un «corps», mais ce corps est d'une nature très particulière et jouit de facultés très différentes de celles dont faisait preuve la dépouille qu'il vient d'abandonner. Bientôt, d'autres événements se produisent : d'autres êtres s'avancent à sa rencontre, paraissant vouloir lui venir en aide. Il entrevoit les "esprits" de parents et d'amis décédés avant lui. Et soudain une entité spirituelle, d'une espèce inconnue, un esprit de chaude tendresse, tout vibrant d'amour – un «être de lumière» – se montre à lui. Cet "être" fait surgir en lui une interrogation, qui n'est pas verbalement prononcée, et qui le porte à effectuer le bilan de sa vie passée. L'entité le seconde dans cette tâche en lui procurant une vision panoramique, instantanée, de tous les événements qui ont marqué son destin. Le moment vient ensuite où le défunt semble rencontrer devant lui une sorte de barrière, ou de frontière, symbolisant apparemment l'ultime limite entre la vie terrestre et la vie à venir. Mais il constate alors qu'il lui faut revenir en arrière, que le temps de mourir n'est pas encore venu pour lui. À cet instant, il résiste, car il est désormais subjugué par le flux des événements de l'après-vie et ne souhaite pas ce retour. Il est envahi d'intenses sentiments de joie, d'amour et de paix. En dépit de quoi il se retrouve uni à son corps physique ; il renaît à la vie.
>
> Par la suite, lorsqu'il tente d'expliquer à son entourage ce qu'il a éprouvé entre-temps, il se heurte à différents obstacles. En premier lieu, il ne parvient pas à trouver des paroles humaines capables de décrire de façon adéquate cet épisode supraterrestre. De plus, il voit bien que ceux qui l'écoutent ne le prennent pas au sérieux, si bien qu'il renonce à se confier à d'autres. Pourtant, cette expérience marque profondément sa vie et bouleverse notamment toutes les idées qu'il s'était faites jusque-là à propos de la mort et de ses rapports avec la vie[14]. »

Moody tente différentes hypothèses explicatives, faisant aussi bien appel à Platon qu'à la Bible, au *Livre des morts tibétain* qu'à l'hermétisme, via Emmanuel Swedenborg. Cet électisme est séduisant, mais superficiel. Aucune des explications habituellement proposées[15] ne lui semble vraiment satisfaisante. De sorte qu'il ne conclut ni ne profite pas de ces faits pour promouvoir quelque théorie hasardeuse. Notamment, Moody ne cautionne pas la théorie de la réincarnation[16]. Cette réserve qui l'honore est peut-être, dans une époque friande de pluralisme éclectique et tolérant, l'une des raisons d'un succès de cet ouvrage qui ne se dément pas : elle permet à chaque lecteur d'y aller de sa propre interprétation.

---

14. Raymond A. MOODY, *La Vie après la vie.* Enquête à propos d'un phénomène : la survie de la conscience après la mort du corps, trad. P. MISRAKI, Paris, Robert Laffont, 1977, p. 15 à 17. Moody reprend, mais avec une toute autre audience médiatique, les ouvrages d'Elisabeth KÜBLER-ROSS, *Les Derniers Instants de la vie,* trad. C. Jubert et E. de Peyer, Genève, Labor et Fides, 1975 ; chez le même éditeur, *Questions et Réponses sur Les Derniers Instants de la vie,* trad. R. MONJARDET, 1977 (bibliographie en français, p. 144-158) ; *La mort est un nouveau soleil,* Paris, Éd. du Rocher, 1988. Cf. aussi, dans une foisonnante littérature : Ch. HARDY, *L'après-vie,* Monaco, Éd. du Rocher, 1986 ; G. NIQUET, *La mort-espoir,* Paris, Nouvelle Cité, 1988 ; N. O'JACOBSON, *La vie après la mort ?,* Paris, Presses de la Cité, 1973 ; K. RING, *Sur la frontière de la vie,* Paris, Robert Laffont, 1982. Dernier en date, le témoignage et l'ouvrage à succès de Philippe LABRO (*La traversée,* Paris, Gallimard, 1996).

15. Elles sont surnaturelles (plus exactement démoniaques), pharmacologiques, physiologiques, neurologiques ou psychologiques (*La vie après la vie, op. cit.*, pp. 171 à 196).

16. Par exemple : « Je n'ai relevé dans aucun des cas qui m'ont été soumis la moindre indication concernant l'éventualité d'une réincarnation » (*Ibid.* p. 161). Il demeure que les études de Moody s'inscrivent très nettement dans la tradition spirite, ainsi que le montre Régis LADOUS dans un ouvrage aussi passionnant que bien informé (*Le spiritisme,* « BREF », Paris, Le Cerf-Fidès, 1989, ici p. 103-104) : par exemple, E. Kübler-Ross, dont le comportement est nettement médiumnique, « à titre personnel », « parle tranquillement des vies antérieures » (p. 119).

L'expérience de décorporation est-elle réelle ?

« Tous ces faits doivent être pris au sérieux [...]. Mais il ne faut pas leur faire dire plus qu'ils ne peuvent objectivement[17]. » Qu'en penser, notamment eu égard à l'unité du corps et de l'âme ?

Il faut clairement affirmer que la **décorporation** relatée par ces expériences **ne peut pas être réelle.** Il est impossible que l'âme quitte le corps et l'informe à nouveau car la séparation est irréversible[18]. Dans un monde où prime l'imaginaire, on confond aisément la distinction et la séparation. Or, notre époque a d'autant plus privilégié l'imaginaire que certains films effacent la différence entre le réel et le construit. Voilà pourquoi la distinction réelle du corps et de l'âme (assurée par le dogme chrétien de la résurrection) semble aisément permutable avec leur séparation occasionnelle. Mais concéder qu'une séparation réversible est possible introduirait au dualisme de la pire espèce : une âme qui, isolée, a expérimenté une telle joie sans son corps peut-elle vraiment vivre, s'engager avec lui dans la morne routine du quotidien ?

Le Dr Moody le précise : ces expériences ne prétendent aucunement prouver qu'il existe une vie après la mort. Des états psychiques particuliers présentent une similitude frappante avec certains états psychiques connus : rêve, schizophrénie, degré suprême de training autogène, etc. Or, il serait absurde de considérer en ces phénomènes une réelle décorporation et encore moins une preuve d'un au-delà. Ce le serait donc tout autant pour les personnes prétendument revenues des frontières de la mort. De même, Ronald K. Siegel, psychologue californien, spécialiste des hallucinations, a remarqué que les phénomènes liés à la mort présentent des similitudes frappantes avec les expériences psychédéliques, lors de grands stress, comme l'incommunicabilité, la lumière brillante, la séparation du corps, le tunnel[19].

De plus, l'expérience montre à l'évidence que l'âme n'est jamais donnée sans le corps. Comme le dit le jeune homme au pasteur, dans la pièce que Max Frisch a écrite, à soixante-dix ans, sur la vie et la mort, en mai 1972 :

> « Je sais seulement qu'il n'y a pas de conscience humaine sans fondement biologique. Un simple traumatisme crânien suffit à me priver de conscience. Comment ma conscience peut-elle survivre à la destruction matérielle de mon cerveau ? Par exemple si je me tire une balle dans la tête ? Je veux seulement dire ceci : comme fait biologique, la mort est quelque chose de banal, une confirmation des lois auxquelles toute créature est soumise[20]. »

Enfin si la personne se sent étrangère à son corps, elle demeure incarnée : elle ne quitte pas « son environnement physique immédiat », elle « continue à posséder un «corps» », même si celui-ci est doué d'autres propriétés. D'ailleurs, la personne se sent hors de son corps, mais pas hors de la pièce : elle s'observe de l'extérieur. Or, c'est le propre de la matière que d'être circonscrite dans un lieu ; aussi, à l'instar de l'ange, une âme séparée n'est plus dans la pièce ni nulle part. La décorporation n'est donc pas réelle. Aussi l'expression « vie après la vie » est erronée, ainsi que l'expression « il renaît à la vie », si on ne précise pas la modalité, par exemple : « la vie habituelle ».

---

17. Louis-Vincent THOMAS, « L'eschatologie : permanence et mutation », in Collectif, Réincarnation, immortalité, résurrection, Bruxelles, Publications des Facultés universitaires Saint-Louis n° 45, 1988, pp. 1 à 42, ici p. 39 : « Il n'y a donc pas à nier, mais à interpréter ces phénomènes. » (Hans KÜNG, *Vie éternelle ?*, trad. Henri Rochais, Paris, Le Seuil, 1985, p. 29. Souligné dans le texte. Cf. les développements judicieux des p. 20 à 37) C'est aussi ce qu'affirme Raymond A. MOODY dans son second livre (*Lumières nouvelles sur « la Vie après la vie »*, trad. P. Misraki, Paris, Ed. J'ai lu, 1978). Cf. par exemple Jean VERNETTE, *Le nouvel âge*, Paris, Téqui, 1990, pp. 122 à 135.

18. Sauf miracle, comme la mort et la résurrection de Lazare (Jn 11).

19. Cf. R.K. SIEGEL et L. WEST, *Hallucinations : Behaviour, Theory and Experience,* New York, 1975. Cf. aussi S. GROF et J. HALIFAX, *La rencontre de l'homme avec la mort,* Paris, Ed. du Rocher, 1982.

20. *Triptyque.* Trois tableaux scéniques, trad. H. Bergerot, Paris, Gallimard, 1980, pp. 19-20. Qu'on relise le célèbre passage où PLATON explique que la véritable cause de sa présence à Athènes n'est pas dans son corps, mais dans son âme (PHÉDON, 97c-99b).

Que se passe-t-il ?

Jusqu'à maintenant, je me suis contenté d'écarter une interprétation erronée. Mais comment comprendre en plein, ce que vivent les personnes, durant les NDE ? Il serait intéressant de creuser l'analogie avec l'expérience de décorporation vécue par saint Paul[21]. Dans les deux cas, il y a ravissement, *raptus* au sens technique que lui donne saint Thomas[22]. Or, ce dernier estime tout-à-fait possible que saint Paul n'ait plus été à même de savoir s'il était en son corps ou non, bien qu'objectivement, ontologiquement, son âme ne l'ait pas quitté : le vécu de décorporation touche les opérations, l'agir et non pas l'être. En un mot un peu technique, on pourrait donc affirmer que les NDE décrivent une expérience de **décorporation subjectivement** ressentie comme telle, **mais non** une décorporation **objective.**

Rencontres d'un autre type

Moody distingue soigneusement les rencontres des proches défunts de celles de l'« être de lumière ». Les premières ne signifient pas que les âmes soient errantes (cf. plus loin). Elles peuvent venir soit de réminiscences, de réactivations de souvenirs, soit d'une réelle rencontre, par la médiation divine. Or, on sait que les défunts, même au Purgatoire, aiment aider les survivants. L'identité de la seconde rencontre est mystérieuse. En fait, il y a deux possibilités et deux seulement : un ange (précisément l'ange gardien) ou Dieu même. Les attributs mêmes octroyés à cet être font évoquer l'ange gardien : celui-ci accompagne toute notre vie qu'il révèle. Il nous aime particulièrement et nous garde, ce qui ne veut surtout pas dire qu'il renforce nos processus sécuritaires. Il ne s'exprime pas verbalement, ce qui est le propre d'une créature incarnée (alors que Dieu parle à l'intime de notre esprit). Enfin, Thomas d'Aquin et d'autres docteurs, ont montré que l'ange peut davantage intervenir et nous « parler » lorsque diminue notre vigilance et notre contrôle sur le présent. Or le sommeil est une perte temporaire de maîtrise[23], *a fortiori,* les NDE, où l'âme est comme déliée de tout auto-contrôle. D'ailleurs, le caractère ineffable de l'expérience vient de ce que nos concepts sont tirés du monde sensible et ne sont pas habilités à exprimer des réalités transcendant la matérialité, comme on l'a vu ci-dessus. Voilà notamment pourquoi l'Écriture reste si sobre sur la vie céleste : aucune parole humaine ne peut actuellement la décrire[24].

Conclusion

Les NDE sont des expériences authentiques. Elles montrent que l'homme ne se réduit pas à son corps et que, dans certaines circonstances extrêmes, l'âme s'expérimente et se vit autrement. Elles sont aussi le témoignage irrécusable pour celui qui en a été le témoin stupéfait,

---

21. « Je connais un homme dans le Christ [il parle de lui] qui, voici quatorze ans –était-ce en son corps ? je ne sais ; était-ce hors de son corps ? je ne sais ; Dieu le sait –... cet homme-là fut ravi jusqu'au troisième ciel. » (II Co 12,2 ; cf. aussi v. 3)

22. Cf. par exemple *ST,* IIa-IIae, q. 175.

23. Ce qui explique, chez certains, la difficulté d'endormissement. Ce qui explique aussi l'importance de songes, de prémonitions, notamment lors de retraites spirituelles, où la personne accepte d'« abaisser la garde ». Sur l'ange, cf. les développements du chapitre suivant à propos du spiritisme.

24. Les NDE sont-elles une expérience spirituelle ? La NDE est émotionnellement intense, comme tout ce qui est nouveau, source d'émotions intenses. Mais il ne faut pas confondre l'émotionnel et le spirituel. De plus, il ne faut pas minimiser le pouvoir de l'imagination (cf. l'enquête de J. DUVIGNAUD et de J.P. CORBEAU, *Les tabous des Français,* Paris, Hachette, 1981 ; Louis-Vincent THOMAS, *Civilisation et divagations,* Paris, Payot, 1982 et *Fantasmes au quotidien,* Paris, Le Méridien, 1984). Là, comme ailleurs, il convient de juger l'arbre à ses fruits qui, pour certains, sont la découverte très positive de la réalité, de la spiritualité et de l'immortalité de l'âme, voire de l'existence d'un Au-delà. Mais ce peut aussi être la plongée dans le panthéisme. Cf. P. VSEVOLOD ROCHEAU, « Essai d'une lecture chrétienne de "La vie après la vie" » , et Georges COTTIER, «Note sur la décorporation», in *Nova et Vetera,* Fribourg (Suisse), 1980/2. En positif : H.-T. CONUS, « Notre vie après la mort », même revue, janvier-mars 1995, pp. 36 à 50.

et pour lui seul, de l'irréductibilité de l'homme à son corps. Toutefois elles ne permettent pas de conclure à une séparation ou à un dualisme âme-corps.

Si ces expériences survenaient véritablement après la mort réelle, il faudrait donner gain de cause au platonisme et faire de la relation entre l'âme et corps une relation réversible, donc inutile. Mais Moody lui-même distingue une mort biologique à côté de la mort cliniquement observée, en constatant que la première mort est « cet état d'où il est impossible de faire revenir un corps à la vie » ? Or, « si l'on accepte cette définition, aucun des cas précités ne saurait entrer en ligne de compte, dès lors qu'ils impliquent tous une "réanimation[25]" ».

Le spiritisme

Ce qui est impossible à l'âme humaine lorsqu'elle est, en cette vie, profondément unie à son corps, ce qui l'est aussi à l'âme aux frontières de la mort, parce qu'elle demeure l'acte de son corps, dans un état de décorporation seulement apparent, ne deviendrait-il pas envisageable lorsqu'à la mort, elle se trouve détachée des limites de son organisme ?

Ainsi formulée, la question n'est crédible que si l'on ne prend pas garde à sa formulation dualiste qui dévalorise implicitement le corps : il est parlé de « limites ». Or, de la limite au mythe, il n'y a qu'un pas. Mais le corps humain est une réalité positive, au minimum le réceptacle et l'instrument, précisément la puissance qu'actue l'âme. C'est donc tout l'opposé qui est vrai : ce qui est refusé à l'âme incarnée l'est plus encore à l'âme séparée, car elle est dénuée de l'effectivité que lui donne le corps. Le même argument qui exclut la télékinésie, exclut aussi tout *chanelling* :

> « L'âme séparée ne saurait mouvoir un corps par sa vertu naturelle. Il est manifeste que lorsque l'âme est unie au corps, elle ne peut mouvoir d'autre corps que celui qu'elle vivifie ; et si un membre du corps est mort, il n'obéit plus à l'âme selon le mouvement local, si l'on ne considère que la force de la nature, bien que la puissance divine puisse y ajouter miraculeusement[26]. »

On ne peut pas dire les choses plus clairement. Le spiritisme, au sens propre de communication des vivants avec les âmes des défunts, est donc impossible. « Les esprits s'ils existent, doivent vous atteindre par l'intermédiaire des choses physiques[27]. » L'un des grands saints de l'Église ortodoxe, saint Séraphin de Sarov, entendant un de ses serviteurs, le Père Antoine, lui dire qu'il voit les âmes des autres « comme un visage dans un miroir, à cause de la pureté de son esprit à lui », le corrigea avec une grande justesse : « Non, ma joie, il ne faut pas parler ainsi. Le cœur humain n'est ouvert qu'à Dieu seul[28]... » Cette précision est d'autant plus passionnante que Dieu ne viole pas les lois de la créature, même en cas de manifestations extraordinaires.

Loin de moi l'idée de nier la réalité des expériences spirites. Mais la démonstration assurée qui précède rend d'autant plus urgente – et inquiétante – la question de l'identité des entités contactées par celui qui fait du *channelling*...

Ces conclusions qui paraîtront arrogantes à quelques-uns, pourraient être reformulées dans les termes du corps-de-don. Le corps humain est réellement donné à l'âme et l'âme donnée à ce corps. Or le don véritable est total, irréversible, sans repentance. Aussi, l'âme humaine

25. *La vie après la vie, op. cit.*, p. 158.

26. *ST,* Ia, q. 117, a. 4. Cf. *De Malo,* q. 16, a. 10, ad 2um. Cf. les bonnes mises au point du P. J. BERTHIER, *L'étude de la Somme théologique de saint Thomas d'Aquin,* Paris, Lethielleux, s. d., Appendice III, « Spiritisme et hypnotisme d'après saint Thomas », p. 462 à 487. Ce paragraphe sur le spiritisme confirme et précise ce qui fut dit sur les NDE.

27. Russel STANNARD, *C'est moi,* trad. par R. et F. Desplechin, Paris, Neuf en poche, L'école des loisirs, 1993, p. 117.

28. *Entretien avec MOTOVILOV,* p. 61-65, cité par Thomas SPIDLIK, art. « Séraphin de Sarov », in *Dictionnaire de spiritualité,* Paris, Beauchesne, tome 14, fasc. XCII, 1988, c. 634.

ne peut-elle s'adonner à son activité informative et expressive sur un autre corps, sans renier son identité même. De plus, si le corps humain est indifféremment le mien ou celui d'un autre, je ne le donne plus, mais je m'en décharge. En regard, la valeur et la signification du don du corps se proportionne à son unicité.

La réincarnation

Tout ce qui précède, et surtout les développements de la troisième partie me permettront d'être très bref, d'autant qu'ici, il existe de nombreux – et bons – ouvrages sur le sujet[29]. La croyance (car il ne peut s'agir d'une foi ou d'une certitude rationnelle) dans la réincarnation, constante dans la mouvance Nouvel Âge, est préoccupante, car, bien qu'incompatible avec la foi chrétienne[30], elle se répand de plus en plus chez les croyants. Il est « impossible au vrai chrétien de croire à la renaissance ou à la réincarnation ». Il doit « choisir[31] » entre Résurrection et réincarnation. Qui parle ainsi ? Le Dalaï-Lama en personne.

Mais qu'en penser du point de vue anthropologique qui est le nôtre ?

La réincarnation valorise-t-elle le corps ? Qu'on se souvienne de l'explication donnée par Lama Dhorti au petit garçon dans *Little Bouddha,* le film de Bertolucci : prenant une tasse de thé, il la brise et éponge le thé répandu : « Le thé qui était dans la tasse, est-il le même que celui qui est dans la serpillère ? » demande-t-il. « De même, c'est une âme authentique que l'on trouve dans un corps humain ou un corps animal : la noblesse du contenu demeure, quel que soit le contenant. » Son absolue incompatibilité, non seulement avec la foi chrétienne, mais avec la raison et le bon sens, se fonde sur le même argument qui nous a fait refuser d'interpréter les NDE comme une décorporation objective et l'existence des phénomènes parapsychologiques et spirites. Une âme indifférente au corps est un ange qui s'ignore. La théorie de la réincarnation, enfin, nie le corps-de-don, surtout la valeur du don en sa gratuite irréversibilité, puisqu'elle lui permet de toujours se reprendre.

Mais ces arguments sont-ils utiles ? La croyance en faveur de la réincarnation est, le plus souvent, infrarationnelle : elle relève soit d'une prise de position affective, précédant et déterminant toute saisie de l'intelligence, soit d'expériences vécues ou rapportées, dont la bonne foi et, parfois, l'objectivité ne sont pas à mettre en cause, mais qui sont, là encore, surinvesties et d'emblée interprétées avec une totale absence de sens critique.

---

29. Cf. *Réincarnation, immortalité, résurrection,* Bruxelles, Publications des Facultés universitaires, Saint-Louis n° 45, 1988. Benoît DOMERGUE, *Points de repère sur la réincarnation,* Paris, Éd. de l'Emmanuel, 1993. Daniel FOUCHER, *Réincarnation ou Résurrection ?* Enfin, qu'allons-nous devenir ?, Réponses aux questions n° 20, Montligeon, Éd. de Montligeon, 1989. Walter KASPER, « La réincarnation », in Documentation catholique, n° 2005. Pascal THOMAS, *La réincarnation, oui ou non ?,* Paris, Centurion, 1987. Jean VERNETTE, *Réincarnation, résurrection,* Mulhouse, Salvator.

30. « Les hommes ne meurent qu'une fois » (He 9,27). « Il n'y a pas de "réincarnation" après la mort », dit le *Catéchisme de l'Église Catholique* (*op. cit.*, n. 1013, p. 217). Dès la fin du IIe siècle, saint Irénée de Lyon, notamment, donne « le premier exposé détaillé des raisons pour lesquelles le christianisme rejette les doctrines de la métempsycose telles qu'il les rencontre à cette époque ». (Christophe von SCHÖNBORN, *La vie éternelle.* Réincarnation, résurrection, divinisation, Paris, Mame, 1992, p. 121). L'argument est aussi simple que décisif : « De même que chacun de nous reçoit son propre corps par l'art de Dieu, de même possède-t-il aussi sa propre âme » (Saint IRÉNÉE DE LYON, *Contre les Hérésies.* Dénonciation et réfutation de la gnose au nom menteur, trad. Adelin Rousseau, Paris, Le Cerf, 21985, II, 33, 5, p. 265). Et quelques lignes avant, il donne une réfutation d'un argument des théories réincarnationnistes qui est toujours d'actualité : « si le corps était l'oubli, l'âme qui se trouve dans le corps ne se souviendrait même pas de ce qui est venu un jour à sa connaissance par le moyen de la vue ou de l'ouïe. » (*Ibid.*, 33, 3-4).

31. DALAÏ-LAMA, Fabien OUAKI, *La vie est à nous,* avec la collaboration d'Anne BENSON, « Spiritualités », Paris, Albin Michel, 1996, p. 120.

Annexe IV

Corps grec et corps chrétien : la synthèse de saint Irénée

« Le corps a des yeux pour contempler la création et pour connaître le Créateur grâce à cet ordre d'une harmonie admirable ; il a des oreilles pour écouter la parole de Dieu et la loi de Dieu ; il a des mains pour accomplir les tâches nécessaires, et pour s'élever dans la prière vers Dieu[1]. »

Ce qui fut dit du corps et de l'âme en philosophie est-il conciliable avec la Révélation judéo-chrétienne ? Je sais que la controverse est immense. On a été jusqu'à opposer de la manière la plus simpliste une anthropologie de l'âme qui serait grecque à une anthropologie du corps qui serait biblique. Une démonstration du mariage réussi de ces deux conceptions est la meilleure des réponses : la méditation sur le corps humain d'un des plus grands Pères de l'Église, saint Irénée[2] . Elle est passionnante est actuelle à un double titre : par ce qu'il combat et par ce qu'il célèbre.

Corps-âme-esprit ou corps et âme ?

La théologie irénéenne en général et sa théologie du corps en particulier est dynamique. Au point de départ, l'homme est créé corps et âme, et celui-ci fut façonné par l'Esprit, selon un processus que l'on appelle la *plasmatio carnis.*

> « Car, par les Mains du Père, c'est-à-dire par le Fils et l'Esprit, c'est l'homme, et non une partie de l'homme, qui devient à l'image et à la ressemblance de Dieu. Or, l'âme et l'Esprit peuvent être une partie de l'homme, mais nullement l'homme : l'homme parfait, c'est le mélange et l'union de l'âme qui a reçu l'Esprit du Père et qui a été mélangée à la chair modelée selon l'image de Dieu[3]. »

Un problème se pose. D'un côté, Irénée affirme que l'homme est composé de corps et d'âme[4], de l'autre, il parle d'un homme constitué d'une âme, d'un corps et d'un Esprit[5]. Comment concilier ces deux distinctions ? En fait, elles correspondent à deux perspectives qui s'entrecroisent sans se contredire. En effet, la vision bipartite correspond à la vision philosophique considérant l'homme comme un animal raisonnable doué de corps et d'âme. La vision tripartite est celle de la Révélation où, à l'homme composé de corps et d'âme, vient se joindre l'Esprit de Dieu ou plutôt une participation de cet Esprit qui, sans jamais se

1. Saint Athanase, *De l'Incarnation du Verbe,* PG 25, 9D.
2. Saint Irénée de Lyon, *Contre les Hérésies. op. cit.*. Désormais abrégé *AH.* Je me suis bien aidé de l'excellente et très érudite étude d'Ysabel de Andia, Homo vivens. *Incorruptibilité et divinisation de l'homme selon Irénée de Lyon,* Paris, Etudes augustiniennes, 1986.
3. *AH,* V, 6, 1.
4. Précisément, l'âme est adaptée au corps (*AH,* II, 19, 6), tout en demeurant indépendante de ce corps qu'elle domine et à qui elle donne la vie (*AH,* II, 33, 4)
5. Voici le texte le plus précis et complet : « L'âme et l'Esprit peuvent être une partie de l'homme, mais nullement l'homme : l'homme parfait, c'est le mélange et l'union de l'âme qui a reçu l'Esprit du Père et qui a été mélangée à la chair modelée selon l'image de Dieu. » (*AH,* V, 6, 1)

mélanger à la nature de l'homme, lui communique sa vie divine[6]. Irénée tranche donc de manière aussi simple que claire le sempiternel débat en réconciliant les opinions contraires. Précisément, selon la perspective de salut, on distinguera « l'homme parfait » qui est, suivant saint Paul[7], « corps-âme-Esprit[8] » et l'homme impie qui, se séparant de l'Esprit sans cesser de demeurer un homme, n'est plus que corps et âme[9].

Au commencement...

Pour Irénée, le salut intéresse autant la chair que l'Esprit qui se trouvent en communion. Mais celle-ci fut brisée par le péché. L'économie du salut consiste en la progression vers cette union : « Le fruit de l'œuvre de l'Esprit, c'est le salut de la chair. Car quel pourrait être le fruit visible de l'Esprit invisible, sinon de rendre la chair mûre et capable de recevoir l'incorruptibilité[10] ? »

En regard, pour le gnostique, il doit y avoir un lien très intime entre ce qui sauve (en illuminant), l'Esprit et ce qui est sauvé. Mais l'homme est composé de deux substances, radicalement hétérogènes, chair et esprit. Aussi seul l'esprit incorruptible de l'homme peut être sauvé et « la chair est incapable de recevoir l'incorruptibilité[11] » du salut : comment concevoir que le corps puisse être illuminé et passer de la mort à la vie ? Le gnostique du IIe siècle présente une étrange similitude avec l'actuel contempteur du corps.

... et au terme

Or, c'est parce que l'Esprit est présent dès l'origine, que l'homme est appelé à la vision de Dieu, corps et âme. En effet, et c'est le mérite d'Ysabel de Andia que de l'avoir montré avec vigueur, l'incorruptibilité est, pour Irénée (et d'abord pour saint Paul : Rm 1,23), la vie même de Dieu : « Dieu est Vie et Incorruptibilité et Vérité[12] ». Aussi l'incorruptibilité de l'homme ne peut qu'être une participation à la vie divine. Voilà pourquoi, Dieu est présent dès le point de départ, car « si l'homme n'avait pas été uni à Dieu, il n'aurait pu recevoir en participation l'incorruptibilité[13] » Au terme, de même que le Père a façonné l'homme par ses deux mains que sont le Fils et l'Esprit[14], de même le Père accordera définitivement la vie éternelle et incorruptible dans la vision, selon l'affirmation la plus célèbre du *Contre les Hérésies* : « La vie de l'homme, c'est la vision de Dieu ». Dès lors, l'homme est pleinement vivant, c'est-à-dire vivifié, corps et âme par l'Esprit : « La gloire de Dieu, c'est l'homme vivant[15]. »

L'entre-deux

Tels étant l'origine et le terme, comment, durant le pélerinage de la vie s'opère ce salut, c'est-à-dire cette progressive spiritualisation de la chair qui l'amène à la vision de la lumière paternelle incorruptible ? Par trois moyens successifs qui sont les trois participations de

---

6. Je résume ici les claires analyses de Ysabel de ANDIA, *op. cit.*, p. 80 à 87.
7. Unique référence : I Th 5, 23. Cf. A. FESTUGIÈRE, *L'idéal religieux des Grecs et l'Évangile,* Paris, 1932, Excursus B : « La division corps-âme-esprit de I Th 5,23 et la philosophie grecque », pp. 196-220.
8. *AH,* V, 9, 1.
9. *AH,* II, 33, 5.
10. *AH,* V, 12, 4.
11. *AH,* V, 2, 2.
12. *AH,* II, 13, 9.
13. *AH,* III, 18, 7.
14. On ne l'a pas assez montré : la vision d'Irénée est constamment trinitaire. « L'Esprit préparant d'avance pour le Fils de Dieu, le Fils le conduisant au Père et le Père lui donnant l'incorruptibilité et la vie éternelle. » (*AH,* IV, 20, 5)
15. *AH,* IV, 20, 7.

l'homme au don de l'incorruptibilité divine : l'incarnation du Verbe qui est glorification de sa propre chair par l'Esprit, puis l'Eucharistie qui, depuis la Pentecôte, prolonge le don de l'Esprit dans l'Église, Corps du Christ et enfin la résurrection de la chair par l'Esprit à la fin des temps où sera consommé notre divinisation.

Articulons les deux premiers temps. La chair du Christ opère notre salut qui est la réconciliation de plus en plus profonde du corps, de l'âme et de l'Esprit, ou spiritualisation. Précisons le mode de cette spiritualisation. La chair du Christ ne communique pas l'incorruptibilité à la chair de l'homme de chair à chair, ce qui serait absurde ou panthéiste : on voit mal comment le Verbe incarné pourrait nous communiquer la divinité qui est hypostatiquement unie à son humanité. Mais le Christ nous donne l'Esprit qui est la source de la glorification de sa propre chair. Or, le Christ a pris une chair de même nature que la nôtre. Aussi ceux qui reçoivent son Esprit peuvent communier à sa chair glorieuse. Et c'est dans l'eucharistie que nous participons de son Esprit, que nous nous nourrissons et grandissons. On comprend donc comment saint Irénée ne pense jamais l'esprit de l'homme sans sa chair et son corps : l'homme n'est pas spirituel par une « évacuation » ou « suppression de la chair », mais « à cause de la communion de l'Esprit[16] » qui s'empare de tout son être : l'homme est « vivant grâce à la participation de l'Esprit, et homme par la substance de la chair[17] ».

Conclusion

Il est dommage que la théologie contemporaine, tentée par le docétisme et craignant de donner dans un piétisme trop incarné, ne médite plus sur la chair du Christ : l'Incarnation n'est-elle donc appelé qu'à un rôle transitoire et pédagogique comme chez Kant[18] ? Faute de contempler la chair de Jésus, le discours théologique peine à corréler l'Incarnation du Verbe, l'Eucharistie et résurrection de la chair, et disjoint christologie, sacramentaire, ecclésiologie et anthropologie. Or, Irénée embrassait toutes ces disciplines en un unique regard : dans la lumière de la gloire de Dieu apparaît l'homme créé par Dieu qui « l'a modelé et préparé précisément pour que, étant avec lui, il participe à sa gloire[19] ».

L'originalité et la brûlante actualité[20] de cette conception irénéenne du corps tient donc à la réconciliation opérée entre la vision grecque d'un *anthropos* qui est corps et âme, et la conception biblique, première et régulatrice, selon laquelle c'est l'homme en sa totalité, corps et âme qui est créé à l'image de Dieu, donc façonné par l'Esprit et appelé à la transfiguration glorieuse. Du corps irénéen au corps irénique…

16. *AH*, V, 6, 1.
17. *AH*, V, 9, 2.
18. Cf. Emmanuel KANT, *La religion dans les limites de la simple raison*, Ed. Alquié, « Bibliothèque de la Pléiade », in Œuvres philosophiques, Paris, Gallimard, tome 3, 1986, p. 151. Cf. aussi Georg-Wilhelm Friedrich HEGEL, *Phénoménologie de l'esprit*, trad. Hippolyte, Paris, Aubier, tome 2, 1941, pp. 186 et 187.
19. *AH*, IV, 14, 1.
20. Cf. E. PETERSON, « L'immagine di Dio in S. Ireneo », *La Scuola Cattolica 69* (1941), pp. 46 à 54, ici p. 54.

Bibliographie sélective sur le corps humain

On le sait, la bibliographie sur le corps humain est écrasante. Vous trouverez des bibliographies plus détaillées dans certains des ouvrages et articles cités ci-dessous. Je me limiterai surtout à des ouvrages francophones. Ils sont loin d'avoir tous la même importance. Dans les notes du texte, d'autres livres parfois d'importance sont aussi cités.

1. CORPS ET SCIENCES HUMAINES

COLLECTIF, *L'admirable machine humaine,* trad. par Jacques Guiod, Soc. des Éd. du Chêne, 1987.

COLLECTIF, *La signification du corps,* Groupe de synthèse de Louvain, sous la coordination de L. MORREN, « Série Interdisciplinaire », Cabay, Louvain-La-Neuve, 1981. Cet ouvrage joint les contributions d'un physicien, un neurologue, deux anthropologues, deux philosophes et un théologien.

COLLECTIF, *Eros et changement.* Le corps en psychothérapie, sous la direction de Willy PASINI et Antonio ANDREOLI, « Bibliothèque scientifique », Paris, Payot, 1981. Un texte repris avec des changements (nombreux ajouts et ablations) dans un ouvrage qui prend le sous-titre « Le Corps en psychothérapie », même coll., 1993.

COLLECTIF, *Entre le corps et l'esprit.* Approche interdisciplinaire du *Mind Body Problem,* sous la direction de Bernard FLETZ et Dominique LAMBERT, Liège, Pierre Margada, 1994.

COLLECTIF, *L'Image et le corps.* Les cahiers du CIRCAV n° 5, coordonné par Yannick LEBTAHI et Françoise THOMÉ-GOMEZ, Roubaix, Université de Lille 3, Circav-Gerico, 1994.

COLLECTIF, *Le corps et ses discours,* sous la direction d'Anne-Marie DROUIN-HANS, coll. « Converssciences », Paris, L'Harmattan, 1995.

J. de AJURIAGUERRA, « L'Enfant et son corps », rapport présenté au 1er Congrès latino-américain de psychiatrie infantile, Punta del Este, Uruguay, 1969, *L'Information psychiatrique,* 1971/5, pp. 391-402.

Gregory BATESON et Margaret MEAD, *Balinese Character : a Photographic Analysis,* New York, New York Academic Sciences, 1942. Extraits traduits et présentés sous le titre « Les Usages sociaux du corps à Bali », in *Actes de la recherche en sciences sociales,* n° 14, p. 3. Tout le numéro est consacré à la (re)présentation du corps.

Yvonne BERGE, *Vivre son corps.* Pour une pédagogie du mouvement, Paris, Seuil, 1975.

Michel BERNARD, *Le Corps,* Paris, Delarge, 1976. *L'expressivité du corps.* Recherches sur les fondements de la théâtralité, Paris, Delarge, 1976 et Paris, éd. Chiron et La Recherche en danse, 1986.

M. BERTRAND et M. DUMONT, *Expression corporelle, mouvement et pensée,* Paris, Vrin, 1970.

Claude BONNAFONT, *Les Silencieux Messages du corps,* Paris, Buchet-Chastel, 1977.

André BOURGUIGNON, *Histoire naturelle de l'homme.* I. *L'Homme imprévu,* « Questions », Paris, PUF, 1989. II. *L'Homme fou,* même coll., 1994.

Pierre BOURDIEU, *La Distinction,* Paris, Minuit, 1979.

Jacques BRIL, *Petite Fantasmagorie du corps.* Osiris revisité, Paris, Payot, 1994.

Jean BRUN, *La Nudité humaine,* « Évolutions », Paris, Fayard, 1973.

Marilou BRUCHON-SCHWEITZER, *Une psychologie du corps,* « Psychologie d'aujourd'hui », Paris, PUF, 1990.

J. BUYTENDIJK, *Attitudes et mouvements,* Bruxelles, DDB, 1949.

Piero CAMPORESI, *La chair impassible,* trad. Monique Aymard, Paris, Flammarion, 1983.

W.-B. CANNON, *La sagesse du corps,* Paris, éd. de la Nouvelle Revue Critique, 1946.

Jean CHALINE, *L'évolution biologique humaine,* « Que sais-je ? », Paris, P.U.F., 1982. *Histoire de l'homme et des climats au Quaternaire,* Paris, Doin, 1985. *Paléontologie des vertébrés,* Paris, Dunod, 1987. *Une famille peu ordinaire.* Du singe à l'homme, Paris, Seuil, 1994.

Jean-Pierre CHANGEUX, *L'homme Neuronal,* coll. « Pluriel » (d'abord paru dans la coll. « Le temps des sciences »), Paris, Fayard, 1983. Avec Alain CONNES, *Matière à penser,* Paris, Odile Jacob, 1989. Avec S. DEHAENE, « Les Neurones de la raison », *La Recherche,* juin 1992.

Philippe COMAR, *Les Images du corps,* coll. « Découvertes », Paris, Gallimard, 1993.

M.-L. DELFOSSE, *L'Expérimentation médicale sur l'être humain.* Construire les normes, construire l'éthique, De Boeck-Wemael, diff. Belin, 1993.

Marc-Alain DESCAMPS, *L'invention du corps,* « Psychologie d'aujourd'hui », Paris, PUF, 1986. *Ce corps haï et adoré.* Psycho-histoire des idées sur le corps : sa haine et sa réhabilitation, Paris, Tchou, 1988. *Le langage du corps et la communication corporelle,* « Psychologie d'aujourd'hui », Paris, PUF, 1989. *Corps et psyché.* Histoire des psychothérapies par le corps, « Hommes et perspectives », Paris, Epi/Hommes et Perspectives, 1992. *Corps et extase.* Les techniques corporelles de l'extase, Paris, éd. De la Maisnie, 1992.

Françoise DOLTO, *L'Image inconsciente du corps,* « Points », Paris, Seuil, 1984.

Jacques DROPSY, *Vivre dans son corps.* Expression corporelle et relations humaines, coll. « Hommes et groupes », Paris, Epi, 1973.

Roger Y. DUFOUR, *L'image et le corps.* Psychothérapie en milieu carcéral, coll. « Psychothérapies, méthodes et cas », Paris, ESF, 1989.

John C. ECCLES, *Évolution du cerveau et création de la conscience.* À la recherche de la vraie nature de l'homme, trad. de Jean-Mathieu Luccioni, « Le temps des sciences », Paris, Fayard, 1992. *The Human Psyche,* Berlin-Heidelberg, New York, Springer, 1980. Avec Karl Popper, *The Self and its Brain.* An Argument for Interactionism, Berlin, Heidelberg, Londres, New York, Springer Verlag, 1977.

Julius FAST, *Le Langage du corps.* Décodez ces petits gestes qui vous trahissent, trad. André Demets, Montréal (Québec), éd. de l'Homme, 1993.

M. FELDENKRAIS, *L'Expression corporelle,* Paris, Chiron, 1964. *La Conscience du corps,* Paris, Robert Laffont, 1971.

R. GENTIS, *Leçons du corps,* Paris, Flammarion, 1980.

José GIL, *Métamorphoses du Corps,* « Essais », Paris, éd. de la Différence, 1985., pp. 205 à 214.

Pierre-Paul GRASSÉ, *Toi ce petit dieu.* Essai sur l'histoire naturelle de l'homme, « Les savants et le monde », Paris, Albin Michel, 1971. *L'Homme en accusation.* De la biologie à la politique, Paris, Albin Michel, 1980.

Georg GRODDECK, *Le Livre du ça,* trad., coll. « tel », Paris, Gallimard, 1978.

Gérard-Philippe GUASCH, *L'Adolescent et son corps,* Paris, Ed. Universitaires, 1973.

Pierre GUIRAUD, *Le langage du corps,* « Que sais-je ? » n° 1850, Paris, PUF, 1980.

Jacques HOCHMAN et Marc JEANNEROD, *Esprit, où es-tu ?* Psychanalyse et neurosciences, Paris, Odile Jacob, 1991.

Robert JAULIN, *L'Année chauve.* Les chemins du corps, Paris, éd A.-M. Métailié, 1993.

L. KREISLER, M. FAIN, M. SOULÉ, *L'Enfant et son corps,* Paris, PUF, 1974.

Jeannette KUPFERMANN, *Le Corps mal appris,* trad. Mireille Davidovici, Paris, Buchet-Chastel, 1981.

Marc JEANNEROD, *Le Cerveau-Machine.* Physiologie de la volonté, coll. « Temps des sciences », Paris, Fayard, 1983.

Dominique LAPLANE, *Le Bonheur est-il pour les imbéciles ?,* Paris, Fayard, 1979. La Mouche dans le bocal. Essai sur la liberté de l'homme neuronal, Paris, Plon, 1987. *Dominique Laplane un neurologue,* Entretien avec Jacques VAUTHIER, « Scientifiques et croyants », Paris, Beauchesne, 1989.

Mireille-Lucile LATOUR, *Le Corps.* Rôle et parole, coll. « Synthèse », Lyon, Chronique sociale, 1991.

David LE BRETON, *Des Visages.* Essai d'anthropologie, coll. « Traversées », Paris, éd. A.-M. Métailié, 1992. *Anthropologie du corps et modernité,* coll. « Sociologie d'aujourd'hui », Paris, PUF, 1992. Ouvrage recommandé. « Dualisme et Renaissance : aux sources d'une représentation moderne du corps », in *Diogène,* n° 142, 1988. *La Chair à vif.* Usages médicaux et mondains du corps humain, Paris, Métailié, 1993.

André LEROI-GOURHAN, *Évolution et techniques.* I. *L'homme et la Matière.* II. *Milieu et Techniques,* Paris, Albin Michel, 2 volumes, 1943 et 1945. *Le Geste la Parole.* I. Technique et Langage. II. *La Mémoire et les Rythmes,* Paris, Albin Michel, 2 volumes, 1966 et 1965. *Mécanique vivante,* « Le temps des sciences », Paris, Fayard, 1983. *Le Fil du temps,* « Le temps des sciences », Paris, Fayard, 1983.

Françoise LEROUX, *Le jeune enfant et son corps dans la médecine traditionnelle,* Paris, Flammarion, 1978. *Le Corps dans la société traditionnelle,* « Espace des hommes », Berger-Levrault, 1979. *Sagesse du corps, santé et maladie dans les proverbes régionaux français.*

Professeur LHERMITTE, *L'Image de notre corps,* Paris, 1939.

Marcel MAUSS, « Les techniques du corps », in *Sociologie et anthropologie,* Paris, PUF, 1960.

Edgar MORIN et Massimo PATELLI-PALAMARINI, *L'Unité de l'homme,* Paris, Seuil, 3 volumes, 1974.

Jean-Noël MISSA, *La Philosophie de l'esprit à la lumière des neurosciences,* « Pour demain », Paris, Vrin, 1993. Grosse bibliographie de 34 pages. L'auteur a coordonné un collectif : *Philosophie de l'esprit et sciences du cerveau,* Paris, Vrin, 1991.

John O'NEILL, *Le Corps communicatif.* Études en philosophie, politique et sociologie communicatives, trad. Alfredo Chaves (mauvaise traduction), coll. « Sociétés », Paris, Méridiens Klincksieck, 1995.

Michèle PAGÈS-DELON, *Le Corps et ses apparences.* L'envers du look, coll. « Logiques sociales », Paris, L'Harmattan, 1989.

José M. PARRAMON, *Comment dessiner le corps humain.* Étude théorique et pratique des dimensions et des proportions. Perspective, anatomie et différents aspects du dessin du corps humain, trad. Marie-Claude Moreau, « Activités artistiques » n° 9, Paris, Bordas, 1990.

Marie-Christine POUCHELLE, *Corps et Chirurgie à l'apogée du Moyen-Age,* « Nouvelle bibliothèque scientifique », Paris, Flammarion, 1983.

Joël de ROSNAY, *L'Homme symbiotique.* Regards sur le troisième millénaire, Paris, Seuil, 1995.

Jean-Claude SAGNE, « La parole, forme du corps », *Psychologie et foi,* Paris, éd. Cahiers du Renouveau, 1987, pp. 14 à 25.

Paul SCHILDER, *L'Image du corps.* Étude des forces constructives de la psyché, trad. François Gantheret et Paule Truffert, « tel », Paris, Gallimard, 1968.

Daniel SIBONY, *Le Nom et le corps,* coll. « Tel Quel », Paris, Seuil, 1974. *Le Corps et sa danse,* « La couleur des idées », Paris, Seuil, 1995.

Michel SIMON (éd.), *La Peau de l'âme.* Intelligence artificielle. Neurosciences. Philosophie. Théologie, Paris, Le Cerf, 1994.

Paul SIVADON et Adolfo FERNANDEZ-ZOÏLA, *Corps et thérapeutique.* Une psychopathologie du corps, « Psychologie d'aujourd'hui », Paris, PUF, 1986.

A. TATOSSIAN, *Corps et psychiatrie,* Paris, Masson, 1982.

Michel TIBON-CORNILLOT, *Les Corps transfigurés.* Mécanisation du vivant et imaginaire de la biologie, Paris, Seuil, 1992.

Denis VASSE, *Le Temps du désir.* Essai sur le corps et la parole, Paris, Seuil, 1969. L'*Ombilic et la voix.* Deux enfants en analyse, « Le champ freudien », Paris, Seuil, 1974. *Un parmi d'autres,* « Le champ freudien », Paris, Seuil, 1978. *Le Poids du réel, la souffrance,* Paris, Seuil, 1983. *L'Autre du désir et le Dieu de la foi.* Lire aujourd'hui Thérèse d'Avila, Paris, Seuil, 1991.

Jean-Didier VINCENT, *La biologie des passions,* Paris, Odile Jacob-Seuil, 1986.

2. PHILOSOPHIE DU CORPS

Je ne parle pas des auteurs classiques, comme Platon, Aristote, Descartes, Maine de Biran, etc., qui sont cités chemin faisant. Les collectifs, ouvrages de circonstances, sont le plus souvent des agrégats dénués de pensée et de synthèse propre. Je n'en citerai qu'un, de valeur : sous la direction de Jean-Christophe GODDARD et Monique LABRUNE, *Le Corps,* « Intégrale », Paris, Vrin, 1992.

F. AZOUVI, « Genèse du corps propre chez Malebranche, Lelarge de Lignac et Maine de Biran », in *Archives de Philosophie,* 1982, p. 85-107.

Bernard BAERTSCHI, « Le Problème de la distinction de l'âme et du corps », *Revue de Métaphysique et de Morale,* 1987, 87/3, p. 344-363. *Les Rapports de l'âme et du corps.* Descartes, Diderot et Maine de Biran, « Bibliothèque d'histoire de la philosophie », Paris, Vrin, 1992.

Vincent BOURGUET, « Sur le corps humain », in *Cahiers Résurrection,* sur *La Médecine,* n° 34, 1991, p. 53-62. « Être, corps, avoir », *Revue thomiste,* XCIII, 1993, pp. 375 à 393.

Rémi BRAGUE, « Un modèle médiéval de la subjectivité : la chair », in Colloque de Cordoue, 8 au 10 mai 1992, *Ibn Rochd, Maïmonide, saint Thomas ou la filiation entre foi et raison,* Paris, Association freudienne internationale et Castelnau-le-Lez (34170), Éd. Climats, 1994, pp. 36 à 62.

Claude BRUAIRE, *Philosophie du corps,* Paris, Seuil, 1968.

Albert CHAPELLE, *Anthropologie,* Syllabus, Bruxelles, Institut d'Études Théologiques, 1990 (60, bd Saint-Michel), notamment le chapitre 5, « Le Corps et l'être », pp. 219 à 233.

François CHIRPAZ, *Le Corps,* « Philosophia », n° 13, Paris, Klincksieck, 1988.

Jean-Louis CHRÉTIEN, *La Voix nue.* Phénoménologie de la promesse, « Philosophie », Paris, Minuit, 1990. *De la fatigue,* même coll., 1996.

François DAGOGNET, *Le Corps multiple et un,* coll. « Les empêcheurs de tourner en rond », 92 350 Le Plessis-Robinson, Édité par les Laboratoires Delagrange, Ulysse diffusion, 1992. *Le Cerveau-Citadelle,* même collection, 1992.

Françoise DASTUR, « Consciousness and Body in the Phenomenology of Merleau-Ponty », *Analecta Husserliana,* 1984, 17, p. 117-125.

Joseph de FINANCE, *Citoyen de deux mondes.* La place de l'homme dans la création, Rome, Editrice Pontifcia Università Gregoriana, 1980. *Le Sensible et Dieu.* En marge de mon vieux catéthisme, Rome, Editrice Pontifcia Università Gregoriana, Paris, Beauchesne, 1988. « Animal raisonnable. Esprit incarné », in *De Homine.* Studia hodiernæ anthropologiæ, Acta VII Congressus Thomistici Internationalis, « Bibliotheca Pontificiæ Academiæ Romanæ S. Thomæ Aquinatis » vol. 8, Rome, Officium Libri Catholici, 1970, p. 53-72. Repris dans *Personne et valeur,* Rome, Editrice Pontifcia Università Gregoriana, 1992, p. 23 à 41.

Michel FOUCAULT, *Naissance de la clinique,* Paris, PUF, 1963. Dans la « Bibliothèque des histoires », chez Paris, Gallimard (les trois premiers sont aussi en coll. « TEL »), *Histoire de la folie à l'âge classique,* 1972. *Surveiller et punir.* Naissance de la prison, 1975. *Histoire de la sexualité.* 1. *La volonté de savoir,* 1976. 2. *L'usage des plaisirs.* 3. *Le souci de soi,* 1984.

Didier FRANCK, *Chair et corps.* Sur la phénoménologie de Husserl, « Arguments », Paris, Minuit, 1981.

Michel HENRY, *Philosophie et phénoménologie du corps.* Essai sur l'ontologie biranienne, « Epiméthée », Paris, PUF, 1987.

Maurice MERLEAU-PONTY, *Phénoménologie de la perception,* « tel », Paris, Gallimard, 1945. *Le Visible et l'Invisible,* suivi de notes de travail, Claude Lefort (éd.), « tel », Paris, Gallimard, 1964. *La Nature.* Notes. Cours du Collège de France, établi par Dominique Séglard, « Traces écrites », Paris, Seuil, 1995.

Jackie PIGEAUD, *La Maladie de l'âme.* Etude sur la relation de l'âme et du corps dans la tradition médico-philosophique antique, « Coll. d'études anciennes », Paris, Les Belles Lettres, 1981.

Claude REICHLER, *Le Corps et ses fictions,* « Arguments », Paris, Minuit, 1983. Recueil de textes.

Gustav SIEWERTH, *L'Homme et son corps,* trad. Robert Givord, Paris, Plon, 1957.

R.-M. ZANER, *The Problem of Embodiment : Some Contributions to a Phenomenology of the Body,* La Haye, Martinus Nijhoff, 1964.

R. Zur LIPPE, « Une vérité problématique : éléments pour une histoire des conceptions du corps », *Études de Lettres,* 1983, n° 2, p. 29 à 41.

3. CORPS ET ÉCRITURE SAINTE

Paul BEAUCHAMP, *Le Récit, la lettre et le corps.* Essais bibliques, « Cogitatio fidei » 114, Paris, Le Cerf, 1982.

Édouard DHORME, *L'Emploi métaphorique des noms de parties du corps en hébreu et en accadien,* Paris, Gabalda, 1953.

Edgar HAULOTTE, « L'esprit de Yahvé dans l'Ancien Testament », in *L'Homme devant Dieu.* Mélanges Henri de Lubac, Paris, Aubier, 1963, tome 1.

Daniel LYS, *La Chair dans l'Ancien Testament :* «Basar», Paris, Éd. Universitaires, 1967. « *Ruach* » : *Le souffle dans l'Ancien Testament,* Paris, PUF, 1952.

Louis MONLOUBOU, « Les Psaumes, le symbole, le corps », in *Nouvelle Revue Théologique,* 1980, tome 112, p. 35-42.

Georges PIDOUX, *L'Homme dans l'Ancien Testament,* Genève, Labor et Fides, 1953.

J.-A.-T. ROBINSON, *Le Corps, étude sur la théologie de saint Paul,* Chalet, 1966.

4. THÉOLOGIE DU CORPS EN GÉNÉRAL

Il est frappant que le classique *Dictionnaire de Théologie catholique* n'ait aucune entrée au terme « Corps » (mais traite des « Corps glorieux »). En revanche, le *Dictionnaire de Spiritualité* en parle longuement. On pourra se référer aux tables annuelles des Acta Apostolicæ Sedis (AAS) et, en français, de la *Documentation catholique,* notamment aux entrées « Corps », « Vie », « Sexualité », etc. Je renvoie aussi à la publication pluri-anuelle du Conseil Pontifical pour la Pastorale des Services de la Santé, *Dolentium hominum.* Église et santé dans le monde, Cité du Vatican, par exemple les Actes de la neuvième conférence internationale, les 24-26 novembre 1994, *Connaître, aimer et servir la vie,* n° 28, 1995/1.

Les enseignements pontificaux, *Le Corps humain,* Présentation et tables par les moines de Solesmes, Paris, Desclée, 1953. Collecte des textes magistériels de 1878 à 1953, de sorte que c'est surtout Pie XII qui est représenté. Tables fort utiles.

COLLECTIF (CREA), *Corps, religion et société,* Textes réunis par J.-B. Martin et présentés par F. Laplantine, Lyon, Presses Universitaires de Lyon, 1991.

Communio, V/6, *Le Corps,* nov.-déc. 1980.

E. BARBOTIN, *Humanité de l'homme.* Étude de philosophie concrète, « Théologie » n° 77, Paris, Aubier, 1969. *Humanité de Dieu.* Approche anthropologique du mystère chrétien, même coll. n° 78, Paris, Aubier, 1969.

Peter BROWN, *Le Renoncement à la chair.* Virginité, célibat et continence dans le christianisme primitif, trad. Pierre-Emmanuel Dauzat et Christian Jacob, « Bibliothèque des histoires », Paris, Gallimard, 1995.

Olivier CLÉMENT, *Questions sur l'homme,* coll. « Questions », Paris, Stock, 1972. *Corps de mort et de gloire.* Petite introduction à une théopoétique du corps, Paris, DDB, 1995.

B. DURAND-SMET, M. J. ISNARD, O. POMMEROLE, Tonny WIERTZ, *Devenir accueil.* Une école de prière, « Essais-Sagesse du corps », Paris, Le Cerf, 1983.

Bernard de GÉRADON, *Le Cœur, la langue, les mains.* Une vision de l'homme, Paris, DDB, 1974.

A.-G. HAMMAN, *L'Homme image de Dieu*. Essai d'une anthropologie chrétienne dans l'Église des cinq premiers siècles, Paris, Desclée, 1987.

Jean-Marie HENNAUX, *Le Droit de l'homme à la vie de la conception à la naissance*, Bruxelles, Éd. de l'Institut d'Etudes Théologiques, 1993.

Xavier LACROIX, *Le Corps de chair*. Les dimensions éthique, esthétique et spirituelle de l'amour, « Recherches morales. Synthèses », Paris, Le Cerf, 1992.

Ghislain LAFONT, « L'esperienza spirituale e il corpo », in *Problemi e prospettive di Spiritualità, Brescia*, 1983, pp. 11-30. Repris et modifié dans *Dieu, le Temps et l'être*, « Cogitatio fidei » n° 139, Paris, Le Cerf, 1986, p. 347s.

Yves LEDURE, *Transcendances*. Essai sur Dieu et le corps, Paris, DDB.

Michel LEGRAIN, *Le Corps humain*, Paris, Le Centurion, 1992.

Henri de LUBAC, *Corpus mysticum*. L'Eucharistie et l'Église au Moyen-Age. Étude historique, « Théologie » 3, Paris, Aubier, 1949.

Jean-Michel MALDAMÉ, *Le Christ et le cosmos*. Incidence de la cosmologie moderne sur la théologie, Paris, Desclée, 1993, chap. 8 et 9.

Alain MATTHEEUWS, *Les « Dons » du mariage*. Recherche de théologie morale et sacramentelle, Bruxelles, Culture et Vérité, 1996.

Jean MOUROUX, *Sens chrétien de l'homme*, « Théologie » 6, Paris, Aubier, 1945. Très bon.

Marcel NEUSCH, *Les Rivages de l'homme*. Introduction à une anthropologie chrétienne, Paris, Bayard- Centurion, 1995.

Luc PAREYDT, « La Peur de la séduction. Les chrétiens et le témoignage », *Cahiers pour croire aujourd'hui*, supplément au n° 131, Paris, Éd. Assas, nov. 1993.

Samuel ROUVILLOIS, *Corps et sagesse*. Philosophie de la liturgie, coll. « Aletheia », Paris, Fayard, 1995.

5. THÉOLOGIE DU CORPS DE JEAN-PAUL II

L'importance que cet ouvrage accorde à la théologie du corps élaborée par le pape (en troisième partie) explique que nous lui laissions une place à part. Avant 1978, pour une bibliographie de Karol Wojtyla, cf. Barbara Eichler, « Bibliografia prac Kard. Karola Wojtyly za lata 1949-1978 », *Chrzescijanin*, 74, Varsovie, 1979.

Pour les œuvres du pape Jean-Paul II, le plus commode est de se reporter aux tables annuelles de la *Documentation catholique* (il y a aussi des tables récapitulatives tous les dix ans). Mais on ne trouvera pas tout. La seule référence complète est donnée par les *Acta Apostolis Sedis*, que l'on trouve dans les bibliothèques spécialisées.

a. Ouvrages et articles de Karol WOJTYLA

Amour et responsabilité. Étude de morale sexuelle, trad., Paris, Ed. du dialogue, Stock, 1978.

Personne et acte, Texte définitif établi en collaboration avec l'auteur par Anna-Teresa Tymienieka, trad. par Gwendoline Jarczyk, Paris, Le Centurion, 1983.

« L'amore fecondo responsabile », in *Actes du Congrès international 'Amour fécond et responsable, dix ans après* Humanæ Vitæ, 21-25 juin 1978, Milan, éd. Paoline, 1978, p. 19 à 28.

« La verità dell'enciclica Humanæ Vitæ », in *Osservatore Romano*, 5 janvier 1969, pp. 1 et 2.

« La visione antropologica della Humanæ Vitæ », in *Lateranum* 44 (1978), p. 125 à 145.

b. Ouvrages de JEAN-PAUL II

Le texte français des audiences de Jean-Paul II (dont la traduction est due à de la Polyglotte vaticane) est accessible sous trois formes : l'hebdomadaire *Osservatore Romano*, éd. française, qui paraît chaque semaine, donne accès au plus tôt aux textes du Saint-Père ; le bimensuel *La Documentation catholique* (Paris, Bayard-Presse) donne le texte avec retard ; les éditions du Cerf (Paris) ont rassemblé ces catéchèses en 4 volumes :

À l'image de Dieu homme et femme. Une lecture de Genèse 1-3, 1981, 1985. Regroupe les catéchèses parues du 5-9-1979 au 2-4-1980.

Le Corps, le cœur et l'esprit. Pour une spiritualité du corps, 1984. Regroupe les catéchèses parues du 16-4-1980 au 6-5-1981.

Résurrection, mariage et célibat. L'Évangile de la rédemption du corps, 1985. Regroupe les catéchèses parues du 11-11-1981 au 9-2-1983.

L'amour humain dans le plan divin. De la Bible à *Humanæ Vitæ,* 1985. Regroupe les catéchèses parues du 23-5-1984 au 28-11-1984.

J'ai fait référence à cette édition manuelle, indiquant la date de l'audience en chiffres, puis le numéro du § ; suivront, après un point-virgule, en chiffres romains, le numéro du volume de l'édition du Cerf et, en chiffres arabes, le numéro de la page. Par exemple, l'expression « théologie du corps » est citée pour la première fois en 12-IX-1979, 5 ; I, p. 21, ce qui signifie que le texte cité est celui du § 5 de l'audience du 12 septembre 1979 et qu'on le trouve dans l'édition du Cerf, tome 1 (en l'occurrence : *À l'image de Dieu homme et femme.* Une lecture de Genèse 1-3), p. 21. Lorsqu'un passage de la citation est en italique, c'est que Jean-Paul II l'a souligné lui-même, sauf avis contraire expressément noté. Quand on doit citer plusieurs passages de la même catéchèse, nous indiquons : *Id.,* suivi du n. et de la page.

À titre de simple mémoire, j'ajoute : Exhortation apostolique *Familiaris Consortio,* 1982 ; multiples éditions en français, par exemple : *Documentation catholique* n° 1821 du 3 janvier 1982, p. 1 à 37. *Charte des droits de la famille,* in *Documentation Catholique* n° 1864, 1983, p. 1153-1157. Texte plus normatif. « La famille et l'amour. Discours aux congressistes du Mouvement des Focolari », dans *Documentation catholique* n° 1809 du 7 juin 1981, c. 521 à 523. « Orientation éducative sur l'amour humain », in *Documentation catholique* n° 1865, 1984, pp. 16-29. Texte plus pédagogique. Lettre encyclique *Evangelium vitæ* sur la valeur et l'inviolabilité de la vie humaine, 25 mars 1995.

c. *Ouvrages relatifs à la pensée de Karol* WOJTYLA *et de* JEAN-PAUL *II sur la théologie du corps et de la sexualité*

Rocco BUTTIGILIONE, « Corpo e sessualità nella catechesi di Giovanni Paolo II », in *Communio* (éd. italienne) 54, nov.-déc. 1980, p. 104-113.

Carlo CAFFARRA, « Vérité et éthos de l'amour conjugal » in *Esprit et vie,* 26 avril 1984, p. 241-253.

G. CAVALCOLI, « La teologia del corpo nel pensiero di Giovani Paolo II », in *Sacra Doctrina,* 1983, n° 6, pp. 604 à 626. « Il corpo umano in principio », *Ibid.,* 1984, n° 3-4, pp. 302 à 324. « Il peccato contro il corpo », *Ibid.,* n° 5, pp. 443 à 463. « La redenzione des corpo », *Ibid.,* n° 6, pp. 577 à 596. « La resurrezione del corpo », *Ibid.,* 1985, n° 1, pp. 81 à 103.

Marcel CLÉMENT, « Une théologie de la sexualité », in *L'Homme nouveau* n° 797, 1er nov. 1981, pp. 1, 3, 5. «La signification profonde de la pudeur», *Ibid.,* n° 809, 2 mai 1982, pp. 9 à 11.

COLLECTIF, Karol Wojtyla Filosofo, Teologo, Poeta, Actes du premier colloque sur la pensée chrétienne, Rome, 23 au 25 septembre 1983, Vatican, Libreria Editrice Vaticana, 1984. Notamment les interventions de Georges CHANTRAINE, « La Relation homme-femme selon Jean-Paul II », pp. 207 à 214 ; J.-G. PAGE, « La Pensée de Karol Wojtyla sur la relation homme-femme », pp. 263 à 288. R. GRECCO, « L'Enseignement ecclésiastique récent », in *Concilium* 193, 1984, pp. 123-133.

Georges KALINOWSKI, « La Pensée de Jean-Paul II sur l'homme et la famille », in *Divinitas* 26 (1982), pp. 3 à 18.

Guy de KÉRIMEL, *La signification sponsale du corps dans les catéchèses de Jean-Paul II sur l'amour humain* dans le plan divin, Mémoire pour la Licence de Théologie, Rome, Université Pontificale Grégorienne, 1987.

A. MARTINEZ-ALBIACH, « Téologia del Cuerpo », in *Burgense* 23 (1982), pp. 263 à 297.

J. PIATEK, *Persona et amore nel pensiero filosofico del card. K. Wojtyla,* Thèse de doctorat, Angelicum, Rome 1976.

F. TARGONSKI, « Dimensione sponsale des corpo in san Francesco e nella 'teologia del corpo' di Giovanni Paolo II », in *Contributi francescani, filosofia, teologia, storia.* Studi in onore di P. Lorenzo di Fonzo, Rome, Ed. Miscellanea Francescana, 1985.

D. TETTAMANZI, *La verginità per il Regno, dalle catechesi Giovanni Paolo II,* Milan, Ed. Osservatore Romano, 1982.

TABLE DES MATIÈRES

DEUXIÈME PARTIE

Connaître le corps

CHAPITRE 1 – **Le corps humain comme corps physique**

CHAPITRE 2 – **Le corps humain comme corps vivant** . . 105

CHAPITRE 3 – **Le corps humain comme corps animal** . 117

TROISIÈME PARTIE

Révéler le corps

QUATRIÈME PARTIE

Vivre le corps

ANNEXES

Achevé d'imprimer en mars 1997
sur les presses de Saint-Paul France S.A.
55000 Bar le Duc
Dépôt initial: août 1996
Dépôt légal: mars 1997
N° 2-97-0203